Adobe After Effects 2024 经典教程

[美] 布里·根希尔德（Brie Gyncild） 丽莎·弗里斯玛（Lisa Fridsma）◎ 著

武传海 ◎ 译

人 民 邮 电 出 版 社

北 京

图书在版编目（CIP）数据

Adobe After Effects 2024经典教程 / （美）布里·根希尔德（Brie Gyncild），（美）丽莎·弗里斯玛（Lisa Fridsma）著；武传海译. -- 北京：人民邮电出版社，2025. -- ISBN 978-7-115-65144-0

Ⅰ. TP391.413

中国国家版本馆CIP数据核字第20245FM918号

版 权 声 明

◆ 著　[美]布里·根希尔德（Brie Gyncild）
　　[美]丽莎·弗里斯玛（Lisa Fridsma）
译　武传海
责任编辑　王　冉
责任印制　陈　犇

◆ 人民邮电出版社出版发行　北京市丰台区成寿寺路11号
邮编　100164　电子邮件　315@ptpress.com.cn
网址　https://www.ptpress.com.cn
三河市中晟雅豪印务有限公司印刷

◆ 开本：787×1092　1/16
印张：20.5　2025年2月第1版
字数：549千字　2025年2月河北第1次印刷
著作权合同登记号　图字：01-2024-3188号

定价：69.90元

读者服务热线：(010)81055410　印装质量热线：(010)81055316
反盗版热线：(010)81055315

内容提要

本书由 Adobe 产品专家编写，是 Adobe After Effects 2024 的经典学习用书。

全书共 15 课，每一课首先介绍重要的知识点，然后借助具体的示例展开讲解，步骤详细，重点明确，可帮助读者尽快学会如何进行实际操作。本书主要包含了解工作流程、使用效果和预设制作简单动画、制作文本动画、使用形状图层、制作多媒体演示动画、制作图层动画、使用蒙版、使用人偶工具制作变形动画、使用 Roto 笔刷工具、调整颜色与氛围、创建动态图形模板、使用 3D 功能、使用 3D 摄像机跟踪器、高级编辑技术，以及渲染和输出等内容。

本书语言通俗易懂，并配有大量的图示，特别适合初学者学习。有一定使用经验的读者也可从本书中学到大量高级功能和 Adobe After Effects 2024 版本新增的功能。本书还适合作为高校相关专业和相关培训班的教材。

前 言

Adobe After Effects（以下简称 After Effects）为动态影像设计师、视觉艺术家、网页设计师、影视制作人员提供了一套完整的 2D 与 3D 工具，用于制作合成影像、动画及各种动态效果。After Effects 被广泛应用于电影、视频等的后期制作。借助该软件，你可以通过不同方式合成图层，应用和合成复杂的视觉效果、声音效果，以及让对象与效果动起来。

关于本书

本书是 Adobe 图形图像与排版软件的官方培训教程之一。本书内容经过精心设计与编排，方便大家根据自己的实际情况自主学习。如果你是初次接触 After Effects，那么你将会在本书中学到各种基础知识、概念，为掌握这款软件打下坚实的基础。如果你已经使用 After Effects 一段时间了，那么通过本书你将学会使用软件的许多高级功能，以及新版本的使用提示与技巧。

本书每一课都给出了创建特定项目的详细步骤，同时也留出了空间供大家探索、尝试。学习本书时，你既可以从头学到尾，也可以只学习自己感兴趣的部分，请根据自身情况灵活安排。本书每一课末尾都安排了一些复习题，以方便大家对学习的内容进行回顾，巩固所学的知识。

学前准备

学习本书之前，请确保你的计算机系统设置正确，并且安装了所需要的硬件与软件。你应该对自己的计算机和操作系统有一定的了解，而且会用鼠标、标准菜单与命令，知道如何打开、保存、关闭文件。如果你还没有掌握这些知识，请阅读 Microsoft Windows 或 Apple macOS 的相关使用说明文档。

学习本书内容之前，你需要在自己的计算机系统中安装好 After Effects、Adobe Bridge、Adobe Media Encoder 这 3 款软件。做附加练习时，还需要你在系统中安装 Adobe Premiere Pro、Adobe Audition、Adobe Character Animator。本书中的练习全部基于 After Effects 2024。

安装 After Effects、Bridge、Media Encoder

本书不附带提供 After Effects 软件，它是 Adobe Creative Cloud 订阅计划的一部分，你必须单独购买它。有关安装 After Effects 的系统要求与操作说明，请访问 Adobe 官网。请注意，After Effects 需要安装在 64 位操作系统下。要在 macOS 下观看 QuickTime 影片，你还必须在自己的计算机系统中安装 Apple QuickTime 7.6.6 或更高版本。

学习本书部分课程时，还需要用到 Bridge 与 Media Encoder。After Effects、Bridge、Media Encoder 这 3 款软件都是独立软件，需要分别安装。你可以通过 Adobe Creative Cloud 把它们安装到你的计算机中。安装时，根据软件提示一步步操作即可。

激活字体

本书有些课程会用到几款特殊字体，这些字体可能尚未安装到你的计算机系统中。为此，你可以使用 Adobe Fonts 激活这些字体，也可以选用系统中类似的字体替换它们。但请注意：如果你选用了类似字体进行替换，所得到的效果很可能和书中给出的效果不一样。

Adobe Fonts 许可证也包含在 Creative Cloud 订阅计划中。

要激活这些字体，请在 After Effects 中依次选择【文件】>【从 Adobe 添加字体】(或者在【字符】面板的字体列表中，单击【添加 Adobe 字体】旁边的 Creative Cloud 图标)，然后在浏览器中打开的 Adobe 字体页面找到相应字体激活即可。

优化性能

制作影片是一项内存占用率较高的工作，使用计算机做这项工作时，需要配备足够的内存。After Effects 2024 正常运行至少需要 16GB 内存。After Effects 运行时可用内存越大，其运行速度会越快。要了解 After Effects 内存优化、缓存使用等相关内容，请阅读 After Effects 帮助文档中的“提升性能”部分。

恢复默认首选项

首选项控制着 After Effects 用户界面在屏幕上的呈现方式。本书在讲解工具、选项、窗口、面板等与外观有关的内容时都假定你使用的是默认用户界面。因此，在学习每一课内容之前，请为 After Effects 恢复默认首选项。如果你是初次接触 After Effects，强烈建议你这样做。

每次退出时，After Effects 都会把面板位置、某些命令设置保存在首选项文件中。若要恢复默认首选项，请在启动 After Effects 时按 Ctrl+Alt+Shift 组合键(Windows)或 Command+Option+Shift 组合键(macOS)，在【启动修复选项】对话框中选择【重置首选项】(下次启动 After Effects 时，若首选项文件不存在，After Effects 会新建首选项文件)。

如果有人在你的计算机上用过 After Effects 并做了一些个性化设置，那么恢复默认首选项就非常有必要，这个操作可以把 After Effects 恢复成原来的样子。若安装好 After Effects 软件后从未启动过，此时首选项文件不存在，也就不需要执行恢复默认首选项操作了。

注意 当你希望保存当前设置时，请不要删除现有首选项文件，把它改成其他名字就好。这样，当你想恢复原来的设置时，只要把名称改回去，同时确保其位于正确的首选项文件夹中即可。

❶ 在计算机中找到 After Effects 首选项文件夹。

- Windows 操作系统：

.../Users/< user name >/AppData/Roaming/Adobe/AfterEffects/24.0

- macOS：

.../Users/< user name>/Library/Preferences/Adobe/After Effects/24.0

> **注意** 在 macOS 下，Library 文件夹默认是隐藏的。在【访达】中依次选择【前往】>【前往文件夹】，然后在【前往文件夹】对话框中输入“~/Library”，再单击【前往】按钮，即可找到它。

❷ 把希望保留的首选项文件重命名，然后重启 After Effects。

课程文件

学习本书的过程中，为了制作示例项目，你需要先下载本书配套的课程文件。

本书课程文件以 ZIP 文档形式提供，这不仅可以加快下载速度，还可以起到保护作用，防止文件在传输过程中发生损坏。使用课程文件之前，必须对下载的文件进行解压缩，把它们恢复成原来的大小和格式。在 macOS 和 Windows 系统中，双击一个 ZIP 文档即可将其打开。

❶ 在你的计算机上找一个合适的位置，新建一个文件夹，将其命名为 Lessons，具体操作方法如下。

- 在 Windows 操作系统下，单击鼠标右键，在弹出的快捷菜单中依次选择【新建】>【文件夹】，然后输入文件夹名称。

- 在 macOS 中，在【访达】中依次选择【文件】>【新建文件夹】，为新建的文件夹指定名称，再将其拖曳到你指定的位置。

❷ 把解压缩后的课程文件夹（里面包含一系列名为 Lesson01、Lesson02 等的文件夹）拖曳到你刚刚创建的 Lessons 文件夹中。学习某一课时，进入与课程对应的文件夹即可找到需要的资源。

复制示例影片和项目文件

在本书部分课程的学习过程中，你需要创建与渲染一个或多个影片。Sample_Movies 文件夹中包含每一课的最终效果文件，你可以通过这些文件了解最终制作效果，并将它们与自己制作的效果进行比较。

End_Project_File 文件夹中包含每一课完整的项目文件，上面提到的最终效果文件就是由这些项目文件输出的。你可以将这些项目文件作为参考，将自己制作的项目文件与这些文件进行比较，分析产生差异的原因。

这些示例影片与项目文件大小不一，有的很大，有的很小。如果有足够的存储空间，你可以把它们一次性全部下载下来。当然，你也可以学一课下载一课，学完后把之前用过的文件删除，这样可以大大节省存储空间。

如何学习本书课程

本书中的每一课都提供了详细的操作步骤，这些步骤用来创建项目中的一个或多个特定元素。这些课程在概念和技巧上是相辅相成的，所以学习本书最好的方法是按部就班，按照编排顺序一一学习。请注意，在本书中，有些技术和方法只在第一次出现时做详细介绍，后面再次出现时会粗略带过。

After Effects 应用程序的许多功能都有多种操作方法，如菜单命令、按钮、鼠标拖曳和快捷键等。在某个项目的制作过程中，同一种功能用到的操作方法可能不止一种，所以即使你以前做过相应项目，仍然可以从中学到不同的操作方法。

请注意，本书课程内容的组织与安排是面向设计而非软件功能的。也就是说，在实际设计项目中处理图层和效果时，用到的知识和技术往往会涉及多课内容，而不只是某一课的内容。

更多学习资源

本书的目标不是要取代软件的帮助文档，也不会完整地介绍软件的每项功能。本书只介绍课程中用到的命令和选项等。

After Effects 软件自带的教程可以带你入门。在 After Effects 中，依次选择【窗口】>【学习】，打开【学习】面板，其中包含一系列教程资源。

目 录

第1课

了解工作流程

本课概览

本课主要讲解以下内容。

- 创建项目与导入素材。
- 熟悉 After Effects 用户界面。
- 更改图层属性。
- 应用基本效果。
- 预览作品。
- 调整用户界面亮度。
- 创建合成与排列图层。
- 使用【项目】【合成】【时间轴】面板。
- 使用【属性】面板。
- 创建关键帧。
- 自定义工作区。
- 寻找更多 After Effects 资源。

学习本课大约需要 1 小时

项目：片头

无论是使用 After Effects 制作简单的视频片头，还是创建复杂的特效，所遵循的基本工作流程往往是一样的。After Effects 出色的用户界面为用户创作作品提供了极大的便利，在制作作品的各个阶段，用户都能深切体会到这一点。

After Effects 工作区

After Effects 工作区用起来非常灵活，用户可以根据自身情况自定义工作区。After Effects 主窗口称为“应用程序窗口”，其中排列着各种面板，形成了所谓的“工作区”，如图 1-1 所示。默认工作区中既有堆叠面板，也有独立面板。

A. 应用程序窗口　B.【合成】面板　C. 工作区切换栏　D. 工具栏　E.【项目】面板　F.【时间轴】面板　G. 堆叠面板

图 1-1

你可以根据自己的工作习惯通过拖曳面板的方式来定制工作区。例如，你可以把面板拖放到新位置，更改面板堆叠顺序；把面板拖入或拖离某个面板组，将面板并排或堆叠在一起；或把面板拖出，让其成为浮动面板浮动在应用程序窗口之上。当你重排某些面板时，其他面板会自动调整大小，以适应变化的窗口尺寸。

你可以通过拖曳面板标题栏将面板拖曳到指定的位置，此时，停放面板的区域（称为拖放区）会高亮显示。拖放区决定面板在工作区中的插入位置与方式。把一个面板拖曳到一个拖放区可以实现面板的停靠、分组、堆叠。

当把一个面板拖曳到另一个面板、面板组或窗口的边缘时，它会紧挨着现有组停靠，并且所有组的尺寸会做相应调整，以便容纳新面板。

当把一个面板拖曳到另一个面板、面板组中，或拖至某个面板的标题栏时，该面板将被添加到现有面板组，并且位于顶层。对一个面板进行分组不会引起其他分组尺寸的变化。

你还可以打开浮动面板。为此，需要先选择面板，然后在面板菜单中选择【浮动面板】或【浮动框架】，也可以把面板或面板组拖离拖放区。

1.1　课前准备

在 After Effects 中，一个基本的工作流程包含 6 个步骤：导入与组织素材、创建合成与排列图层、添加效果、制作合成动画、预览作品、渲染与输出最终作品。本课将根据上述工作流程制作一个简单的视频动画，在制作过程中会介绍与 After Effects 用户界面相关的内容。

首先，请你预览一下最终效果，明确本课要创建什么效果。

❶ 在你的计算机中，请检查 Lessons\Lesson01 文件夹中是否包含以下文件夹和文件，若没有包含，请下载它们。

- Assets 文件夹：movement.mp3、swimming_dog.mp4、title.psd。
- Sample_Movies 文件夹：Lesson01.mp4。

❷ 在 Windows Movies & TV 或 QuickTime Player 中打开并播放 Lesson01.mp4 示例影片，了解本课要创建的效果。观看完之后，关闭 Windows Movies & TV 或 QuickTime Player。如果存储空间有限，你可以把示例影片从硬盘中删除。

1.2 创建项目与导入素材

学习每课之前，最好把 After Effects 恢复成默认设置，这样可以保证你看到的界面与本书给出的界面一样（参见前言“恢复默认首选项”中的内容）。你可以使用以下方式完成这个操作。

❶ 启动 After Effects 时，立即按 Ctrl+Alt+Shift（Windows）或 Command+Option+Shift（macOS）组合键，在【启动修复选项】对话框中单击【重置首选项】按钮，如图 1-2 所示，即可恢复默认首选项。

After Effects 启动后，会首先打开【主页】窗口。在这个窗口中，你可以轻松地访问最近的 After Effects 项目、教程，以及关于 After Effects 的更多信息。

> **提示** 在 Windows 操作系统下恢复默认设置可能会比较棘手，尤其是当你的计算机运行速度极快时。你需要在启动 After Effects 时，立即按组合键。或者，你可以在 After Effects 启动完成后，依次选择【编辑】>【同步设置】>【清除设置】，然后重启 After Effects。

❷ 在【主页】窗口中单击【新建项目】按钮，如图 1-3 所示。

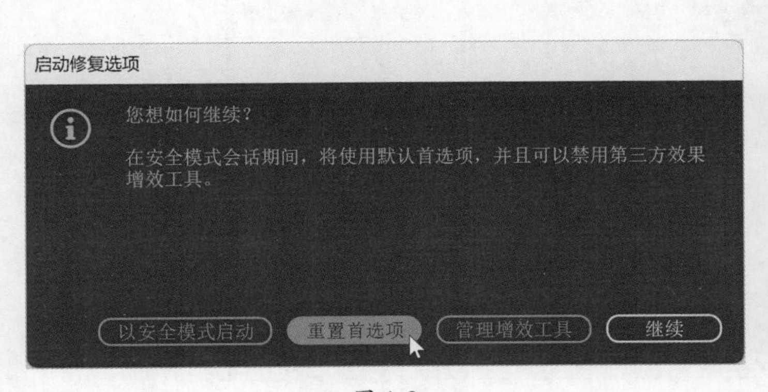

图 1-2

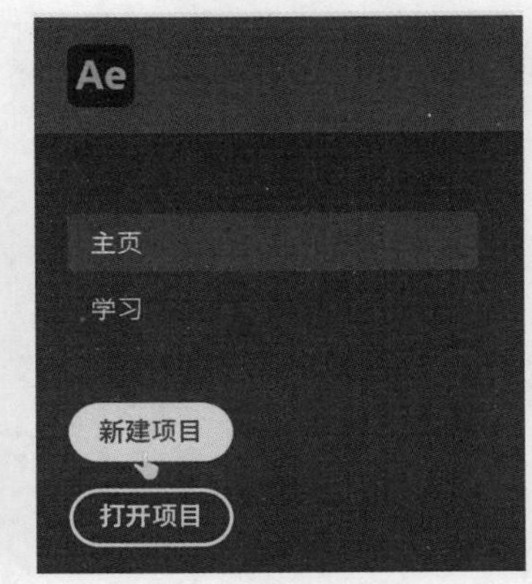

图 1-3

此时，After Effects 会打开一个未命名的空项目，如图 1-4 所示。

After Effects 项目文件是单个文件，其中保存了项目中用到的所有素材的引用。项目文件中还包含合成（Composition），合成是一个容器，用来组合素材、应用特效，以及生成影片。

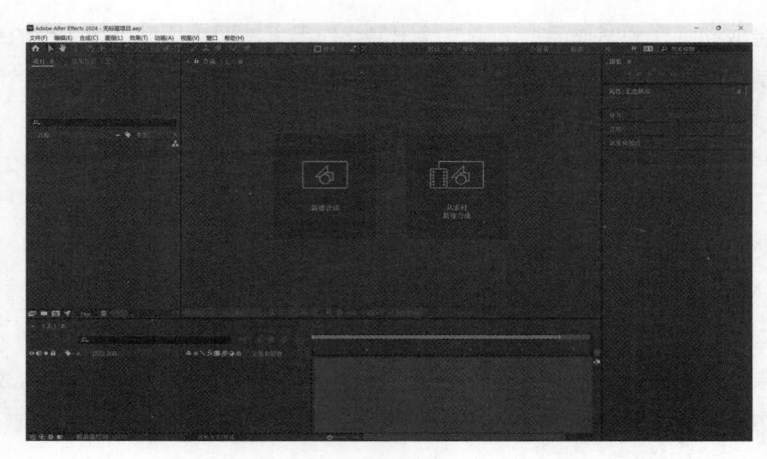

图 1-4

提示 双击某个面板名称，即可将面板最大化。再次双击面板名称，可以将面板恢复成原大小。

新建项目后，首先要做的是向其中添加素材。

❸ 在菜单栏中，依次选择【文件】>【导入】>【文件】，打开【导入文件】对话框。

❹ 在【导入文件】对话框中，转到 Lessons\Lesson01\Assets 文件夹，按住 Shift 键，同时选择 movement.mp3 与 swimming_dog.mp4 两个文件，然后单击【导入】(Windows) 或【打开】(macOS) 按钮，如图 1-5 所示。

注意 若两个文件不相邻，按住 Ctrl（Windows）或 Command（macOS）键分别单击，即可将它们同时选中。请注意，不要选择 title.psd 文件。

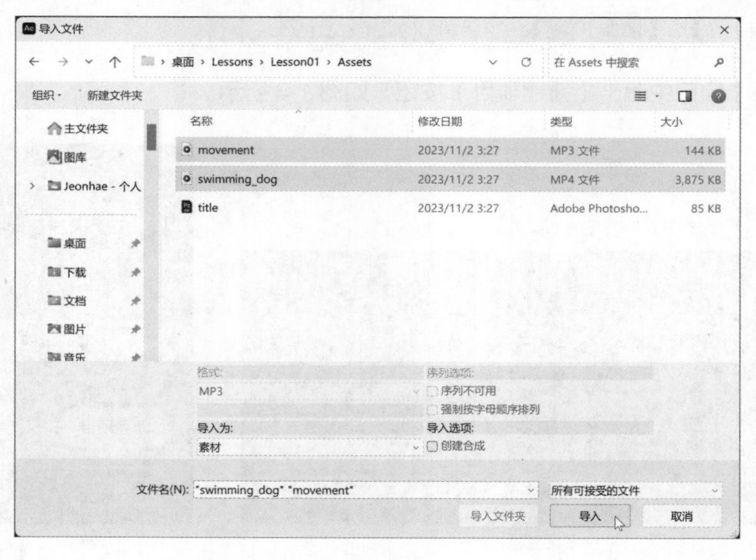

图 1-5

素材是 After Effects 项目的基本组成元素。After Effects 支持多种类型的素材，包括动态图像文件、静态图像文件、静态图像序列、音频文件、Photoshop 与 Illustrator 生成的图层文件、其他 After Effects 项目、Premiere Pro 项目等。你可以随时向项目中导入素材。

制作本项目会用到一个包含多个图层的 Photoshop 文件，导入时，需要将其作为一个合成单独导入。

> 提示 你还可以在菜单栏中依次选择【文件】>【导入】>【多个文件】，选择位于不同文件夹中的文件，或者直接从【文件资源管理器】或【访达】中拖入多个文件。此外，你也可以使用 Adobe Bridge 搜索、管理、预览、导入素材。

❺ 在【项目】面板的空白区域双击，如图 1-6 所示，打开【导入文件】对话框。

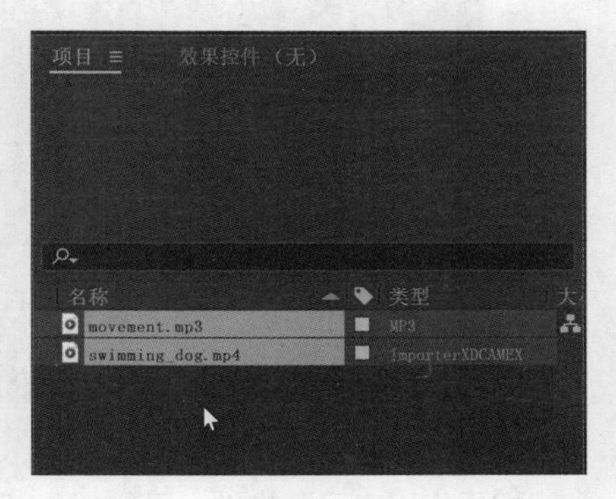

图 1-6

❻ 转到 Lesson01\Assets 文件夹，选择 title.psd 文件，在【导入为】下拉列表中选择【合成】(在 macOS 下，可能需要单击【选项】才能看到【导入为】下拉列表)，然后单击【导入】(Windows)或【打开】(macOS)按钮，如图 1-7 所示。

此时 After Effects 打开另外一个对话框，显示当前导入文件的多个选项。

❼ 在 title.psd 对话框中，在【导入种类】下拉列表中选择【合成】，把包含图层的 Photoshop 文件导入为合成。在【图层选项】中，选择【可编辑的图层样式】，然后单击【确定】按钮，如图 1-8 所示。

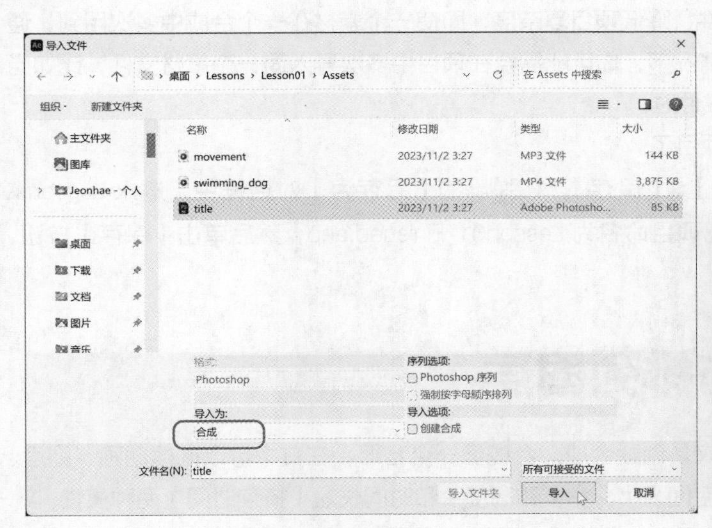

图 1-7

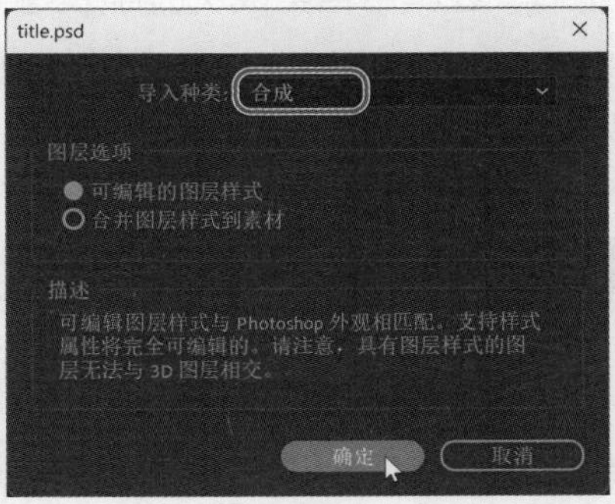

图 1-8

此时，【项目】面板中显示出所导入的素材。

❽ 在【项目】面板中单击不同素材，你会在【项目】面板的上方看到相应素材的预览缩略图，缩略图右侧会显示相应素材文件的类型、大小等信息，如图 1-9 所示。

请注意，导入文件时，After Effects 并不会把视频、音频等素材本身复制到项目中。【项目】面板中列出的各个素材其实是指向相应素材源文件的链接。当 After Effects 需要获取这些素材时，它会直接从相应源文件中读取。这样做可以使项目文件较小，并且允许你在其他应用程序中修改源文件，而无须修改项目文件。

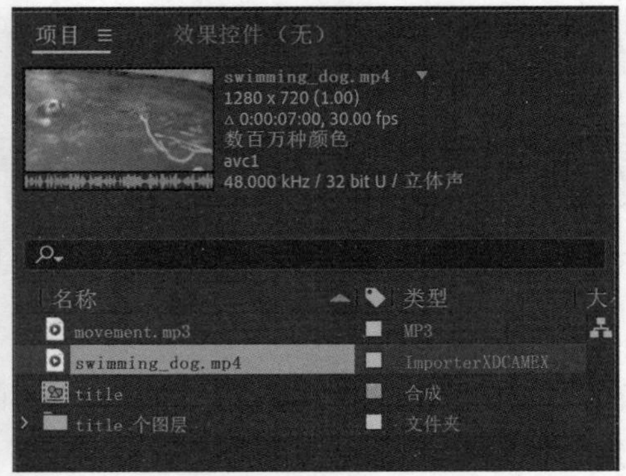

图 1-9

如果你移走了源文件，导致 After Effects 无法访问到它，After Effects 就会弹出文件缺失警告。此时，可以在菜单栏中依次选择【文件】>【整理工程】>【查找缺失的素材】，查找缺失的素材。此外，你还可以在【项目】面板的搜索框中输入“缺失素材”查找缺失的素材。

提示 你可以使用同样的方法查找缺失的字体与效果。选择【文件】>【整理工程】，然后选择【查找缺失的字体】或【查找缺失的效果】。或者，在【项目】面板的搜索框中直接输入“缺失字体”或“缺失效果”。

为了节省时间、尽量减小项目文件、降低项目复杂度，即使一个素材在一个合成中多次用到，通常也只导入一次。但是，在某些特殊情况下，你可能需要在项目中多次导入同一个素材文件，比如当你需要以不同的帧速率使用这个素材文件时。

素材导入完成后，接下来该保存项目了。

⑨ 在菜单栏中依次选择【文件】>【保存】，在弹出的【另存为】对话框中，进入 Lessons\Lesson01\Finished_Project 文件夹，把项目命名为 Lesson01_Finished.aep，然后单击【保存】按钮，保存项目。

1.3 创建合成与排列图层

按照前面介绍的工作流程，接下来是创建合成。合成像一个容器，在其中可以创建动画、图层、效果。After Effects 中的合成同时具有空间大小（宽度和高度）和时间长短（持续时间）两种属性。

合成中包含一个或多个图层，它们显示在【合成】面板和【时间轴】面板中。当向合成中添加一个素材时，不管这个素材是什么（如静态图像、动态图像、音频文件、灯光、摄像机，甚至另一个合成），After Effects 都会把它变成一个新图层。简单项目可能只包含一个合成，而复杂项目可能包含很多个合成，用来组织项目中用到的大量素材或复杂的视觉效果。

创建合成时，你只需把素材拖曳到【时间轴】面板中，After Effects 会自动为其创建图层。

提示 导入素材时，在【导入文件】对话框中选择待导入的文件，然后在【导入选项】下勾选【创建合成】，After Effects 会基于选中的素材创建合成。

① 在【项目】面板中，按住 Shift 键，同时选中 movement.mp3、swimming_dog.mp4、title 这 3

个素材。请注意，不要选择 title 图层文件夹。

❷ 把选中的素材拖曳到【时间轴】面板中，如图 1-10 所示。此时，弹出【基于所选项新建合成】对话框。

After Effects 会根据所选素材确定新合成的尺寸。本例中，所有素材尺寸相同，因此可以采用对话框中默认的合成设置。

❸ 在【使用尺寸来自】下拉列表中选择【swimming_dog.mp4】，然后单击【确定】按钮新建合成，如图 1-11 所示。

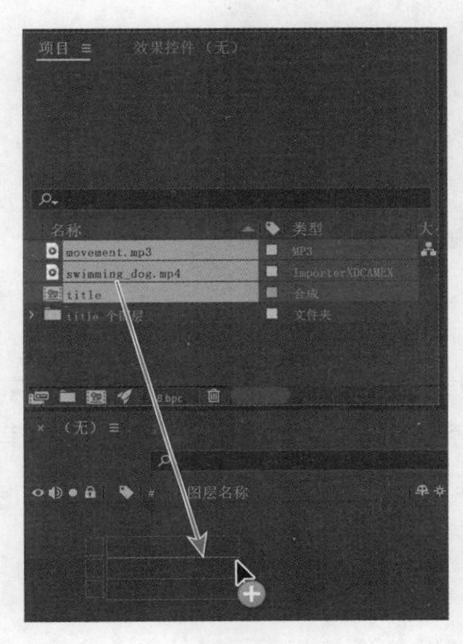

图 1-10

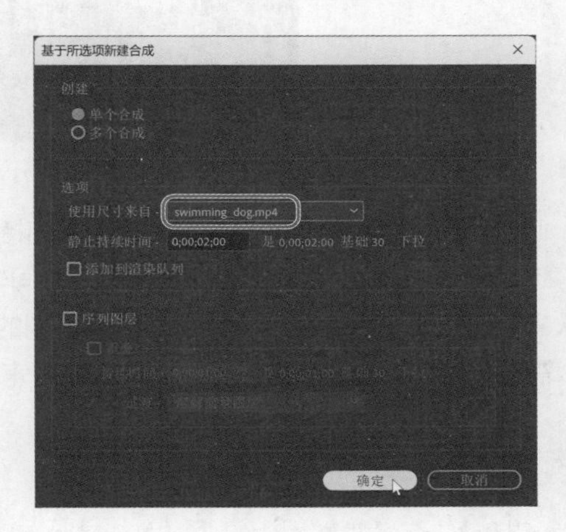

图 1-11

素材以图层形式出现在【时间轴】面板中，【合成】面板中出现名为 swimming_dog.mp4 的合成，如图 1-12 所示。

图 1-12

当向某个合成添加素材时，After Effects 即以所添加的素材为源新建图层。一个合成可以包含任意多个图层，并且你可以把一个合成作为图层放入另一个合成中，这称为合成的嵌套。

有些素材的时长比其他素材长，如果希望它们与小狗视频一样长，你可以参照小狗视频时长把整个合成的持续时间更改为 7 秒。

❹ 在菜单栏中选择【合成】>【合成设置】，打开【合成设置】对话框。

❺ 在【合成设置】对话框中，把合成重命名为 movement，设置【持续时间】为 7 秒，然后单击【确定】按钮，如图 1-13 所示。

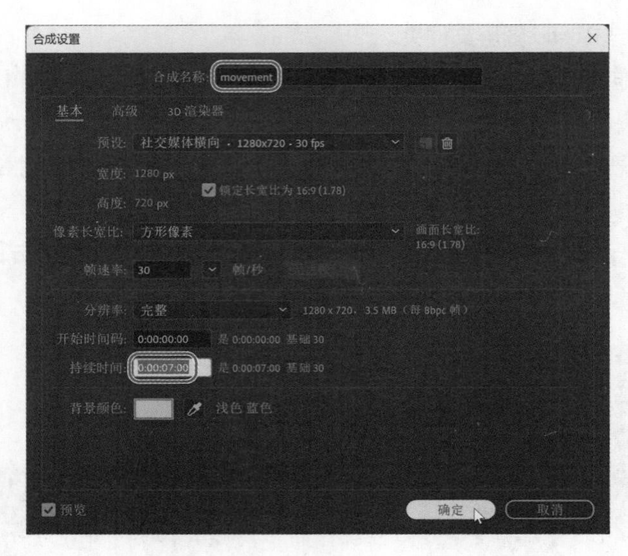

图 1-13

此时，在【时间轴】面板中，各个图层的持续时间是相同的。

这个合成中用到了 3 个素材，因此【时间轴】面板中显示出 3 个图层。图层的堆叠顺序取决于导入素材时选择素材的顺序，所以你最终得到的图层堆叠顺序可能与之前的不同。在添加效果与动画时，需要按特定的顺序堆叠图层，因此，接下来对图层的堆叠顺序进行调整。

关于图层

图层是合成的基本构件。当向合成中添加一个素材时，不管这个素材是什么（如静态图像、动态图像、音频文件、灯光、摄像机，甚至另外一个合成），After Effects 都会把它变成一个新图层。若没有图层，则合成只包含一个空帧。

图层用于把一种素材与另一种素材分开，这样当你处理这个素材时就不会影响另一个素材了。例如，你可以移动、旋转一个图层，或者在这个图层上绘制蒙版路径，这些操作不会对合成中的其他图层产生影响。当然，你还可以把同一个素材放到多个图层上，每个图层具有不同的用途。一般而言，【时间轴】面板中图层的堆叠顺序与【合成】面板中图层的堆叠顺序对应。

❻ 在【时间轴】面板中，单击空白区域，取消对图层的选择。如果 title 图层不在顶层，将其拖曳到顶层。把 movement.mp3 图层拖曳到底层，如图 1-14 所示。

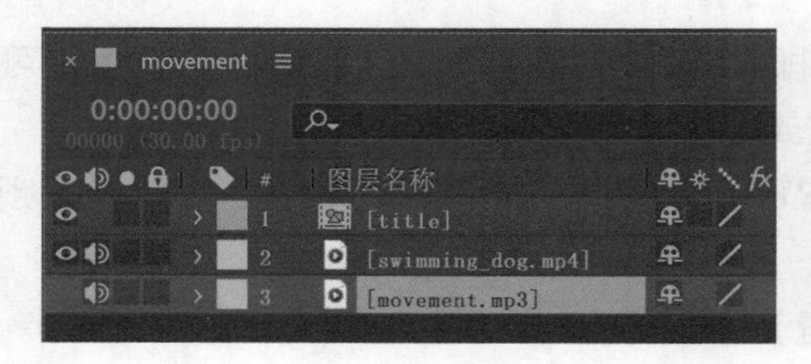

图 1-14

提示 在【时间轴】面板中单击空白区域，或者按 F2 键，可以取消对所有图层的选择。

❼ 在菜单栏中，选择【文件】>【保存】，保存当前项目。

1.4 更改图层属性与添加效果

前面已经创建好了合成，接下来就该添加效果、做变换，以及添加动画了，在这个过程中你会体会到许多乐趣。你可以添加、组合任意效果，更改图层的属性，如尺寸、位置、不透明度等。使用效果，你可以改变图层的外观，甚至可以从零开始创建视觉元素。After Effects 提供了几百种效果，为项目添加效果最简单的方式就是应用这些效果。

> **注意** 本节展示的内容仅是冰山一角。在第 2 课及其他后续课程中将介绍更多有关效果和动画预设的内容。

1.4.1 更改图层属性

title 图层位于屏幕的中央位置，播放小狗视频时它会遮挡住小狗，分散人们对小狗的注意力。为此，需要把它移动到画面的左下角，这样 title 图层仍然可见，又不会影响整个画面的视觉表达。

❶ 在【时间轴】面板中选择 title 图层（第一个图层）。此时，在【合成】面板中，图层的周围出现多个锚点，如图 1-15 所示。

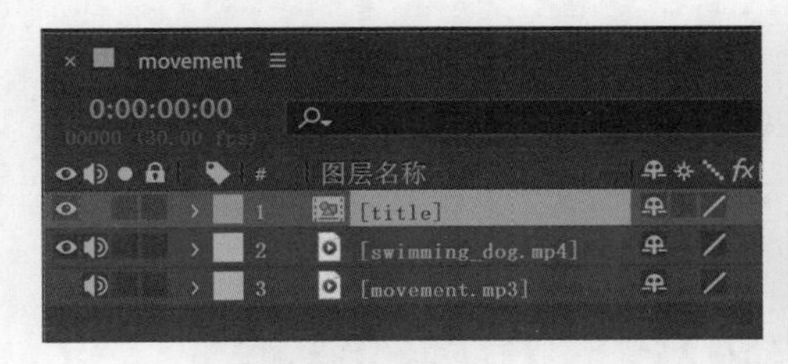

图 1-15

❷ 单击图层编号左侧的箭头图标，展开图层，再展开【变换】属性，显示其下的【锚点】【位置】【缩放】【旋转】【不透明度】属性，如图 1-16（a）所示。请注意，同样的属性也会在【属性】面板中显示出来，如图 1-16（b）所示。

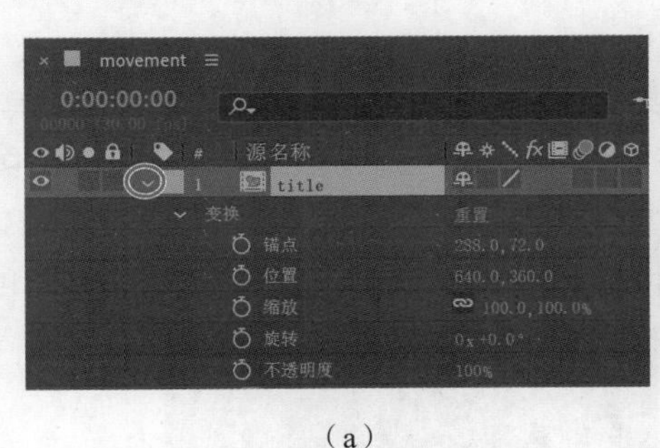

（a）

（b）

图 1-16

❸ 如果看不到这些属性，请向下拖曳【时间轴】面板右侧的滚动条。不过，更好的做法是使用快捷键：再次选中 title 图层，按 P 键，显示【位置】属性。

按 P 键后，After Effects 只显示【位置】属性，这里只更改这个属性。通过更改【位置】属性，把 title 图层移动到画面左下角。

❹ 在【位置】属性中，把坐标修改为 (265,635)，或者使用【选取工具】把 title 图层拖曳到画面的左下角，如图 1-17 所示。

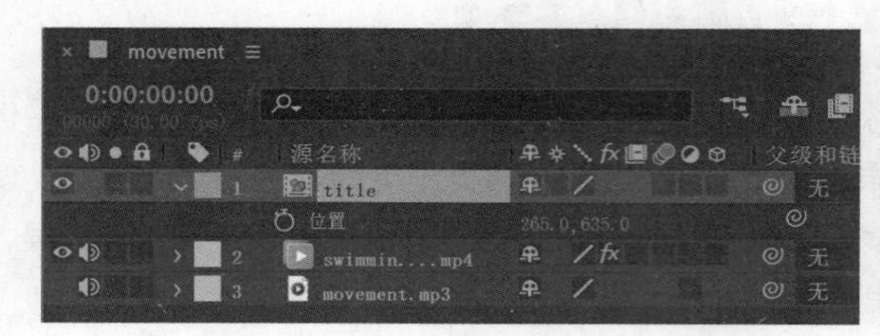

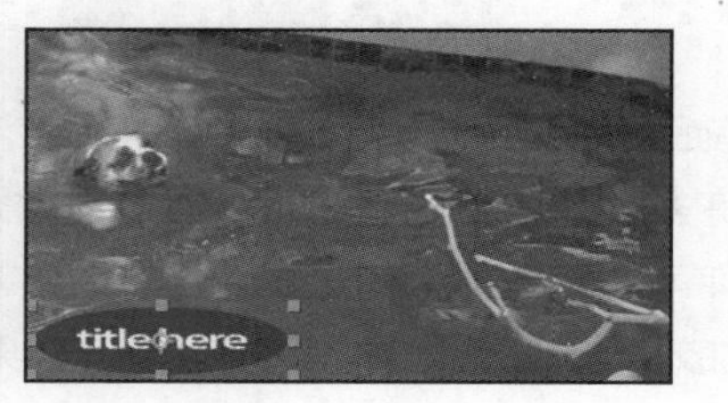

图 1-17

❺ 按 P 键，隐藏【位置】属性，或者再次单击图层编号左侧的箭头图标，隐藏所有属性。

1.4.2 添加效果校正颜色

After Effects 提供了多种效果用来校正与调整画面颜色。这里使用【自动对比度】效果调整画面的整体对比度，同时加深池水颜色。

❶ 在【时间轴】面板中，选择 swimming_dog.mp4 图层。

> **注意** 在【时间轴】面板中双击某个图层，After Effects 会在【图层】面板中打开它。此时单击合成选项卡的标题栏，即可返回【合成】面板。

❷ 在应用程序窗口右侧的堆叠面板中，展开【效果和预设】面板，在搜索框中输入“对比度”，如图 1-18 所示。

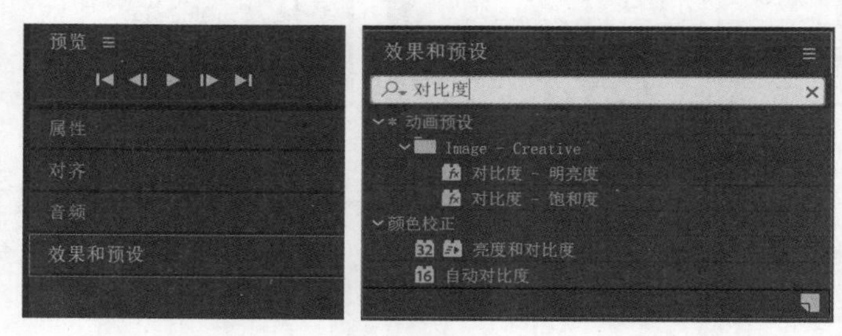

图 1-18

After Effects 会搜索包含“对比度”关键字的效果和预设，同时把搜索结果显示出来。其实，当你输入“对比度”这个词的时候，【自动对比度】(在【颜色校正】组下) 效果就已经在面板中显示了出来。

❸ 把【自动对比度】效果拖曳到【时间轴】面板中的 swimming_dog.mp4 图层上，如图 1-19 所示。

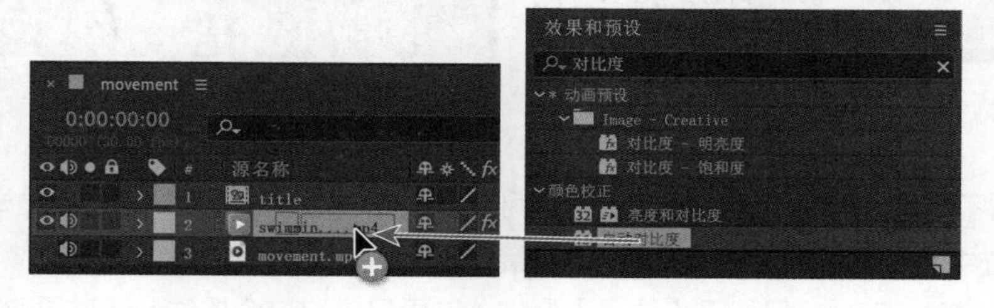

图 1-19

After Effects 会把【自动对比度】效果应用到 swimming_dog.mp4 图层，并在工作区的左上角自动打开【效果控件】面板，如图 1-20 所示。

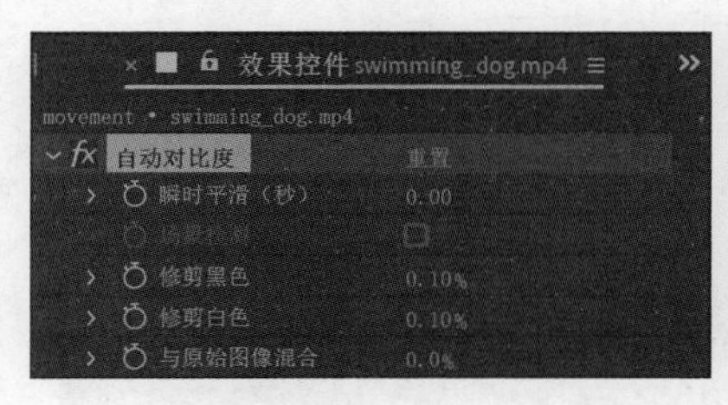

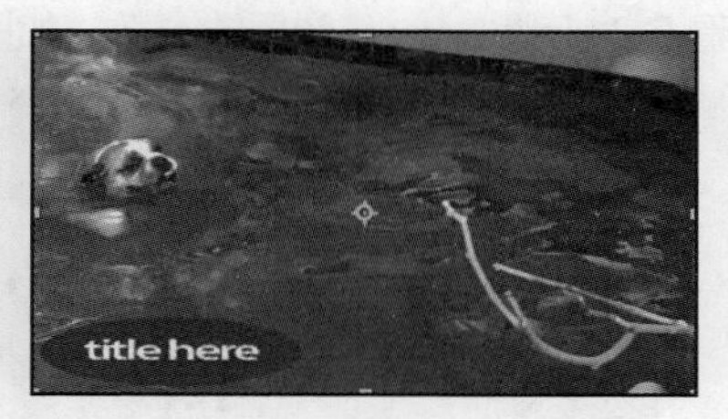

图 1-20

【自动对比度】效果大大提高了画面的对比度，但有些“过头”了。此时，你可以手动调整【自动对比度】效果的各个参数，把对比度降低一些。

❹ 在【效果控件】面板中，单击【与原始图像混合】右侧的数字，输入 20%，按 Enter（Windows）或 Return（macOS）键，使输入的值生效，如图 1-21 所示。

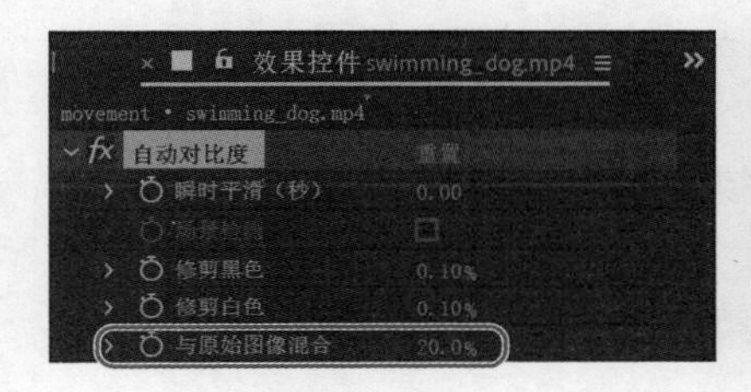

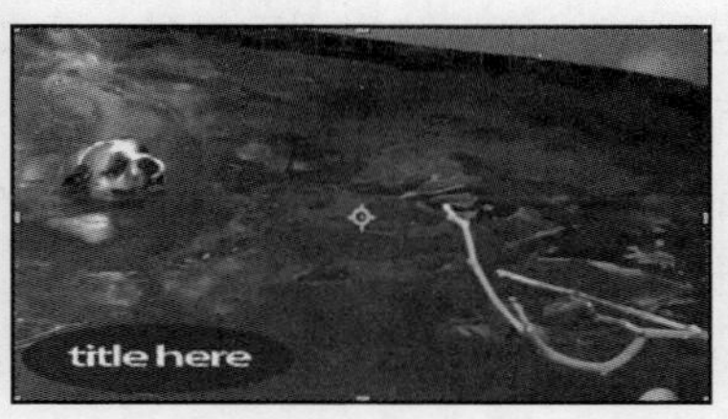

图 1-21

1.4.3　添加风格化效果

After Effects 还提供了大量风格化效果，使用这些效果可以增强画面的艺术效果。例如，你可以轻松地把光束添加到视频中，再通过参数调整光线的角度与明亮度，让画面产生艺术感。

❶ 在【效果和预设】面板中，单击搜索框右侧的 ×，将搜索框清空，然后使用以下任意一个方法找到 CC Light Sweep 效果。

- 在搜索框中输入“CC Light”，如图 1-22（a）所示。
- 单击【生成】左侧的箭头图标，将其展开，找到 CC Light Sweep 效果，如图 1-22（b）所示。

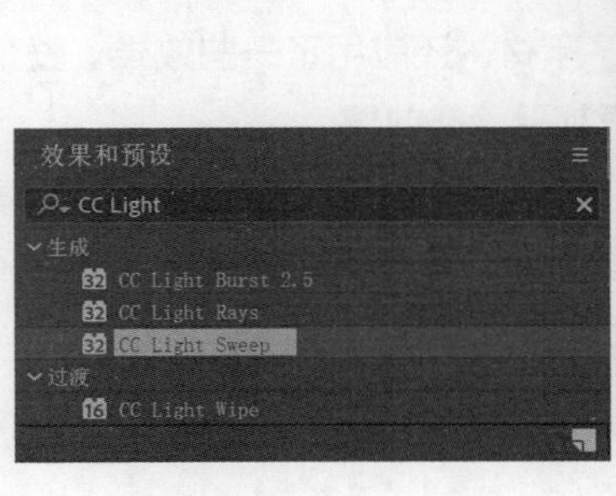

（a）

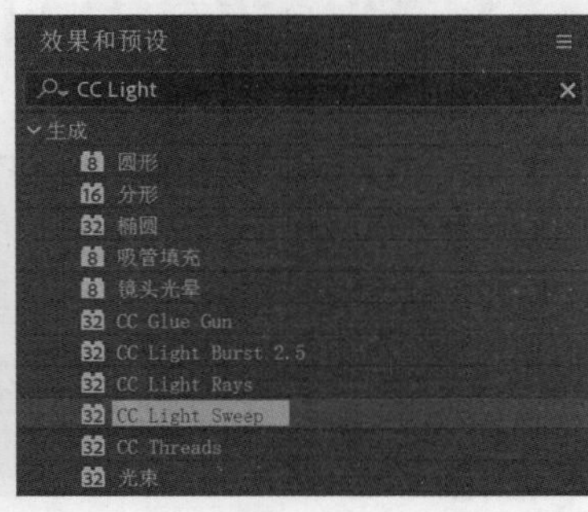

（b）

图 1-22

❷ 把 CC Light Sweep 效果拖曳到【时间轴】面板中的 swimming_dog.mp4 图层上。此时，在【效

果控件】面板中，你可以看到刚刚添加的 CC Light Sweep 效果，它就在【自动对比度】效果下方。

③ 在【效果控件】面板中，单击【自动对比度】效果左侧的箭头图标，将其参数收起，这样可以更方便地查看 CC Light Sweep 效果的参数，如图 1-23 所示。

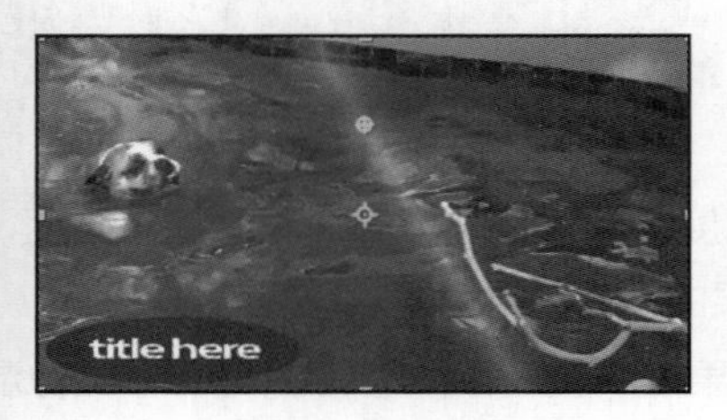

图 1-23

④ 在【效果控件】面板中做以下设置，更改光线的照射方向，如图 1-24 所示。

- 把 Direction 值设为 0x+37°。
- 在 Shape 下拉列表中选择 Smooth，把光束变宽、变柔和。
- 把 Width 值设为 68，让光束宽一些。
- 把 Sweep Intensity 值设为 20，让光束更柔和。

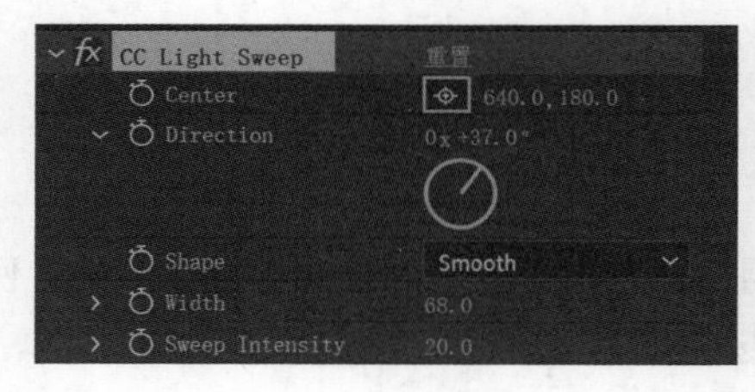

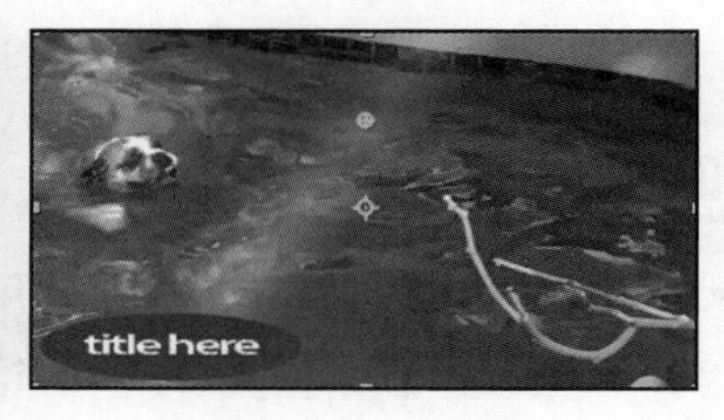

图 1-24

⑤ 在菜单栏中，依次选择【文件】>【保存】，保存当前项目。

1.5 向合成添加动画

前面已经建好了一个项目，创建了合成，导入了素材，还应用了一些效果。整个画面看起来已经很不错了，接下来添加点动态效果。前面添加的效果都是静态效果。

在 After Effects 中，你可以使用传统的关键帧、表达式、关键帧辅助让图层的多个属性随时间的变化而变化。在学习本书的过程中，你会接触到这些方法。本项目将应用一个动画预设，把指定文本在画面中逐渐显示出来，并且让文本颜色随着时间发生变化。

1.5.1 准备文本合成

这里会使用一个现成的 title 合成，它是在导入包含图层的 Photoshop 文件时创建的。

① 单击【项目】面板，然后双击 title 合成，如图 1-25（a）所示，将其在【时间轴】面板中单独打开，如图 1-25（b）所示。

注意 若【项目】面板未显示出来，在菜单栏中依次选择【窗口】>【项目】，即可将【项目】面板显示出来。

title 合成是导入 Photoshop 文件（包含图层）时创建的，包含 Title Here、Ellipse 1 两个图层，显示在【时间轴】面板中。Title Here 图层包含占位文本，它是在 Photoshop 中创建的。

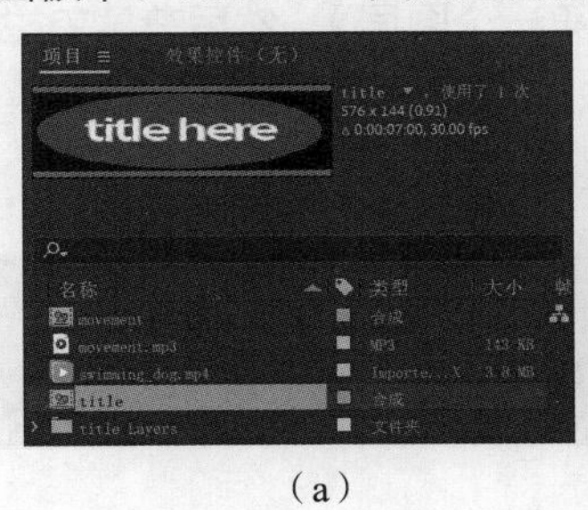

（a）

（b）

图 1-25

【合成】面板顶部是合成导航条，它显示了主合成（movement）与当前合成（title，嵌套于主合成之中）之间的关系，如图 1-26 所示。

图 1-26

你可以把多个合成嵌套在一起，合成导航条将显示整个合成路径，合成名称之间的箭头表示信息流动的方向。

替换文本之前，需要把图层转换成可编辑状态。

关于工具栏

在 After Effects 中，工具栏（见图 1-27）位于应用程序窗口的左上方。一旦创建好合成，工具栏中的工具就进入可用状态。After Effects 提供了多种工具用于调整合成中的元素。如果你用过 Adobe 出品的其他软件（如 Photoshop），相信你会对其中某些工具很熟悉，例如【选取工具】和【手形工具】。某些工具则是 After Effects 特有的，你可能是第一次见到它们。

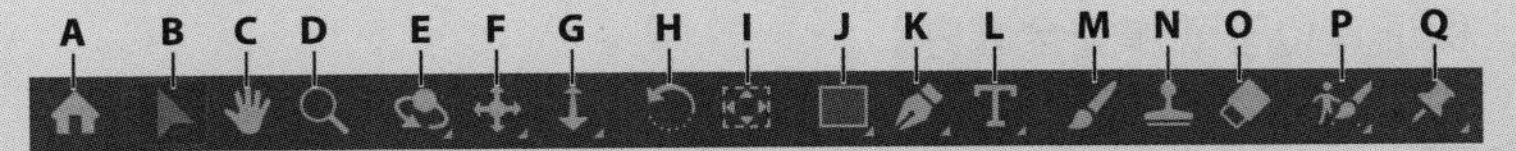

A. 主页　B. 选取工具　C. 手形工具　D. 缩放工具　E. 绕光标旋转工具　F. 在光标下移动工具　G. 向光标方向推拉镜头工具　H. 旋转工具　I. 向后平移（锚点）工具　J. 矩形工具　K. 钢笔工具　L. 横排文字工具　M. 画笔工具　N. 仿制图章工具　O. 橡皮擦工具　P. Roto 笔刷工具　Q. 人偶位置控点工具

图 1-27

当把鼠标指针放到某个工具上时，After Effects 将显示工具名称及其快捷键。有些工具的右下角有一个三角形图标，这表示该工具之下包含多个工具。此时，在工具图标上按住鼠标左键不放将显示其下所有工具，然后从中选择所需工具即可。

❷ 在【时间轴】面板中，选择 Title Here 图层（第一个图层），然后在菜单栏中依次选择【图层】>【创建】>【转换为可编辑文字】，如图 1-28 所示。

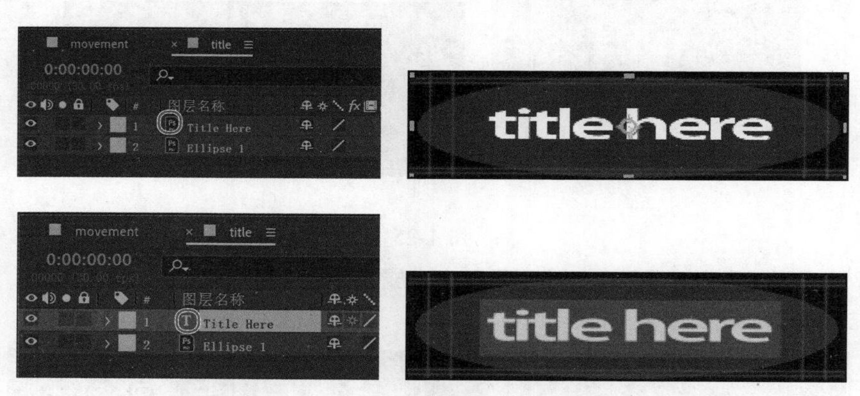

图 1-28

💡 提示　若 After Effects 警告字体缺失或图层依赖关系出现问题，请单击【确定】按钮，然后打开 Adobe Fonts，激活缺失字体即可。

在【时间轴】面板中，Title Here 图层左侧出现“T”图标，如图 1-29（a）所示，表示当前图层为可编辑文本图层。此时在【合成】面板中，“title here”文本处于选中状态，等待你编辑，如图 1-29（b）所示。

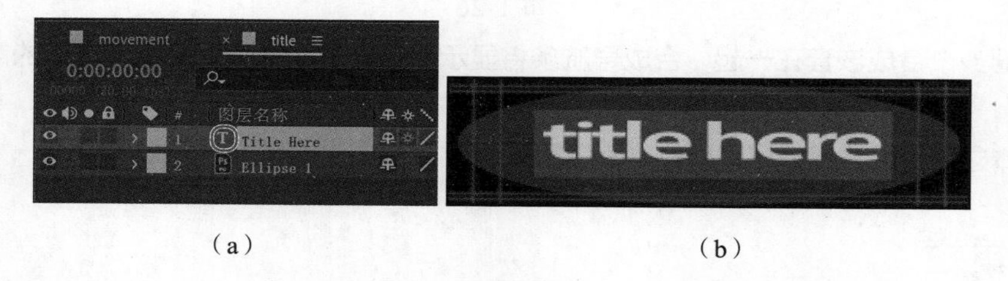

（a）　　　　　　（b）

图 1-29

【合成】面板的上、下、左、右出现一些蓝色线条，它们代表字幕安全区和动作安全区。电视机播放视频影像时会将其放大，导致屏幕边缘把视频影像的部分外边缘切割掉，这就是所谓的“过扫描”（Overscan）问题。不同电视机的过扫描值各不相同，必须把视频图像的重要部分（例如动作或字幕）放在安全区内。本例要把文本置于内侧蓝线内，确保其位于字幕安全区内；同时要把重要的场景元素放在外侧蓝线内，保证其位于动作安全区内。

1.5.2　编辑文本

首先把占位文本替换为所需要的文本，然后调整文本格式，使其呈现出最好的显示效果。

❶ 在工具栏中，选择【横排文字工具】（T），然后在【合成】面板中选中占位文本，输入“on the move”，如图 1-30 所示。

注意 After Effects 提供了灵活的字符和段落格式控制功能，本项目使用 After Effects 的默认设置（不论你使用哪种字体输入文本）即可。第 3 课将讲解更多有关文本的内容。

图 1-30

❷ 再次选中文本，在【属性】面板（位于屏幕右侧）的【文本】区域中，设置字体大小为 100 像素，字符间距为 -50，如图 1-31 所示。

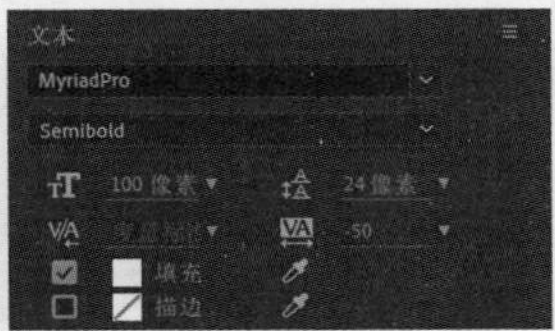

图 1-31

1.5.3 使用动画预设制作文本动画

前面已经设置好了文本格式，接下来就可以为其应用动画预设了。这里为文本应用【单词淡化上升】预设，让文本依次出现在画面中。

❶ 在【时间轴】面板中选中 Title Here 图层，使用以下方法之一确保其当前位于动画的第一帧，如图 1-32 所示。

- 把时间指示器沿着时间标尺向左拖曳到 0:00 位置。
- 按 Home 键。

图 1-32

❷ 展开【效果和预设】面板，在搜索框中输入“单词淡化上升”。

❸ 在 Animate In 中，选中【单词淡化上升】预设，将其拖曳到【合成】面板中的“on the move”文本上，如图 1-33 所示。

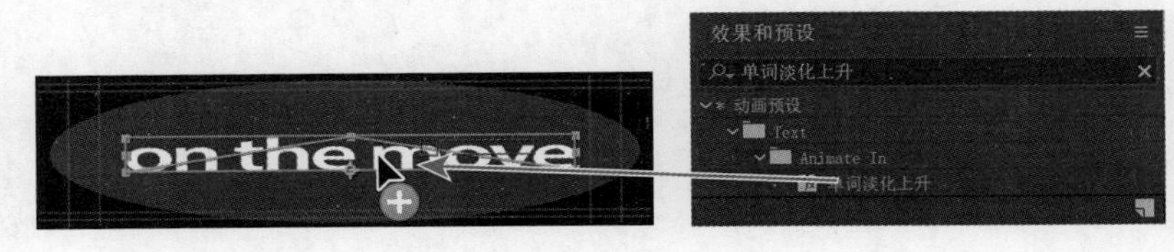

图 1-33

这样就把【单词淡化上升】预设应用到了“on the move”文本上。【单词淡化上升】预设很简单，因此，在【效果控件】面板中看不到它的任何参数。

❹ 把时间指示器从 0:00 拖曳到 1:00，预览文本淡入效果。可以看到，随着时间的推移，组成文本的各个字母从左到右依次显示，到 1:00 时，字母全部显示出来，如图 1-34 所示。

图 1-34

关于持续时间与时间码

在 After Effects 中，一个与时间相关的重要概念是持续时间（或称时长）。项目中的每个素材、图层、合成都有相应的持续时间，它在合成、图层和【时间轴】面板中的时间标尺上表现为开始时间与结束时间。

在 After Effects 中查看和指定时间的方式取决于所采用的显示样式或度量单位（即用来描述时间的单位）。默认情况下，After Effects 采用电影和电视工程师学会（Society of Motion Picture and Television Engineer，SMPTE）时间码显示时间，标准格式：小时 : 分钟 : 秒 : 帧。请注意，After Effects 界面中以分号分隔的时间数字为【丢帧】时间码（调整实时帧率），以冒号分隔的时间数字为【非丢帧】时间码。

如果你想了解何时以及如何切换到另一种时间显示系统，例如以帧、英尺或胶片帧为计时单位等，请阅读 After Effects 帮助文档中的相关内容。

关于【时间轴】面板

使用【时间轴】面板可以动态改变图层属性，为图层设置入点与出点（入点和出点分别指的是图层在合成中的开始点和结束点）。【时间轴】面板中的许多控件都是按功能分栏组织的。默认情况下，【时间轴】面板包含若干栏和控件，如图 1–35 所示。

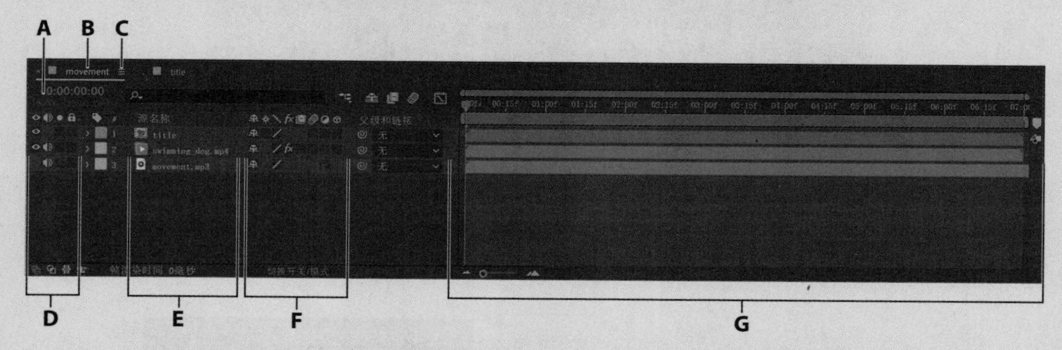

A. 当前时间　B. 合成名称　C.【时间轴】面板菜单　D. 音频 / 视频开关栏
E. 源名称 / 图层名称栏　F. 图层开关　G. 时间图表 / 图表编辑器

图 1-35

理解时间图表

【时间轴】面板中的时间图表（位于右侧）包含时间标尺、时间指示器、图层持续时间条，如图 1-36 所示。

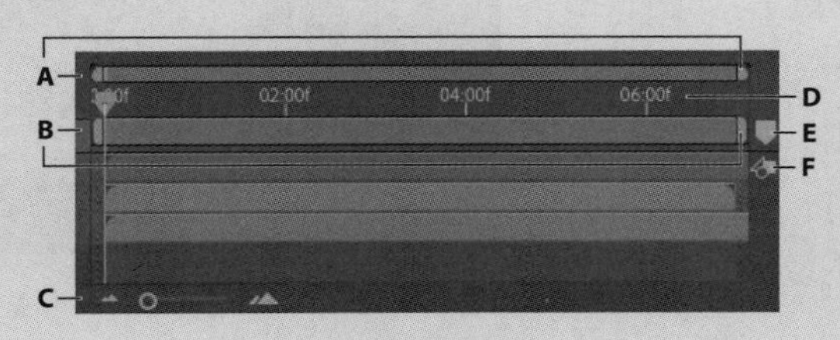

A. 时间导航器开始与结束标记
B. 工作区域开头与结尾标记
C. 时间缩放滑块
D. 时间标尺
E. 合成标记素材箱
F. 合成按钮

图 1-36

在深入学习动画之前，有必要了解一下其中一些控件。合成、图层、素材的持续时间都在时间图表中直观地显示出来。在时间标尺上，时间指示器指示当前正在查看或编辑的帧，该帧会同时显示在【合成】面板中。

工作区域开头和结尾标记指示要渲染合成哪部分，用于预览或最终输出。处理合成时，你可能只想渲染其中一部分，此时你可以把合成时间标尺上的一个片段指定为工作区域。

合成的当前时间显示在【时间轴】面板的左上角。拖曳时间标尺上的时间指示器可以更改当前时间。此外，你还可以在【时间轴】面板或【合成】面板中单击当前时间区域，输入新时间，然后按 Enter（Windows）或 Return（macOS）键，或者单击【确定】按钮来更改当前时间。

关于【时间轴】面板的更多内容，请阅读 After Effects 帮助文档。

1.5.4 使用关键帧制作文本模糊动画

本小节讲解如何使用关键帧为文本制作模糊动画。

❶ 执行如下任意一种操作，使时间指示器回到时间标尺开头。

- 沿着时间标尺向左拖曳时间指示器，使其到达时间标尺左端，即 0:00 处。
- 在【时间轴】面板中，单击当前时间区域，输入“00”，然后按 Enter（Windows）或 Return（macOS）键；或者在【合成】面板中单击预览时间，在弹出的【转到时间】对话框中输入“00”，单击【确定】按钮。

❷ 在【效果和预设】面板的搜索框中输入“通道模糊”。

❸ 把【通道模糊】效果拖曳到【时间轴】面板中的 Title Here 图层上。

这样即可将【通道模糊】效果应用到 Title Here 图层上,【效果控件】面板中显示相关设置参数。【通道模糊】效果分别对图层中的红色、绿色、蓝色、Alpha 通道做模糊处理，从而为视频上的文本创建一种有趣的外观。

❹ 在【效果控件】面板中，分别把【红色模糊度】【绿色模糊度】【蓝色模糊度】【Alpha 模糊度】设置为 50。

【红色模糊度】【绿色模糊度】【蓝色模糊度】【Alpha 模糊度】左侧各有一个秒表图标（⏱），逐个单击它们，创建初始关键帧。这样，文本刚出现时就是模糊的。

❺ 关键帧用来创建和控制动画、效果、音频属性和其他许多随时间改变的属性。在关键帧标记的时间点上，可以设置空间位置、不透明度、音量等各种属性值。After Effects 会自动使用插值法计算

关键帧之间的值。在使用关键帧创建动画时，至少要用到两个关键帧，其中一个关键帧记录变化之前的状态，另一个关键帧记录变化之后的状态。

❻ 在【模糊方向】下拉列表中选择【垂直】，如图 1-37 所示。

❼ 在【时间轴】面板中，把时间指示器移动到 1:00 处。

❽ 更改【红色模糊度】【绿色模糊度】【蓝色模糊度】【Alpha 模糊度】的值均为 0，如图 1-38 所示。

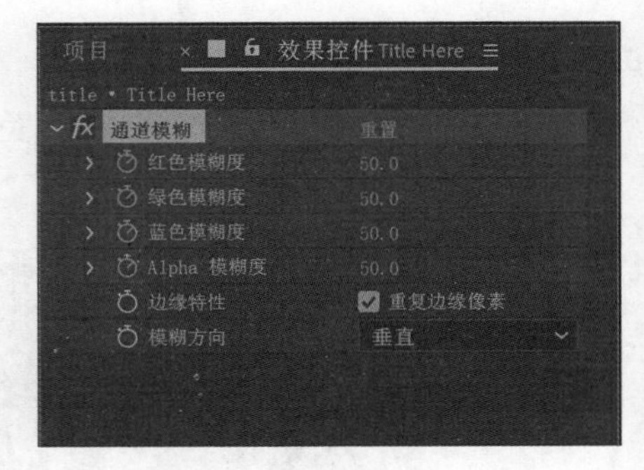

图 1-37

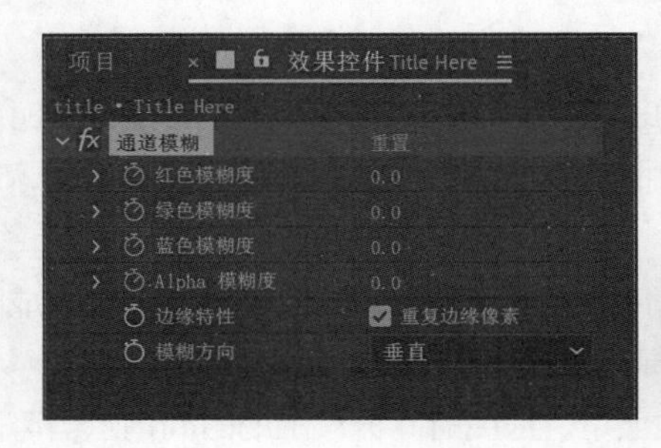

图 1-38

❾ 把时间指示器从 0:00 拖曳到 1:00，预览应用的模糊效果，如图 1-39 所示。

图 1-39

1.5.5 更改背景的不透明度

到这里，文字效果就制作完成了。但是背景的椭圆形太“实”了，把一部分视频画面挡住了。接下来调整椭圆形的不透明度，使被其遮挡的视频画面显示出来。

❶ 在【时间轴】面板中，选择 Ellipse 1 图层。

❷ 在【属性】面板中，把【不透明度】值更改为 20%，如图 1-40 所示。

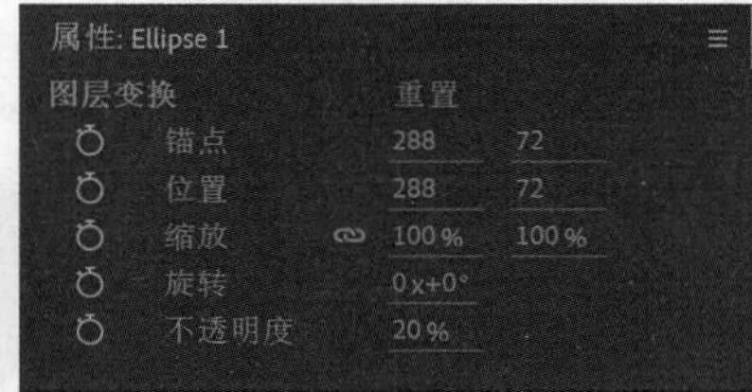

图 1-40

> 提示 在【属性】面板或【时间轴】面板中，都可修改【不透明度】值。【不透明度】属性的快捷键是 T。为了便于记忆，可以把“不透明度”想象成“透明度”，而“透明度”（Transparency）的英文首字母就是 T。

提示 在【时间轴】面板中，单击 movement 选项卡，即可查看文本及椭圆形背景在视频画面中的显示效果。

使用【属性】面板

选择某个图层后，在【属性】面板中可快速访问该图层的各个属性，如图 1-41 所示。在【属性】面板中，不仅能看到所有图层都有的【变换】属性，还能看到文本或形状图层的专属属性。你还可以在【属性】面板中将嵌套合成中的基本属性制作成动画。

在【属性】面板中双击某个属性名称，可将其在【时间轴】面板中显示出来。

【时间轴】面板或【属性】面板都可用来给属性制作动画，具体用哪个取决于你自己的喜好和工作流程。在本书中，当使用【属性】面板更高效时，会首选它来制作属性动画。

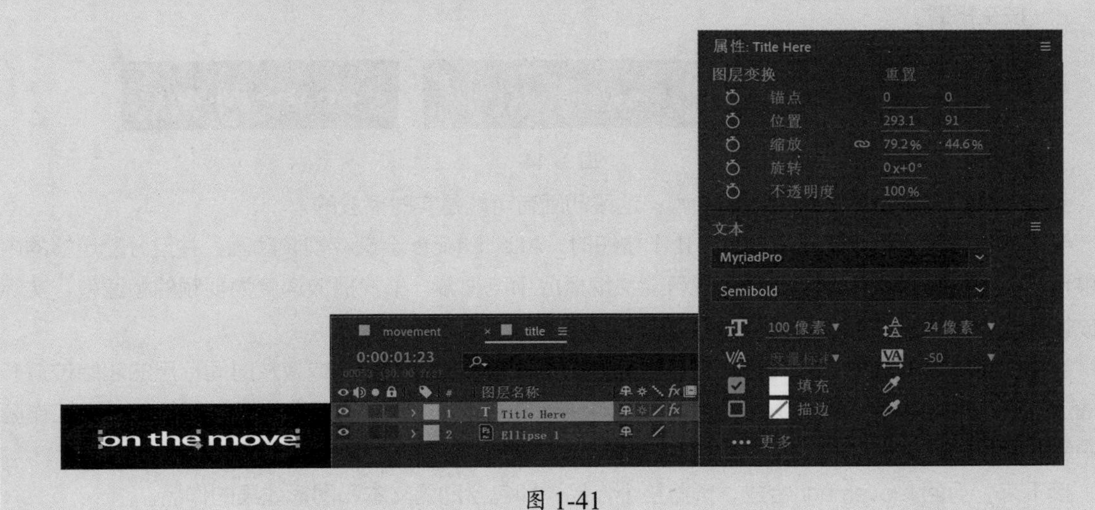

图 1-41

1.6 预览作品

在制作作品的过程中，有时你可能想预览一下整体效果。此时，你可以通过【预览】面板进行预览。在默认工作区布局中，【预览】面板位于应用程序窗口的右侧。在【预览】面板中，单击【播放 / 停止】按钮，即可预览你的作品。此外，你还可以直接按空格键进行预览。

❶ 在 title 合成的【时间轴】面板中，隐藏所有图层属性，取消选择所有图层。

❷ 图层最左侧有一个视频开关（👁），确保待预览图层（这里为 Title Here 与 Ellipse 1 两个图层）左侧的视频开关处于打开状态，如图 1-42 所示。

❸ 按 Home 键，把时间指示器移到时间标尺的起始位置。

❹ 执行以下两种操作之一，预览视频。

- 在【预览】面板中单击【播放 / 停止】按钮（▶），如图 1-43 所示。
- 按空格键。

图 1-42

图 1-43

提示 预览前，请确保工作区域开头和结尾标记之间包含所有待预览的帧。

❺ 预览完成后，执行以下两种操作之一，停止预览，如图 1-44 所示。

- 在【预览】面板中单击【播放 / 停止】按钮。
- 按空格键。

图 1-44

到此，你已经预览了一段简单的动画，这段动画有可能是实时播放的。

当你按空格键或者单击【播放 / 停止】按钮时，After Effects 会缓存视频动画，并且分配足够的内存供预览（包含声音）使用，系统会尽可能快地播放预览视频，最快播放速度为视频的帧速率。实际播放帧数取决于 After Effects 可用的内存大小。

在【时间轴】面板中，你可以在工作区域中指定要预览的时间段，或者从时间标尺的起始位置开始播放。在【图层】和【素材】面板中，预览时只播放未修剪的素材。预览之前，要检查一下工作区域中包含哪些帧。

接下来，返回 movement 合成，预览整个作品，即包含动画文本和图形效果的作品。

❻ 在【时间轴】面板中，单击 movement 选项卡，进入 movement 合成。

❼ 除了 movement.mp3 这个音频图层外，确保 movement 合成中其他图层左侧的视频开关（👁）都处于打开状态。按 F2 键，取消选择所有图层。

❽ 把时间指示器拖曳到时间标尺的左端（即起始位置），或者按 Home 键，如图 1-45 所示。

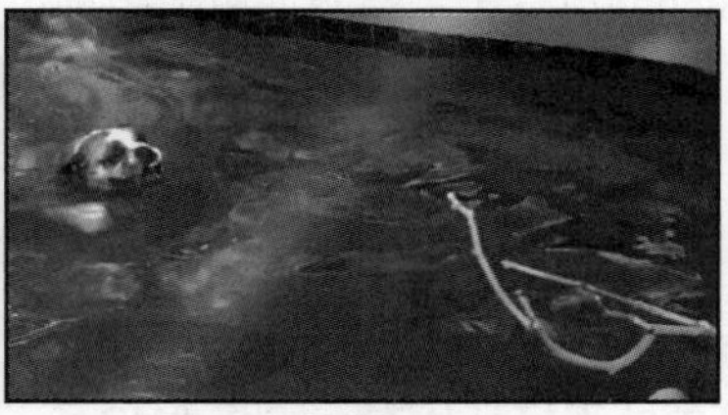

图 1-45

❾ 在【预览】面板中，单击【播放 / 停止】按钮（▶）或者按空格键，开始预览，如图 1-46 所示。

图 1-47 中的绿色进度条表示当前有哪些帧已经被缓存到内存中。当工作区域中的所有帧都被缓存到内存中后，就可以进行实时预览了。默认设置下，当 After Effects 不主动执行其他动作时才会缓存帧。缓存帧能够帮助你节省大量时间，同时能让你快速、准确地查看预览效果。当 After

Effects 尚未缓存所有帧时，第一次预览影片会出现画面卡顿、声音断续的问题。

提示 在菜单栏中依次选择【合成】>【预览】>【空闲时缓存帧】，After Effects 会使用空闲处理时间来渲染和缓存当前合成中的帧。在【首选项】对话框的【预览】面板中，可以进一步指定空闲时缓存帧的具体行为。

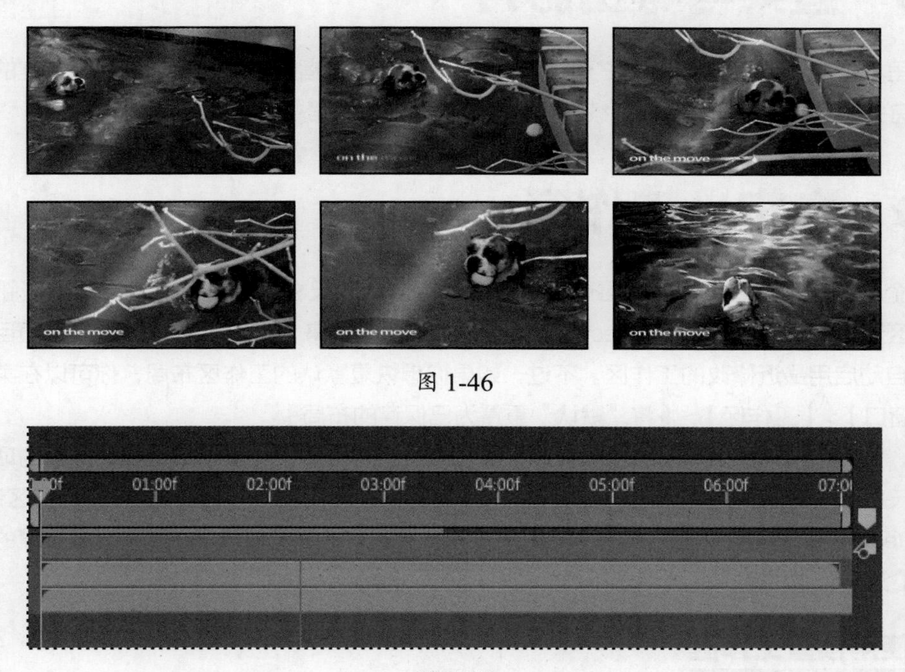

图 1-46

图 1-47

对预览细节和精度的要求越高，所需要的内存就越多。通过修改作品的分辨率、放大倍率、预览质量，可以控制显示的细节。通过关闭某些图层左侧的视频开关，可以限制预览图层的数量。此外，通过调整视频工作区域的大小，还可以限制预览的帧数。

10 按空格键，停止预览。

11 在菜单栏中依次选择【文件】>【保存】，保存当前项目。

1.7 提升 After Effects 的性能

After Effects 设置与计算机的配置情况共同决定了 After Effects 渲染项目的速度。制作复杂的视频作品需要大量内存进行渲染，而且渲染后的影片也需要大量磁盘空间进行存储。在 After Effects 帮助文档中，搜索“提升性能”，你会收到大量相关讲解，包括如何配置计算机系统、After Effects 首选项及项目来获取更好的性能。

默认设置下，After Effects 会为各种效果、图层动画，以及其他需要使用性能增强的功能启用 GPU 加速。Adobe 官方建议用户启用 GPU 加速。启用 GPU 加速后，如果系统显示错误，或者提示所用系统的 GPU 与 After Effects 不兼容，可在菜单栏中依次选择【文件】>【项目设置】，打开【项目设置】对话框，在【视频渲染和效果】选项卡的【使用范围】中选择【仅 Mercury 软件】，即可为当前项目关闭 GPU 加速。

💡 提示 【项目】面板的底部有一个火箭图标，用来指示 GPU 加速是否启用，当火箭图标显示为灰色时，表示未启用 GPU 加速，你可以从这里快速查看 GPU 加速处于何种状态。

1.8 渲染与导出影片

到这里，你的项目就已经制作好了。接下来，你就可以以指定质量渲染它，并以指定的影片格式导出它。有关如何导出影片将会在后续课程中陆续讲解，其中第 15 课相关内容最多。

1.9 自定义工作区

在某个项目的制作过程中，你可能需要调整某些面板的尺寸和位置，以及打开一些新面板。在你对工作区进行调整之后，After Effects 会把这些调整保存下来，当你再次打开同一个项目时，After Effects 会自动启用最近修改的工作区。不过，如果你想恢复默认的工作区布局，你可以在菜单栏中依次选择【窗口】>【工作区】>【将“默认”重置为已保存的布局】。

此外，如果你经常使用某些面板但它们又不在默认工作区中，或者你想为不同类型的项目设置不同的面板尺寸和分组，你可以通过自定义工作区来满足自己的需求，这样还能节省工作区设置时间。在 After Effects 中，你可以根据自身需要定义并保存工作区，也可以使用 After Effects 预置的不同风格的工作区。这些预置的工作区适用于不同的工作流程，例如制作动画或效果。

1.9.1 使用预置工作区

下面了解一下 After Effects 的预置工作区。

❶ 当前，如果你已经关闭了 Lesson01_Finished.aep 项目，请先打开它。当然，你也可以打开其他任意一个 After Effects 项目。

❷ 在【工作区栏】(位于工具栏右侧)中，单击右端的双右箭头(»)，可打开一个菜单，其中包含所有预置工作区，这里选择【动画】，如图 1-48 所示。

图 1-48

此时进入【动画】工作区，其中包含制作动画常用的面板，如【动态草图】面板、【摇摆器】面板、【平滑器】面板等。此外，你还可以使用【工作区】菜单来切换不同的工作区。

❸ 在菜单栏中，依次选择【窗口】>【工作区】>【运动跟踪】。

此时，After Effects 会显示做运动跟踪时常用的面板，如【信息】面板、【预览】面板、【跟踪器】面板、【内容识别填充】面板等，你可以很轻松地在这些面板中找到那些跟踪运动时常用的工具和控件。

1.9.2 保存自定义工作区

任何时候，你都可以把任意一个工作区保存成自定义工作区。自定义工作区一旦保存好之后，你就可以在【窗口】>【工作区】子菜单下，或应用程序窗口顶部的工作区布局栏中找到它。当你把一个带有自定义工作区的项目在一个不同的系统（这个系统与创建项目时所用的系统不同）中打开时，After Effects 会在当前系统中查找同名工作区。若找到且显示器配置相匹配，则使用它；若找不到或者显示器配置不匹配，After Effects 会使用本地工作区打开项目。

❶ 在面板菜单中选择【关闭面板】，如图 1-49 所示，即可关闭相应面板。

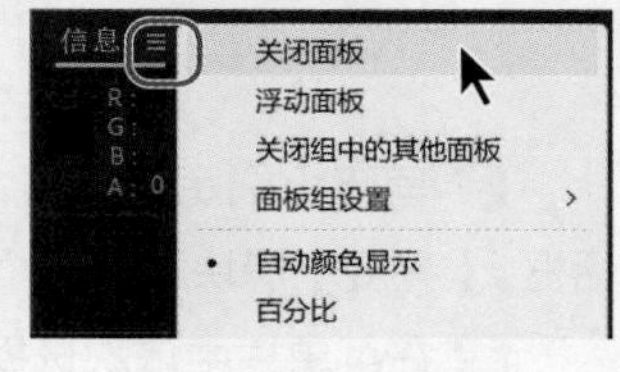

图 1-49

❷ 在菜单栏中依次选择【窗口】>【效果和预设】，打开【效果和预设】面板。

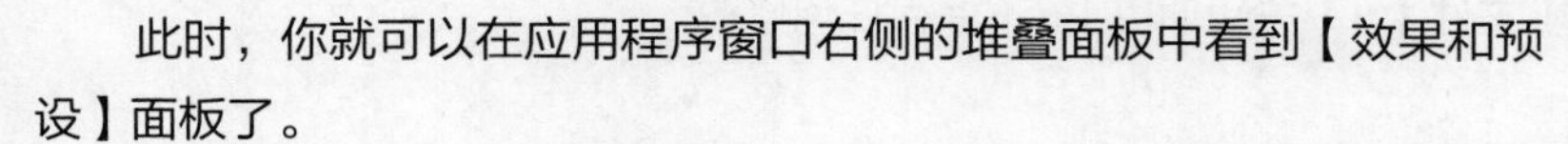

此时，你就可以在应用程序窗口右侧的堆叠面板中看到【效果和预设】面板了。

❸ 在菜单栏中依次选择【窗口】>【工作区】>【另存为新工作区】，在弹出的【新建工作区】对话框中输入工作区名称，单击【确定】按钮保存它；如果不想保存，单击【取消】按钮即可。

❹ 在工作区布局栏中，单击【默认】，返回【默认】工作区。

1.10 调整用户界面的亮度

在 After Effects 中，你可以根据自身需要灵活调整用户界面的亮度。用户界面亮度会影响面板、窗口、对话框的显示效果。

❶ 在菜单栏中依次选择【编辑】>【首选项】>【外观】(Windows) 或【After Effects】>【首选项】>【外观】(macOS)。

❷【外观】选项卡中有一个【亮度】调整滑块，向左或向右拖曳【亮度】调整滑块，如图 1-50 所示，观察用户界面的明暗变化。

注意 默认设置下，After Effects 的用户界面比较暗。本书选用了较亮的用户界面，以便界面上的文本在印刷后有较高的辨识度。如果你采用 After Effects 默认的用户界面亮度设置，那么你看到的面板、对话框会比书中的暗一些。

图 1-50

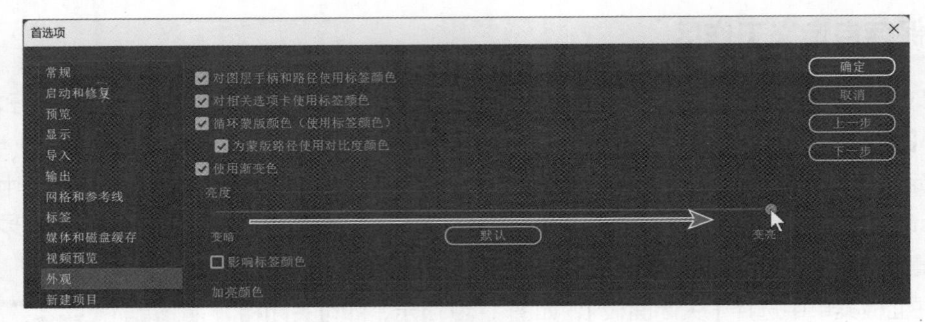

图 1-50（续）

❸ 单击【确定】按钮，保存新设置的亮度值，或者单击【取消】按钮，直接退出【首选项】对话框。【亮度】滑块下有一个【默认】按钮，单击它可以恢复默认亮度设置。

❹ 在菜单栏中依次选择【文件】>【关闭项目】，不保存任何修改。

1.11 在 After Effects 中协作

After Effects 专门提供了多人协作功能，借助该功能，你可以轻松与他人进行远程协作。要创建共享项目，先在菜单栏中依次选择【文件】>【新建】>【新建团队项目】，然后邀请其他人加入项目，该项目的素材保存在一个共享位置，如 Adobe Creative Cloud 或 Dropbox。Adobe Creative Cloud 中含 Frame.io，它能使你轻松地共享内容，以供他人审查和批阅，而且其在工作时也不需要你离开当前合成。有关协作功能的更多介绍，请查阅 After Effects 帮助文档。

1.12 寻找更多 After Effects 资源

After Effects 软件内置有交互式学习教程。在工作区布局栏中，单击【学习】，可打开【Learn】面板。其中有介绍 After Effects 用户界面、基本功能的教程，还有一些交互式学习教程。

启动 After Effects 后，你首先会看到【主页】窗口，在其中，不仅可以看到【Learn】面板中的教程，还可以看到更多其他高级教程。另外，【主页】窗口中还包含一些 After Effects 相关信息的超链接，了解这些信息有助于你更好地理解和使用 After Effects 软件。关闭【主页】窗口之后，你可以单击工具栏中的【主页】图标，再次打开【主页】窗口。

若想了解有关 After Effects 面板、工具，以及其他功能更全面、更新的信息，请访问 Adobe 官方网站。要想在 After Effects 帮助文档以及其他 After Effects 用户站点中搜索信息，在应用程序窗口右上角的【搜索帮助】中输入相应的搜索关键字即可。你还可以缩小搜索范围，只显示 After Effects 帮助文档中的搜索结果。

有关 After Effects 的使用提示、技巧，以及最新产品信息，请访问 After Effects 帮助与支持页面。

到这里，你已经学完了本课的全部内容。现在，你应该已经熟悉 After Effects 的工作区了。在第 2 课中，你将学习如何使用效果、动画预设创建合成并让它动起来。当然，你也可以根据自身情况选择学习本书的其他课程。

1.13 复习题

1. After Effects 基本工作流程包含哪些步骤？
2. 什么是合成？
3. 如何查找缺失的素材？
4. 如何在 After Effects 中预览你的作品？
5. 怎样在 After Effects 中定制工作区？

1.14 复习题答案

1. After Effects 基本工作流程包含以下步骤：导入与组织素材、创建合成与排列图层、添加效果、制作合成动画、预览作品、渲染与输出最终作品。
2. 合成是创建动画、处理图层、添加效果的场所。After Effects 中的合成同时具有空间大小（宽度和高度）和时间长短（持续时间）两种属性。合成包含一个或多个视频、音频、静态图像图层，它们显示在【合成】面板与【时间轴】面板中。简单项目可能只包含一个合成，而复杂项目可能包含很多个合成，用来组织项目中用到的大量素材或复杂的视觉效果。
3. 可以在菜单栏中依次选择【文件】>【整理工程】>【查找缺失的素材】查找缺失的素材，还可以在【项目】面板的搜索框中输入“缺失素材”查找缺失的素材。
4. 在 After Effects 中预览作品时，既可以手动拖曳【时间轴】面板中的时间指示器进行预览，也可以按空格键或者单击【预览】面板中的【播放 / 停止】按钮从时间指示器当前指示的位置开始预览。After Effects 会尽可能快地播放预览视频，最快播放速度为视频的帧速率，实际播放帧数取决于 After Effects 可用的内存大小。
5. 可以根据自己的工作习惯通过拖曳面板的方式来自定义工作区。可以把面板拖放到新位置，更改面板堆叠顺序；把面板拖入或拖离某个面板组，将面板并排或堆叠在一起；或把面板拖出，让其成为浮动面板浮动在应用程序窗口之上。当重排某些面板时，其他面板会自动调整大小，以适应窗口尺寸。另外，你还可以通过在菜单栏中依次选择【窗口】>【工作区】>【另存为新工作区】，把自定义工作区保存起来。

第 2 课

使用效果和预设制作简单动画

本课概览

本课主要讲解以下内容。

- 使用导入的 Illustrator 文件中的图层。
- 应用投影和浮雕效果。
- 预合成图层。
- 调整图层的不透明度。
- 使用参考线定位对象。
- 应用文本动画预设。
- 应用溶解过渡效果。
- 渲染及输出用于电视机播放的动画。

学习本课大约需要 *1* 小时

项目：动态 Logo

After Effects 提供了丰富的效果和动画预设，你可以使用它们轻松、快速地创建出各种酷炫的动画。

2.1 课前准备

本课进一步讲解 After Effects 项目的制作流程。假设有一家名为 Blue Crab Charter Services（蓝蟹租赁服务）的公司，这家公司委托你为一个名为《去夏威夷探险》的宣传短片制作一个片头。这个片头主要包含一个动态 Logo，制作起来并不难，但本课会介绍一些新的制作方法。制作动态 Logo 时，要为文本与图形制作动画，使其在视频播放时首先出现在画面中央，然后淡出至画面的右下角变成一个水印。整个片头制作好之后，将其导出成影片，以便在电视节目中播出。

首先，请你预览一下最终效果，明确本课要创建的效果。

❶ 在你的计算机中，请检查 Lessons\Lesson02 文件夹中是否包含以下文件夹和文件，若没有包含，请先下载它们。

- Assets 文件夹：BlueCrabLogo.ai, MauiCoast.jpg。
- Sample_Movies 文件夹：Lesson02.mp4。

❷ 在 Windows Movies & TV 或 QuickTime Player 中打开并播放 Lesson02.mp4 示例影片，了解本课要创建的效果。观看完之后，关闭 Windows Movies & TV 或 QuickTime Player。如果存储空间有限，你可以把示例影片从硬盘中删除。

学习本课前，建议你把 After Effects 恢复成默认设置。相关说明请阅读前言“恢复默认首选项”中的内容。

❸ 启动 After Effects 时，立即按 Ctrl+Alt+Shift（Windows）或 Command+Option+Shift（macOS）组合键，在【启动修复选项】对话框中单击【重置首选项】按钮，即可恢复默认首选项。

❹ 在【主页】窗口中，单击【新建项目】按钮。

此时，After Effects 会打开一个未命名的空项目。

❺ 在菜单栏中，依次选择【文件】>【另存为】>【另存为】，打开【另存为】对话框。

❻ 在【另存为】对话框中，转到 Lessons\Lesson02\Finished_Project 文件夹。

❼ 输入项目名称“Lesson02_Finished.aep”，单击【保存】按钮，保存项目。

2.2 新建合成

按照第 1 课中介绍的工作流程，接下来该导入素材、新建合成了。一般先创建好一个合成，然后往其中添加各种素材。

2.2.1 导入背景图片

首先导入一张背景图片。

❶ 在菜单栏中依次选择【文件】>【导入】>【文件】，在弹出的【导入文件】对话框中，转到 Lessons\Lesson02\Assets 文件夹。

❷ 选择 MauiCoast.jpg 文件，单击【导入】（Windows）或【打开】（macOS）按钮。

2.2.2 新建空白合成

下面创建一个空白合成，里面不包含任何图层。

❶ 执行以下任意一种操作，新建一个合成。

- 单击【项目】面板底部的【新建合成】图标（）。
- 在【合成】面板中，单击【新建合成】按钮。
- 在菜单栏中，依次选择【合成】>【新建合成】。
- 按 Ctrl+N（Windows）或 Command+N（macOS）组合键。

❷ 在【合成设置】对话框中，执行以下操作，如图 2-1 所示。

- 设置【合成名称】为 Explore Hawaii。
- 在【预设】下拉列表中选择【HD • 1920x1080 • 29.97fps】（高清视频）。选择该预设后，After Effects 会根据它自动设置合成的宽度、高度、像素长宽比、帧速率。
- 将【持续时间】更改为 3 秒，单击【确定】按钮。

【合成】面板与【时间轴】面板中显示一个名为 Explore Hawaii 的空合成。接下来向空合成中添加背景。

❸ 把 MauiCoast.jpg 图片从【项目】面板拖曳到【时间轴】面板的 Explore Hawaii 合成中，如图 2-2 所示。

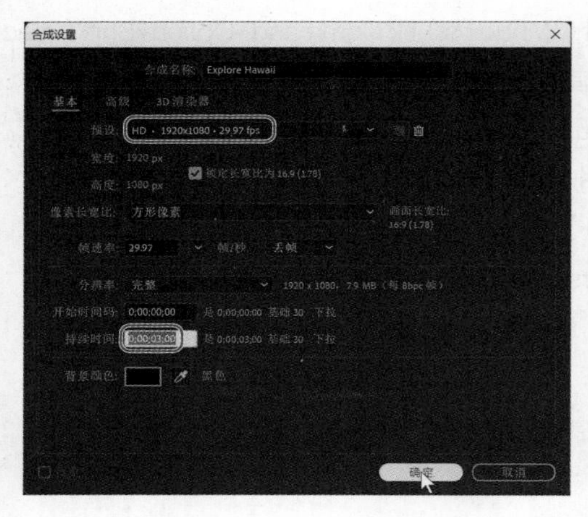

图 2-1

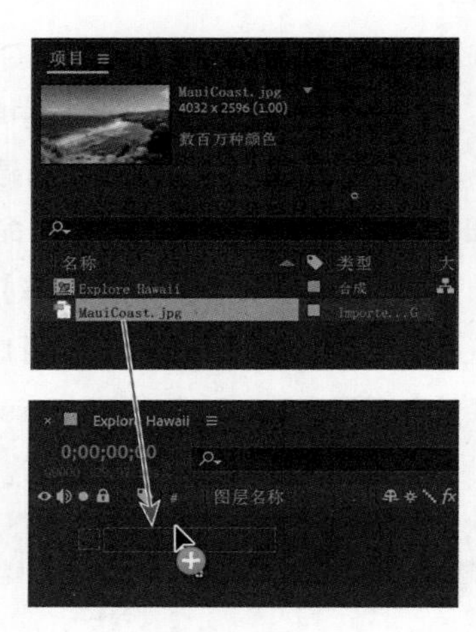

图 2-2

❹ 在 MauiCoast.jpg 图层处于选中状态时，在菜单栏中依次选择【图层】>【变换】>【适合复合】（匹配合成），把背景图片缩放到与合成相同的尺寸，如图 2-3 所示。

> **提示** 【适合复合】（匹配合成）命令的快捷键是 Ctrl+Alt+F（Windows） 或 Command+Option+F（macOS）。

图 2-3

2.2.3 导入前景元素

背景设置好后，接下来添加前景元素，这里使用的前景元素是使用 Illustrator 制作的一个包含多个图层的矢量图形。

❶ 在菜单栏中依次选择【文件】>【导入】>【文件】，打开【导入文件】对话框。

❷ 在【导入文件】对话框中，转到 Lessons\Lesson02\Assets 文件夹，选择 BlueCrabLogo.ai 文件。(若你的系统下文件扩展名是隐藏的，则你看到的文件名是 BlueCrabLogo。)

❸ 在【导入为】下拉列表中选择【合成】(在 macOS 下，需要单击【选项】才能看到【导入为】下拉列表)，然后单击【导入】(Windows)或【打开】(macOS)按钮，如图 2-4 所示。

图 2-4

此时，BlueCrabLogo.ai 这个 Illustrator 文件被作为一个合成(名称为 BlueCrabLogo)添加到【项目】面板中。同时，【项目】面板中出现一个名为"BlueCrabLogo 个图层"的文件夹。该文件夹包含 BlueCrabLogo.ai 这个矢量文件的 3 个图层。单击文件夹左侧的箭头图标，展开文件夹，查看其中包含的 3 个图层。

❹ 把 BlueCrabLogo 合成从【项目】面板拖入【时间轴】面板，将其置于 MauiCoast.jpg 图层之上，如图 2-5 所示。

图 2-5

此时，在【合成】面板与【时间轴】面板中，你应该可以同时看到背景图片和图标了。

❺ 在菜单栏中依次选择【文件】>【保存】，保存当前项目。

2.3 使用导入的 Illustrator 文件中的图层

BlueCrabLogo 图标是在 Illustrator 中制作完成的。在 After Effects 中要做的是向其添加文本，并制作动画。为了单独处理 Illustrator 文件中的图层，需要在【时间轴】面板与【合成】面板中打开 BlueCrabLogo 合成。

❶ 在【项目】面板中，双击 BlueCrabLogo 合成，如图 2-6 所示。

在【时间轴】面板与【合成】面板中，打开 BlueCrabLogo 合成，如图 2-7 所示。

图 2-6

图 2-7

❷ 在工具栏中，选择【横排文字工具】(T)，并在【合成】面板中单击，此时在【时间轴】面板中创建了一个空文本图层。

❸ 输入 EXPLORE HAWAII，然后选中所有文本，如图 2-8 所示。请注意，此时在【时间轴】面板中的文本图层名称变成了你刚刚输入的文本，即 EXPLORE HAWAII。

图 2-8

❹ 在【属性】面板的【文本】区域中，选择一种无衬线字体，如 Impact，更改字体大小为 80 像素。

注意 此外，你还可以在【字符】面板中做这些更改。在菜单栏中依次选择【窗口】>【字符】，可打开【字符】面板。

❺ 在【属性】面板中，单击填充颜色框右侧的【吸管工具】( )，再单击图标外框，吸取其颜色（黄色），如图 2-9 所示。

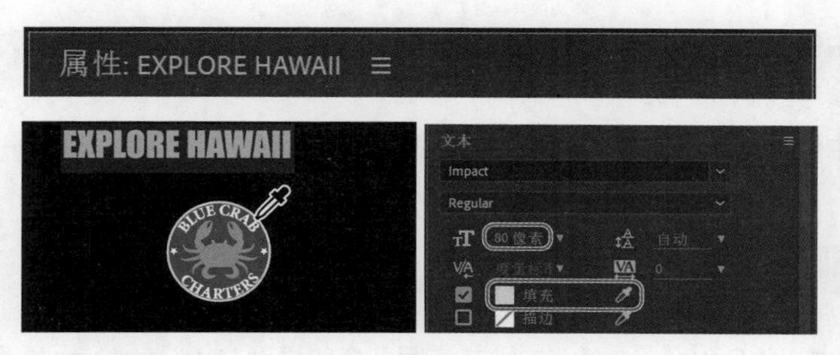

图 2-9

这样，After Effects 就会把吸取的颜色自动应用到选中的文本上。【属性】面板下【文本】区域中的其他所有选项都保持默认设置。

接下来，使用参考线为刚刚输入的文本设定位置。

❻ 在工具栏中选择【选取工具】(▶)。

❼ 在菜单栏中依次选择【视图】>【显示标尺】，显示标尺，然后从顶部标尺处拖出一条参考线到【合成】面板中。

提示 此外，你还可以在菜单栏中依次选择【视图】>【显示网格】，显示辅助网格，以帮助定位对象。再次在菜单栏中依次选择【视图】>【显示网格】，可隐藏辅助网格。

❽ 使用鼠标右键(Windows)或按住 Control 键(macOS)单击参考线，选择【编辑位置】，在【编辑值】对话框中输入 120，单击【确定】按钮，如图 2-10 所示。此时参考线移动到指定的位置。

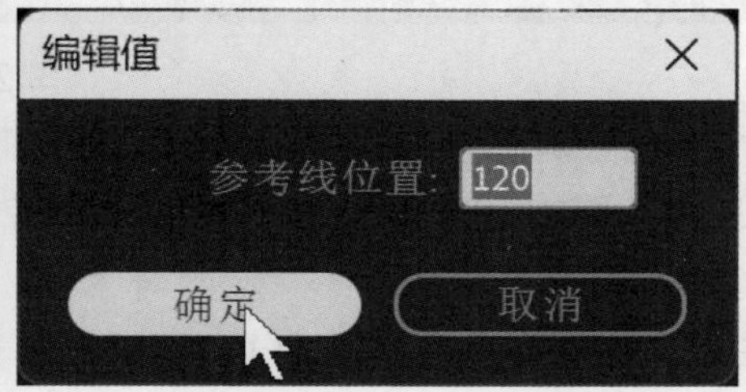

图 2-10

❾ 拖曳文本，使其位于图标正上方，其底部与较高的参考线对齐。

❿ 从顶部标尺处拖出另外一条参考线，使用鼠标右键（Windows）或按住 Control 键（macOS）单击参考线，选择【编辑位置】，在【编辑值】对话框中输入 150，单击【确定】按钮。

⓫ 在【时间轴】面板中，选择 background 图层，然后按住 Shift 键，选择 text 图层，把 3 个图标图层同时选中，使图标顶部与较低的那条参考线对齐，如图 2-11 所示。

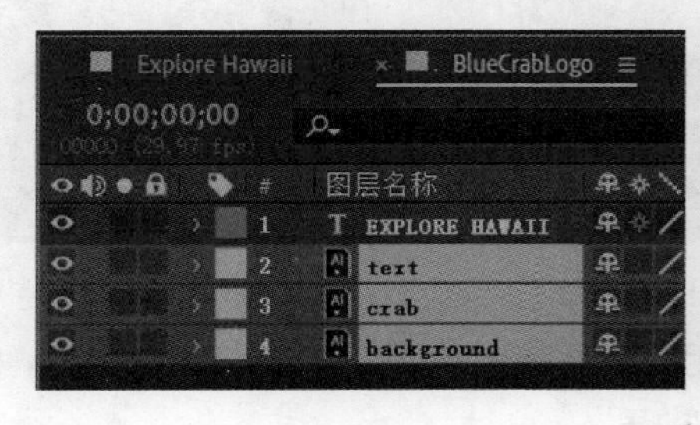

图 2-11

⑫ 在菜单栏中依次选择【视图】>【显示标尺】，隐藏标尺。再在菜单栏中依次选择【视图】>【显示参考线】，隐藏参考线。

⑬ 在菜单栏中依次选择【文件】>【保存】，保存当前项目。

2.4 向图层应用效果

现在返回主合成——Explore Hawaii 中，并应用一个效果到 BlueCrabLogo 图层。该效果对 BlueCrabLogo 合成中的所有图层都起作用。

❶ 在【时间轴】面板中，单击 Explore Hawaii 选项卡，然后选择 BlueCrabLogo 图层。

❷ 在【属性】面板中，把【缩放】值更改为 (250%, 250%)。

接下来要应用的效果只作用于节目图标，而不会影响背景图片。

❸ 在 BlueCrabLogo 图层仍处于选中状态时，在菜单栏中依次选择【效果】>【透视】>【投影】，效果如图 2-12 所示。

图 2-12

此时，在【合成】面板中，BlueCrabLogo 图层中的各个内嵌图层（图标、文本 EXPLORE HAWAII）都应用了柔边投影效果。你可以在【效果控件】面板中修改投影效果的各个属性值，调整投影效果。

❹ 在菜单栏中依次选择【窗口】>【效果控件】，打开【效果控件】面板。在【效果控件】面板中，把【投影】效果的【距离】值设置为 5,【柔和度】值设置为 4，如图 2-13 所示。修改各个属性值时，你既可以直接输入数值，也可以在属性值上拖曳鼠标指针改变数值。

图 2-13

虽然现在投影效果看起来还不错，但如果再应用一个浮雕效果，节目图标会更加突出。你可以使用【效果】菜单或【效果和预设】面板来查找和应用效果。

❺ 单击【效果和预设】标题栏，展开【效果和预设】面板，然后单击【风格化】左侧的箭头图标，将其展开。

❻ 在【时间轴】面板中，选中 BlueCrabLogo 图层，拖曳【彩色浮雕】效果到【合成】面板中，如图 2-14 所示。

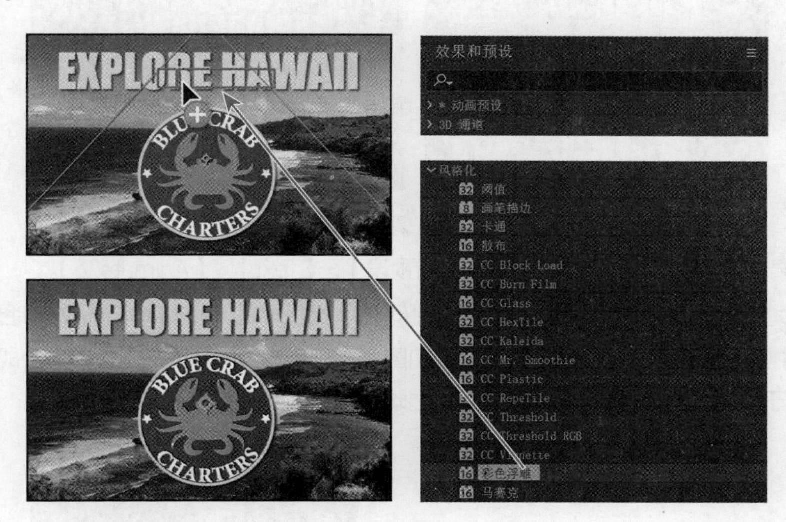

图 2-14

【彩色浮雕】效果会锐化图层中各个对象的边缘，同时不会减淡对象本身的颜色。【彩色浮雕】效果显示在【效果控件】面板中，就在【投影】效果之下。

❼ 在菜单栏中依次选择【文件】>【保存】，保存当前项目。

应用和控制效果

在 After Effects 中，你可以随时应用或删除一个效果。在对一个图层应用效果之后，你可以暂时关闭该图层上的一个或多个效果，以便你把精力集中于其他方面。那些关闭的效果不会出现在【合成】面板中，并且在预览或渲染图层时，通常也不会包含它们。

默认情况下，当你对一个图层应用某个效果之后，该效果在图层的持续时间内都有效。不过，你可以自己指定效果的起始时间和结束时间，或者让效果随着时间增强或减弱。在第 5 课和第 6 课中，你将学到使用关键帧或表达式创建动画的更多内容。

你可以对调整图层应用和编辑效果，这与处理其他图层是一样的。不过，当向调整图层应用一个效果时，该效果会应用到【时间轴】面板中该调整图层以下的所有图层中。

此外，效果还可以被作为动画预设进行保存、浏览和应用。

2.5 应用动画预设

前面已经设置好了文本位置，并向其应用了一些效果，接下来该添加动画了。制作文本动画的方法有好几种，相关内容将在第3课中讲解。本节只向 EXPLORE HAWAII 文本应用一个简单的动画预设，使其淡入屏幕。在 BlueCrabLogo 合成中应用动画预设，该动画预设就只会应用到 EXPLORE HAWAII

图层上。

❶ 在【时间轴】面板中单击 BlueCrabLogo 选项卡，选择 EXPLORE HAWAII 图层。

❷ 拖曳时间指示器到 1:05 处，这是文本淡入的起始时间点，如图 2-15 所示。

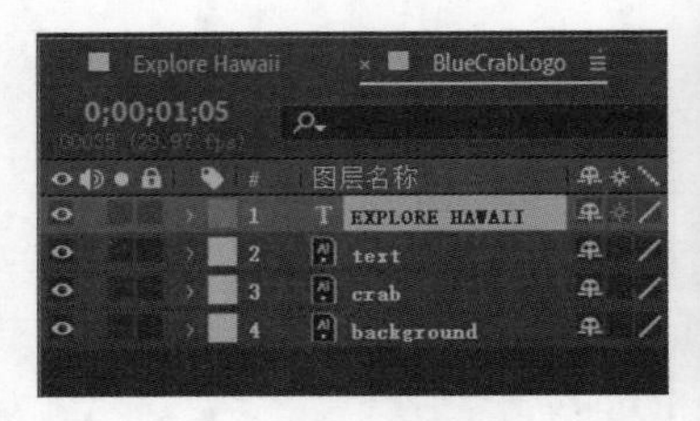

图 2-15

❸ 在【效果和预设】面板中依次选择【动画预设】>【Text】>【Animate In】。

❹ 将【单词淡化上升】动画预设拖曳到【时间轴】面板中的 EXPLORE HAWAII 图层上，或拖曳至【合成】面板中的 EXPLORE HAWAII 文本上，如图 2-16 所示。此时，文本会从【合成】面板中消失，这是因为当前处于动画的第一帧，文本还没开始显现。

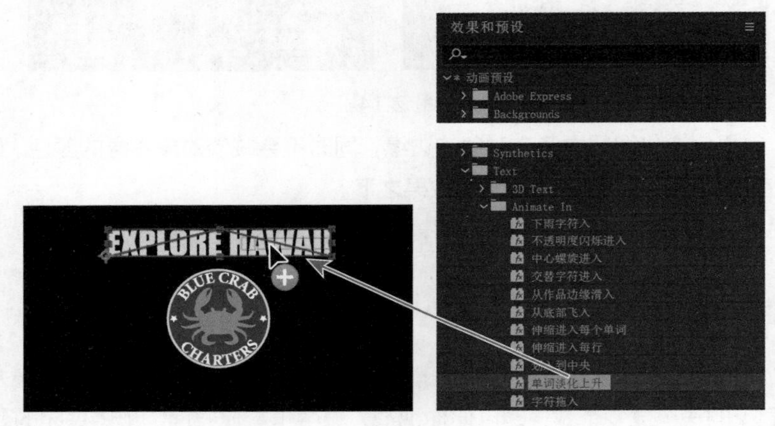

图 2-16

❺ 单击【时间轴】面板中的空白区域，取消对 EXPLORE HAWAII 图层的选择，然后手动拖曳时间指示器到 2:10 处，预览文本动画。EXPLORE HAWAII 文本会逐个单词在画面中显现，直到 2:10 才全部显示出来，如图 2-17 所示。

图 2-17

2.6 预合成

到现在为止，片头已经做得很不错了，或许你迫不及待地想预览一下效果。在此之前，需要向所有图标元素（不包括 EXPLORE HAWAII 文本）添加溶解效果。为此，需要对 BlueCrabLogo 合成的 3

个图层（text、crab、background）做预合成。

预合成是一种在一个合成中嵌套其他图层的方法。选中一些图层，通过预合成，可以把它们移动到一个新合成中，新合成会代替你选中的那些图层。当你希望更改图层的渲染顺序时，可以借助预合成在现有层次结构中快速创建中间嵌套层。

❶ 在 BlueCrabLogo 合成的【时间轴】面板中，按住 Ctrl（Windows）或 Command（macOS）键，单击 text、crab、background 这 3 个图层，将它们同时选中。

❷ 在菜单栏中依次选择【图层】>【预合成】，打开【预合成】对话框。

❸ 在【预合成】对话框中，设置【新合成名称】为 Dissolve_logo。请确保【将所有属性移动到新合成】选项处于选中状态，然后单击【确定】按钮，如图 2-18 所示。

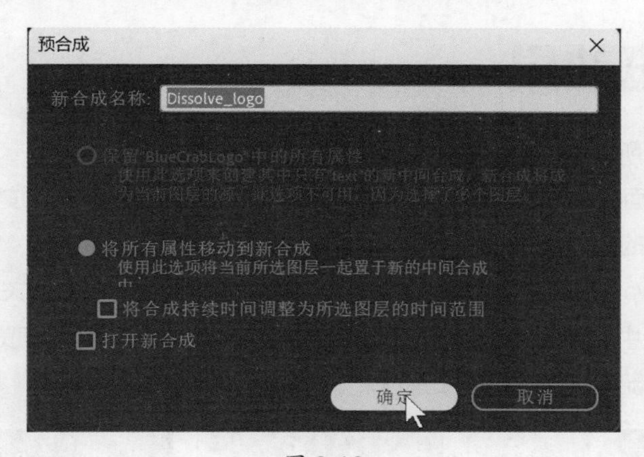

图 2-18

在 BlueCrabLogo 合成的【时间轴】面板中，原来的 text、crab、background 这 3 个图层被一个 Dissolve_logo 图层所取代，如图 2-19 所示。也就是说，这个新建的预合成图层包含你在步骤 1 中选中的 3 个图层。你可以向 Dissolve_logo 图层应用溶解效果，不会影响 EXPLORE HAWAII 图层及其单词淡化上升动画。

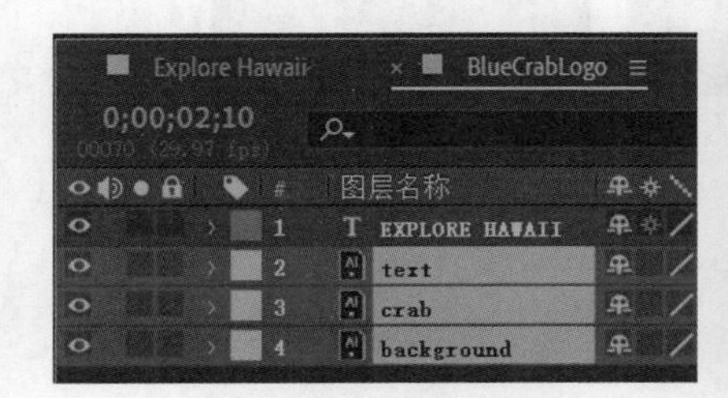

图 2-19

❹ 在【时间轴】面板中，确保 Dissolve_logo 图层处于选中状态，拖曳时间指示器到 0:00（或者按 Home 键）处。

❺ 在【效果和预设】面板中依次选择【动画预设】>【Transitions–Dissolves】，把【溶解 - 蒸汽】动画预设拖曳到【时间轴】面板的 Dissolve_logo 图层上，或者将其拖入【合成】面板，此时 Dissolve_logo 图层右侧出现 fx 图标，如图 2-20 所示。

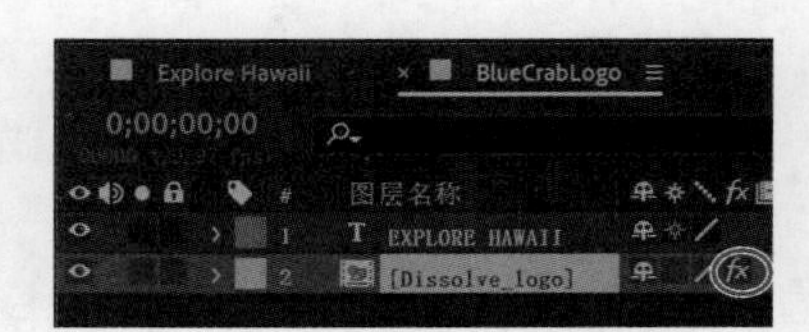

图 2-20

💡 **提示** 在【效果和预设】面板的搜索框中，输入“蒸汽”关键词，可以快速找到【溶解-蒸汽】动画预设。

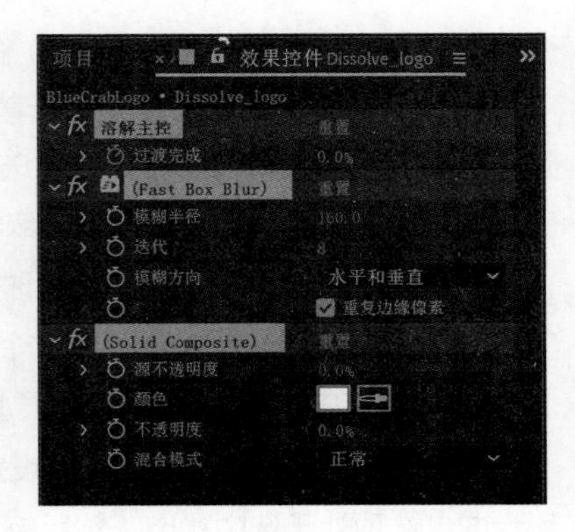

图 2-21

【溶解-蒸汽】动画预设包含溶解主控、Fast Box Blur、Solid Composite 这 3 个组件，它们都显示在【效果控件】面板中，如图 2-21 所示。这里保持默认设置即可。

在菜单栏中依次选择【文件】>【保存】，保存当前项目。

2.7 预览效果

接下来，一起预览所有效果。

❶ 在【时间轴】面板中单击 Explore Hawaii 选项卡，切换到主合成。按 Home 键或拖曳时间指示器使之回到时间标尺的起点。

❷ 在 Explore Hawaii 合成的【时间轴】面板中，确保两个图层的视频开关（👁）都处于打开状态。

❸ 在【预览】面板中，单击【播放/停止】按钮（▶）或按空格键，启动预览，效果如图 2-22 所示。在预览过程中，你可以随时按空格键停止预览。

图 2-22

2.8 添加半透明效果

宣传片播放期间，图标应该以半透明的形式显现在画面角落。下面将通过降低图标的不透明度来实现半透明效果。

❶ 在 Explore Hawaii 合成的【时间轴】面板中，拖曳时间指示器至 2:10 处。

❷ 在【时间轴】面板中，选中 BlueCrabLogo 图层，如图 2-23 所示。

图 2-23

❸ 在【属性】面板中，单击【不透明度】左侧的秒表图标（⏱），在当前时间点上设置一个关键帧，如图 2-24 所示。

默认情况下，【不透明度】值为 100%（完全不透明）。

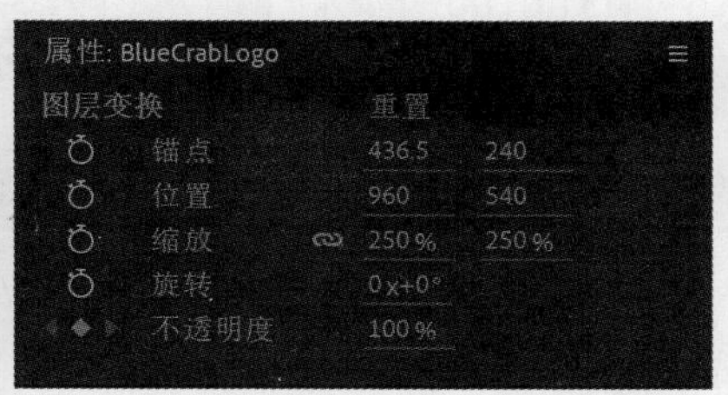

图 2-24

❹ 按 End 键，或者把时间指示器拖曳到时间标尺末尾（2:29 处），修改【不透明度】为 40%，如图 2-25 所示。此时，After Effects 自动添加一个关键帧。

属性: BlueCrabLogo
图层变换 重置
锚点 436.5 240
位置 960 540
缩放 250 % 250 %
旋转 0x+0°
不透明度 40 %

图 2-25

预览时，图标先出现，然后 EXPLORE HAWAII 文本中的单词逐个出现，最后不透明度逐渐降低到 40%。

❺ 把时间指示器拖曳到 2:10 处，在【属性】面板中分别单击【位置】【缩放】属性左侧的秒表图标（⏱），设置初始关键帧。

❻ 把时间指示器拖曳到 2:25 处，把【缩放】值设置为 (60%,60%),【位置】值设置为 (1700,935)，如图 2-26 所示。

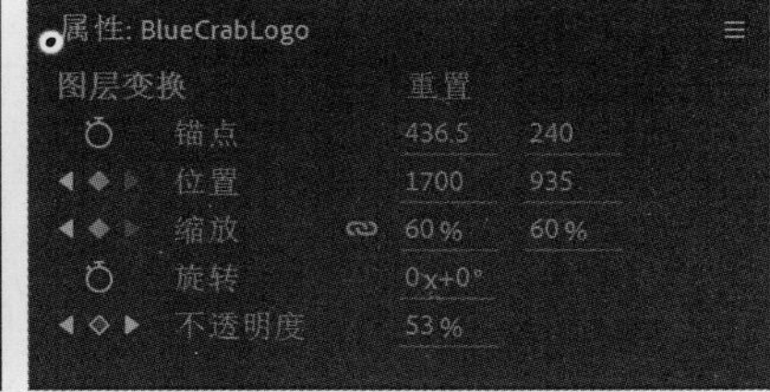

图 2-26

❼ 在【预览】面板中单击【播放 / 停止】按钮（▶），或者按空格键或数字小键盘上的 0 键，启动预览，效果如图 2-27 所示。

图 2-27

图 2-27（续）

❽ 预览完成后，按空格键停止预览。

❾ 在菜单栏中依次选择【文件】>【保存】，保存当前项目。

2.9 渲染合成

接下来，把制作好的片头渲染输出。创建输出时，合成的所有图层，以及每个图层的蒙版、效果、属性会被逐帧渲染到一个或多个输出文件中。如果输出的是图像序列，则会渲染到一系列连续的文件中。

注意 有关输出格式、渲染的更多内容，请阅读第 15 课。

把最终合成输出为影片可能需要几分钟或几个小时，最终耗时取决于合成的帧尺寸、品质、复杂度及压缩方式。当你把一个合成放入渲染队列时，它就成为一个渲染项，After Effects 会根据指定的设置渲染它。

After Effects 为渲染和输出影片提供了多种输出格式与压缩类型，采用何种输出格式取决于影片的播放媒介及所用系统的要求，如视频编辑系统。

注意 你可以使用 Media Encoder 把影片输出为最终交付格式。关于 Media Encoder 的更多内容，请阅读第 15 课。

下面渲染并输出合成，得到最终影片，以便在电视机上播放。

❶ 单击【项目】选项卡，打开【项目】面板。若【项目】选项卡未显示出来，请在菜单栏中依次选择【窗口】>【项目】，将【项目】面板打开。

❷ 执行以下操作之一，把合成添加到渲染队列。

- 在【项目】面板中选择 Explore Hawaii 合成，在菜单栏中依次选择【合成】>【添加到渲染队列】。此时，【渲染队列】面板自动打开。
- 在菜单栏中依次选择【窗口】>【渲染队列】，打开【渲染队列】面板，然后把 Explore Hawaii 合成从【项目】面板拖曳到【渲染队列】面板中。

❸ 单击【渲染设置】左侧的箭头图标，将其展开。默认设置下，After Effects 使用最佳品质和完全分辨率进行渲染。这里保持默认设置即可。

❹ 单击【输出模块】左侧的箭头图标，将其展开。默认设置下，After Effects 使用【H.264 - 匹配渲染设置 - 15 Mbps】把渲染好的合成输出为影片文件。

❺ 单击【输出到】右侧的文字“尚未指定”，如图 2-28 所示，打开【将影片输出到】对话框。

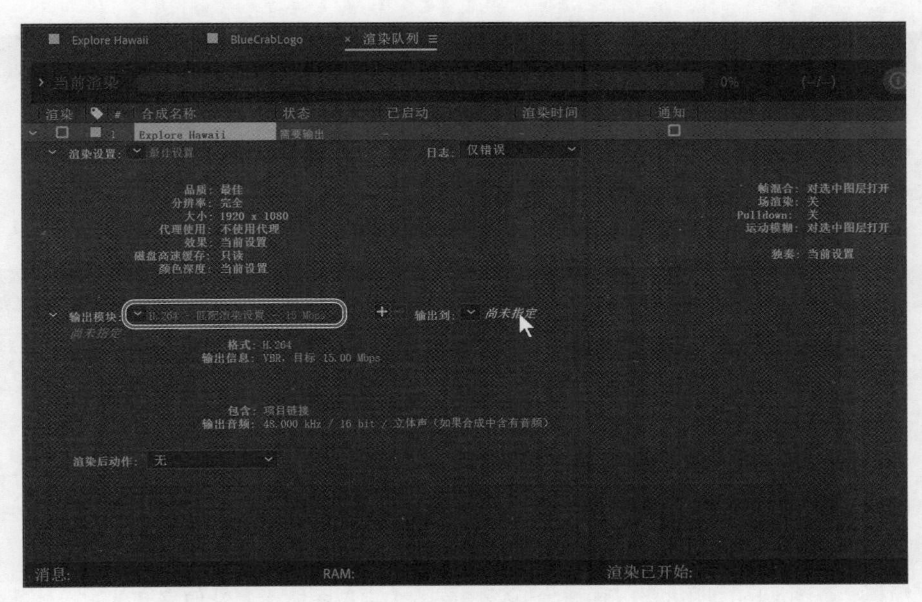

图 2-28

❻ 在【将影片输出到】对话框中，保持默认影片名称（Explore Hawaii）不变，转到 Lessons\Lesson02\Finished_Project 文件夹，单击【保存】按钮。

❼ 返回【渲染队列】面板，单击【渲染】按钮，如图 2-29 所示。

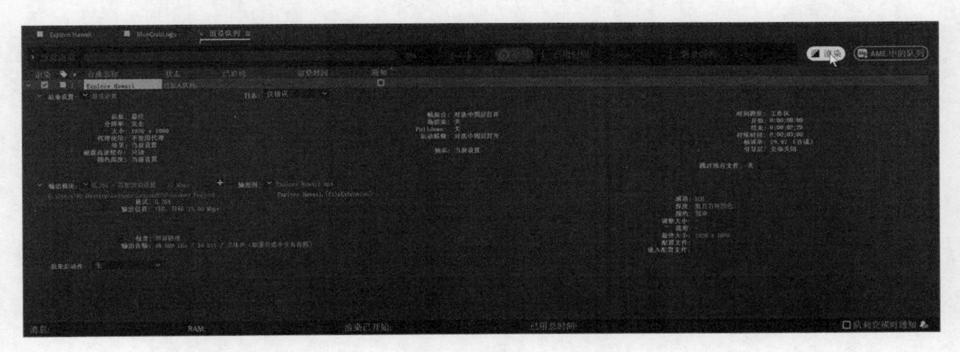

图 2-29

在输出影片文件期间，After Effects 会在【渲染队列】面板中显示一个进度条，当渲染队列中的所有项目渲染完毕后，After Effects 会发出提示音。

❽ 若想观看最终影片，请转到 Lessons\Lesson02\Finished_Project 文件夹，双击 Explore Hawaii.mp4 文件，在 Windows Media Player 或 QuickTime 中播放影片即可。

❾ 保存并关闭项目文件，然后退出 After Effects。

至此，你已经制作好了一个用来在电视上播出的宣传片片头。

2.10 复习题

1. 什么是预合成？
2. 如何自定义效果？
3. 如何提高合成中某个图层的透明度？

2.11 复习题答案

1. 预合成是一种在一个合成中嵌套其他图层的方法。通过预合成，可以把一些图层移动到一个新合成中，它会代替所选的图层。当你想更改图层的渲染顺序时，可以通过预合成在现有层级中快速创建中间嵌套层。
2. 当对合成中的一个图层应用某个效果后，可以在【效果控件】面板中修改该效果的各个属性值。应用某个效果后，【效果控件】面板会自动打开。此外，你还可以先选中应用效果的图层，再在菜单栏中选择【窗口】>【效果控件】，可随时打开【效果控件】面板。
3. 提高某个图层的透明度可以通过降低该图层的【不透明度】属性值来实现。具体操作方法：首先在【时间轴】面板中选择相应图层，然后在【属性】面板中降低【不透明度】属性值；或者，在【时间轴】面板中按 T 键，显示出该图层的【不透明度】属性，修改其值。

第 3 课

制作文本动画

本课概览

本课主要讲解以下内容。

- 创建文本图层并制作动画。
- 应用和定制文本动画预设。
- 使用 Adobe Fonts 安装字体。
- 编辑从 .psd 文件导入的文本并制作动画。
- 使用【字符】【段落】【属性】面板格式化文本。
- 在 Adobe Bridge 中预览动画预设。
- 使用关键帧制作文本动画。
- 使用文本动画制作工具组为图层中选中的文本制作动画。

学习本课大约需要 90 分钟

项目：企业广告

在一段视频中，若视频画面中的文字会动，则画面的感染力更强。本课将讲解几种使用 After Effects 制作文本动画的方法，包括专门针对文本图层的快捷方法。

3.1 课前准备

After Effects 提供了多种文本动画制作方法。你可以使用以下方法为文本图层制作动画：在【时间轴】面板中手动创建关键帧；使用动画预设；使用表达式。你甚至还可以为文本图层中的单个字符或单词创建动画。

本课将为一家名为 Blue Crab Chaters 的公司制作一段潜水项目的促销宣传视频，制作过程中会用到几种动画制作方法，其中有些方法专门用来制作文本动画。在制作过程中，还会讲解使用 Adobe Fonts 安装项目中用到的字体的方法。

与前面的项目一样，在动手制作之前，首先预览一下最终效果，然后打开 After Effects。

❶ 在你的计算机中，请检查 Lessons\Lesson03 文件夹中是否包含以下文件夹和文件，若没有包含，请下载它们。

- Assets 文件夹：BlueCrabLogo.psd、FishSwim.mov、LOCATION.psd。
- Sample_Movies 文件夹：Lesson03.mp4。

❷ 在 Windows Movies & TV 或 QuickTime Player 中打开并播放 Lesson03.mp4 示例影片，了解本课要创建的效果。观看完之后，关闭 Windows Movies & TV 或 QuickTime Player。如果存储空间有限，你可以把示例影片从硬盘中删除。

启动 After Effects 之前，请把它恢复成默认设置。相关说明请阅读前言“恢复默认首选项”中的内容。

❸ 启动 After Effects 时，立即按 Ctrl+Alt+Shift（Windows）或 Command+Option+Shift（macOS）组合键，在【启动修复选项】对话框中单击【重置首选项】按钮，即可恢复默认首选项。

❹ 在【主页】窗口中，单击【新建项目】按钮。

此时，After Effects 会打开一个未命名的空项目。

❺ 在菜单栏中，依次选择【文件】>【另存为】>【另存为】，在【另存为】对话框中，转到 Lessons\Lesson03\Finished_Project 文件夹。

❻ 输入项目名称“Lesson03_Finished.aep”，单击【保存】按钮，保存项目。

新建合成

首先，导入素材与创建合成。

❶ 在【合成】面板中单击【从素材新建合成】按钮，如图 3-1 所示，新建一个合成。

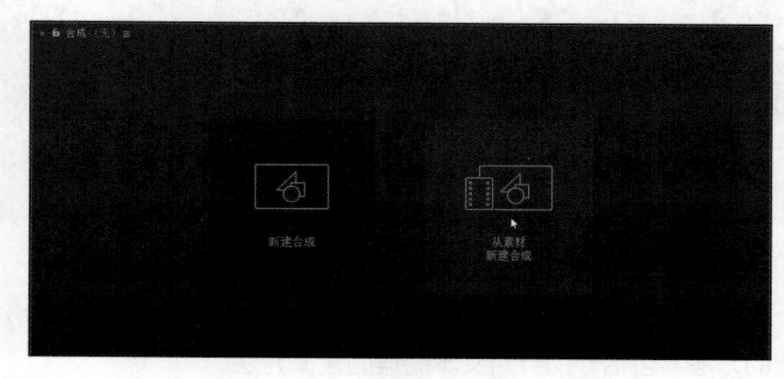

图 3-1

❷ 在【导入文件】对话框中，转到 Lessons\Lesson03\Assets 文件夹，选择 FishSwim.mov，然后单击【导入】(Windows)或【打开】(macOS)按钮，结果如图 3-2 所示。

图 3-2

After Effects 支持导入多种格式的素材，包括 Photoshop 文档、Illustrator 文档，以及 QuickTime 与 AVI 影片等。这使得 After Effects 成为一款合成与制作视频动画的无比强大的工具。

❸ 在菜单栏中依次选择【文件】>【保存】，保存当前项目。

接下来，向合成中添加标题文字。

3.2 关于文本图层

在 After Effects 中，你可以灵活、精确地添加文本。工具栏、【字符】面板、【段落】面板包含多种文字工具，其中一些也出现在【属性】面板中。你可以直接在【合成】面板显示的画面中创建和编辑横排或竖排文本，快速更改文本的字体、样式、大小、颜色等。你可以只修改单个字符，也可以为整个段落设置格式，包括文本对齐方式、边距、自动换行等。除此之外，After Effects 还提供了可以方便地为指定字符与属性(例如文本不透明度、色相)制作动画的工具。

After Effects 支持两种类型的文本：点文本(Point Text)与段落文本(Paragraph Text)。点文本适用于输入简短文本，如单个单词或一行字符；段落文本适用于输入需要格式化的一段或多段较复杂的文本。

在 After Effects 中，从很多方面看，文本图层和其他图层是类似的。你可以对文本图层应用各种效果和表达式，为其制作动画，将其指定为 3D 图层，编辑 3D 文字并从多个角度查看它。与从 Illustrator 导入的图层一样，文本图层会不断地进行栅格化，所以当你缩放图层或者调整文本的大小时，它仍会保持清晰的边缘，且与分辨率大小无关。文本图层和其他图层主要有两个区别：一方面，你无法在文本图层自己的【图层】面板中打开它；另一方面，你可以使用特定的文本动画制作工具属性和范围选择器为文本图层中的文本制作动画。

3.3 使用 Adobe Fonts 安装字体

Adobe Fonts 提供了数百种字体供用户使用，使用它需要拥有 Adobe Creative Cloud 会员资格。下面将使用 Adobe Fonts 安装制作本课项目所需的字体。一旦你在系统中安装好 Adobe Fonts 字体，系统的所有程序都可以使用它。

❶ 在菜单栏中依次选择【文件】>【从 Adobe 添加字体】。

After Effects 会启动默认浏览器并打开 Adobe Fonts 页面。

❷ 请确保你已经登录 Creative Cloud。若尚未登录，请单击页面右上角的 Sign In，然后输入你的 Adobe ID。

❸ 在【样本文本】文本框中输入“Snorkel Tours”。若文本看不全，请拖曳【文本大小】滑块改变文本大小，直至看到完整文本，如图 3-3 所示。

图 3-3

你可以在【样本文本】文本框中输入要在自己项目中使用的文本，了解一下哪些字体适合自己的项目。

你也可以在 Adobe Fonts 网站上浏览各种字体，但是其中包含的字体实在太多了，逐个浏览并不高效，一种更高效的做法是对字体过滤或直接搜索指定的字体，只显示那些符合自己需求的字体。

❹ 在右上角的【排序】下拉列表中选择【名称】；然后在页面左侧隐藏【标记】区域，在【分类】下拉列表中选择【无衬线字体】；在【属性】中，选择中等粗细、中等宽度、中等高度、低对比度、标准大小写，如图 3-4 所示。

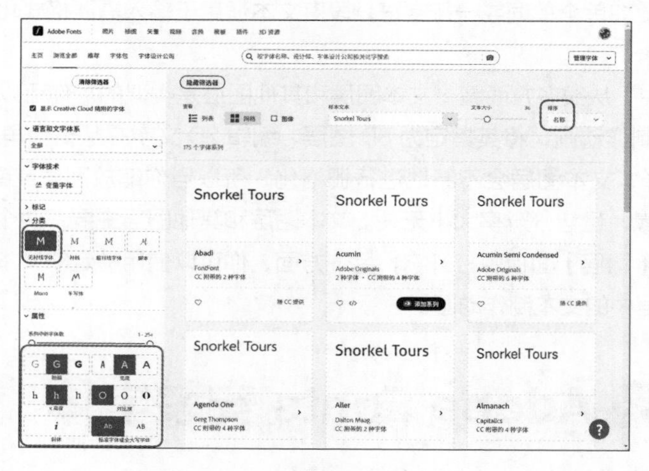

图 3-4

Adobe Fonts 会显示一些符合上述条件的字体。

❺ 符合上述条件的字体有很多，你可以大致浏览一下，从中选出满意的字体。对本课项目来说，Noto Sans 字体就非常不错。

❻ 单击 Noto Sans，如图 3-5 所示。

图 3-5

Adobe Fonts 会显示一些展示字体效果的图片、已选字体族中所有字体的示例文本，以及相应字体的附加信息。

❼ 分别单击 Noto Sans Regular 与 Noto Sans Bold 下的【添加字体】按钮，如图 3-6 所示。

> **注意** Adobe Fonts 可能需要一些时间才能激活你选中的字体，具体需要多少时间取决于你所用的系统和网络连接速度。

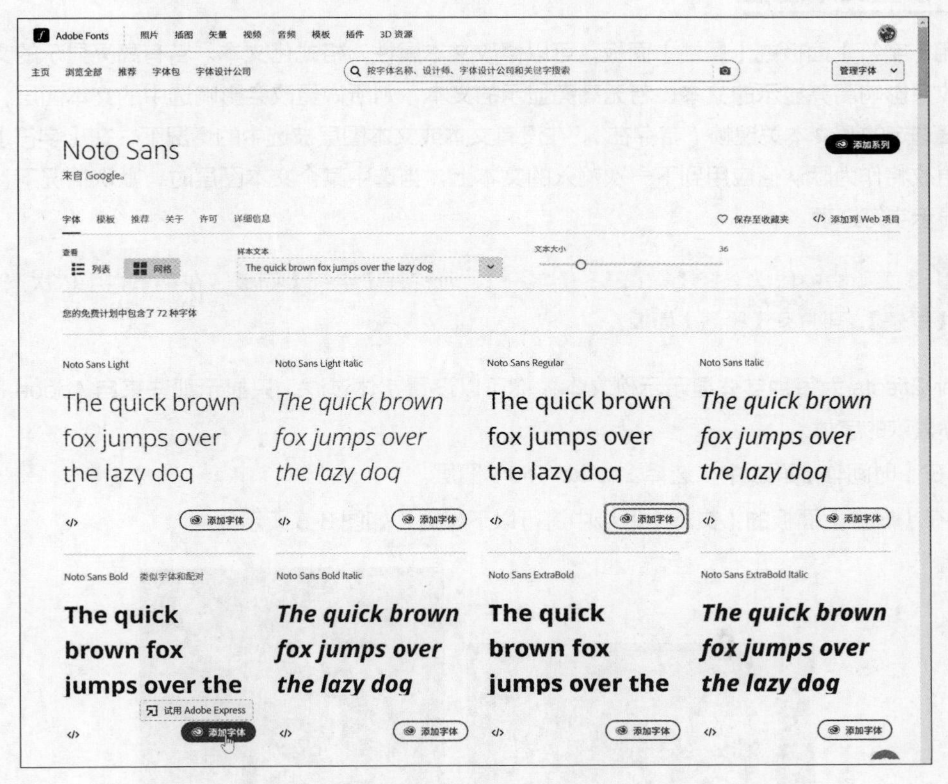

图 3-6

你选中的字体会被自动添加到你的系统中，然后所有程序（包括 After Effects 软件）都可以使用它们。激活所选字体之后，你就可以关闭 Adobe Fonts 页面和浏览器了。

3.4 创建并格式化点文本

在 After Effects 中输入点文本时，每行文本都是独立的，编辑文本时，文本行的长度会自动增加或减少，但不会换行。你输入的文本会显示在新的文本图层中。光标中间的短线代表文本的基线位置。

❶ 在工具栏中，选择【横排文字工具】(T)，如图 3-7 所示。

图 3-7

❷ 在【合成】面板中的任意位置单击，输入 Snorkel Tours。然后按数字键盘上的 Enter 键，或在【时间轴】面板中单击图层名称，退出文本编辑模式。此时，在【合成】面板中，文本图层处于选中状态。

注意 按常规键盘（非数字小键盘）上的 Enter（Windows）或 Return（macOS）键会另起一个新段落。

3.4.1 设置文本属性

使用【字符】面板或【属性】面板，可以修改文本属性，格式化文本。若有高亮显示的文本，则所做更改只影响高亮显示的文本；若无高亮显示的文本，则所做更改会影响选中的文本图层，以及该文本图层选定的源文本关键帧（若存在）。在没有文本或文本图层被选中的情况下，在【字符】面板中所做的更改将作为默认值应用到下一次输入的文本上。当选中某个文本图层时，默认情况下，【属性】面板会显示字符选项。

提示 在菜单栏中依次选择【窗口】>【字符】，可打开【字符】面板。在菜单栏中依次选择【窗口】>【段落】，可打开【段落】面板。

After Effects 为每种字体显示示例文本。你可以设置字体过滤，只显示那些来自 Adobe Fonts 的字体或你喜欢的字体。

❶ 在【时间轴】面板中，选择 Snorkel Tours 图层。

❷ 在【属性】面板的【文本】区域中进行以下设置，如图 3-8 所示。

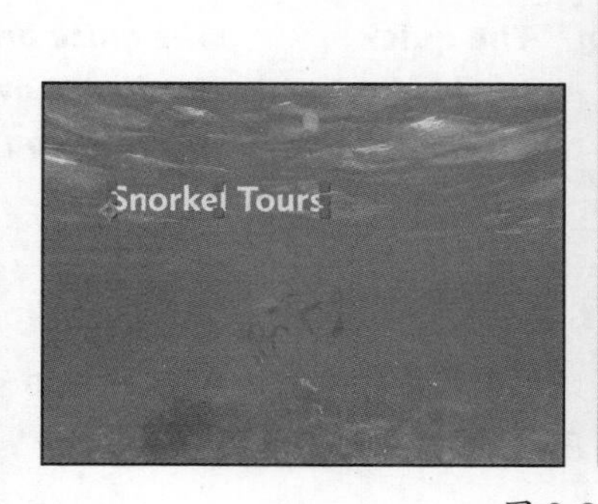

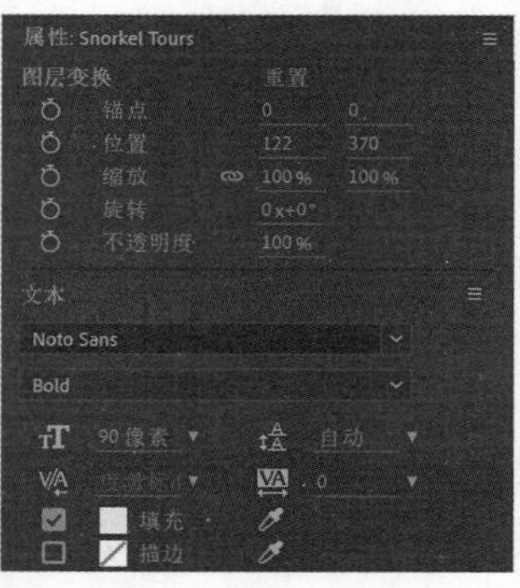

图 3-8

- 从【设置字体系列】下拉列表中选择 Noto Sans，并设置【字体样式】为 Bold。
- 设置字体大小为 90 像素，取消字体描边。
- 其他选项保持默认设置。

提示 在【设置字体系列】文本框中直接输入字体名称，可以快速选择指定的字体。【设置字体系列】文本框中会显示系统中与所输入的字符相匹配的第一种字体。此时如果有文本图层处于选中状态，则新选中的字体会立即应用到【合成】面板中所显示的文本上。

3.4.2 设置段落属性

在【属性】面板的【段落】区域中，可以把一些属性设置（例如对齐方式、缩进、行距）应用到整个段落。对点文本来说，每行文本都是一个独立的段落。你可以为单个段落、多个段落或文本图层中的所有段落设置格式。这里，只需要为合成中的标题文本设置一个段落属性。

❶ 在【属性】面板的【段落】区域中，单击【居中对齐文本】按钮，如图 3-9 所示。这会把文本水平对齐到图层的中央（注意不是合成的中央）。

注意 你看到的效果可能和这里不一样，这取决于你从哪里开始输入文本。

图 3-9

❷ 其他选项保持默认设置。

3.4.3 设定文本位置

为了准确设置图层（例如当前正在处理的文本图层）的位置，需要在【合成】面板中把标尺、参考线、网格这 3 种定位辅助工具显示出来。请注意，这些工具并不会出现在最终渲染好的影片中。

❶ 在【时间轴】面板中，确保 Snorkel Tours 图层处于选中状态，如图 3-10 所示。

❷ 在菜单栏中依次选择【图层】>【变换】>【适合复合宽度】（匹配合成宽度），缩放图层，使其宽度与合成宽度一致，效果如图 3-11 所示。

接下来，使用网格确定文本图层的位置。

❸ 在菜单栏中依次选择【视图】>【显示网格】，把网格显示出来。然后在菜单栏中依次选择【视图】>【对齐到网格】。

❹ 在【合成】面板中，使用【选取工具】（▶）向上拖曳文本，直到文本处于合成的上四分之一处，且左右居中，如图 3-12 所示。拖曳文本的同时按住 Shift 键，可以约束移动方向，有助于精确放置文本。

图 3-10

图 3-11

图 3-12

❺ 确定好文本图层的位置之后，在菜单栏中依次选择【视图】>【显示网格】，隐藏网格。本视频不是为电视机制作的，所以允许文本在动画开始时超出合成的字幕安全区和动作安全区。

❻ 在菜单栏中依次选择【文件】>【保存】，保存当前项目。

3.5　使用缩放关键帧制作动画

前面向文本图层应用了【适合复合宽度】(匹配合成宽度)命令，将其放大到接近 250%。接下来制作图层缩放动画，使文本逐渐缩小到 200%。

❶ 在【时间轴】面板中，把时间指示器拖曳到 3:00 处。

❷ 选择 Snorkel Tours 文本图层，如图 3-13 所示。

❸ 在【属性】面板中，单击【缩放】属性左侧的秒表图标（⏱），在当前时间点（3:00）设置一个关键帧，如图 3-14 所示。

图 3-13

图 3-14

❹ 拖曳时间指示器到 5:00 处。

❺ 把图层的【缩放】值修改成 (200%,200%)，如图 3-15 所示。After Effects 自动在当前时间点添加一个新的缩放关键帧。

图 3-15

3.5.1 预览指定范围内的帧

接下来预览动画。虽然合成总时长为 13 秒，但这里只预览 5 秒 10 帧，即整个 Snorkel Tours 文本动画。

❶ 在【时间轴】面板中，把时间指示器拖曳到 5:10 处，按 N 键设为【工作区域结尾】，如图 3-16 所示。在此时间点，Snorkel Tours 文本动画全部结束。

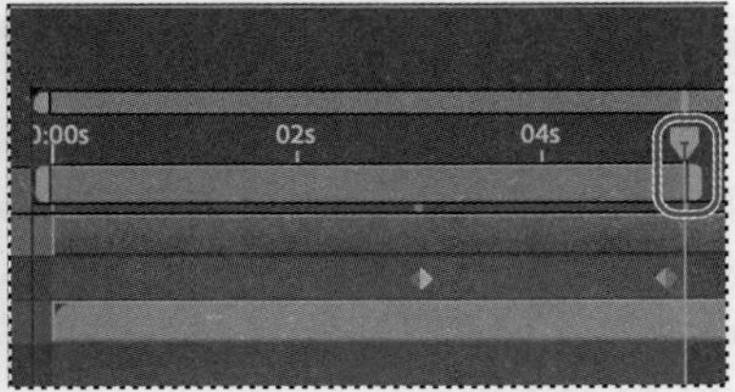

图 3-16

❷ 按空格键，预览 Snorkel Tours 文本动画（从 0:00 到 5:10）。随着影片的播放，Snorkel Tours 文本逐渐由大变小，效果如图 3-17 所示。

图 3-17

❸ 预览完后，按空格键停止预览。

3.5.2 添加缓入和缓出效果

前面缩放动画的开始部分和结束部分看上去比较生硬。就前面制作的动画来说，文本应该在起点缓入，然后在终点缓出。下面将应用缓入和缓出效果让文本动画变得更平滑、自然。

❶ 在【时间轴】面板中，使用鼠标右键单击（Windows）或按住 Control 键单击（macOS）3:00 处的缩放关键帧，在弹出的菜单中依次选择【关键帧辅助】>【缓出】。此时，该关键帧上显示一个左尖括号图标。

❷ 使用鼠标右键单击（Windows）或按住 Control 键单击（macOS）5:00 处的缩放关键帧，在

弹出的菜单中依次选择【关键帧辅助】>【缓入】。此时，该关键帧上显示一个右尖括号图标，如图 3-18 所示。

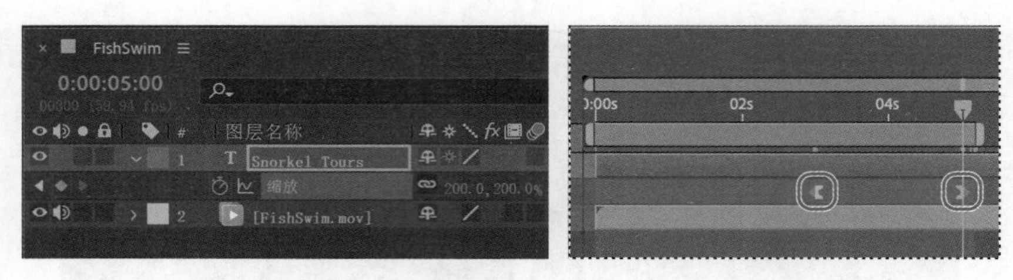

图 3-18

❸ 按空格键预览效果。预览完后，按空格键停止预览。

❹ 在【时间轴】面板中隐藏【缩放】属性，然后在菜单栏中依次选择【文件】>【保存】，保存当前项目。

3.6 使用文本动画预设

当前，在视频开始播放时，标题文本就是存在的，没有出场动画。接下来为标题文本制作一个出场动画，使其有一个“酷炫”的出场方式。添加出场动画最简单的方法是使用 After Effects 内置的动画预设。应用动画预设之后，你可以根据项目需要调整各个参数，然后保存起来，以便在其他项目中使用。

❶ 按 Home 键，或者将时间指示器拖曳至时间标尺的起始位置。

After Effects 从当前时间点开始应用动画预设。

❷ 选择 Snorkel Tours 文本图层。

3.6.1 浏览动画预设

第 2 课已经介绍过如何使用【效果和预设】面板中的动画预设了。但是，如果你连要使用哪个动画预设都不知道，该怎么办呢？为了找出那些适合在你的项目中使用的动画预设，你可以先在 Adobe Bridge 中浏览一下各个动画预设。

❶ 在菜单栏中依次选择【动画】>【浏览预设】。此时，Adobe Bridge 启动，并显示 After Effects Presets 文件夹中的内容，即各个动画预设。若系统提示你在 Bridge 中启用 After Effects 扩展，单击【是】。

注意 在 After Effects 中选择【浏览预设】时，若你的系统中尚未安装 Adobe Bridge，则 After Effects 会提示你安装它。有关安装方法的更多信息，请阅读前言中的相关内容。

❷ 在【内容】面板中双击 Text 文件夹，再双击 Organic 文件夹，进入其中。

❸ 选择【秋季】，Adobe Bridge 会在【预览】面板中播放一段演示动画。

❹ 选择其他几个预设，在【预览】面板中观看动画效果。

❺ 预览【波纹式进入】预设，然后使用鼠标右键单击缩览图（Windows），或者按住 Control 键单击缩览图（macOS），在弹出的菜单中选择【Place In Adobe After Effects 2024】（置入 Adobe After Effects 2024），如图 3-19 所示。

注意 若无法正常预览动画预设，仅显示一张图像，请重启 Adobe Bridge，同时按 Ctrl+Alt+Shift（Windows）或 Command+Option+Shift（macOS）组合键重置首选项。

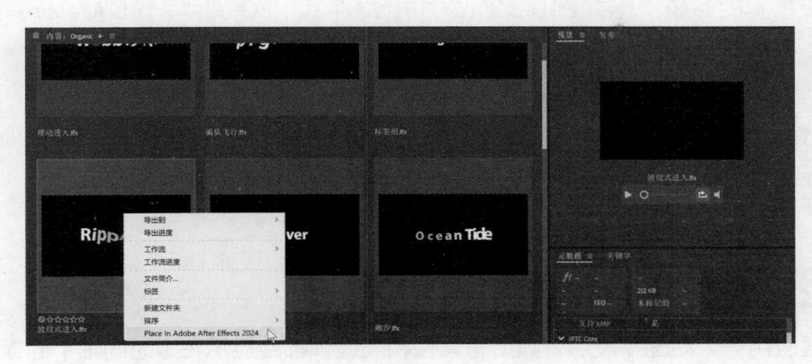

图 3-19

返回 After Effects，但不要关闭 Adobe Bridge。

After Effects 会把你选的动画预设应用到选中的 Snorkel Tours 图层上。此时，你会发现文字消失不见了。这是因为在 0:00 时，动画处在第一帧，字母还没有进入画面。

关于 Adobe Bridge

Adobe Bridge 是一个操作灵活且功能强大的工具，当制作印刷品、网页，或制作用于在电视、DVD、电影、移动设备中展示的内容时，你可以使用它来组织、浏览、搜索所需素材。借助 Adobe Bridge，你可以十分方便地访问各种 Adobe 软件生成的文件（例如 PSD、PDF 文件）以及非 Adobe 软件生成的文件。通过 Adobe Bridge，你可以轻松地把所需素材拖曳到指定的项目、合成中，更方便地浏览你的素材，甚至把元数据（文件信息）添加到素材中，使素材文件更容易查找。

本课是从 After Effects 内部打开 Adobe Bridge 的，你也可以直接将其打开。在【开始】菜单中选择 Adobe Bridge（Windows），或者双击 Applications /Adobe Bridge 文件夹中的 Adobe Bridge 图标（macOS），即可打开 Adobe Bridge，其界面如图 3-20 所示。

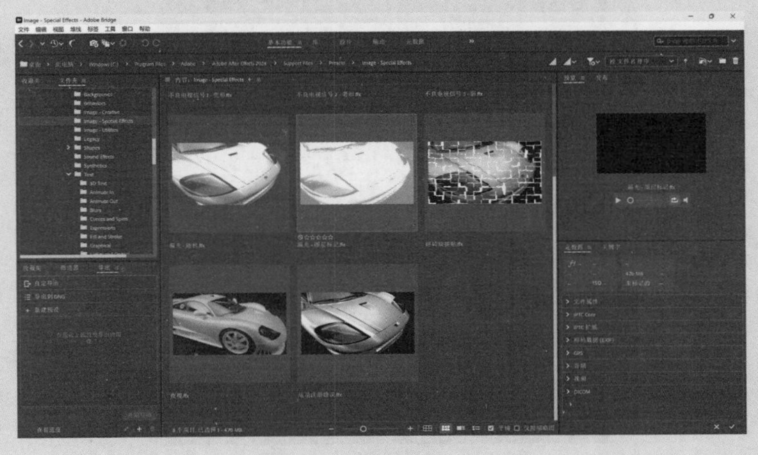

图 3-20

Adobe Bridge 中的【内容】面板是实时更新的。例如，当你在【内容】面板中选择 Assets 文件夹时，该文件夹中的内容会立即以缩览图的形式显示在【内容】面板中。借助 Adobe Bridge，可以预览的图像文件有 PSD 文件、TIFF 文件、JPEG 文件、Illustrator 矢量文件、多页 PDF 文件、QuickTime 影片等。

使用 Adobe Bridge 前，需要从 Creative Cloud 中单独安装它。如果你的计算机中尚未安装 Adobe Bridge，当你选择【动画】>【浏览预设】命令时，After Effects 会提示你先安装 Adobe Bridge。

3.6.2 自定义动画预设

向一个图层应用一个动画预设后，其所有属性和关键帧都会显示在【时间轴】面板中。你可以通过这些属性修改动画预设，使其满足你的个性化要求。

❶ 按空格键，预览动画效果。首先，字母做波纹运动进入画面，然后整体缩放到 200%，效果如图 3-21 所示。再次按空格键，停止预览。

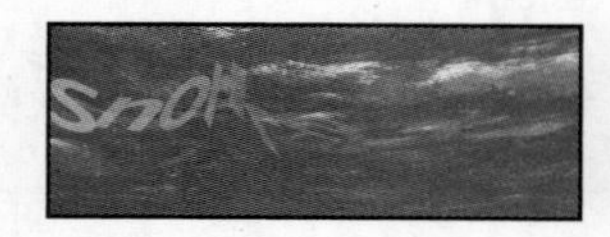

图 3-21

应用【波纹式进入】动画预设后，文字做波纹运动进入画面中，效果非常棒。你也可以进一步调整预设，改变字母出现的方式。

❷ 在【时间轴】面板中，选择 Snorkel Tours 图层，然后展开其属性，依次找到【文本】>【Animator - Ripple 1（Skew）】>【Selector - Offset】>【高级】属性。

❸ 单击【随机排序】右侧的蓝色文字【关】，使其变为【开】，如图 3-22 所示。

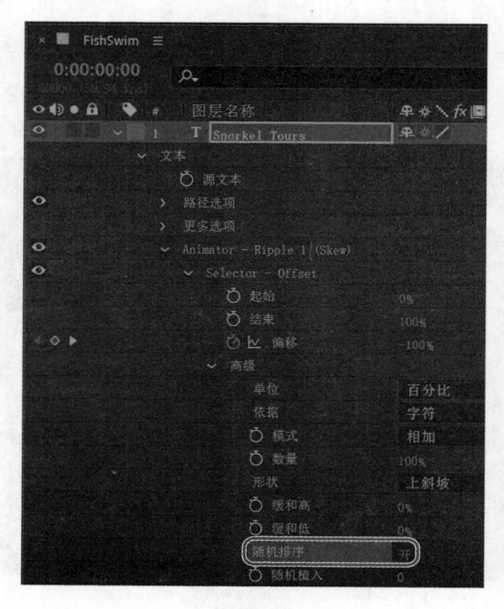

图 3-22

当字母像波纹一样进入画面时，【随机排序】属性会改变字母出现的顺序。

❹ 把时间指示器从 0:00 处拖曳至 3:00 处，浏览修改之后的动画效果，如图 3-23 所示。

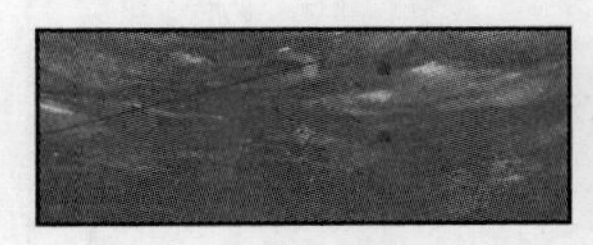

图 3-23

❺ 隐藏图层属性。

❻ 按 End 键，把时间指示器拖曳到时间标尺末尾，然后按 N 键，设置工作区域结尾。

❼ 按 Home 键，或者将时间指示器拖曳到时间标尺起始位置。

❽ 在菜单栏中依次选择【文件】>【保存】，保存当前项目。

3.7 为导入的 Photoshop 文本制作动画

如果你只需要在一个项目中添加几个单词，那可以直接在 After Effects 中进行输入。但是在真实项目中，你可能需要使用大段文本，确保品牌与风格在多个项目中一致。此时，你可以从 Photoshop 或 Illustrator 文件中把大段文本导入 After Effects，并且可以在 After Effects 中保留、编辑文本图层，以及为文本图层制作动画。

3.7.1 导入文本

本项目用到的其他一些文本位于一个包含图层的 Photoshop 文件中，下面先把这个 Photoshop 文件导入 After Effects。

❶ 在【项目】面板的空白区域双击，打开【导入文件】对话框。

❷ 转到 Lessons\Lesson03\Assets 文件夹，选择 LOCATION.psd 文件。从【导入为】下拉列表中选择【合成 - 保持图层大小】。（在 macOS 下，需要单击【选项】才显示【导入为】下拉列表。）然后，单击【导入】（Windows）或【打开】（macOS）按钮。

❸ 在 LOCATION.psd 对话框的【图层选项】下，选择【可编辑的图层样式】，单击【确定】按钮，如图 3-24 所示。

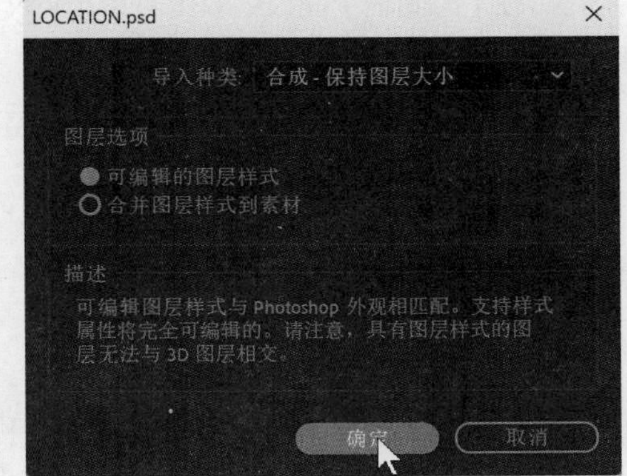

图 3-24

After Effects 支持导入 Photoshop 图层样式，并且会保留图层外观。导入的文件以合成的形式添加到【项目】面板中，其图层包含在另外一个单独的文件夹中。

❹ 把 LOCATION 合成从【项目】面板拖入【时间轴】面板，并且使其位于顶层，如图 3-25 所示。

在把 LOCATION.psd 文件作为合成导入 After Effects 时，其所有图层都会被完整地保留下来，所以你可以在【时间轴】面板中独立编辑其图层，以及制作动画。

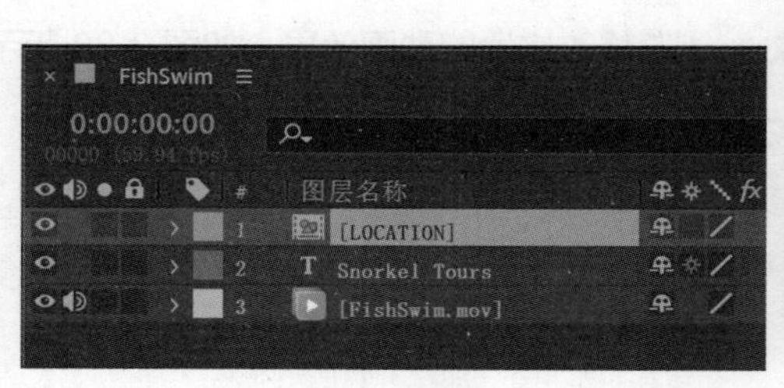

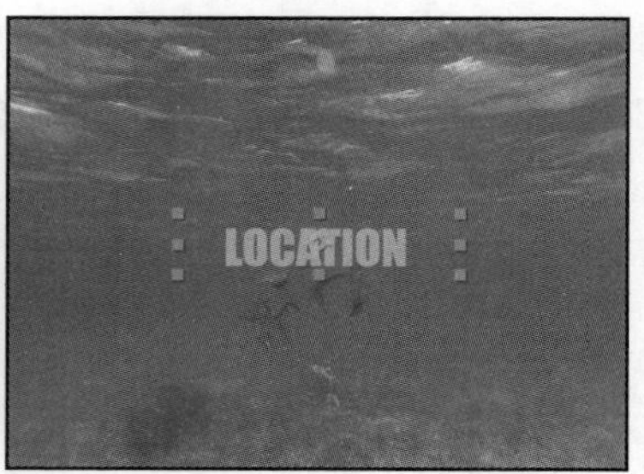

图 3-25

3.7.2 编辑导入的文本

当前，导入 After Effects 中的文本还无法编辑。要让导入的文本可编辑，才能控制文本并应用动画。LOCATION.psd 文件是公司位置信息的模板，编辑其中的文本并添加文本描边，使其在画面中凸显出来。

❶ 在【项目】面板中双击 LOCATION 合成，在【时间轴】面板中打开它。

❷ 在【时间轴】面板中选择 LOCATION 图层，然后在菜单栏中依次选择【图层】>【创建】>【转换为可编辑文字】，效果如图 3-26 所示。（若弹出缺失字体警告，单击【确定】按钮即可。）

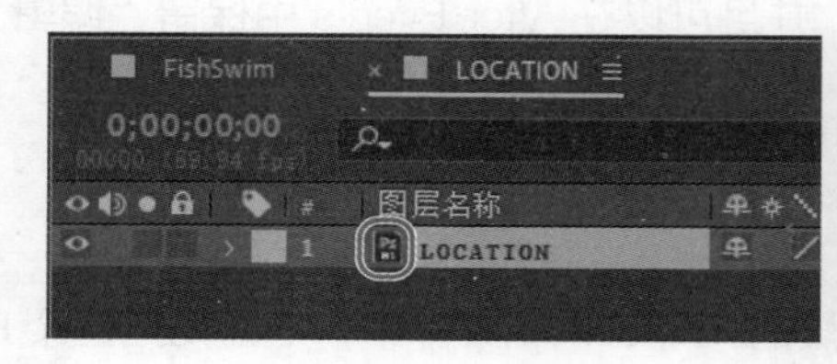

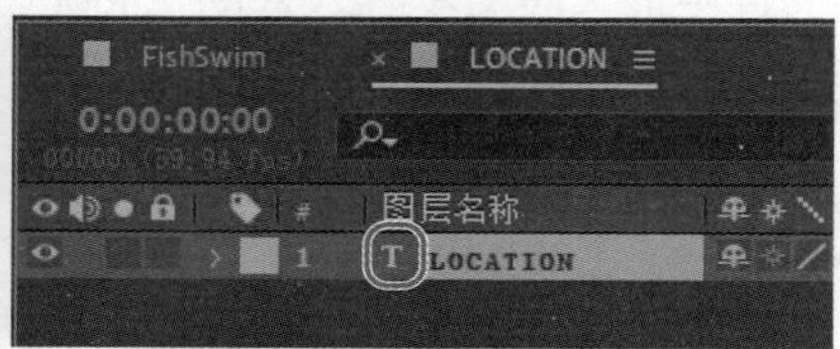

图 3-26

此时，文本图层就可以编辑了。接下来修改位置文本。

❸ 在【时间轴】面板中双击 LOCATION 图层，选中文本并自动切换到【横排文字工具】（T），如图 3-27 所示。

❹ 输入 ISLA MUJERES，如图 3-28 所示。

图 3-27

图 3-28

注意 在修改图层中的文本时，【时间轴】面板中的图层名称并不会随之发生变化，这是因为原来的图层名称是在 Photoshop 中创建的。若想修改图层名称，请先在【时间轴】面板中选择它，然后按 Enter（Windows）或 Return（macOS）键，输入新名称，再次按 Enter（Windows）或 Return（macOS）键。

❺ 切换到【选取工具】（▶），退出文本编辑模式。

❻ 在【属性】面板的【文本】区域下，单击【描边】，选择蓝绿色（R=70、G=92、B=101），然后单击【确定】按钮，其他设置保持不变，如图 3-29 所示。

ISLA MUJERES

图 3-29

❼ 在菜单栏中依次选择【文件】>【保存】，保存当前项目。

3.7.3 为位置文本制作动画

若要使位置文本 ISLA MUJERES 有组织地“流入”画面中的主标题之下，最简单的实现方法是使用一个文本动画预设。

❶ 在【时间轴】面板中，把时间指示器拖曳到 5:00 处。在该时间点，主标题的缩放动画已经结束了。

❷ 在【时间轴】面板中选择 LOCATION 图层。

❸ 按 Ctrl+Alt+Shift+O（Windows）或 Command+Option+Shift+O（macOS）组合键，打开 Adobe Bridge。

❹ 转到 Presets\Text\Animate In 文件夹。

❺ 选择【下雨字符入】动画预设，在【预览】面板中观看动画效果。该效果非常适合用来逐步显示文本。

❻ 使用鼠标右键单击（Windows）或者按住 Control 键单击（macOS）【下雨字符入】动画预设，选择【Place In Adobe After Effects 2024】(置入 Adobe After Effects 2024)，将其应用到 LOCATION 图层，然后返回 After Effects。

❼ 在【时间轴】面板中，在 LOCATION 图层处于选中状态时，连按两次 U 键，查看动画预设修改的属性。范围选择器 1 的【偏移】属性中有两个关键帧：一个位于 5:00 处，另一个位于 7:15 处，如图 3-30 所示。

> **注意** 【下雨字符入】动画预设会改变文本颜色，这正好适合本项目。

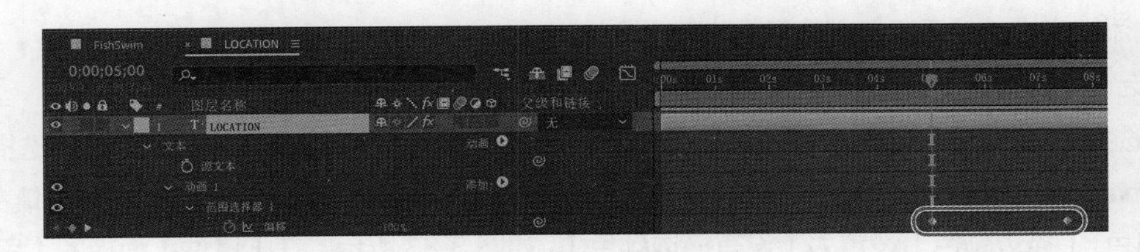

图 3-30

U 键是一个非常有用的快捷键，用来显示一个图层的所有动画属性。按一下 U 键，可查看所有动画属性；按两下 U 键，将显示所有修改过的动画属性。

这个合成中包含多个动画，所以需要把【下雨字符入】这个动画效果加速一下。

❽ 把时间指示器拖曳到 6:00 处，然后将范围选择器 1 中【偏移】属性的第二个关键帧拖曳到 6:00 处，如图 3-31 所示。

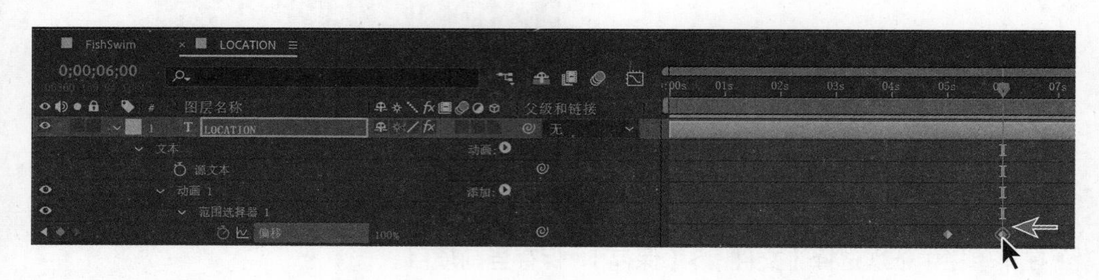

图 3-31

> 💡 **提示** 移动关键帧时按住 Shift 键，可确保将关键帧移动到当前时间点。

❾ 选择 LOCATION 图层，按 U 键，隐藏所有修改过的属性。

❿ 在【时间轴】面板中，单击 FishSwim 选项卡，将其激活，把时间指示器拖曳到 6:00 处。

⓫ 使用【选取工具】(▶) 移动 LOCATION 图层，使 ISLA MUJERES 文本位于 Snorkel Tours 文本之下，并且让它们右对齐。

⓬ 取消选择所有图层。沿着时间标尺，拖曳时间指示器（从 4:00 到 6:00），观看位置文本的动画效果，如图 3-32 所示。然后在菜单栏中依次选择【文件】>【保存】，保存当前项目。

图 3-32

3.8 制作字符间距动画

下面向画面中添加公司名称，然后选用一个字符间距动画预设制作动画。通过制作间距动画，你可以让文本在屏幕上从一个中央点开始向两侧扩展显示出来。

3.8.1 应用字符间距动画预设

首先添加文本，然后添加字符间距动画预设。

❶ 选择【横排文字工具】(T)，然后输入 BLUE CRAB CHARTERS。

❷ 选择 BLUE CRAB CHARTERS 图层。在【属性】面板中，从字体系列下拉列表中选择 Times New Roman，并设置字体样式为 Bold，再从字体大小下拉列表中选择【48 像素】，把【填充颜色】设置为白色，【描边颜色】设置为【没有描边颜色】，如图 3-33 所示。在【属性】面板的【段落】区域中，单击【居中对齐文本】按钮。

❸ 把时间指示器拖曳到 7:10 处。

❹ 选择【选取工具】(▶)，把 BLUE CRAB CHARTERS 文本往下拖曳，移到画面的下三分之

一处，使其与 Snorkel Tours 文本左对齐，如图 3-34 所示。

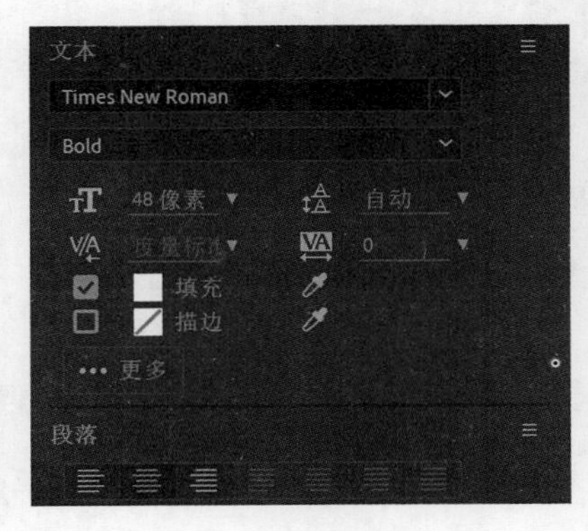

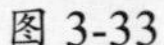

图 3-33

图 3-34

❺ 打开【效果和预设】面板。在搜索框中输入“增加字符间距”，然后双击【增加字符间距】动画预设，将其应用到 BLUE CRAB CHARTERS 文本上。

❻ 沿着时间标尺在 7:10 到 9:10 之间拖曳时间指示器，预览字符间距动画，如图 3-35 所示。

图 3-35

3.8.2 自定义字符间距动画预设

当前得到的动画效果是文本向左右两侧扩展开，但目标动画效果是刚开始时文本中的字母相互挤压在一起，然后从中央向两侧扩展，直到达到一个便于阅读的合适距离，而且动画速度还要更快。我们可以通过调整【字符间距大小】来实现。

❶ 在【时间轴】面板中，选择 BLUE CRAB CHARTERS 图层，按两次 U 键，显示出修改过的属性。

❷ 把时间指示器拖曳到 7:10 处。

❸ 在动画 1 下，把【字符间距大小】修改为 -5，这样文本的各个字母就挤压在了一起，如图 3-36 所示。

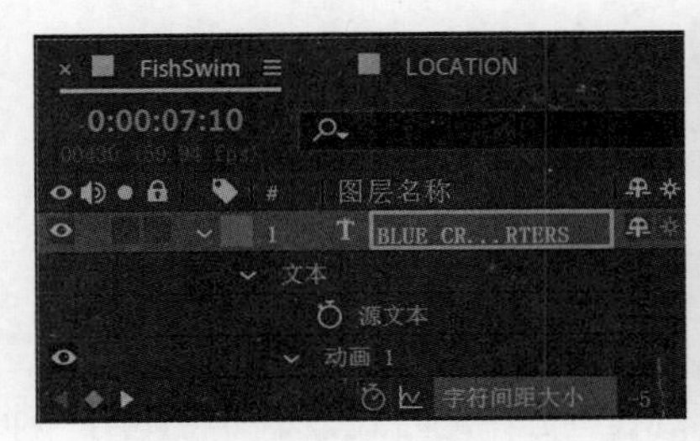

图 3-36

❹ 单击【字符间距大小】属性左侧的【转到下一个关键帧】按钮（▶），然后把【字符间距大小】设置为 0，如图 3-37 所示。

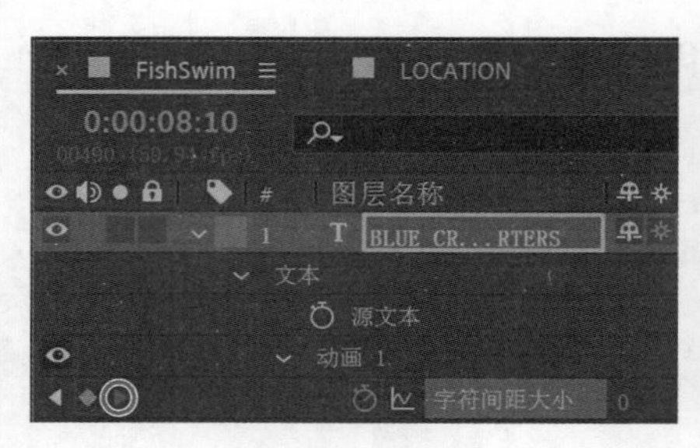

图 3-37

❺ 沿着时间标尺把时间指示器从 7:10 拖曳到 8:10，预览动画效果。预览过程中，可以看到文本字母向两侧扩展后，在最后一个关键帧处停下来。

❻ 隐藏所有图层的属性。

3.9 为文本制作不透明度动画

接下来，继续为公司名称制作动画，让其随着字母的扩展淡入屏幕。我们可以通过控制文本图层的【不透明度】属性来实现这种动画效果。

❶ 确保 BLUE CRAB CHARTERS 图层处于选中状态。

❷ 把时间指示器拖曳到 7:10 处。在【属性】面板中，把【不透明度】值设置为 0%，然后单击秒表图标（⏱），设置一个不透明度关键帧。

❸ 把时间指示器拖曳到 7:20 处，设置【不透明度】为 100%。此时，After Effects 自动添加第二个关键帧。

这样，公司名称的各个字母在屏幕上展开时会伴有淡入效果。

❹ 沿着时间标尺把时间指示器从 7:10 拖曳到 8:10，预览动画效果，可以看到公司名称的各个字母在向两侧展开时伴有淡入效果，如图 3-38 所示。

图 3-38

❺ 使用鼠标右键单击（Windows）或按住 Control 键单击（macOS）第二个不透明度关键帧，在弹出的菜单中依次选择【关键帧辅助】>【缓入】。

❻ 在菜单栏中依次选择【文件】>【保存】，保存当前项目。

3.10 制作 Logo 动画

前面介绍过使用几种动画预设来改变文本出现在画面中的方式，本节将使用一种动画预设让文本消失。首先导入一个 Logo，然后为它制作动画，让其在画面中出现的同时把 BLUE CRAB CHARTERS 文本擦除。

3.10.1 导入 Logo 并制作动画

导入 Logo，给它添加动画。

❶ 单击【项目】选项卡，打开【项目】面板，然后在【项目】面板中双击空白区域，打开【导入文件】对话框。

❷ 在 Lessons\Lesson03\Assets 文件夹中，选择 BlueCrabLogo.psd 文件。从【导入为】下拉列表中选择【合成 - 保持图层大小】。（在 macOS 下，需要单击【选项】才会显示出【导入为】下拉列表。）然后，单击【导入】（Windows）或【打开】（macOS）按钮。

❸ 在 BlueCrabLogo.psd 对话框的【图层选项】中，选择【可编辑的图层样式】，单击【确定】按钮。

❹ 把 BlueCrabLogo 合成拖入【时间轴】面板，并将其置于其他所有图层之上。

此时，公司 Logo 位于画面中央，目标动画为 Logo 从左侧进入画面，然后向右移动逐渐擦除 BLUE CRAB CHARTERS 文本，同时 Logo 变大。可以使用 BlueCrabLogo 图层的【位置】与【缩放】属性来制作这个动画。

❺ 拖曳时间指示器到 10:00 处。

❻ 在【时间轴】面板中选择 BlueCrabLogo 图层，在【属性】面板中把【位置】值设置为 (-810,122)，【缩放】值设置为 (25%,25%)，然后单击这两个属性左侧的秒表图标（⏱），创建初始关键帧，如图 3-39 所示。

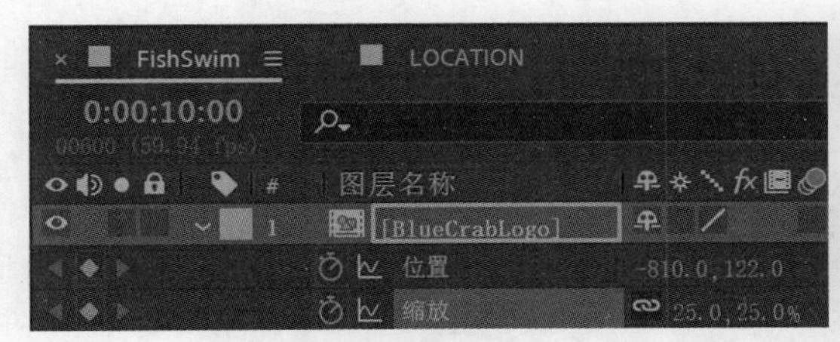

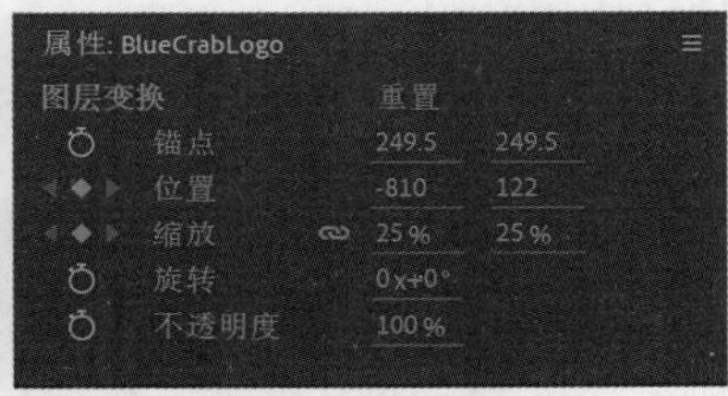

图 3-39

❼ 把时间指示器拖曳到 11:00 处，在【属性】面板中将【位置】值修改为 (377,663)，【缩放】值修改为 (85%,85%)，如图 3-40 所示。修改这两个属性后，After Effects 会自动添加关键帧。

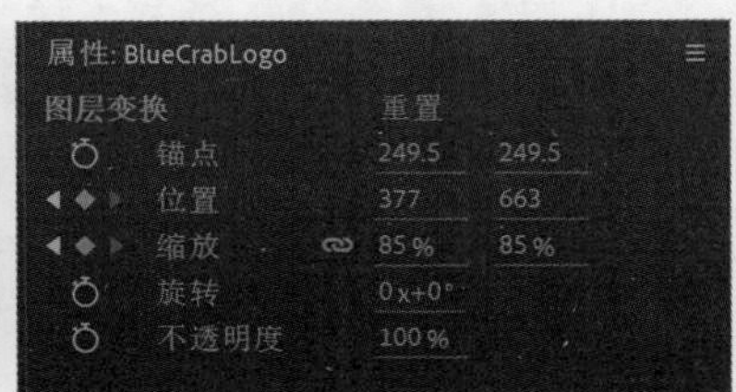

图 3-40

此时，公司 Logo 可以移动到指定位置，但是它走的是直线，最好让路线弯曲一些。为此可以在路线中间添加一些位置关键帧。

❽ 把时间指示器拖曳到 10:15 处，把【位置】值修改为 (139,633)。

❾ 把时间指示器拖曳到 10:30 处，把【位置】值修改为 (675,633)。

⑩ 把时间指示器拖曳到 10:00 处，按空格键预览动画，效果如图 3-41 所示。再次按空格键停止预览，隐藏图层属性。

图 3-41

3.10.2 制作文本擦除动画

前面把公司 Logo 的动画制作好了，接下来给文本应用一个动画预设，使其随着公司 Logo 的移动而逐渐被擦除。

❶ 把时间指示器拖曳到 10:10 处，选择 BLUE CRAB CHARTERS 图层。

❷ 在【效果和预设】面板中搜索【按字符淡出】。

❸ 双击【按字符淡出】动画预设，将其应用到所选图层上。

❹ 在 BLUE CRAB CHARTERS 图层处于选中状态时，按 U 键查看其动画属性。

❺ 把时间指示器拖曳到 10:12 处。

❻ 把范围选择器 1 下【起始】属性的第一个关键帧移动到 10:12 处，如图 3-42 所示。

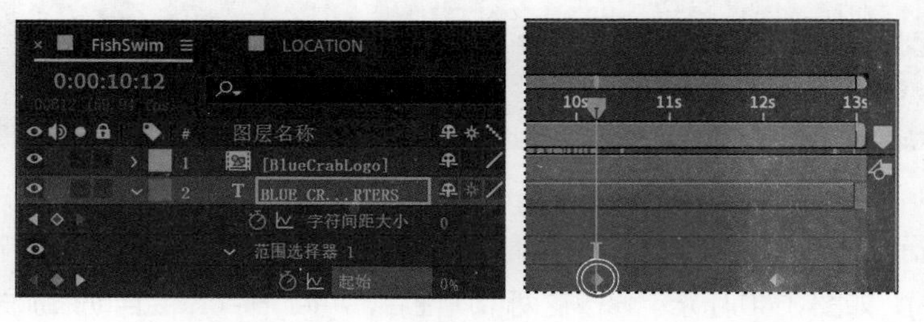

图 3-42

❼ 把时间指示器拖曳到 10:29 处，把范围选择器 1 下【起始】属性的第二个关键帧拖曳到 10:29 处，如图 3-43 所示。

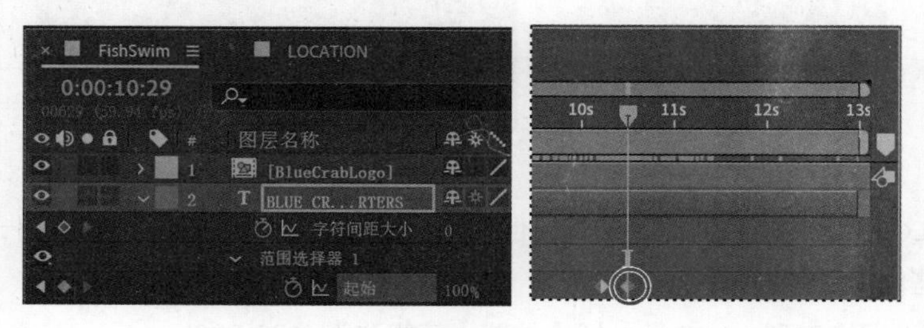

图 3-43

❽ 按空格键预览动画，效果如图 3-44 所示。再次按空格键停止预览。

图 3-44

⑨ 按 U 键隐藏图层属性，然后保存当前项目。

3.11 使用文本动画制作工具组

文本动画制作工具组允许你为图层中一段文本内的各个字母分别制作动画。本例中，为了把观众的注意力吸引到 BLUE CRAB CHARTERS 文本上来，将使用文本动画制作工具组为中间的字母制作动画，并且不影响同图层中其他字母上的字符间距动画与不透明度动画。

① 在【时间轴】面板中，把时间指示器拖曳到 9:10 处。

② 展开 BLUE CRAB CHARTERS 图层，查看其【文本】属性组名称。

③ 选择 BLUE CRAB CHARTERS 图层，确保只选择了图层名称。

④【文本】属性组名称右侧有一个【动画】选项，单击右侧三角形图标，在弹出的菜单中选择【倾斜】。

此时，After Effects 会向所选图层的【文本】属性添加一个名为【动画制作工具 1】的属性组。

⑤ 选择【动画制作工具 1】，按 Enter（Windows）或 Return（macOS）键，将其重命名为 Skew Animator，再按 Enter（Windows）或 Return（macOS）键，使新名称生效，如图 3-45 所示。

接下来，指定要倾斜的字母。

⑥ 展开 Skew Animator 下的范围选择器 1 属性。

每个文本动画制作工具组都包含一个默认的范围选择器。范围选择器用来把动画应用到文本图层中特定的字母上。你可以向一个文本动画制作工具组添加多个范围选择器，或者把多个文本动画制作工具属性应用到同一个范围选择器上。

图 3-45

⑦ 边观察【合成】面板，边向右拖曳调整 Skew Animator 的【范围选择器 1】下的【起始】属性值，使范围选择器的左指示器（◗）刚好位于 CRAB 的第一个字母 C 之前，如图 3-46 所示。

⑧ 边观察【合成】面板，边向左拖曳调整 Skew Animator 的【范围选择器 1】下的【结束】属性值，使范围选择器的右指示器（◖）刚好位于 CRAB 的最后一个字母 B 之后，如图 3-47 所示。

现在，使用 Skew Animator 属性制作的所有动画都只影响你选择的字符。

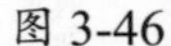
图 3-46

图 3-47

关于文本动画制作工具组

一个文本动画制作工具组包含一个或多个范围选择器，以及一个或多个动画制作工具属性。范围选择器类似于蒙版，用来指定动画制作工具属性影响文本图层上的哪些字符或部分。使用范围选择器指定属性动画影响的范围时，可以指定一定比例的文本、文本中的特定字符，或特定范围内的文本。

组合使用动画制作工具属性和范围选择器可以轻松创建出原本需要很多关键帧才能实现的复杂文本动画。制作大部分文本动画时，对范围选择器的值（非属性值）进行控制即可。因此，即便是复杂的文本动画，也只需使用少量的关键帧。

关于文本动画制作工具组的更多信息，请阅读 After Effects 的帮助文档。

为指定文本制作倾斜动画

下面通过设置倾斜关键帧为中间名制作晃动动画效果。

❶ 左右拖曳 Skew Animator 下的【倾斜】值，确保只有所选单词发生倾斜，其他文本保持不动。

❷ 把 Skew Animator 下的【倾斜】值设为 0。

❸ 把时间指示器拖曳到 9:15 处，单击【倾斜】左侧的秒表图标（⏱），添加一个倾斜关键帧，如图 3-48 所示。

图 3-48

❹ 把时间指示器拖曳到 9:18 处，设置【倾斜】值为 50，如图 3-49 所示。此时，After Effects 自动添加一个关键帧。

图 3-49

❺ 把时间指示器拖曳到 9:25 处，设置【倾斜】值为 -50。此时，After Effects 自动添加另一个关键帧。

❻ 把时间指示器拖曳到 10:00 处，设置【倾斜】值为 0，添加最后一个关键帧。

❼ 单击【倾斜】属性，选择所有倾斜关键帧，然后在菜单栏中依次选择【动画】>【关键帧辅助】>【缓动】，向所有关键帧添加【缓动】效果。

❽ 在【时间轴】面板中，隐藏 BLUE CRAB CHARTERS 图层的属性。

提示 要从文本图层中快速删除所有文本动画器，先在【时间轴】面板中选择文本图层，然后在菜单栏中依次选择【动画】>【移除所有文本动画器】即可。若只想删除某一个文本动画器，则在【时间轴】面板中选择它的名称，按 Delete 键即可。

❾ 按 Home 键，或把时间指示器拖曳至 0:00 位置，然后预览整个动画，效果如图 3-50 所示。

图 3-50

❿ 按空格键停止预览。在菜单栏中依次选择【文件】>【保存】，保存当前项目。

3.12 为图层制作动画

到现在为止，你已经使用几个文本动画预设制作出了令人赞叹的效果。接下来为文本图层添加一个简单的运动效果，这是通过控制文本图层的【变换】属性实现的。

当前动画中，公司 Logo 已经出现在画面中，但还缺少必要的说明文字。因此，需要添加 Providing Excursions Daily 文本，并为它制作动画，使其随着公司名称在屏幕上出现，从右往左移动到画面之中。

❶ 在 FishSwim 合成的【时间轴】面板中，把时间指示器拖曳到 11:30 处，如图 3-51 所示。

图 3-51

此时，其他所有文本都已经显示在了屏幕上，因此，你可以精确地设置 Providing Excursions Daily 文本的位置。

❷ 在工具栏中选择【横排文字工具】(T)。

❸ 取消选择所有图层，然后在【合成】面板的空白处单击，确保单击的位置没有任何文本图层。

> **提示** 在【时间轴】面板中单击空白区域，可以取消对所有图层的选择。此外，你还可以按 F2 键或在菜单栏中依次选择【编辑】>【全部取消选择】来取消选择所有图层。

❹ 输入文本 Providing Excursions Daily。

❺ 选择刚刚输入的文本，然后在【属性】面板中，从字体系列下拉列表中选择 Calluna Sans，并设置字体样式为 Bold，设置字体大小为 48 像素。

❻ 在【属性】面板中，设置【填充颜色】为白色。

❼ 在【属性】面板底部单击【更多】，展示更多选项。然后单击【小型大写字母】按钮，其他选项保持默认设置，如图 3-52 所示。

图 3-52

❽ 在工具栏中选择【选取工具】(▶)，然后拖曳 Providing Excursions Daily 文本，使其与公司 Logo 底部对齐，且与 Snorkel Tours 文本的右边缘对齐。

❾ 在【属性】面板中，单击【位置】属性左侧的秒表图标(⏱)，创建初始关键帧，如图 3-53 所示。

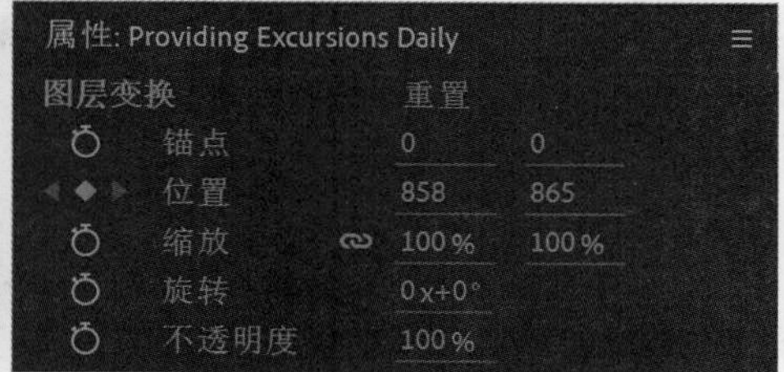

图 3-53

⑩ 把时间指示器拖曳至 11:00 处，此时公司 Logo 已经替换掉了公司名称。

⑪ 向右拖曳 Providing Excursions Daily 文本，使其位于画面右边缘之外。拖曳时按住 Shift 键，可以创建一条直线路径，如图 3-54 所示。

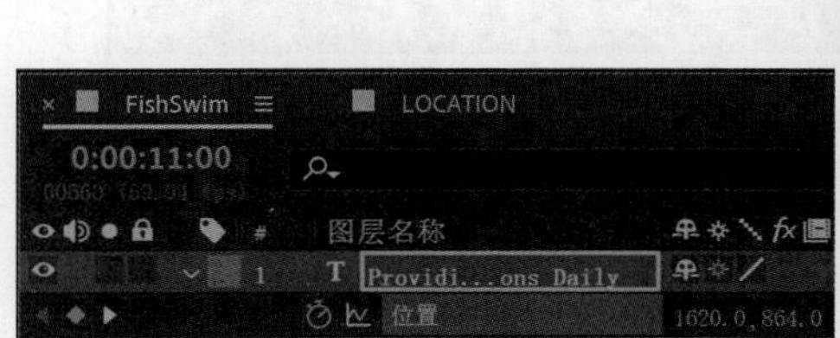

图 3-54

⑫ 预览动画，如图 3-55 所示。然后隐藏【位置】属性。

图 3-55

这个动画很简单，但是效果不错。文本 Providing Excursions Daily 从右侧进入画面，然后在公司 Logo 旁边停下来。

3.13 添加运动模糊

运动模糊是指一个物体移动时所产生的模糊效果。接下来向合成中添加运动模糊效果，让动态元素的运动变得更自然、真实。

① 在 FishSwim 合成的【时间轴】面板中，打开除 FishSwim.mov 和 LOCATION 两个图层之外的其他所有图层的运动模糊开关（ ），如图 3-56 所示。

接下来对 LOCATION 合成中的图层应用运动模糊。

② 在 LOCATION 合成的【时间轴】面板中，打开其中图层的运动模糊开关，如图 3-57 所示。

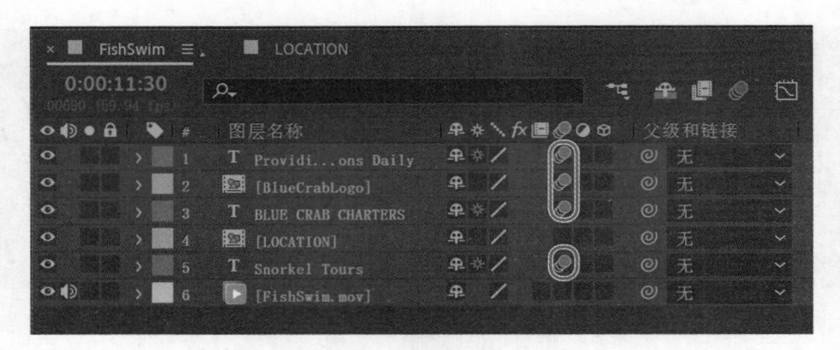

图 3-56

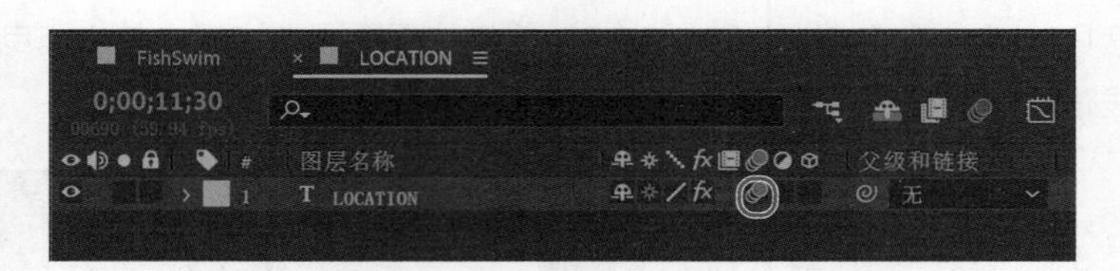

图 3-57

❸ 切换回 FishSwim 合成的【时间轴】面板，打开 LOCATION 图层的运动模糊开关，如图 3-58 所示。

当你为任意一个图层打开运动模糊开关时，After Effects 会自动为合成启用运动模糊。

图 3-58

❹ 预览整个制作完成的动画，如图 3-59 所示。

图 3-59

❺ 在菜单栏中依次选择【文件】>【保存】，保存当前项目。

到这里，你已经制作好了一个较为复杂的文本动画。如果你希望把它导出成影片文件，请阅读第 15 课的内容。

3.14 复习题

1. 在 After Effects 中，文本图层和其他类型的图层有何异同？
2. 如何预览文本动画预设？
3. 什么是文本动画制作工具组？

3.15 复习题答案

1. 在 After Effects 中，文本图层和其他类型的图层在很多方面是类似的。可以对文本图层应用各种效果和表达式，为其制作动画，将其指定为 3D 图层，编辑 3D 文字并从多个角度查看它。但是，与大部分图层不同的是，无法在文本图层自己的【图层】面板中打开它。文本图层完全由矢量图形组成，所以当缩放图层或者调整文本的大小时，它仍会保持清晰的边缘，且与分辨率无关。另外，你可以使用特定的文本动画器属性和范围选择器为文本图层中的文本制作动画。
2. 在菜单栏中依次选择【动画】>【浏览预设】，可在 Adobe Bridge 中打开文本动画预设进行预览。Adobe Bridge 会打开和显示 After Effects Presets 文件夹中的内容，进入具体的文本动画预设文件夹（例如 Blurs 或 Paths），在【预览】面板中预览动画效果即可。
3. 使用文本动画制作工具组可以基于文本图层中单个字符的属性制作随时间变化的动画。文本动画制作工具组包含一个或多个范围选择器，范围选择器类似于蒙版，用来指定动画制作工具属性影响文本图层上的哪些字符或区域。使用范围选择器指定属性动画影响的范围时，可以指定一定比例的文本、文本中的特定字符，或特定范围内的文本。

第 4 课

使用形状图层

本课概览

本课主要讲解以下内容。

- 创建自定义形状。
- 使用路径操作变换形状。
- 使形状描边变细。
- 使用 Create Nulls From Paths 面板。
- 设置形状的填充和描边。
- 制作形状动画。
- 对齐图层。

学习本课大约需要 1 小时

项目：动态插画

使用形状图层可以轻松创建富有表现力的背景和引人入胜的效果。你可以为形状制作动画，应用动画预设，以及把它们与其他形状连接起来，以产生更强烈的视觉效果。

4.1 课前准备

在 After Effects 中，使用任何一个形状工具绘制形状，After Effects 都会自动创建形状图层。你可以调整、变换单个形状或整个图层以得到更有趣的结果。本课将使用形状图层制作一个创意十足的动画。

在动手制作之前，首先预览一下最终效果，然后创建 After Effects 项目。

❶ 在你的计算机中，请检查 Lessons\Lesson04 文件夹中是否包含以下文件夹和文件，若没有包含，请下载它们。

- Assets 文件夹：Background.mov。
- Sample_Movies 文件夹：Lesson04.mp4。

❷ 在 Windows Movies & TV 或 QuickTime Player 中打开并播放 Lesson04.mp4 示例影片，了解本课要创建的效果。观看完之后，关闭 Windows Movies & TV 或 QuickTime Player。如果存储空间有限，你可以把示例影片从硬盘中删除。

学习本课之前，最好把 After Effects 恢复成默认设置。相关说明，请阅读前言“恢复默认首选项”中的内容。

❸ 启动 After Effects 时，立即按 Ctrl+Alt+Shift（Windows）或 Command+Option+Shift（macOS）组合键，在【启动修复选项】对话框中单击【重置首选项】按钮，即可恢复默认首选项。

❹ 在【主页】窗口中，单击【新建项目】按钮。

此时，After Effects 会打开一个未命名的空项目。

❺ 在菜单栏中依次选择【文件】>【另存为】>【另存为】，在【另存为】对话框中转到 Lessons\Lesson04\Finished_Project 文件夹。

❻ 输入项目名称“Lesson04_Finished.aep”，单击【保存】按钮，保存项目。

4.2 新建合成

下面导入背景影片，同时创建合成。

❶ 在【合成】面板中单击【从素材新建合成】按钮，打开【导入文件】对话框。

❷ 在【导入文件】对话框中，转到 Lessons\Lesson04\Assets 文件夹，选择 Background.mov，然后单击【导入】（Windows）或【打开】（macOS）按钮。

After Effects 把 Background.mov 文件添加到【项目】面板中，同时基于 Background.mov 文件创建一个合成，并在【时间轴】和【合成】面板中打开新建的合成。

❸ 按空格键预览背景影片，效果如图 4-1 所示。影片中，随着黑夜变成白天，天空和整体画面的颜色逐渐明亮起来。再次按空格键停止预览。

图 4-1

4.3 添加形状图层

After Effects 提供了 5 种形状工具：矩形工具、圆角矩形工具、椭圆工具、多边形工具、星形工具。当在【合成】面板中绘制一个形状时，After Effects 会向合成中新添加一个形状图层。你可以向形状应用填充和描边、修改形状路径，以及应用动画预设。形状属性显示在【时间轴】面板中，其中许多属性也会显示在【属性】面板中。每个形状属性都可以用来制作动画。

形状工具既可以用来创建形状，也可以用来创建蒙版。蒙版可以用来隐藏或显示图层的某些区域，也可以用来配合制作某种效果。形状本身包含图层。当选择一个形状工具时，你可以指定要绘制的是形状还是蒙版。

4.3.1 绘制形状

下面绘制一颗星星。

❶ 按 Home 键，或者把时间指示器拖曳到时间标尺的起始位置。

❷ 按 F2 键，或单击【时间轴】面板中的空白区域，确保没有图层处于选中状态。

若在某个图层处于选中状态时绘制形状，则绘制的形状将变成图层的蒙版，开始绘制时鼠标指针右下角会出现一个含圆点的方框（ ）。绘制形状时，若无图层处于选中状态，则 After Effects 会自动创建一个形状图层，开始绘制时，鼠标指针右下角会出现一个星形图标（ ）。

❸ 在菜单栏中依次选择【编辑】>【首选项】>【常规】（Windows）或【After Effects】>【首选项】>【常规】（macOS）。在弹出的对话框中，勾选【在新形状图层上居中放置锚点】，单击【确定】按钮，如图 4-2 所示。

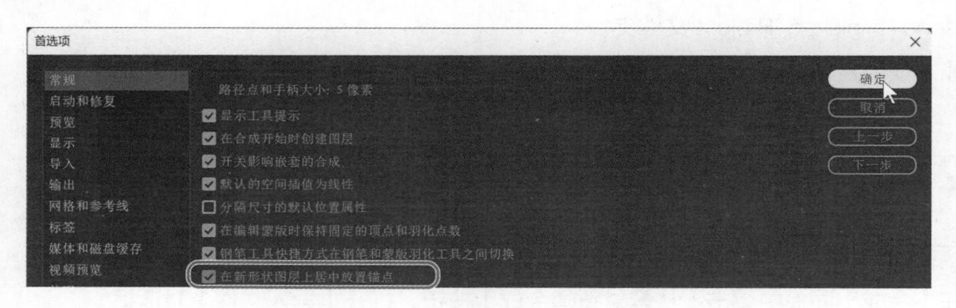

图 4-2

After Effects 会以锚点为参考点来改变图层的位置、缩放方向或旋转角度。默认情况下，形状图层的锚点位于合成的中心。在勾选【在新形状图层上居中放置锚点】之后，锚点将出现在你在图层上绘制的第一个形状的中心。

❹ 在工具栏中选择【星形工具】（ ），该工具隐藏在【矩形工具】（ ）之下，如图 4-3 所示。

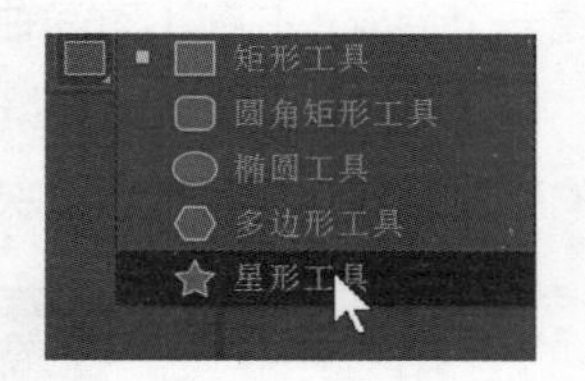

图 4-3

❺ 在天空中绘制一颗星星。

在【合成】面板中绘制星星之后，After Effects 会自动在【时间轴】面板中添加一个名为【形状图层 1】的形状图层。

❻ 选择【形状图层 1】，按 Enter（Windows）或 Return（macOS）键，更改图层名称为 Star 1，再按 Enter（Windows）或 Return（macOS）键，使更改生效，如图 4-4 所示。

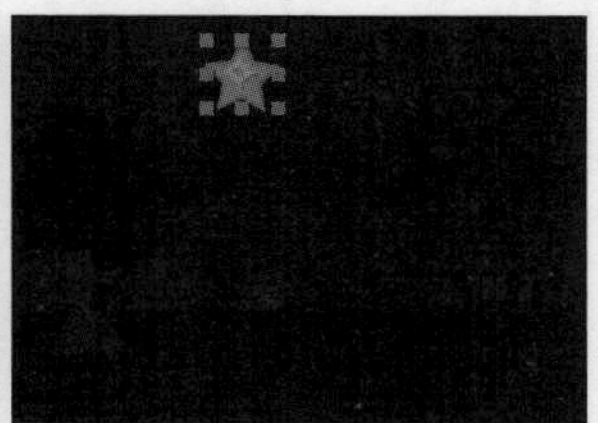

图 4-4

4.3.2 应用填充和描边

在工具栏中调整【填充】选项，可以改变形状的填充颜色。单击【填充】，弹出【填充选项】对话框，在其中可以选择填充类型、混合模式，以及更改不透明度。单击【填充颜色】框，可以打开【形状填充颜色】(填充类型为纯色)或【渐变编辑器】(填充类型为线性渐变或径向渐变)对话框。

同样，你可以通过调整工具栏中的【描边】选项来改变形状的描边宽度和颜色。单击【描边】，可以打开【描边选项】对话框；单击【描边颜色】框，可以选取一种描边颜色。

❶ 在【时间轴】面板中选择 Star 1 图层，如图 4-5 所示。

❷ 在工具栏中做以下设置，如图 4-6 所示。

单击【填充颜色】框(位于【填充】右侧)，打开【形状填充颜色】对话框，选择一种浅黄色(R=215、G=234、B=23)，单击【确定】按钮。

单击【描边颜色】框，打开【形状描边颜色】对话框，选择一种亮黄色(R=252、G=245、B=3)，单击【确定】按钮。

把【描边宽度】设置为 2 像素。

图 4-5

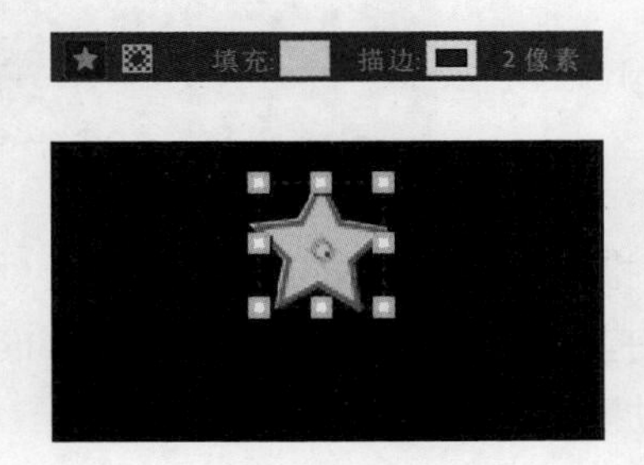

图 4-6

❸ 在菜单栏中依次选择【文件】>【保存】，保存当前项目。

4.4 创建“自激发”形状

【摆动路径】是一种路径操作，它可以把一个平滑的形状转换成一系列锯齿状的波峰和波谷。这里使用它让星星闪闪发光。由于这种路径操作是“自激发”(Self-animating)的，所以只需要修改形状的几个属性，就可以让形状自己动起来。

❶ 在【时间轴】面板中，展开 Star 1 图层，选择【多边星形 1】，单击【添加】右侧的按钮，在弹出的菜单中选择【摆动路径】，如图 4-7 所示。

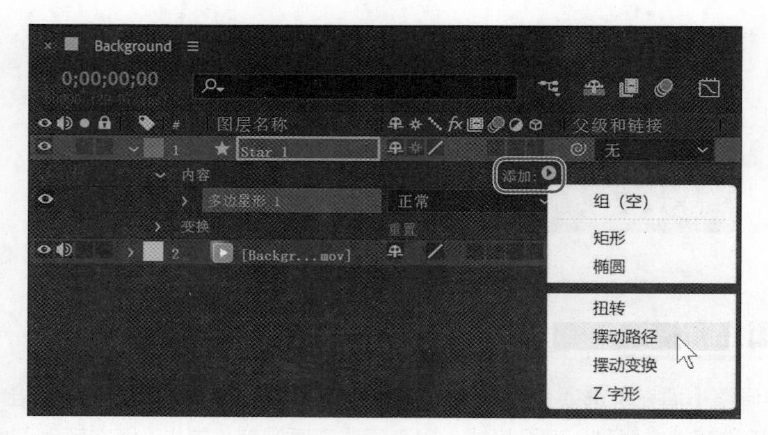

图 4-7

❷ 按空格键播放影片，预览效果。再次按空格键，停止预览。

星星边缘的锯齿形态太突出了，接下来调整设置，使其变得更自然。

❸ 展开【摆动路径 1】，把【大小】值修改为 2，【详细信息】值修改为 3。

❹ 把【摇摆 / 秒】修改为 5，如图 4-8 所示。

图 4-8

❺ 打开 Star 1 图层的运动模糊开关（）。

打开某个图层的运动模糊开关后，After Effects 会自动激活整个合成的运动模糊功能，这样该图层的运动模糊效果才会生效。

❻ 隐藏图层属性。

❼ 按空格键预览星星闪烁效果，如图 4-9 所示。再次按空格键，停止预览。

图 4-9

白天应该是看不见星星的，所以需要给它制作不透明度动画。

❽ 按 Home 键，或者把时间指示器拖曳到时间标尺的起始位置。

❾ 在【时间轴】面板中选择 Star 1 图层。

❿ 在【属性】面板的【图层变换】区域中，单击【不透明度】左侧的秒表图标（⏱），创建一个不透明度值为 100% 的初始关键帧。

⓫ 把时间指示器拖曳至 2:15 处，修改【不透明度】为 0%，如图 4-10 所示。

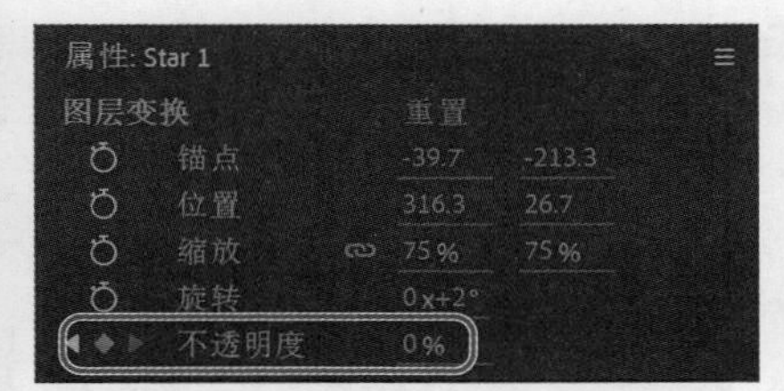

图 4-10

4.5 复制形状

天空中应该有多颗星星，而且都应该闪闪发光。为了创建这些星星，可以先把前面创建的那颗星星复制多次，这样每个新的星星图层都与原来的星星图层有着相同的属性；然后分别调整每颗星星的位置和旋转角度；最后制作位移路径动画，加强星星闪烁效果。

❶ 按 Home 键，或者把时间指示器拖曳到时间标尺的起始位置。

❷ 在【时间轴】面板中选择 Star 1 图层。

❸ 在菜单栏中依次选择【编辑】>【重复】。

After Effects 在图层堆叠顶部添加了 Star 2 图层，它与 Star 1 图层完全一样，包括位置。

❹ 按 5 次 Ctrl+D（Windows）或 Command+D（macOS）组合键，创建另外 5 个星星图层，如图 4-11 所示。

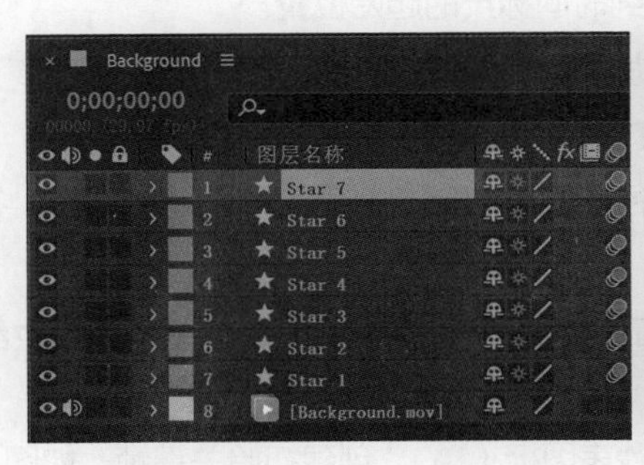

图 4-11

❺ 在工具栏中选择【选取工具】(▶)，按 F2 键，取消对【时间轴】面板中所有图层的选择。

4.5.1 调整每个形状的位置、大小与旋转角度

前面创建的星星全都重叠在一起。接下来，调整每颗星星的位置、大小和旋转角度。

❶ 使用【选取工具】拖曳各颗星星，使每颗星星处于天空的不同位置，如图 4-12 所示。

图 4-12

❷ 选择 Star 1 图层，然后在【属性】面板中调整其【旋转】和【缩放】属性值，如图 4-13 所示。

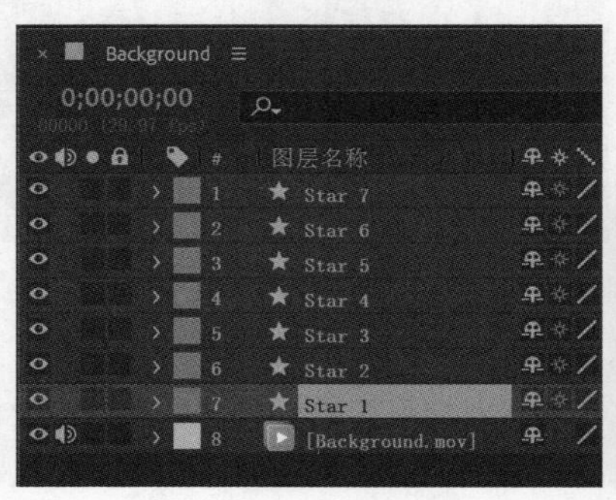

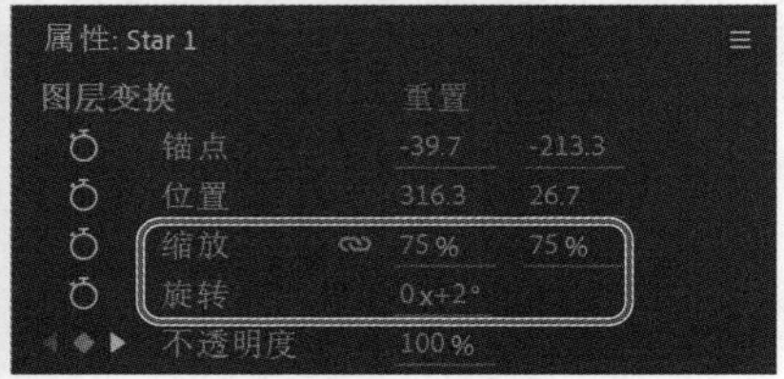

图 4-13

❸ 调整其他每个图层的【缩放】和【旋转】值，让各颗星星的大小和旋转角度各不相同。此外，你还可以使用【选取工具】调整各颗星星的位置，效果如图 4-14 所示。

图 4-14

❹ 按空格键，预览动画。夜空中星星在闪烁，随着天空亮起来，星星逐渐褪去了光芒。再次按空格键，停止预览。

4.5.2 为同心形状制作动画

下面为每颗星星制作描边动画，增强星星的闪烁效果。

❶ 按 Home 键，或者把时间指示器拖曳到时间标尺的起始位置。

❷ 展开 Star 7 图层属性，然后单击【添加】右侧的按钮，在弹出的菜单中选择【位移路径】。在【合成】面板中，所选的星星扩大，其描边被重复多次。

❸ 在【时间轴】面板中，展开【位移路径 1】属性。

❹ 设置【数量】为 4，【副本】值为 2。

【数量】属性控制着形状的扩展程度，为正值表示向外扩展，为负值表示向内收缩。增大【副本】值会增加副本数目。

❺ 单击【数量】与【副本】属性左侧的秒表图标（⏱），创建初始关键帧，如图 4-15 所示。

❻ 把时间指示器拖曳到 0:10 处，把【副本】值设置为 3。然后把时间指示器拖曳到 1:00 处，分别把【数量】和【副本】值设置为 1，效果如图 4-16 所示。

❼ 对其他每颗星星重复步骤 2 ～步骤 6，灵活设置属性值，不要全都一样，确保星星在不同时间点进行扩展与收缩，效果如图 4-17 所示。

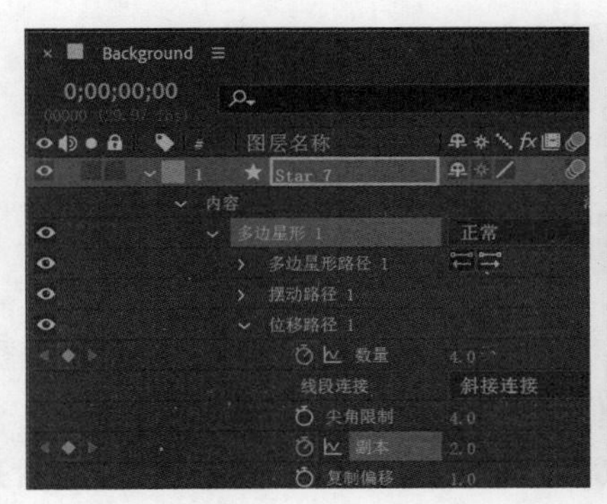

图 4-15

图 4-16

图 4-17

❽ 隐藏所有图层的属性。然后选择 Star 1 图层，按住 Shift 键选择 Star 7 图层，选中所有星星图层，如图 4-18 所示。

❾ 在菜单栏中依次选择【图层】>【预合成】，在弹出的【预合成】对话框中，设置【新合成名称】为 Starscape，单击【确定】按钮，结果如图 4-19 所示。

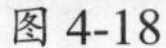
图 4-18

图 4-19

After Effects 创建了一个名为 Starscape 的新合成，其中包含 7 个星星形状。在 Background 合成中，新合成代替了原来的 7 个星星图层。打开 Starscape 合成，你可以继续编辑星星图层。对图层进行预合成可以把【时间轴】面板中的图层组织得更好。

⑩ 在菜单栏中依次选择【文件】>【保存】，保存当前项目。

4.6 使用【钢笔工具】自定义形状

在 After Effects 中，你可以使用 5 个形状工具创建出各种各样的形状。使用形状图层的最大好处在于你可以绘制任意形状，并以各种方式操纵它们。

下面将使用【钢笔工具】绘制一个花盆，然后为花盆颜色制作动画，使其在影片开头时是暗的，而后随着天空变亮而变亮。

① 在【时间轴】面板中，确保没有图层处于选中状态，把时间指示器拖曳至 1:10 处。

② 在工具栏中选择【钢笔工具】( )。

③ 在【合成】面板中，单击添加一个顶点，然后添加另外 3 个顶点，最后再次单击第一个顶点，把形状封闭起来，绘制出一个花盆形状，如图 4-20 所示。

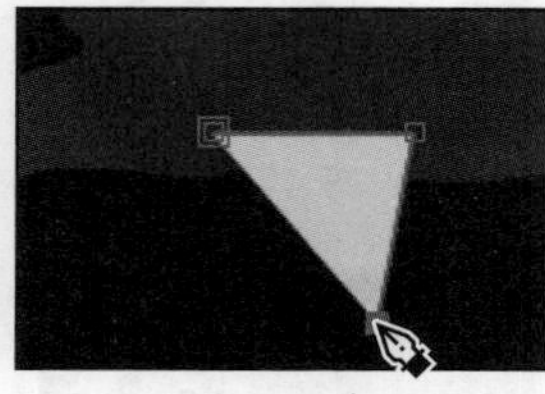

图 4-20

当你创建出第一个顶点之后，After Effects 会自动向【时间轴】面板中添加一个形状图层——【形状图层 1】。

④ 选择【形状图层 1】图层，按 Enter（Windows）或 Return（macOS）键，把图层名称更改为 Base of Flowerpot。再次按 Enter（Windows）或 Return（macOS）键，使更改生效，如图 4-21 所示。

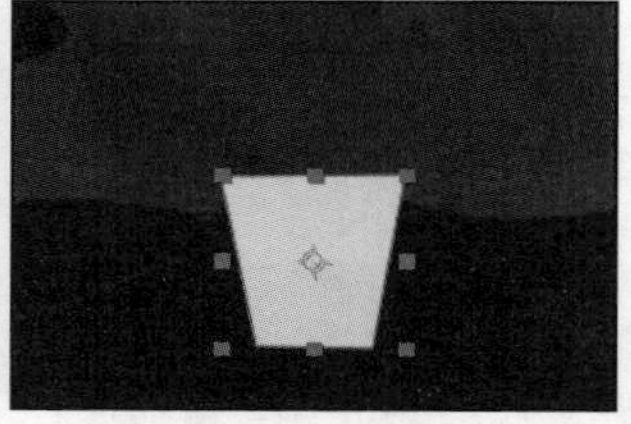

图 4-21

⑤ 在 Base of Flowerpot 图层处于选中状态时，在工具栏中单击【填充颜色】框，选择一种深褐色（R=62、G=40、B=22）。

⑥ 在【属性】面板的【形状属性】区域，从【描边颜色】右侧下拉列表中选择【无】。

⑦ 在【属性】面板的【图层内容】区域，选择【形状 1】。

⑧ 单击【填充颜色】属性左侧的秒表图标，创建初始关键帧，如图 4-22 所示。

⑨ 拖曳时间指示器至 4:01 处，在【属性】面板的【形状属性】区域单击【填充颜色】框，把填充颜色更改为浅褐色（R=153、G=102、B=59），然后单击【确定】按钮，如图 4-23 所示。

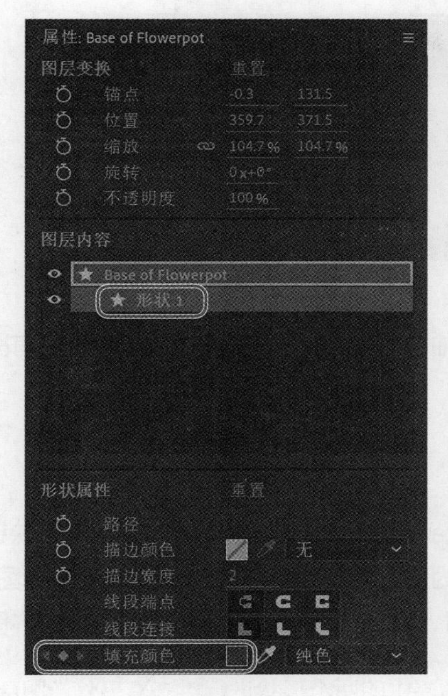

图 4-22

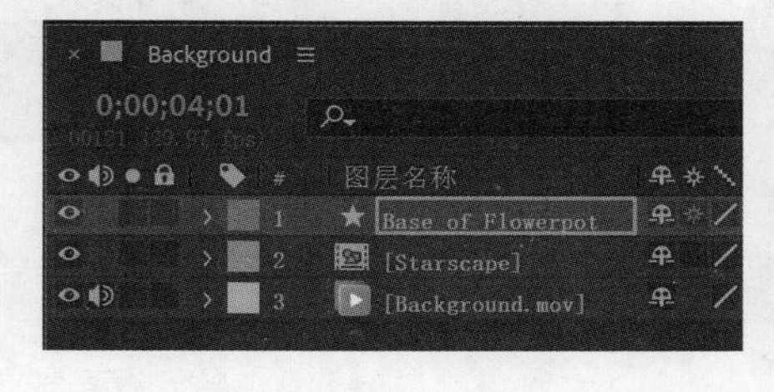

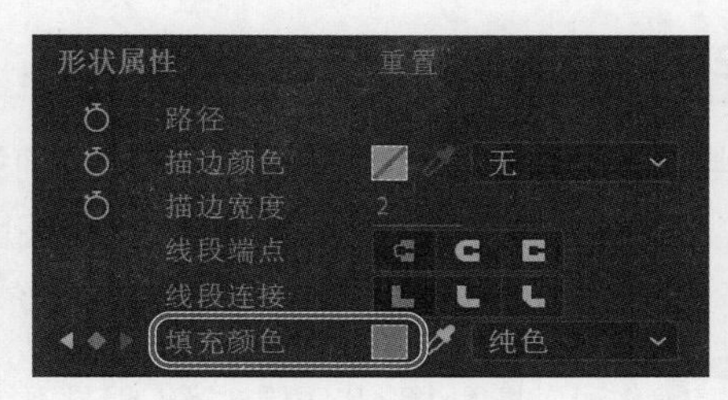

图 4-23

在【时间轴】面板中隐藏所有属性。按 F2 键，或者单击【时间轴】面板中的空白区域，取消对所有图层的选择。

4.7 使用对齐功能放置图层

本节将创建花盆的盆沿，并使用 After Effects 的对齐功能将盆沿放置在花盆的顶部。

4.7.1 创建圆角矩形

下面使用【圆角矩形工具】创建花盆的盆沿。

❶ 把时间指示器拖曳到 1:10 处。

❷ 在工具栏中，选择【圆角矩形工具】(■)，其隐藏于【星形工具】(★) 之下。

❸ 在【合成】面板中，拖曳鼠标绘制一个圆角矩形，使其比花盆上边缘略宽，然后把这个圆角矩形放到花盆上方不远处。

❹ 选择【形状图层 1】图层，按 Enter（Windows）或 Return（macOS）键，修改图层名称为 Rim of Flowerpot。再次按 Enter（Windows）或 Return（macOS）键，使更改生效。

❺ 选择 Rim of Flowerpot 图层。

❻ 统一盆沿与盆体的颜色。在【属性】面板中单击【填充颜色】属性右侧的吸管图标，然后在【合成】面板中单击花盆，吸取其颜色。

❼ 单击【填充颜色】属性左侧的秒表图标（⏱），创建一个初始关键帧。

❽ 把时间指示器拖曳至 4:01 处，再次使用【吸管工具】把盆沿的填充颜色修改为花盆的浅褐色，如图 4-24 所示。

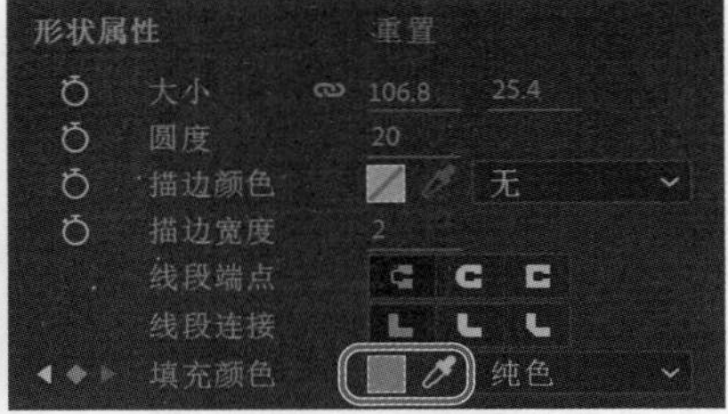

图 4-24

❾ 隐藏所有图层属性。按 F2 键，或者单击【时间轴】面板中的空白区域，取消对所有图层的选择。

4.7.2 对齐图层到指定位置

当前合成中花盆的两个图层之间没有任何关系。在 After Effects 中，可以使用对齐功能来快速对齐图层。勾选【对齐】后，距离单击点最近的图层特征将成为对齐特征。当你拖曳图层靠近其他图层时，另一个图层的相关特征会高亮显示，并告知你释放鼠标时，After Effects 将根据这些特征对齐图层。

> **注意** 你可以把两个形状图层对齐，但是不能将同一个图层中的两个形状进行对齐。另外，图层必须处于可见状态，才能执行对齐操作。2D 图层与 2D 图层对齐，3D 图层与 3D 图层对齐。

❶ 在工具栏中选择【选取工具】(▶)。

❷ 在工具栏中勾选【对齐】，如图 4-25 所示。

图 4-25

> **提示** 在不勾选【对齐】的情况下，可以执行以下操作临时启用它：单击图层，开始拖曳图层时按住 Ctrl（Windows）或 Command（macOS）键。

❸ 在【合成】面板中，选择 Rim of Flowerpot 图层，如图 4-26 所示。

当在【合成】面板中选中一个图层时，After Effects 会显示该图层的手柄和锚点，你可以把其中任意一个作为图层的对齐特征。

❹ 在圆角矩形底边中点附近单击，并将其拖向 Base of Flowerpot 图层的上边缘，直到两个图层吸附在一起，如图 4-27 所示。注意，不要直接拖曳锚点，否则会改变圆角矩形的大小。

图 4-26

图 4-27

拖曳图层时，选择的手柄周围会出现一个方框，这表明当前开启了对齐功能。

5 你可以根据需要使用【选取工具】适当地调整圆角矩形和花盆的尺寸。

6 取消选择所有图层，然后在菜单栏中依次选择【文件】>【保存】，保存当前项目。

4.8 为形状制作动画

你可以为形状图层的位置、不透明度，以及其他变换属性制作动画，这与在其他图层中为这些属性制作动画是一样的。但相比之下，形状图层为制作动画提供了更多属性，包括填充、描边、路径操作等。

下面将创建另外一颗星星，然后使用【收缩和膨胀】路径操作制作星星随着向花盆跌落而变成一朵花并且改变颜色的动画。

4.8.1 为路径操作制作动画

路径操作与效果类似，用于调整形状的路径，并保留原始路径。路径操作是实时的，因此你可以随时修改或删除它们。前面已经使用过【摆动路径】和【位移路径】，在接下来的动画制作中会用到【收缩和膨胀】路径操作。

使用【收缩和膨胀】路径操作可以在把路径线段向内弯曲的同时把路径顶点向外拉伸（收缩操作），或者在把路径线段向外弯曲的同时把路径顶点向内拉伸（膨胀操作）。你可以为收缩或膨胀的程度制作随时间变化的动画。

1 按 Home 键，或者把时间指示器拖曳到时间标尺的起始位置。

2 在工具栏中选择【星形工具】（★），天空的右上区域绘制一颗星星。

此时，After Effects 会向【时间轴】面板添加一个【形状图层 1】图层。

3 单击【填充颜色】框，把填充颜色修改为和其他星星一样的浅黄色（R=215、G=234、B=23），然后单击【确定】按钮。

4 单击【描边颜色】框，把描边颜色修改为红色（R=159、G=38、B=24），然后单击【确定】按钮。

在修改描边颜色时，After Effects 自动把【描边】选项从【无】更改为纯色。

5 选择【形状图层 1】图层，按 Enter（Windows）或 Return（macOS）键，更改图层名称为 Falling Star，再次按 Enter（Windows）或 Return（macOS）键，使更改生效，如图 4-28 所示。

图 4-28

❻ 在【时间轴】面板中，选择 Falling Star 图层，再在【内容】右侧单击【添加】右侧的按钮，在弹出的菜单中选择【收缩和膨胀】。

❼ 在【时间轴】面板中，展开【收缩和膨胀 1】属性。

❽ 修改【数量】值为 0，单击其左侧的秒表图标（⏱），创建初始关键帧。

❾ 把时间指示器拖曳至 4:01 处，修改【数量】值为 139，创建第二个关键帧，如图 4-29 所示。

图 4-29

此时，星星变成了一朵花。

4.8.2 制作位置和缩放动画

星星在变花朵的过程中应该边变边下落。下面为星星的位置和缩放制作动画，实现这个效果。

❶ 按 Home 键，或者把时间指示器拖曳到时间标尺的起始位置。

❷ 在【时间轴】面板中选择 Falling Star 图层，在【属性】面板中分别单击【位置】【缩放】属性左侧的秒表图标（⏱），基于各自当前值创建初始关键帧，如图 4-30 所示。

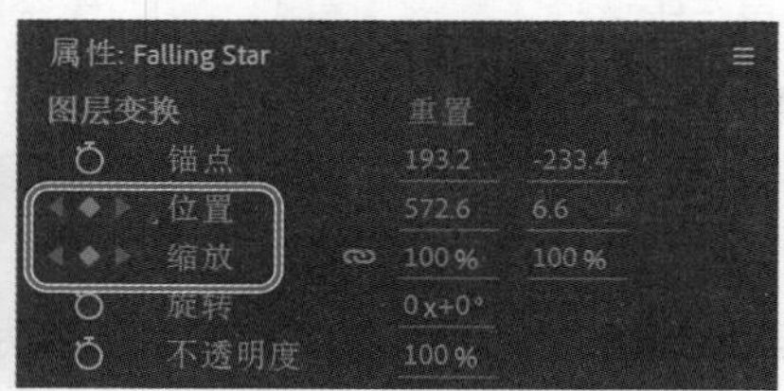

图 4-30

❸ 把时间指示器拖曳到 4:20 处。选择【选取工具】，然后移动花朵到屏幕中心，将其放在花盆上方（介于树木和房屋之间），这是它的最终位置，如图 4-31 所示。放置花朵时，可能需要在工具栏中取消勾选【对齐】选项。在这个位置上，星星已经变成了花朵，但是尺寸未改变。

图 4-31

After Effects 自动创建了位置关键帧。

❹ 把时间指示器拖曳到 4:01 处。增大【缩放】值，使花朵与花盆宽度相当，如图 4-32 所示。【缩放】的具体值取决于星星原来的尺寸和花盆的宽度。

图 4-32

❺ 按空格键，预览动画。可以看到星星一边坠落一边变成花朵，但是坠落轨迹是直线，下面将使坠落轨迹略微弯曲。再次按空格键，停止预览。

❻ 把时间指示器拖曳到 2:20 处，向上拖曳花朵，使坠落轨迹略微弯曲，如图 4-33 所示。

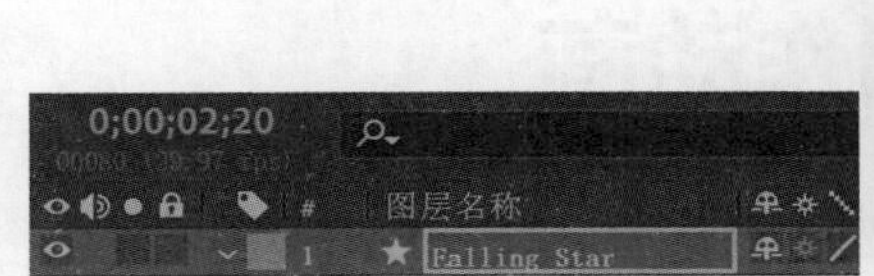

图 4-33

❼ 再次按空格键预览动画，观察星星坠落的轨迹，如图 4-34 所示。然后按空格键，停止预览。如果你想进一步修改星星坠落的轨迹，可以继续在时间标尺的其他位置上添加位置关键帧。

图 4-34

❽ 隐藏 Falling Star 图层的所有属性。

4.8.3 为填充颜色制作动画

目前，星星在变成花朵时，仍然显示为黄色填充、红色描边。接下来为星星的填充颜色制作动画，让星星变成花朵后显示为红色。

❶ 按 Home 键，或者把时间指示器拖曳到时间标尺的起始位置。

❷ 选择 Falling Star 图层，在【属性】面板中，单击【填充颜色】属性左侧的秒表图标（⏱），创建一个初始关键帧。

③ 把时间指示器拖曳至 4:01 处，把填充颜色修改为红色（R=192、G=49、B=33），如图 4-35 所示。

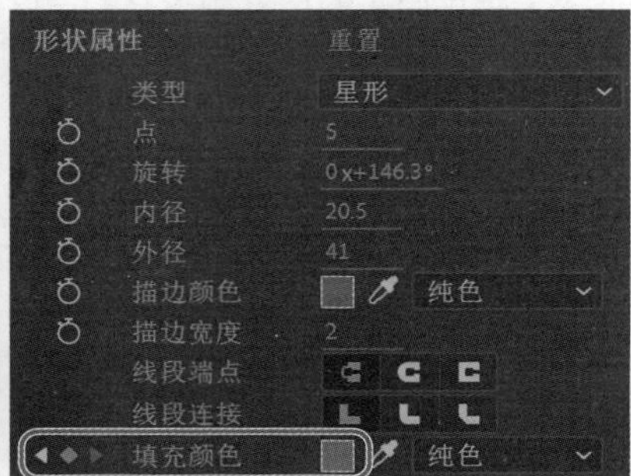

图 4-35

④ 隐藏图层的所有属性。按 F2 键，或者单击【时间轴】面板中的空白区域，取消对所有图层的选择。

⑤ 按空格键，预览动画。再次按空格键，停止预览。在菜单栏中，依次选择【文件】>【保存】，保存当前项目。

4.9 使用父子关系制作动画

当你在两个图层之间建立父子关系后，子图层将继承父图层的属性。下面将绘制花卉的根茎和叶片，让它们从花盆中生长出来时恰好接住坠落的星星。你可以简单地把这几个图层结成父子关系，使茎与叶片的移动保持一致。

4.9.1 使用【钢笔工具】绘制曲线

首先绘制花的茎。茎比花朵的描边稍微粗一点，并且无填充颜色，其尖细一端向上生长接住由星星变成的花朵。

① 把时间指示器拖曳至 4:20 处，这是花朵的最终位置。

② 在工具栏中选择【钢笔工具】。

③ 单击【填充】，打开【填充选项】对话框，然后选择【无】，单击【确定】按钮。

④ 在工具栏中单击【描边颜色】框，把描边颜色改为绿色（R=44、G=73、B=62），单击【确定】按钮。然后把【描边宽度】改为 10 像素。

⑤ 在花盆上边缘靠下一点的位置单击，创建初始顶点，然后单击花朵中心，并拖曳鼠标，创建出一条略微弯曲的线条，如图 4-36 所示。

⑥ 选择【形状图层 1】，按 Enter（Windows）或 Return（macOS）键，把图层名称修改为 Stem，再次按 Enter（Windows）或 Return（macOS）键，使修改生效。

图 4-36

⑦ 在【时间轴】面板中，把 Stem 图层移动到 Base of Flowerpot 图层之下，使其位于花盆内部而非外部。

⑧ 展开 Stem 图层，然后依次展开【内容】>【形状 1】>【描边 1】>【锥度】属性，把【结束长度】值设置为 83%，如图 4-37 所示。

图 4-37

长度控制描边的锥化速度，【起始长度】控制描边起点的锥化，【结束长度】控制描边终点的锥化。宽度控制描边的锥化程度，缓和控制尖端的尖锐程度。

⑨ 在 Stem 图层处于选中状态时，在【属性】面板中单击【位置】属性左侧的秒表图标（⏱），在最终位置创建初始关键帧。

⑩ 把时间指示器拖曳到 3:00 处，如图 4-38 所示，按 Alt+[（Windows）或 Option+ [（macOS）组合键，把图层【入点】设置为当前时间。

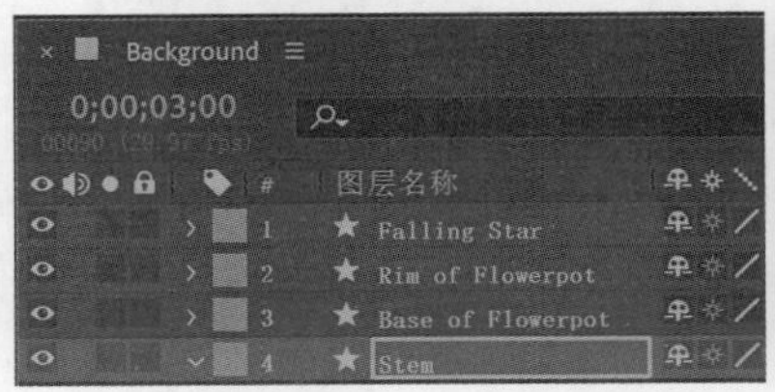

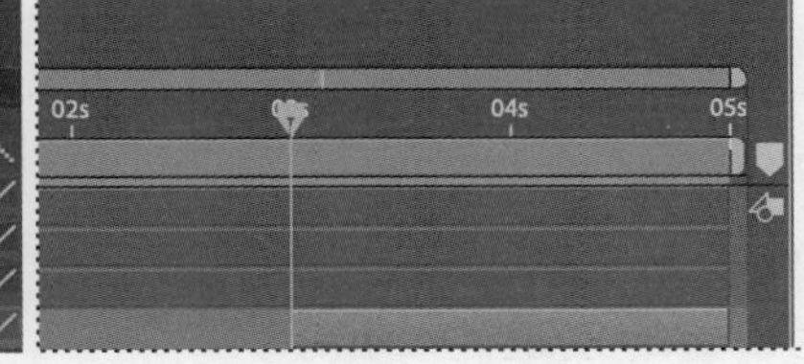

图 4-38

⑪ 在工具栏中选择【选取工具】（▶），向下拖曳花茎，使其完全没入花盆中，如图 4-39 所示。拖曳时按住 Shift 键，可保证花茎垂直下移。

图 4-39

> 💡 **提示** 若【对齐】处于勾选状态，则需要先将其取消勾选，这样才能把花茎放到指定的位置。

花茎从 3:00 处开始从花盆中冒出。

⑫ 隐藏 Stem 图层的所有属性。

4.9.2 绘制曲线形状

下面绘制叶片（带填充、无描边），并使用贝塞尔曲线控制手柄对叶片做圆化处理。

① 把时间指示器拖曳至 4:20 处，这是花朵的最终位置。

② 按 F2 键，或在【时间轴】面板中单击空白区域，取消对所有图层的选择。在工具栏中选择【钢笔工具】，单击【填充颜色】框，选择一种与描边颜色类似的绿色（R=45、G=74、B=63），单击【确定】按钮。单击【描边】，在【描边选项】对话框中选择【无】，单击【确定】按钮，如图 4-40 所示。

图 4-40

③ 在花茎根部附近单击，创建叶片的第一个顶点；单击叶片的另一端，并按住鼠标左键拖曳，创建一个叶片。

④ 按 F2 键取消对所有图层的选择，然后重复步骤 3，在花茎的另一侧再绘制一个叶片，如图 4-41 所示。

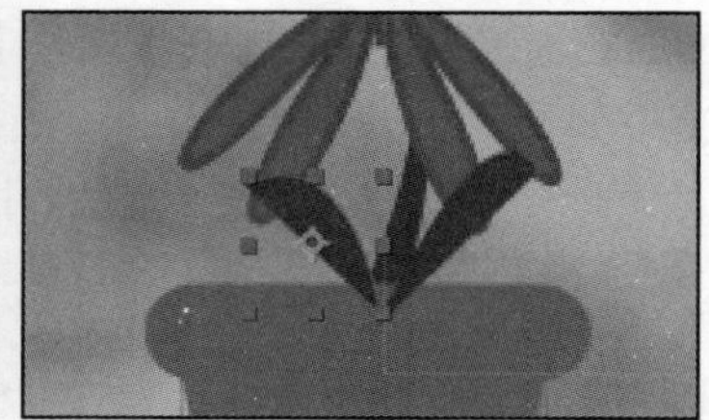

图 4-41

⑤ 选择【形状图层 1】，按 Enter（Windows）或 Return（macOS）键，把图层名称修改为 Leaf 1，再次按 Enter（Windows）或 Return（macOS）键使修改生效。使用同样的方法把【形状图层 2】图层的名称修改为 Leaf 2，如图 4-42 所示。

图 4-42

4.9.3 建立父子关系

下面在叶片与花茎之间建立父子关系，使叶片随花茎一起出现。

❶ 在【时间轴】面板中，把 Leaf 1 和 Leaf 2 图层移动到 Base of Flowerpot 图层之下、Stem 图层之上，这样花茎和叶片出现时会在花盆后面。

❷ 隐藏所有图层的属性。按 F2 键，取消对所有图层的选择。

❸ 把 Leaf 1 图层的【父级关联器】图标（◎）拖曳到 Stem 图层，然后把 Leaf 2 图层的【父级关联器】图标拖曳到 Stem 图层，如图 4-43 所示。

图 4-43

这样 Leaf 1 与 Leaf 2 图层就成为 Stem 图层的子图层，它们将随 Stem 图层一起移动。

只有在花茎开始出现时（3:00 处）才会用到 Leaf 1 与 Leaf 2 这两个图层，因此需要为它们设置入点。

注意 有时绘制的叶片会超出花盆，后文将介绍解决这个问题的办法。

❹ 把时间指示器拖曳到 3:00 处。单击 Leaf 1 图层，然后按住 Shift 键单击 Leaf 2 图层，把它们同时选中。再按 Alt+[（Windows）或 Option+[（macOS）组合键，把两个图层的【入点】设置为当前时间。

关于父图层与子图层

当你在两个图层之间建立父子关系之后，After Effects 就会把其中一个图层（父图层）的变换应用到另外一个图层（子图层）上，即把父图层上某个属性的变化同步给子图层的相应属性（【不透明度】属性除外）。例如，若父图层向右移动 5 个像素，则子图层也会随之向右移动 5 个像素。一个图层只能有一个父图层，但同一个合成中可以有任意数量的子图层（2D 图层或 3D 图层）。在创建复杂的动画（例如牵线木偶动画或太阳系行星运动动画）时，在图层之间建立父子关系非常有用。

更多相关内容，请阅读 After Effects 帮助文档。

4.10 使用空白对象连接点

前面讲过，在两个图层之间建立父子关系就是把一个图层与另外一个图层关联起来。而有时需要把一个单点与另一个图层关联起来，例如把花茎的顶部与花朵关联起来，这可以使用 Create Nulls

From Paths 面板实现。 空白对象是一个不可见图层，它拥有与其他图层一样的属性，因此可以用作另外一个图层的父图层。Create Nulls From Paths 面板基于特定的点创建空白对象，你可以把空白对象用作其他图层的父图层，并且无须编写复杂的表达式。

Create Nulls From Paths 面板中有 3 个选项：【空白后接点】【点后接空白】【追踪路径】。其中，【空白后接点】用于创建控制路径点位置的空白对象，【点后接空白】用于创建受路径点位置控制的空白对象，【追踪路径】用于创建位置与路径坐标相关联的空白对象。

注意 Create Nulls From Paths 面板只能与蒙版或贝塞尔曲线（使用【钢笔工具】绘制的形状）一起使用。若想把使用形状工具绘制的形状转换为贝塞尔曲线，可以先展开形状图层的【内容】属性，在其中使用鼠标右键单击路径（例如矩形），然后在弹出的菜单中选择【转换为贝塞尔曲线路径】。

下面先为花茎顶部的点创建一个空白对象，而后使其与花朵建立父子关系，这样当花朵移动时，空白对象和花朵之间仍然保持着连接。

❶ 把时间指示器拖曳到 4:20 处，这样你能同时看到花茎和叶片。

❷ 在菜单栏中依次选择【窗口】>【Create Nulls From Paths.jsx】。

❸ 在【时间轴】面板中展开 Stem 图层，然后依次展开【内容】>【形状 1】>【路径 1】属性。

❹ 选择【路径】，如图 4-44 所示。

请注意，只有在【时间轴】面板中选择路径，才能使用 Create Nulls From Paths 面板中的选项创建空白对象。

❺ 在 Create Nulls From Paths 面板中，选择【空白后接点】，如图 4-45 所示。

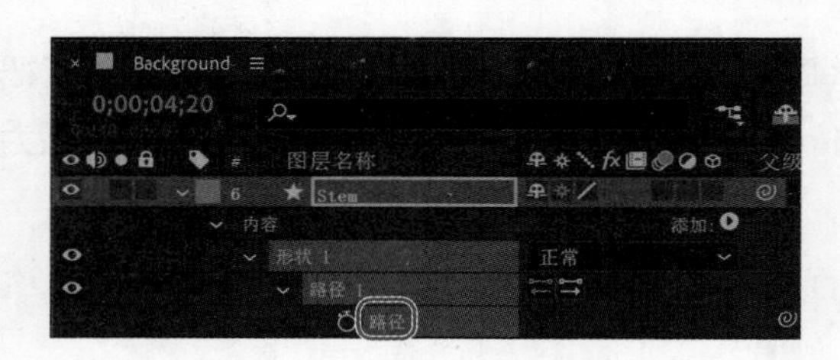

图 4-44

图 4-45

After Effects 创建了两个空白对象，它们分别对应于花茎路径上的两个点。在【合成】面板中，空白对象显示为金黄色，同时【时间轴】面板中出现【Stem: 路径 1[1.1.0]】与【Stem: 路径 1[1.1.1]】两个图层，但这里只需要与花茎顶部的点对应的空白对象。

注意 创建空白对象后，你可以关闭 Create Nulls From Paths 面板，也可以使其保持打开状态。

❻ 选中与花茎底部的点对应的空白对象，将其删除。

❼ 在【时间轴】面板中，把【Stem: 路径 1[1.1.1]】图层的【父级关联器】图标（◎）拖曳到 Falling Star 图层，如图 4-46 所示。

❽ 沿着时间标尺拖曳时间指示器，观察花茎是如何连接到花朵上的，如图 4-47 所示。

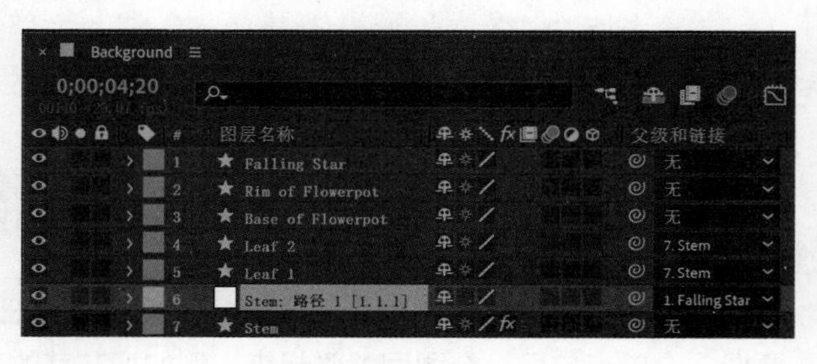

图 4-46

图 4-47

接下来为花朵制作动画，此时花茎会随着花朵动起来。

❾ 把时间指示器拖曳到 4:28 处，使用【选取工具】把花朵略微向右移动一点，使其看起来像是被风吹动的。

❿ 选择 Falling Star 图层，然后把时间指示器拖曳到 4:20 处，在【属性】面板中单击【旋转】属性左侧的秒表图标（⏱），在初始位置创建初始关键帧。把时间指示器拖曳至 4:28 处，把【旋转】值修改为 0x+30°，如图 4-48 所示。

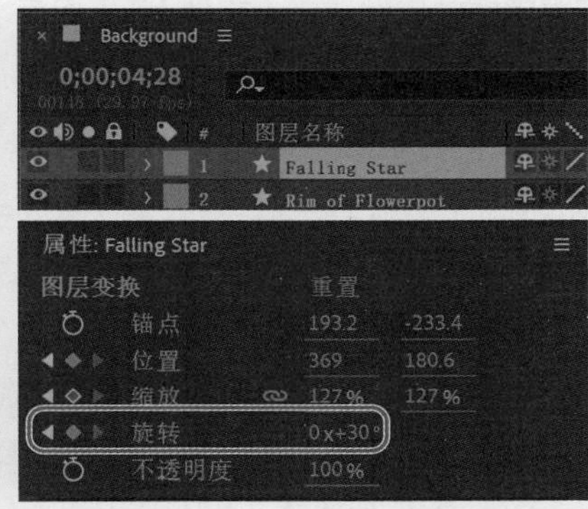

图 4-48

在菜单栏中依次选择【文件】>【保存】，保存当前项目。

4.11 预览动画

前面使用形状工具、【钢笔工具】创建好了几个形状图层，并为它们制作了动画，还使用空白对象创建了父子关系。接下来预览一下整个动画效果。

❶ 隐藏所有图层的属性，然后按 F2 键取消对所有图层的选择。

❷ 按 Home 键，或者把时间指示器拖曳到时间标尺的起始位置。

❸ 按空格键，预览动画，如图 4-49 所示。再次按空格键，停止预览。

图 4-49

图 4-49（续）

❹ 根据需要调整动画。例如，当叶片随着花茎冒出时，如果感觉是从花盆上硬生生长出来的，可以使用【选取工具】调整叶片的位置、旋转角度，或者为叶片的不透明度制作动画，使叶片只有从花盆中伸出时才可见。

提示 使用【向后平移（锚点）工具】（ ）把叶片的锚点移动到顶部后，即可使整个叶片绕着叶尖旋转。

❺ 在菜单栏中依次选择【文件】>【保存】，保存当前项目。

让图层跟着音频动起来

制作动画时，可以根据音频节奏来调整动画。首先需要根据音频的振幅（振幅决定音量大小）创建关键帧，然后把动画与这些关键帧进行同步。

- 要根据音频振幅创建关键帧，需要在【时间轴】面板中使用鼠标右键单击（Windows）或按住 Control 键单击（macOS）音频图层，在弹出的菜单中，依次选择【关键帧辅助】>【将音频转换为关键帧】。此时，After Effects 会创建一个【音频振幅】图层。该图层是一个空白对象图层，它没有大小与形状，也不会出现在最终渲染中。After Effects 创建关键帧，指定音频文件在图层每个关键帧中的振幅。
- 要将动画属性与音频振幅同步，需要先选择【音频振幅】图层，然后按 E 键显示图层的效果属性，再展开想用的音频通道，按住 Alt（Windows）或 Option（macOS）键，单击想要同步的动画属性，添加一个表达式，在表达式处于选中状态时单击【表达式：属性名】右侧的【表达式关联器】图标，将其拖曳到【音频振幅】图层的【滑块】属性上。释放鼠标时，【表达式关联器】自动进行关联，此时形状图层时间标尺中的表达式表明该图层的属性值取决于【音频振幅】图层的【滑块】值。

4.12 复习题

1. 什么是形状图层？如何创建形状图层？
2. 如何创建一个图层的多个副本，并且使这些副本包含该图层的所有属性？
3. 如何把一个图层对齐到另外一个图层？
4. 【收缩和膨胀】路径操作的功能是什么？

4.13 复习题答案

1. 形状图层是一个包含矢量图形（称为形状）的图层。要创建形状图层，只需任选一个形状工具或使用【钢笔工具】在【合成】面板中绘制形状。
2. 复制图层之前，首先要选中它，然后在菜单栏中依次选择【编辑】>【重复】，也可以按 Ctrl+D（Windows）或者 Command+D（macOS）组合键进行复制。复制的新图层中包含原图层的所有属性、关键帧等。
3. 在【合成】面板中，如果想把一个图层和另一个图层对齐，需要先在工具栏中勾选【对齐】，然后单击用作对齐特征的手柄或点，再把图层拖曳到目标点附近，释放鼠标后，After Effects 会高亮显示将要对齐的点。
4. 使用【收缩和膨胀】路径操作可以在把路径线段向内弯曲的同时把路径顶点向外拉伸（收缩操作），或者在把路径线段向外弯曲的同时把路径顶点向内拉伸（膨胀操作）。此外，还可以为收缩或膨胀的程度制作随时间变化的动画。

第 5 课

制作多媒体演示动画

本课概览

本课主要讲解以下内容。

- 创建多图层复杂动画。
- 创建位置、缩放、旋转关键帧动画。
- 使用贝塞尔曲线对运动路径做平滑处理。
- 应用效果到纯色图层。
- 音频淡出。
- 调整图层的持续时间。
- 使用父子关系同步图层动画。
- 为预合成图层制作动画。
- 向关键帧添加颜色标签。

学习本课大约需要 1 小时

项目：多媒体演示动画

After Effects 项目通常会用到导入的各种素材，使用时要把这些素材放入合成中，并在【时间轴】面板中进行编辑。本课将制作一个多媒体演示动画，在这个过程中带领大家进一步熟悉与动画相关的基础知识。

5.1 课前准备

本项目将制作一个在天空中飘动的热气球。动画刚开始时，一切都很平静，过了一会儿，一阵风吹来，把热气球的彩色外衣吹走，变成了一片片彩色的云朵。

❶ 在你的计算机中，请检查 Lessons\Lesson05 文件夹中是否包含以下文件夹和文件，若没有包含，请先下载它们。

- Assets 文件夹：Balloon.ai, Fire.mov, Sky.ai, Soundtrack.wav。
- Sample_Movies 文件夹：Lesson05.mp4。

❷ 在 Windows Movies & TV 或 QuickTime Player 中打开并播放 Lesson05.mp4 示例影片，了解本课要创建的效果。观看完之后，关闭 Windows Movies & TV 或 QuickTime Player。如果存储空间有限，你可以把示例影片从硬盘中删除。

学习本课之前，最好把 After Effects 恢复成默认设置。相关说明请阅读前言“恢复默认首选项”中的内容。

❸ 启动 After Effects 时，立即按 Ctrl+Alt+Shift（Windows）或 Command+Option+Shift（macOS）组合键，在【启动修复选项】对话框中单击【重置首选项】按钮，即可恢复默认首选项。

❹ 在【主页】窗口中，单击【新建项目】按钮。

❺ 在菜单栏中，依次选择【文件】>【另存为】>【另存为】，打开【另存为】对话框。

❻ 在【另存为】对话框中，转到 Lessons\Lesson05\Finished_Project 文件夹。输入项目名称“Lesson05_Finished.aep”，单击【保存】按钮，保存项目。

5.1.1 导入素材

首先导入制作本项目所需的素材，包括 Balloon.ai 文件。

❶ 在【项目】面板中，双击空白区域，打开【导入文件】对话框。

❷ 在【导入文件】对话框中，转到 Lessons\Lesson05\Assets 文件夹，选择 Sky.ai 文件。

❸ 在【导入为】下拉列表中选择【素材】，然后单击【导入】（Windows）或【打开】（macOS）按钮。

❹ 在弹出的 Sky.ai 对话框的【图层选项】中，确保【合并的图层】处于选中状态，单击【确定】按钮，如图 5-1 所示。

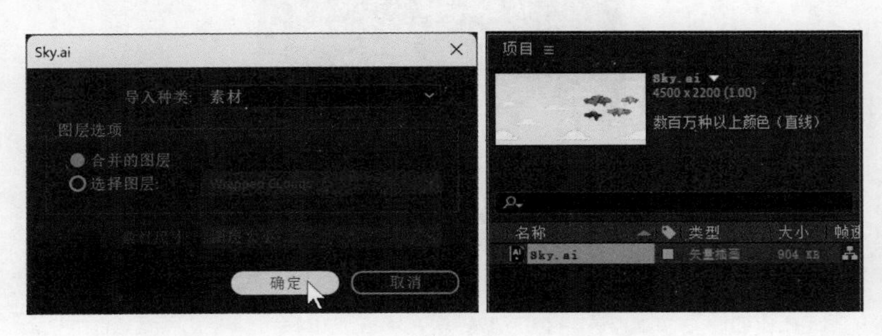

图 5-1

❺ 在【项目】面板中，双击空白区域，在弹出的【导入文件】对话框中，转到 Lessons\Lesson05\Assets 文件夹，选择 Balloon.ai 文件。

❻ 在【导入为】下拉列表中选择【合成 - 保持图层大小】，然后单击【导入】(Windows)或【打开】(macOS)按钮。

❼ 按 Ctrl+I（Windows）或 Command+I（macOS）组合键，再次打开【导入文件】对话框。

在 After Effects 中使用 Creative Cloud Libraries（创意云库）

通过 Creative Cloud Libraries，你可以轻松访问在 After Effects 与其他 Adobe 软件中创建的图像、视频、颜色，以及其他素材，还可以使用在 Adobe Capture 与其他移动 App 中创建的外观、形状和其他素材。借助 Creative Cloud Libraries，你还可以轻松访问 Premiere Pro 中的 After Effects 动态图形模板。

在【库】面板中，你甚至还可以使用 Adobe Stock 中的图片与视频。在【库】面板中搜索和浏览素材，如图 5-2 所示，下载带有水印的素材，看看它们是否适合用在你的项目中，然后付费购买你想使用的素材，而这一切操作都不需要离开 After Effects。

使用同一个搜索栏来搜索 Adobe Stock，这让你可以很容易地在 Creative Cloud Libraries 中查找特定素材。

有关 Creative Cloud Libraries 的更多使用方法，请阅读 After Effects 帮助文档。

图 5-2

❽ 在【导入文件】对话框中，转到 Lessons\Lesson05\Assets 文件夹，选择 Fire.mov 文件。

❾ 在【导入为】下拉列表中选择【素材】，然后单击【导入】(Windows)或【打开】(macOS)按钮，把 Fire.mov 文件导入【项目】面板，如图 5-3 所示。

图 5-3

5.1.2 创建合成

下面创建合成并添加天空背景。

❶ 在【合成】面板中单击【新建合成】按钮，打开【合成设置】对话框。

❷ 在【合成设置】对话框中做以下设置，如图 5-4 所示。

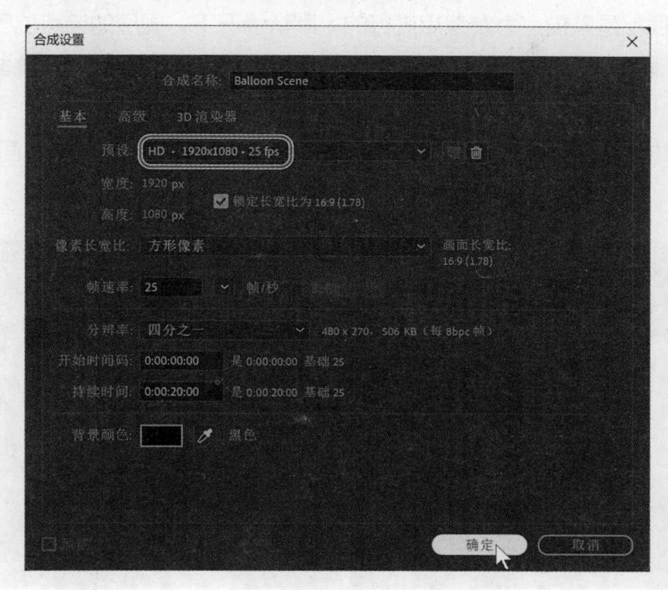

图 5-4

- 设置【合成名称】为 Balloon Scene。
- 在【预设】下拉列表中选择【HD • 1920x1080 • 25fps】。
- 在【像素长宽比】下拉列表中选择【方形像素】。
- 确保【宽度】值为 1920px，【高度】值为 1080px。
- 在【分辨率】下拉列表中选择【四分之一】。
- 设置【持续时间】为 20 秒，即 0:00:20:00。

然后单击【确定】按钮，关闭【合成设置】对话框。

注意 若在【合成设置】对话框中修改了【像素长宽比】选项或【宽度】值，【预设】会自动变成【自定义】。

把 Sky.ai 文件从【项目】面板拖入【时间轴】面板。

热气球会从 Sky.ai 图层中飘过，图像最右边有由热气球彩色外衣形成的云，这些云只在最后的场景中出现，在影片早些时候的场景中是不可见的。

在【合成】面板中拖曳 Sky.ai 图层，使其左下角与合成的左下角重合对齐，如图 5-5 所示。

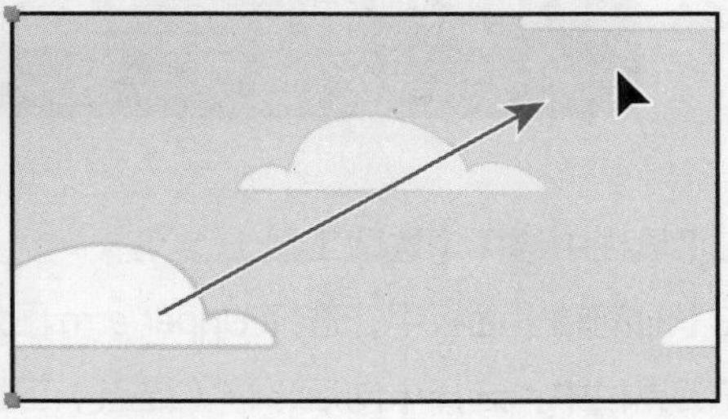

图 5-5

5.2 调整锚点

缩放、旋转等变换都是以锚点为参考点进行的。默认情况下，图层的锚点位于中心。

下面将调整人物胳膊、头部的锚点，这样在人物拉绳点火与上下看时，才能更好地控制人物的动作。

❶ 在【项目】面板中双击 Balloon 合成，将其在【合成】面板与【时间轴】面板中打开，如图 5-6 所示。

图 5-6

Balloon 合成包含的图层中有彩色外衣、热气球，以及人物的眼睛、头部、前臂和上臂等。

❷ 使用【合成】面板底部的【放大率弹出式菜单】放大图像，以便你能更清晰地看到热气球的细节。

❸ 在工具栏中选择【手形工具】( )，然后在【合成】面板中拖曳，使人物位于画面中心，如图 5-7 所示。

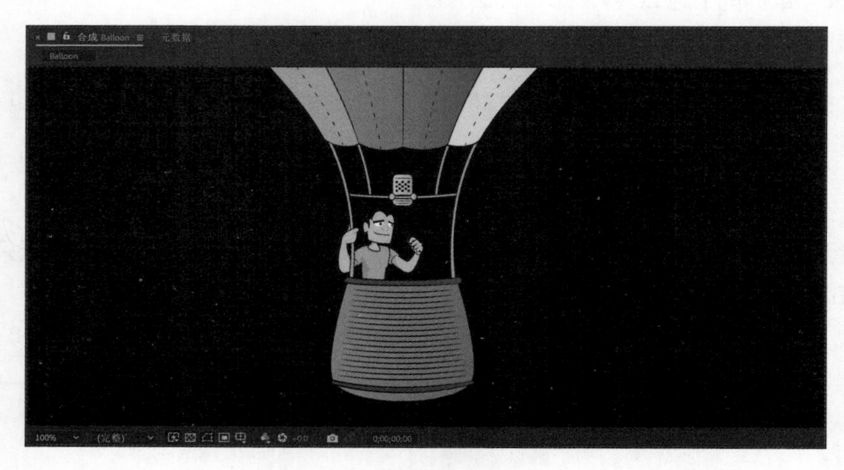

图 5-7

❹ 在工具栏中选择【选取工具】( )。

❺ 在【时间轴】面板中，选择 Upper arm 图层。

❻ 在工具栏中，选择【向后平移（锚点）工具】(，快捷键 Y)，如图 5-8 所示。

使用【向后平移（锚点）工具】可以在【合成】面板中自由地移动锚点，而又不移动整个图层。

图 5-8

❼ 把锚点移动到人物的肩部，如图 5-9（a）所示。

❽ 在【时间轴】面板中选择 Forearm 图层，然后把锚点移动到人物的肘部，如图 5-9（b）所示。

❾ 在【时间轴】面板中选择 Head 图层，然后把锚点移动到人物的颈部，如图 5-9（c）所示。

（a）　　（b）　　（c）

图 5-9

❿ 在工具栏中选择【选取工具】。

⓫ 在菜单栏中依次选择【文件】>【保存】，保存当前项目。

5.3 建立父子关系

这个合成中包含几个需要一起移动的图层。例如，随着热气球的飘动，人物的胳膊、头部应该一起运动。前面讲过，在两个图层之间建立父子关系，可以把父图层上的变化同步到子图层。本节将在合成的各个图层之间建立父子关系，还要添加火焰视频。

❶ 在【时间轴】面板中取消对所有图层的选择，然后按住 Ctrl（Windows）或 Command（macOS）键，同时选中 Head 和 Upper arm 两个图层。

❷ 在 Head 或 Upper arm 图层右侧的【父级和链接】下拉列表中选择【7. Balloon】，如图 5-10 所示。

图 5-10

这样，Head 和 Upper arm 两个图层就成了 Balloon 图层的子图层。当 Balloon 图层移动时，Head 和 Upper arm 两个子图层也随之一起移动。

人物的眼睛不仅需要跟着热气球一起移动，还要随着人物的头部一起移动，因此需要在 Eyes 和

Head 两个图层之间建立父子关系，让 Eyes 图层随着 Head 图层一起移动。

❸ 在 Eyes 图层右侧的【父级和链接】下拉列表中，选择【6.Head】。

此外，人物的前臂也应该随着上臂一起移动。

❹ 在 Forearm 图层右侧的【父级和链接】下拉列表中，选择【9.Upper arm】，如图 5-11 所示。

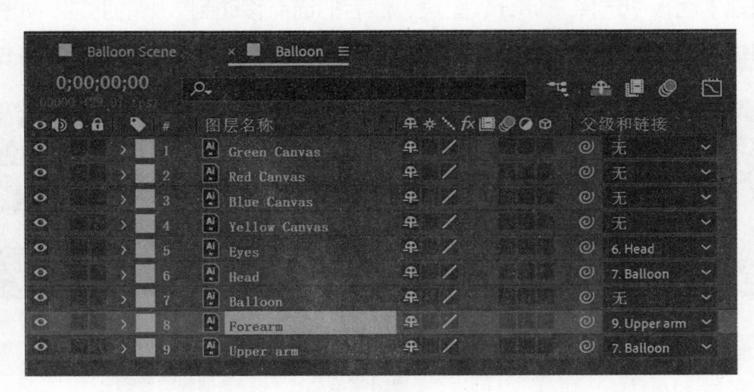

图 5-11

接下来，需要让火焰随着热气球一起移动。

❺ 把 Fire.mov 文件从【项目】面板拖曳到【时间轴】面板中，使其位于彩色外衣图层之下，这样火焰才会出现在热气球之中，而非热气球外面。（Fire.mov 图层应该位于 Yellow Canvas 图层和 Eyes 图层之间。）

火焰视频位于合成中心，所以需要将其略微缩小才能看到。

❻ 在【合成】面板底部的【放大率弹出式菜单】中选择 25%，以便查看所选视频的轮廓。

❼ 在【合成】面板中，把火焰拖曳到燃烧器上方。为了正确设置火焰的位置，可以先把时间指示器拖曳到 1:00 左右处。

❽ Fire.mov 图层的位置设置好之后，在该图层右侧的【父级和链接】下拉列表中选择【8.Balloon】，如图 5-12 所示。

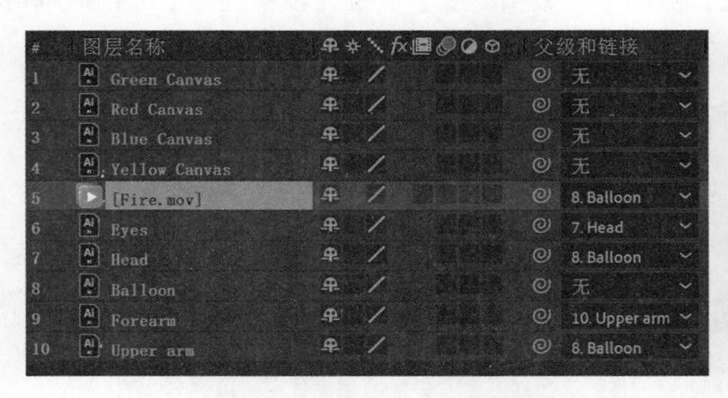

图 5-12

❾ 在菜单栏中依次选择【文件】>【保存】，保存当前项目。

5.4 图层预合成

前面提到过，有时把一系列图层预合成，处理起来会更方便。在预合成之后，这一系列图层会被移入一个新合成，而新合成则嵌套于原有合成之中。本节将对彩色外衣图层进行预合成，这样在制作彩色外衣脱离热气球的动画时，就可以独立处理它们了。

❶ 在 Balloon 合成的【时间轴】面板中，按住 Shift 键单击 Green Canvas 和 Yellow Canvas 图层，把 4 个彩色外衣图层全部选中。

❷ 在菜单栏中依次选择【图层】>【预合成】，打开【预合成】对话框。

❸ 在【预合成】对话框中，设置【新合成名称】为 Canvas，选中【将所有属性移动到新合成】，单击【确定】按钮，如图 5-13（a）所示。

这样，在【时间轴】面板中，原来选中的 4 个彩色外衣图层就被一个单独的 Canvas 合成图层所代替，如图 5-13（b）所示。

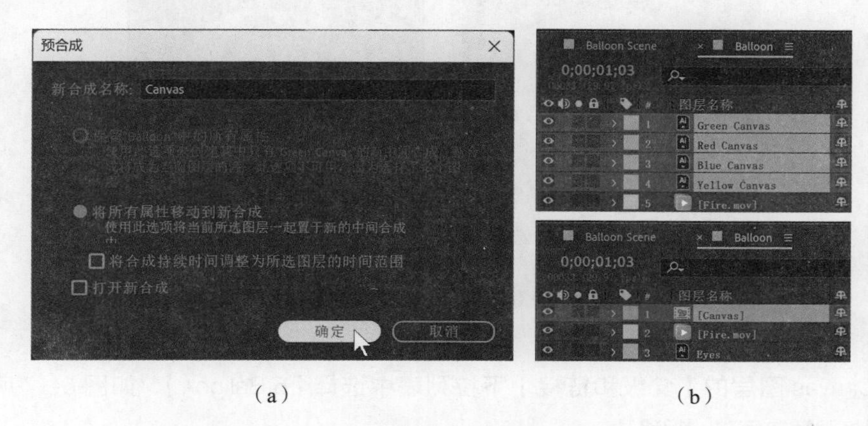

（a）　　　　（b）

图 5-13

❹ 在【时间轴】面板中双击 Canvas 图层，进入编辑状态。

❺ 在菜单栏中选择【合成】>【合成设置】，打开【合成设置】对话框。

❻ 在【合成设置】对话框中，取消勾选【锁定长宽比为 1000 : 563(1.78)】，把【宽度】值修改为 5000px，如图 5-14 所示，然后单击【确定】按钮。

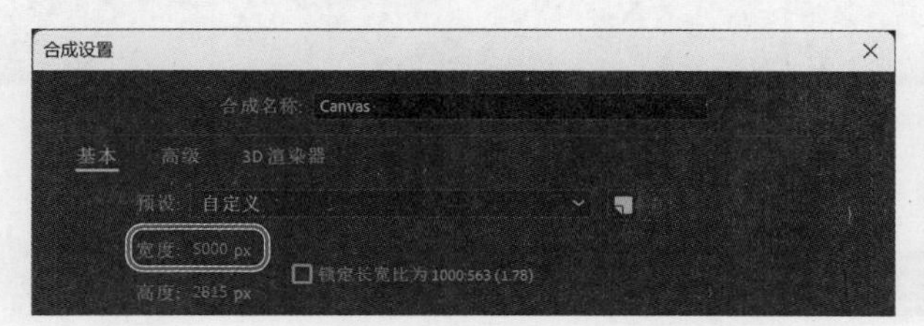

图 5-14

❼ 在【时间轴】面板中，按住 Shift 键同时选中 4 个彩色外衣图层，然后把它们拖曳到【合成】面板最左侧，如图 5-15 所示。在这个过程中可能需要修改【合成】面板的放大率。

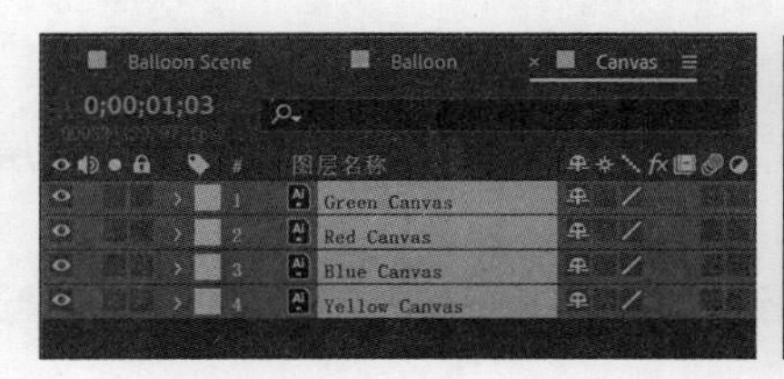

图 5-15

增加合成宽度，然后把 4 个彩色外衣图层移动到最左侧，以留出足够多的空间为它们制作动画。

❽ 切换到 Balloon 合成的【时间轴】面板。

当你把 4 个彩色外衣图层移动到 Canvas 合成的最左侧之后，在 Balloon 合成中，你就会看到一个没有“穿”彩色外衣的热气球。不过，在动画刚开始时，热气球应该是“穿”着彩色外衣的。下面重新调整 Canvas 图层的位置。

❾ 在【合成】面板底部的【放大率弹出式菜单】中选择【适合】，这样你就可以看见整个热气球了。

❿ 在【时间轴】面板中，选择 Canvas 图层，然后在【合成】面板中向右拖曳该图层，使其盖住“裸露”的热气球，如图 5-16 所示。

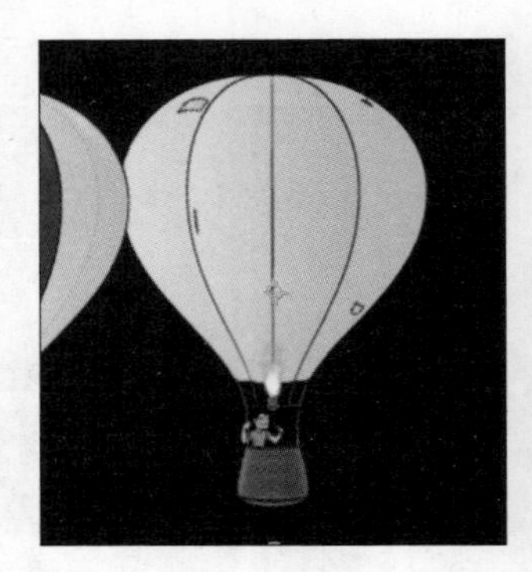
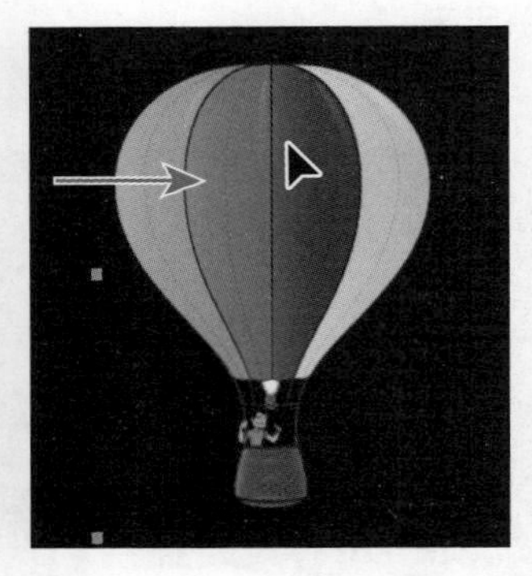

图 5-16

⓫ 在 Canvas 图层的【父级和链接】下拉列表中选择【5.Balloon】，如图 5-17 所示，这样 Canvas 图层将跟随热气球一起移动。

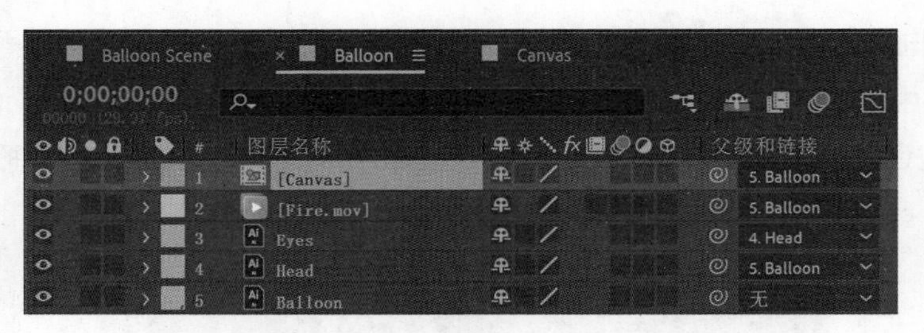

图 5-17

5.5 在运动路径中添加关键帧

到这里，所有的片段都已经制作好了。本节将使用位置关键帧和旋转关键帧为热气球和人物制作动画。

5.5.1 复制图层到合成

前面已经在 Balloon 合成中处理好了热气球、人物、火焰图层，接下来把这些图层复制到 Balloon Scene 合成中。

❶ 在 Balloon 合成的【时间轴】面板中，选择 Canvas 图层，然后按住 Shift 键选择 Upper arm 图层，同时选中所有图层。

💡注意 选择图层时，请先选择 Canvas 图层，然后按住 Shift 键选择 Upper arm 图层，复制这些图层时要保持它们的原有顺序。

❷ 按 Ctrl+C（Windows）或 Command+C（macOS）组合键，复制所有图层。

❸ 切换到 Balloon Scene 合成的【时间轴】面板中。

❹ 按 Ctrl+V（Windows）或 Command+V（macOS）组合键，粘贴所有图层。

❺ 在【时间轴】面板中单击空白区域，取消对所有图层的选择，如图 5-18 所示。

图 5-18

粘贴后图层的顺序和复制时的顺序一样，并且这些图层拥有它们在 Balloon 合成中的所有属性，包括父子关系。

5.5.2 设置初始关键帧

热气球会从底部进入画面，然后从天空中飘过，最后从右上角飘出画面。下面在热气球的起点和终点添加关键帧。

❶ 在【时间轴】面板中选择 Balloon/Balloon.ai 图层。

❷ 在【属性】面板中，把【缩放】值修改为 (60%,60%)，如图 5-19 所示。

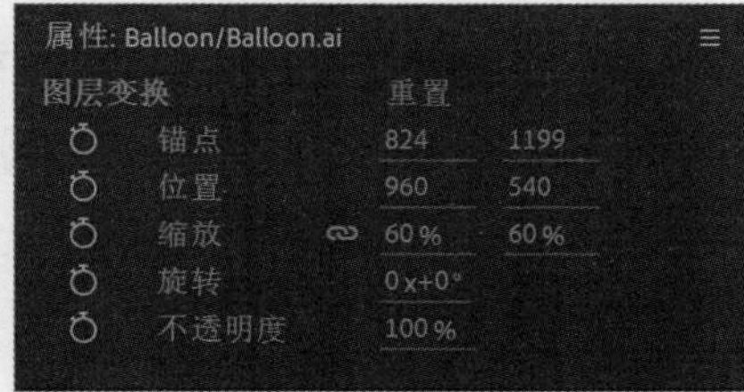

图 5-19

热气球与其所有子图层的【缩放】值都变为 (60%,60%)。

❸ 在【合成】面板底部的【放大率弹出式菜单】中选择 12.5%，这样可以看到所有粘贴对象。

❹ 在【合成】面板中，把热气球及其子图层拖出画面，使其位于画面下方，【位置】值为 (844.5,2250.2)。

❺ 修改【旋转】值为 0x+19°，旋转热气球，使其向右倾斜。

❻ 单击【位置】【缩放】【旋转】属性左侧的秒表图标（⏱），创建初始关键帧，如图 5-20 所示。

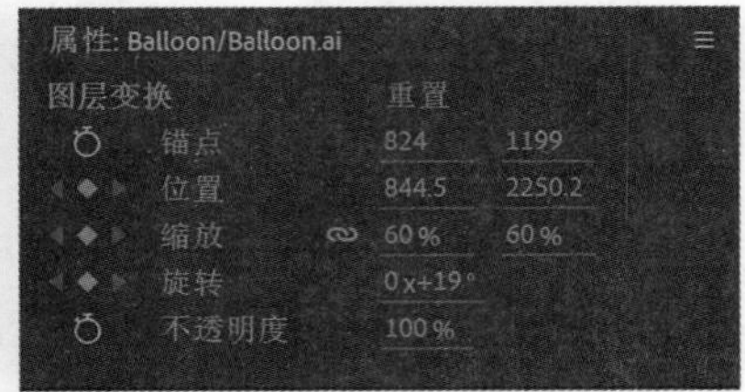

图 5-20

❼ 把时间指示器拖曳到 14:20 处，把热气球缩小到原来的三分之一左右，即【缩放】值为(39.4%,39.4%)。

❽ 把热气球拖到画面右上角之外，使其略微向左倾斜，此时【位置】值为 (2976.5,-186),【旋转】值为 0x-8.1°，如图 5-21 所示。

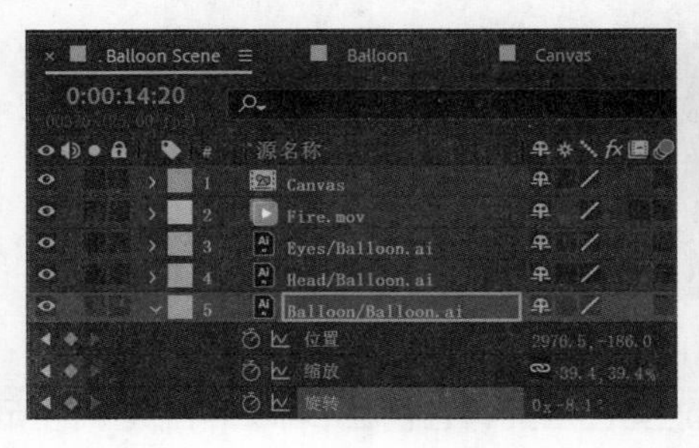

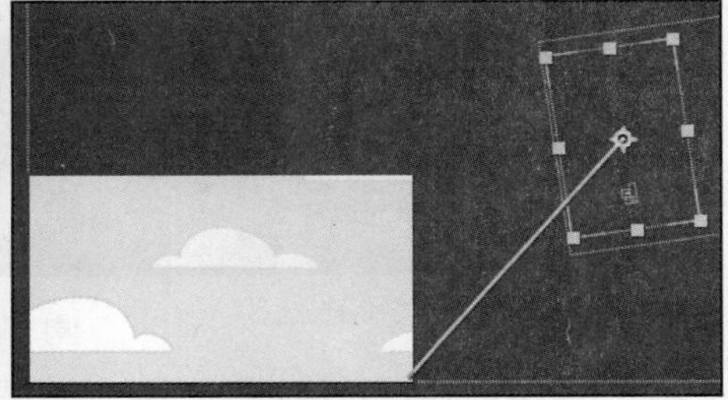

图 5-21

❾ 沿着时间标尺拖曳时间指示器，查看当前制作好的动画。

5.5.3 自定义运动路径

当前热气球在场景中的运动路径相对单调，并且在画面中停留的时间也不长，因此需要对热气球起点和终点之间的路径进行调整。调整路径时，可以使用下面示例中的值，也可以自己指定值，但要保证热气球在画面中出现 11 秒左右，然后慢慢飘出画面。

❶ 把时间指示器拖曳到 3:00 处。

❷ 沿竖直方向向上拖曳热气球，使人物和篮子完全显示出来，然后略微向左旋转热气球，【位置】值为 (952.5,402.2),【旋转】值为 0x-11.1°，如图 5-22 所示。

图 5-22

❸ 把时间指示器拖曳到 6:16 处。

❹ 把热气球向右旋转,【旋转】值为 0x+9.9°。

❺ 把热气球向左移动，【位置】值为 (531.7,404)。

❻ 把时间指示器拖曳到 7:20 处。

❼ 把【缩放】值修改为 (39.4%,39.4%)。

❽ 添加更多旋转关键帧，创建旋转动画。在这里，添加以下关键帧。

- 在 8:23 处，把【旋转】值设置为 0x-6.1°。
- 在 9:16 处，把【旋转】值设置为 0x+22.1°。
- 在 10:16 处，把【旋转】值设置为 0x-18.3°。
- 在 11:24 处，把【旋转】值设置为 0x+11.9°。
- 在 14:19 处，把【旋转】值设置为 0x-8.1°。

提示 在【属性】面板或【时间轴】面板中都可以更改属性。这里，在【时间轴】面板中设置旋转关键帧效率更高。

❾ 添加更多位置关键帧，让热气球按指定的路线移动。这里添加以下关键帧。

- 在 9:04 处，把【位置】值设置为 (726.5,356.2)。
- 在 10:12 处，把【位置】值设置为 (1396.7,537.1)。

❿ 按空格键，预览热气球当前的运动路径，如图 5-23 所示。再次按空格键，停止预览。在菜单栏中依次选择【文件】>【保存】，保存当前项目。

图 5-23

5.5.4 使用贝塞尔曲线控制手柄对运动路径做平滑处理

到这里，热气球已经有了基本的运动路径，接下来要对运动路径进行平滑处理。每个关键帧都包含贝塞尔曲线控制手柄，你可以使用它们更改贝塞尔曲线的角度。有关贝塞尔曲线的更多内容将在第 7 课中讲解。

❶ 在【合成】面板底部的【放大率弹出式菜单】中选择 50%。

❷ 在【时间轴】面板中，确保 Balloon/Balloon.ai 图层处于选中状态。然后拖曳时间指示器，直到你可以在【合成】面板中看见完整的运动路径（在第 4 ~ 6 秒会比较好）。

❸ 在【合成】面板中单击某个关键帧点，显示其贝塞尔曲线控制手柄。

注意 使用【选取工具】单击，若贝塞尔曲线控制手柄未显示出来，请使用【转换“顶点”工具】（ ）（隐藏于【钢笔工具】中）将其显示出来。

❹ 拖曳贝塞尔曲线控制手柄，调整路径形状。

❺ 不断拖曳各个关键帧点上的贝塞尔曲线控制手柄，调整路径形状，直至得到满意的路径，如图 5-24 所示。

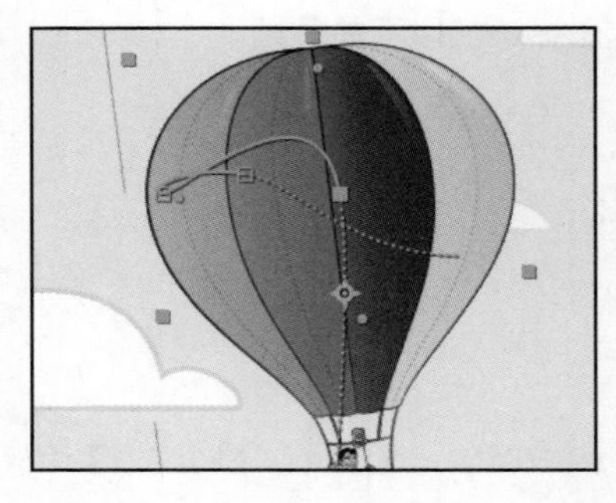
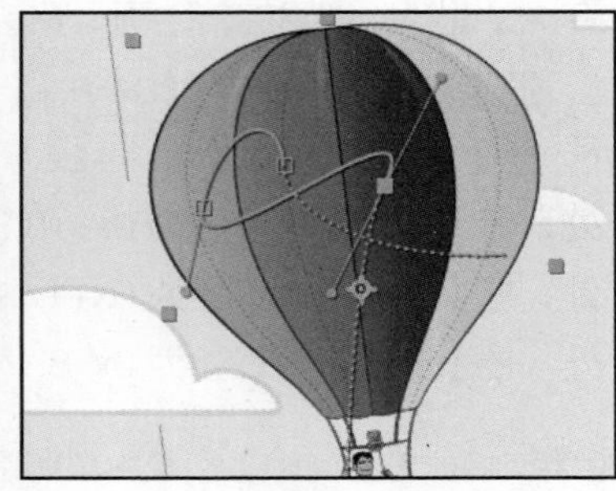

图 5-24

❻ 沿着时间标尺拖曳时间指示器，查看热气球的运动路径。若不满意，你可以根据需要再次调整路径。当然，你还可以在为 Canvas 和 Sky.ai 图层制作好动画之后，再次调整热气球的运动路径。

❼ 在【时间轴】面板中，隐藏 Balloon 图层的所有属性，保存当前项目。

5.6 为其他元素制作动画

热气球在天空中飘动，其子图层也随之一起运动。但是，当前乘坐热气球的人仍然是静止不动的。下面为人物的胳膊制作动画，让其拉动绳索点燃燃烧器。

❶ 把时间指示器拖曳到 3:08 处。

❷ 在【合成】面板底部的【放大率弹出式菜单】中选择 100%，这样你能清晰地看到人物。必要时，请使用【手形工具】在【合成】面板中调整图像的位置。

❸ 按住 Shift 键，单击 Forearm/Balloon.ai 和 Upper arm/Balloon.ai 图层，同时选中它们。

❹ 在【属性】面板中，单击【旋转】属性左侧的秒表图标，分别为两个图层创建初始关键帧。【时间轴】面板中显示每个图层的旋转属性和初始关键帧，如图 5-25 所示。

图 5-25

❺ 把时间指示器拖曳到 3:17 处，此时人物将开始拉绳点火。

❻ 取消选择图层。

❼ 在【时间轴】面板中，把 Forearm 图层的【旋转】值修改为 0x-35°，Upper arm 图层的【旋转】值修改为 0x+46°。

此时，人物会向下拉绳子。你可能需要取消对图层的选择，才能在【合成】面板中清晰地看到人物的动作。

❽ 把时间指示器拖曳到 4:23 处，把 Forearm 图层的【旋转】值修改为 0x-32.8°，效果如图 5-26 所示。

图 5-26

❾ 在 Upper arm 图层的【旋转】属性的左侧，单击【在当前时间添加或移除关键帧】按钮（◆）。

❿ 把时间指示器拖曳到 5:06 处，将两个图层的【旋转】值修改为 0x+0°，如图 5-27 所示。

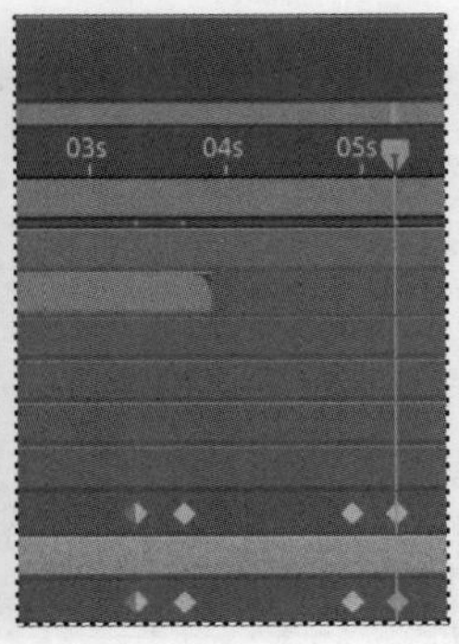

图 5-27

⓫ 取消选择两个图层，然后把时间指示器从 3:00 处拖曳到 5:07 处，预览人物拉绳子的动画。你可能需要先把画面缩小一些，才能看到动画。

5.6.1 向关键帧添加颜色标签

在一个复杂的合成中，有时可能需要创建几百个关键帧。给关键帧添加颜色标签有助于组织、识别，以及快速选取项目的各个组成部分。下面为刚刚创建的关键帧添加颜色标签，以便识别和复制它们。

❶ 使用鼠标右键单击（Windows）或者按住 Control 键单击（macOS）刚刚创建的一个关键帧。

❷ 在弹出的菜单中依次选择【标签】>【红色】。

此时，所选关键帧变成红色。你可以分别为各个关键帧添加颜色标签，但当你希望给当前图层的所有关键帧添加相同的颜色标签时，建议你把它们一次性全部选中，同时给它们加上颜色标签，这样效率会比较高。

❸ 选择 Forearm/Balloon.ai 图层的【旋转】属性，将其 4 个关键帧全部选中。

❹ 按住 Shift 键选择 Upper arm/Balloon.ai 图层的【旋转】属性，将其关键帧也选中。

❺ 使用鼠标右键单击（Windows）或按住 Control 键单击（macOS）某个关键帧，在弹出的菜单中依次选择【标签】>【红色】。

❻ 按 F2 键或者在【时间轴】面板中单击空白区域，取消选择所有图层。

5.6.2 复制关键帧制作动画

至此，人物的初始动作已经制作好了，你可以在时间轴的不同时间点上轻松地重复这些动作。下面复制人物拉绳子时胳膊的动作，并为人物的头部与眼睛制作动作。

❶ 使用鼠标右键单击（Windows）或按住 Control 键单击（macOS）Forearm/Balloon.ai 图层中的某个关键帧，在弹出的菜单中依次选择【选择关键帧标签组】>【在选定的图层上】，选择其所有关键帧。

❷ 按 Ctrl+C（Windows）或 Command+C（macOS）组合键，复制关键帧。

❸ 把时间指示器拖曳到 7:10 处，此时人物开始再次拉动绳子。

❹ 按 Ctrl+V（Windows）或 Command+V（macOS）组合键，粘贴关键帧。

❺ 参考步骤 1 ~ 4，复制 Upper arm/Balloon.ai 图层的旋转关键帧并粘贴，如图 5-28 所示。

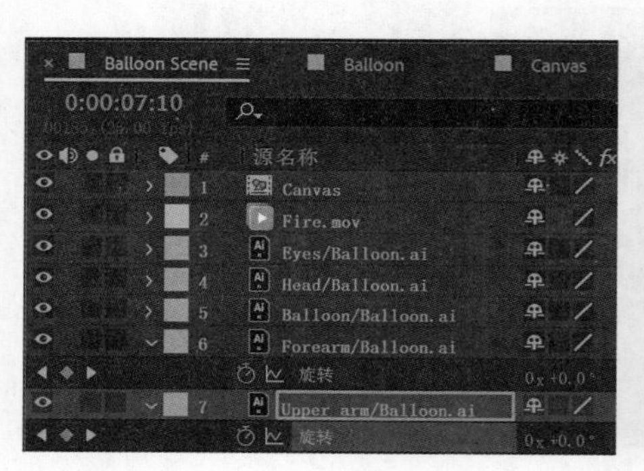

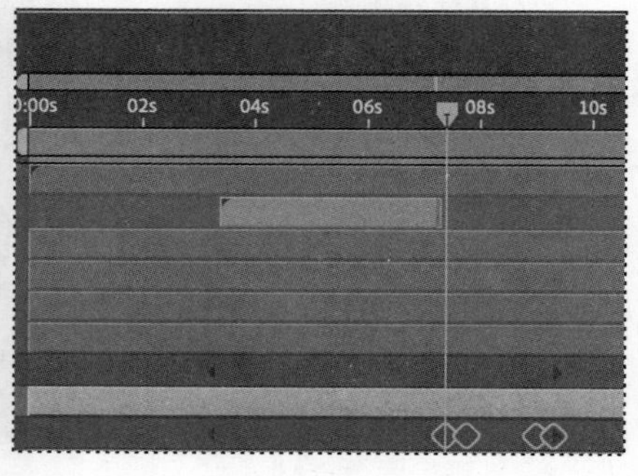

图 5-28

❻ 隐藏所有图层的属性。

❼ 把时间指示器拖曳到 3:08 处。选择 Head/Balloon.ai 图层，在【属性】面板中单击【旋转】属性左侧的秒表图标，创建初始关键帧。

❽ 把时间指示器拖曳到 3:17 处，修改【旋转】值为 0x−10.3°。

❾ 把时间指示器拖曳到 4:23 处，单击【在当前时间添加或移除关键帧】按钮，在当前时间添加一个关键帧。

❿ 把时间指示器拖曳到 5:06 处，修改【旋转】值为 0x+0°。

⓫ 在【时间轴】面板中，选择【旋转】属性，选择其所有关键帧。使用鼠标右键单击（Windows）或按住 Control 键单击（macOS）某个已选中的关键帧，在弹出的菜单中依次选择【标签】>【蓝色】。

现在，人物拉绳子时会抬头。你还可以为人物的眼睛制作动画，在人物抬头时眼睛也发生相应变化。

⑫ 选择 Eyes/Balloon.ai 图层。

⑬ 把时间指示器拖曳到 3:08 处，在【属性】面板中单击【位置】属性左侧的秒表图标，在当前位置 (62,55) 创建初始关键帧，如图 5-29 所示。

⑭ 把时间指示器拖曳到 3:17 处，把【位置】值修改为 (62.4,53)，如图 5-30 所示。

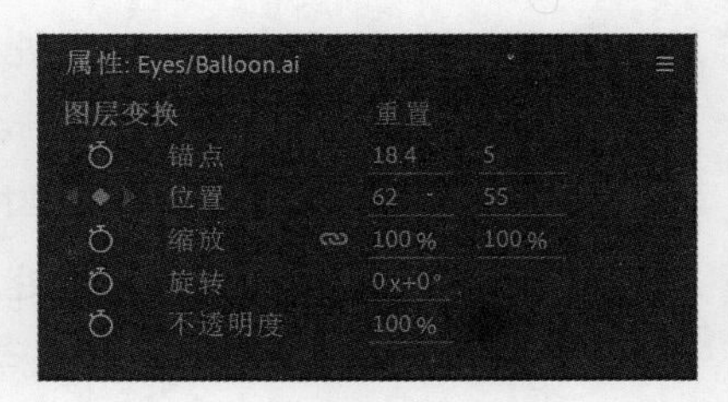

图 5-29

图 5-30

⑮ 把时间指示器拖曳到 4:23 处，在当前位置创建关键帧。

⑯ 把时间指示器拖曳到 5:06 处，把【位置】值修改为 (62,55)。

⑰ 在【时间轴】面板中，单击【位置】属性，选中其所有关键帧，然后使用鼠标右键单击（Windows）或按住 Control 键单击（macOS）其中一个关键帧，在弹出的菜单中选择【标签】>【蓝色】。

⑱ 使用鼠标右键单击（Windows）或按住 Control 键单击（macOS）Head/Balloon.ai 图层的一个旋转关键帧，在弹出的菜单中依次选择【选择关键帧标签组】>【在选定的图层上】，然后按 Ctrl+C（Windows）或 Command+C（macOS）组合键，复制关键帧。

⑲ 把时间指示器拖曳至 7:10 处，粘贴关键帧。

⑳ 对于 Eyes/Balloon.ai 图层的【位置】属性，参照步骤 18~19 进行操作。

㉑ 隐藏所有图层属性。按 F2 键，取消对所有图层的选择。

㉒ 在【合成】面板底部的【放大率弹出式菜单】中选择【适合】，这样你能看到整个场景。然后预览动画，如图 5-31 所示。

图 5-31

㉓ 保存当前项目。

5.6.3 添加与复制视频

当人物拉绳子时，火焰应该从燃烧器中冒出。下面使用一个 4 秒长的火焰视频（Fire.mov）来制作人物每次拉绳子时从燃烧器中喷出的火焰。

❶ 把时间指示器拖曳到 3:10 处。

❷ 在【时间轴】面板中拖曳 Fire.mov 视频，使其从 3:10 处开始播放。

❸ 选择 Fire.mov 图层，在菜单栏中依次选择【编辑】>【重复】。

❹ 把时间指示器拖曳到 7:10 处。

❺ 按 [键把 Fire.mov 副本的入点移动到 7:10 处，如图 5-32 所示。

图 5-32

5.7 应用效果

前面已经处理好了热气球和人物，接下来要创建一阵风，用于把热气球的彩色外衣吹走。在 After Effects 中，可以使用【分形杂色】和【定向模糊】效果来实现。

5.7.1 添加纯色图层

这里需要在一个纯色图层上应用效果。为此，必须先创建一个包含纯色图层的合成。

❶ 按 Ctrl+N（Windows）或 Command+N（macOS）组合键，打开【合成设置】对话框。

❷ 在【合成设置】对话框中做以下设置，如图 5-33 所示。

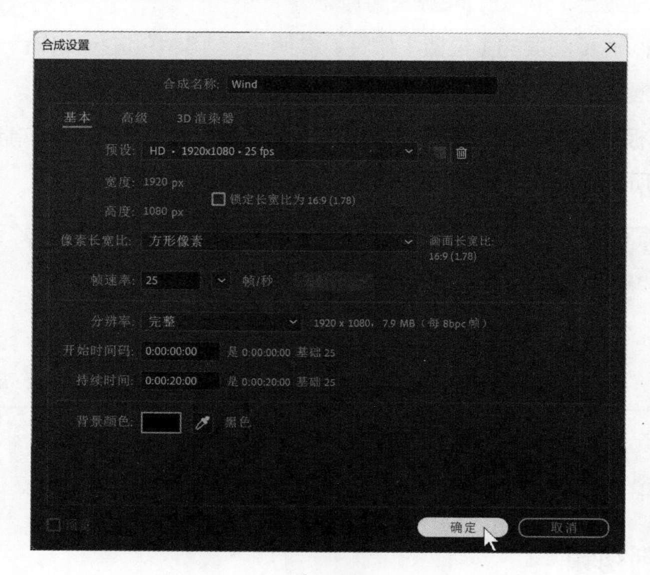

图 5-33

- 设置【合成名称】为 Wind。
- 修改【宽度】值为 1920px。

- 修改【高度】值为 1080px。
- 修改【持续时间】为 20 秒。
- 修改【帧速率】为 25 帧 / 秒，与 Balloon Scene 合成保持一致。

然后单击【确定】按钮，关闭【合成设置】对话框。

③ 在【时间轴】面板中，在空白区域中单击鼠标右键（Windows），或按住 Control 键单击空白区域（macOS），在弹出的菜单中依次选择【新建】>【纯色】，打开【纯色设置】对话框。

关于纯色图层

你可以使用纯色图层为背景上色或创建简单的图形图像。在 After Effects 中，你可以创建任意颜色或尺寸（最大尺寸为 30000 像素 ×30000 像素）的纯色图层，而且可以像使用其他素材一样使用纯色图层，例如调整蒙版、更改属性、应用效果等。当修改了某个纯色图层时，所有使用了该纯色图层的图层都会受到影响，但影响仅限于该纯色图层的范围内。

④ 在【纯色设置】对话框中做以下设置，如图 5-34 所示。

- 设置【名称】为 Wind。
- 选择【颜色】为黑色。
- 单击【制作合成大小】按钮。

然后单击【确定】按钮，关闭【纯色设置】对话框。

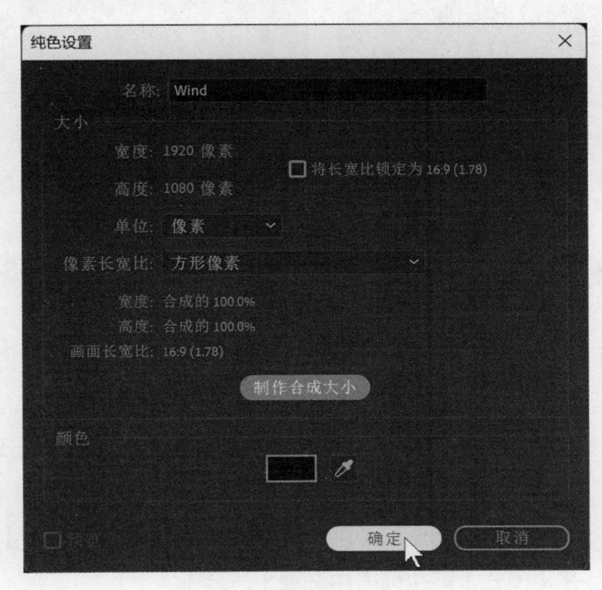

图 5-34

5.7.2 向纯色图层应用效果

下面要对纯色图层应用效果。使用【分形杂色】效果可以创建一阵风，使用【定向模糊】效果可以为风添加模糊效果。

① 在【效果和预设】面板中搜索【分形杂色】效果，它位于【杂色和颗粒】分类之下。双击应

用【分形杂色】效果。

❷ 在【效果控件】面板中做以下设置。

- 在【分形类型】下拉列表中选择【脏污】。
- 在【杂色类型】下拉列表中选择【柔和线性】。
- 设置【对比度】值为 700。
- 设置【亮度】值为 59。
- 展开【变换】属性，设置【缩放】值为 800。

❸ 单击【偏移（湍流）】属性左侧的秒表图标，在时间标尺的开始位置创建初始关键帧。

❹ 把时间指示器拖曳到 2:00 处，把【偏移（湍流）】的 x 值修改为 20000，如图 5-35 所示。

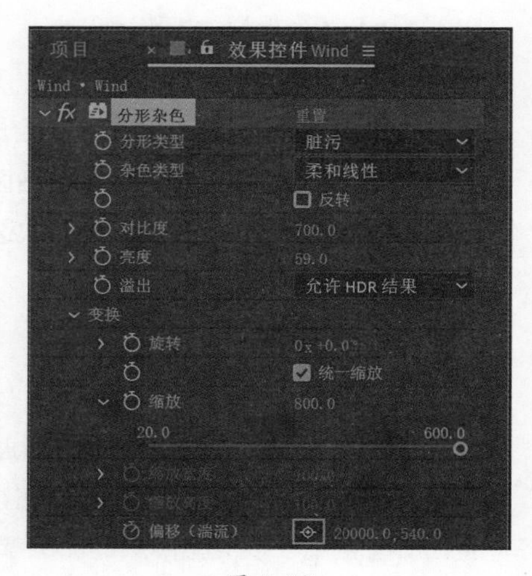

图 5-35

❺ 在【效果控件】面板中隐藏【分形杂色】效果的属性。

❻ 在【效果和预设】面板中搜索【定向模糊】效果，然后双击应用它。

❼ 在【效果控件】面板中，设置【方向】为 0x+90°，【模糊长度】值为 236，如图 5-36 所示。

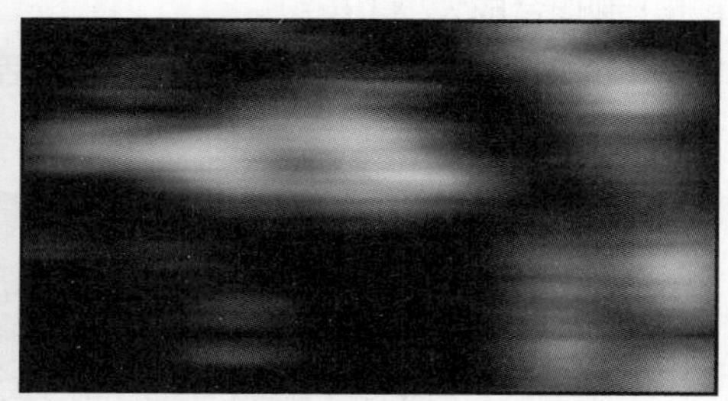

图 5-36

至此，动感模糊效果就制作好了。接下来要把 Wind 合成添加到 Balloon Scene 合成之中。

❽ 切换到 Balloon Scene 合成的【时间轴】面板。

❾ 单击【项目】面板，然后把 Wind 合成从【项目】面板拖入 Balloon Scene 合成的【时间轴】面板，使其位于其他所有图层之上。

❿ 把时间指示器拖曳到 8:10 处，然后按 [键让 Wind 图层从 8:10 开始出现。

最后，为 Wind 图层应用混合模式，并调整图层的不透明度，加强风的真实感。

⓫ 在【时间轴】面板中，单击底部的【切换开关 / 模式】按钮，显示出【模式】栏。

⓬ 选择 Wind 图层，在【模式】下拉列表中选择【屏幕】。

⓭ 确保 Wind 图层处于选中状态，在【属性】面板中单击【不透明度】属性左侧的秒表图标，在图层开始出现的位置（8:10 处）创建初始关键帧，如图 5-37 所示。

⓮ 把时间指示器拖曳到 8:20 处，修改【不透明度】值为 35%。

⓯ 把时间指示器拖曳到 10:20 处，修改【不透明度】值为 0%。

⓰ 在【时间轴】面板中隐藏【不透明度】属性，保存当前项目。

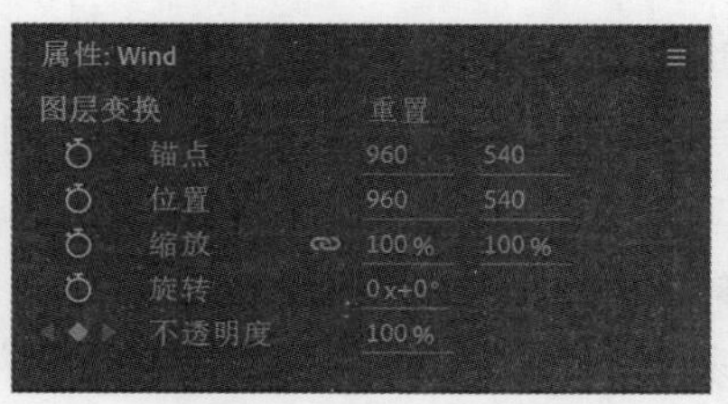

图 5-37

5.8 为预合成图层制作动画

前面把 4 个彩色外衣图层进行了预合成，创建了一个名为 Canvas 的合成，然后把 Canvas 合成放到了热气球上合适的位置，并为两者建立了父子关系。接下来，将为 4 个彩色外衣图层制作动画，使它们在风吹过时从热气球上剥离。

❶ 双击 Canvas 图层，在【合成】面板与【时间轴】面板中打开 Canvas 合成。

❷ 把时间指示器拖曳到 9:10 处，这是起风大约 1 秒后。

❸ 同时选中 4 个图层，在【属性】面板中分别单击【位置】【旋转】属性左侧的秒表图标，为它们创建初始关键帧，如图 5-38 所示。

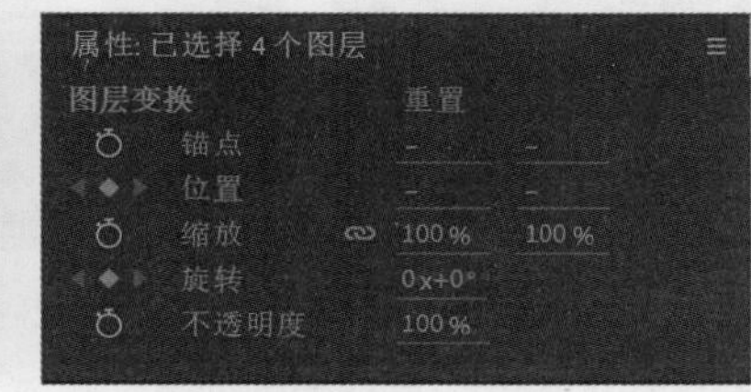

图 5-38

❹ 把时间指示器拖曳到 9:24 处。

❺ 在所有图层处于选中状态时，修改【旋转】值，直到 4 个图层接近水平（【旋转】值大约为 0x+81° ），如图 5-39 所示。此时，4 个图层都发生了旋转。

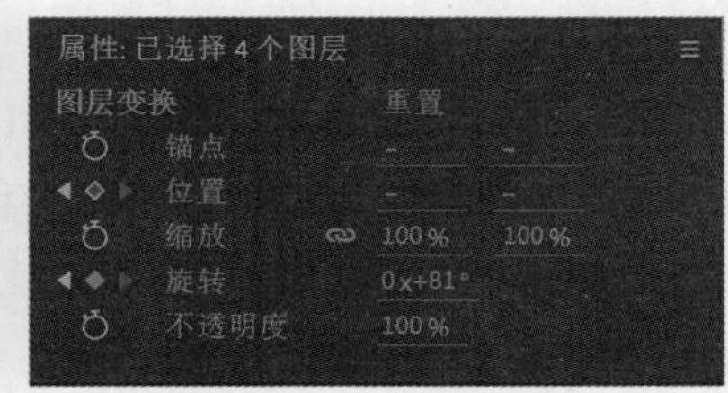

图 5-39

❻ 按 F2 键或在【时间轴】面板中单击空白区域，取消对所有图层的选择，这样才能分别调整各个图层的【旋转】属性值。

❼ 分别调整各个图层的【旋转】值，让它们看起来有一点不同：Green Canvas 图层的【旋转】值为 0x+100° ，Red Canvas 图层的【旋转】值为 0x−74° ，Blue Canvas 图层的【旋转】值为 0x+113° ，Yellow Canvas 图层的【旋转】值为 0x−103° 。

❽ 把时间指示器拖曳到 10:12 处。

❾ 把所有彩色外衣图层从右侧移出画面，调整它们的运动路径以增加趣味性，如图 5-40 所示。你可以在中间（介于 10:06 与 10:12 之间）添加旋转关键帧和位置关键帧，编辑贝塞尔曲线，或把图层拖出画面之外。如果你要编辑贝塞尔曲线，请只修改运动路径右侧（10:12）的关键帧，这样才不会影响热气球原来的形状。

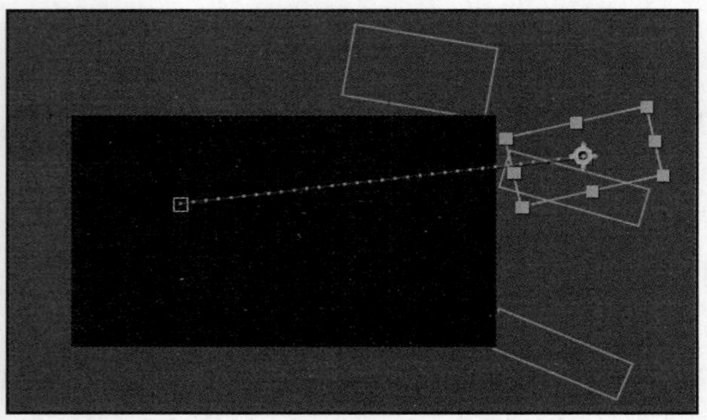

图 5-40

❿ 沿着时间标尺拖曳时间指示器查看动画，如图 5-41 所示。然后，可根据需要做相应的调整。

图 5-41

⓫ 隐藏所有图层的属性，保存当前项目。

5.8.1 添加调整图层

下面将添加变形效果。首先创建一个调整图层，然后向调整图层应用变形效果，这样调整图层之下的所有图层都会受到变形效果的影响。

❶ 在【时间轴】面板中单击空白区域，取消对所有图层的选择。

❷ 在菜单栏中依次选择【图层】>【新建】>【调整图层】。

此时，Afer Effects 会自动在所有图层的最上方创建一个调整图层。

❸ 在【效果和预设】面板的【扭曲】分类下找到【波形变形】效果，然后双击应用它。

❹ 把时间指示器拖曳到 9:12 处。

❺ 在【效果控件】面板中，修改【波形高度】为 0，【波形宽度】为 1，然后单击它们左侧的秒表图标，创建初始关键帧，如图 5-42 所示。

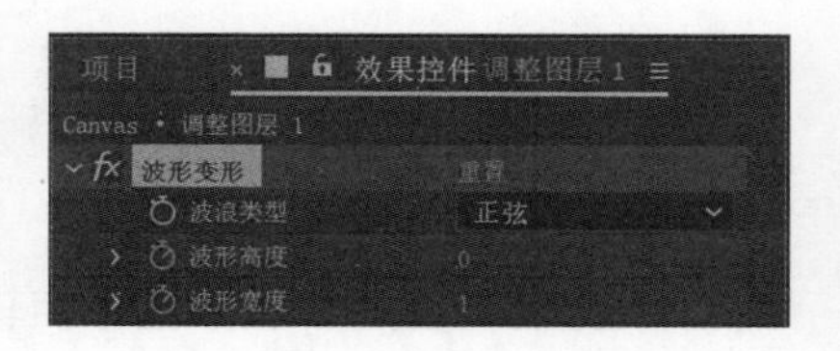

图 5-42

❻ 把时间指示器拖曳到 9:16 处。

❼ 把【波形高度】修改为 90，【波形宽度】修改为 478。

5.8.2 修改调整图层的入点

事实上，在彩色外衣剥离热气球之前，并不需要【波形变形】效果，但是即使它的属性值为 0，After Effects 也会为整个图层计算【波形变形】效果。因此需要修改调整图层的入点，以加快文件渲染速度。

❶ 把时间指示器拖曳到 9:12 处。

❷ 按 Alt+[（Windows）或 Option+[（macOS）组合键，设置入点为 9:12。

> **注意** 按 [键可以调整视频的入点位置，同时不改变视频的时长。按 Alt+[（Windows）或 Option+[（macOS）组合键可以为视频设置入点，同时缩短视频的时长。

❸ 返回 Balloon Scene 合成的【时间轴】面板。

❹ 按空格键，预览动画，如图 5-43 所示。再次按空格键，停止预览。

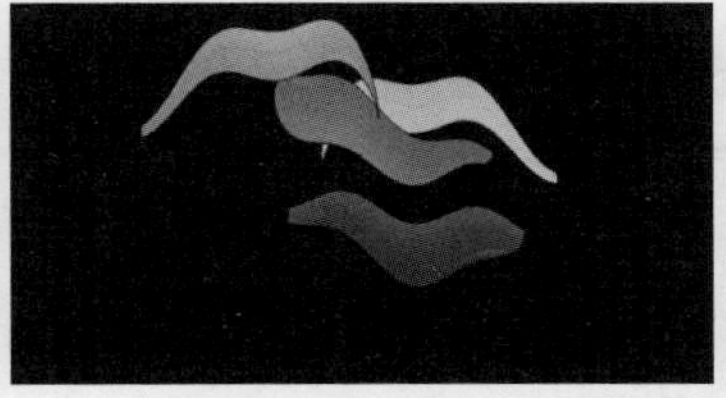

图 5-43

❺ 保存当前项目。

5.9 为背景制作动画

在影片的最后，彩色外衣应该从热气球上脱离，然后变成彩色云朵，慢慢移动到画面中央。 但是，目前的动画是彩色外衣从热气球上飞走了，然后热气球也飘走了。因此需要为背景天空制作动画，让彩色云朵移动到画面中央。

❶ 在 Balloon Scene 合成的【时间轴】面板中，将时间指示器拖曳到时间标尺的起始位置。

❷ 选择 Sky.ai 图层。在【属性】面板中单击【位置】属性左侧的秒表图标，创建初始关键帧。

❸ 把时间指示器拖曳到 16:00 处，向左拖曳 Sky.ai 图层，直到彩色云朵位于画面中央，【位置】值为 (-236.4,566.7)。

❹ 把时间指示器拖曳到 8:00 处，向右移动彩色云朵，使其位于画面之外。

❺ 使用鼠标右键单击（Windows）或按住 Control 键单击（macOS）第一个关键帧，在弹出的菜单中依次选择【关键帧辅助】>【缓出】。

❻ 使用鼠标右键单击中间的关键帧，在弹出的菜单中依次选择【关键帧辅助】>【缓动】。然后使用鼠标右键单击最后一个关键帧，在弹出的菜单中依次选择【关键帧辅助】>【缓入】。

❼ 沿着时间标尺拖曳时间指示器，观察热气球的彩色外衣变成彩色云朵的过程是否自然、流畅。请注意，在彩色云朵出现之前，从热气球上脱离的彩色外衣应该完全飘出画面之外。

❽ 在时间标尺上前后拖曳中间的关键帧，调整天空动画，使其与彩色外衣和热气球的动画协调。

在热气球从画面右侧消失之前，彩色云朵应该先位于热气球右侧，然后慢慢向左移动，最后到达画面中央。

⑨ 按空格键，预览整个动画，如图 5-44 所示。再次按空格键，停止预览。

图 5-44

⑩ 根据实际情况，再次调整热气球、彩色外衣、天空的运动路径和旋转角度。

⑪ 隐藏所有图层的属性，保存当前项目。

5.10 添加音轨

到这里，这个项目的绝大部分动画已经制作完成。最后还有一点要做，那就是给动画加点音乐，以烘托画面轻松、活泼的氛围。另外，画面最后几秒是静止的，需要把这几秒剪掉。

① 单击【项目】选项卡，打开【项目】面板，然后双击空白区域，打开【导入文件】对话框。

② 在【导入文件】对话框中，转到 Lessons\Lesson05\Assets 文件夹，双击 Soundtrack.wav 文件。

③ 把 Soundtrack.wav 文件从【项目】面板拖入 Balloon Scene 合成的【时间轴】面板，并把它放在所有图层之下。

④ 按空格键，预览动画。可以发现音乐在彩色外衣飞离热气球时发生了变化。

⑤ 把时间指示器拖曳到 18:00 处，按 N 键把【工作区域结尾】移动到当前时间点。

⑥ 在菜单栏中依次选择【合成】>【将合成裁剪到工作区】。

⑦ 把时间指示器拖曳到 16:00 处，展开 Soundtrack.wav 图层和【音频】属性。

After Effects 支持的音频文件格式

在 After Effects 中，你可以导入以下格式的音频文件。

- 高级音频编码（AAC、M4A）。
- 音频交互文件格式（AIF、AIFF）。
- MP3（MP3、MPEG、MPG、MPA、MPE）。
- Waveform (WAV)。

8 单击【音频电平】属性左侧的秒表图标，创建初始关键帧。

9 把时间指示器拖曳到 18:00 处，修改【音频电平】值为 -40dB。

10 预览动画，然后保存它。

到这里，你已经制作好了一个复杂的动画，在这个过程中运用到了 After Effects 中的多种技术和功能。

在 Audition 中编辑音频文件

你可以在 After Effects 中对音频做一些非常简单的修改。如果你想更好地编辑音频，请你使用 Audition 这款软件。只要你是 Creative Cloud 的正式会员，你就可以使用 Audition 软件。

在 Audition 中，你可以修改音频文件的长度、改变音高和节奏、应用各种效果、录制新音频、混合多声道片段等。

若想编辑项目中的某个音频，先在 After Effects 的【项目】面板中选择该音频，然后在菜单栏中依次选择【编辑】>【在 Adobe Audition 中编辑】，这样就能在 Audition 中修改并保存音频，如图 5-45 所示。这些修改将自动应用到 After Effects 项目中。

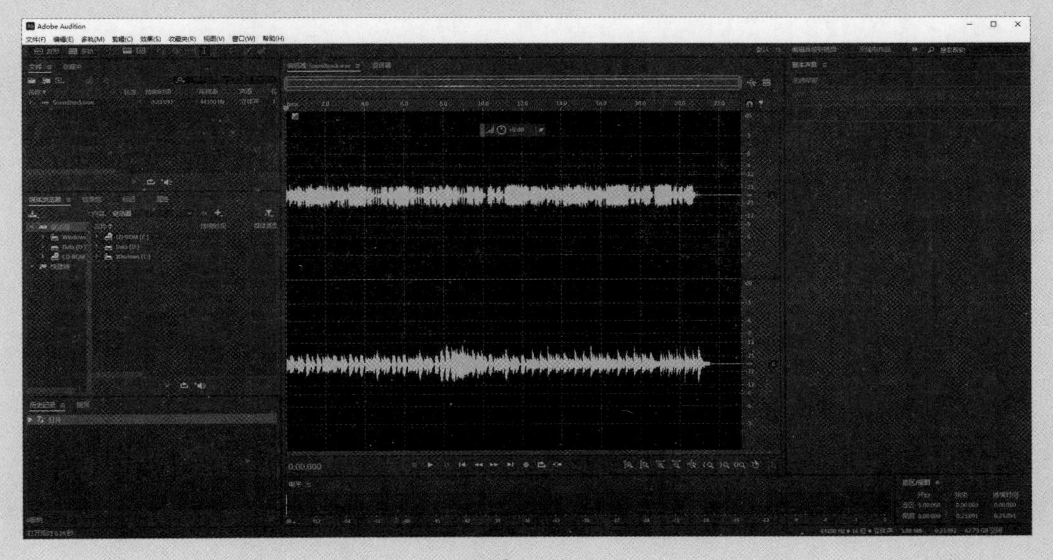

图 5-45

5.11 复习题

1. After Effects 如何呈现【位置】属性动画?
2. 什么是纯色图层，可用来做什么?
3. After Effects 项目可以导入哪些格式的音频文件?

5.12 复习题答案

1. 制作【位置】属性动画时，After Effects 使用运动路径来描述物体的运动轨迹。可以为图层的位置或图层上的锚点创建运动路径。位置运动路径显示在【合成】面板中，锚点运动路径显示在【图层】面板中。运动路径显示为一系列点，其中每个点表示每一帧中图层的位置。路径中的方框表示关键帧的位置。
2. 在 After Effects 中，可以轻松创建任意颜色或大小（最大尺寸为 30000 像素 ×30000 像素）的纯色图层。而且你可以像处理其他素材一样处理纯色图层，例如调整蒙版、更改属性、应用效果等。当修改了某个纯色图层时，所有使用了该纯色图层的图层都会受到影响，但影响仅限于该纯色图层的范围内。可以使用纯色图层为背景上色或创建简单的图形图像。
3. 在 After Effects 中，可以导入以下格式的音频文件：高级音频编码（AAC、M4A）、音频交互文件格式（AIF、AIFF）、MP3（MP3、MPEG、MPG、MPA、MPE）、Waveform（WAV）。

第 6 课

制作图层动画

本课概览

本课主要讲解以下内容。

- 为导入的 Photoshop 文件（含图层）制作动画。
- 使用关联器创建表达式。
- 使用导入的 Photoshop 图层样式。
- 应用轨道遮罩控制图层的可见性。
- 使用【边角定位】效果制作图层动画。
- 使用渲染时间窗格查看图层渲染时间。
- 使用时间重映射功能和【图层】面板动态重映射时间。
- 在图表编辑器中编辑时间重映射关键帧。

学习本课大约需要 1 小时

项目：剧院牌匾上的跑马灯

所谓制作动画，就是让一个对象或图像的各种属性（如位置、不透明度、缩放等）随着时间变化而变化。本课将讲解如何为 Photoshop 文件中的图层制作动画，包括动态重映射时间。

6.1 课前准备

After Effects 提供了一些工具和效果，允许你使用包含图层的 Photoshop 文件来模拟运动视频。本课将先导入一个包含图层的 Photoshop 文件（它展现的是一个剧院的门头），然后制作动画模拟亮灯以及文字在屏幕上滚动的效果。这是一个非写实动画，动画的画面先加速，再减速，然后正常播放。

动手制作之前，首先预览一下最终效果，然后创建 After Effects 项目。

❶ 在你的计算机中，请检查 Lessons\Lesson06 文件夹中是否包含以下文件夹和文件，若没有包含，请先下载它们。

- Assets 文件夹：marquee.psd。
- Sample_Movies 文件夹：Lesson06.mp4。

❷ 在 Windows Movies & TV 或 QuickTime Player 中，播放 Lesson06.mp4 示例影片，观看最终动画，了解本课要做什么。

❸ 观看完之后，关闭 Windows Movies & TV 或 QuickTime Player。如果存储空间有限，你可以把示例影片从硬盘中删除。

学习本课前，建议你把 After Effects 恢复成默认设置。相关说明请阅读前言"恢复默认首选项"中的内容。

❹ 启动 After Effects 时，立即按 Ctrl+Alt+Shift（Windows）或 Command+Option+Shift（macOS）组合键，在【启动修复选项】对话框中单击【重置首选项】按钮，即可恢复默认首选项。

❺ 在【主页】窗口中，单击【新建项目】按钮。

此时，After Effects 会打开一个未命名的空白项目。

❻ 在菜单栏中，依次选择【文件】>【另存为】>【另存为】，打开【另存为】对话框。

❼ 在【另存为】对话框中，转到 Lessons\Lesson06\Finished_Project 文件夹。

❽ 输入项目名称"Lesson06_Finished.aep"，单击【保存】按钮，保存项目。

6.1.1 导入素材

首先导入本课要用的素材。

❶ 在【项目】面板中，双击空白区域，打开【导入文件】对话框。

❷ 在【导入文件】对话框中，转到 Lessons\Lesson06\Assets 文件夹，选择 marquee.psd 文件。

❸ 在【导入为】下拉列表中选择【合成 - 保持图层大小】，这样每个图层的尺寸将与图层中的内容相匹配。（在 macOS 下，可能需要单击【选项】才能显示【导入为】下拉列表。）

❹ 单击【导入】（Windows）或【打开】（macOS）按钮，如图 6-1 所示。

❺ 在 marquee.psd 对话框的【导入种类】下拉列表中选择【合成 - 保持图层大小】，单击【确定】按钮，如图 6-2 所示。

继续往下操作之前，花点儿时间了解一下刚导入的 Photoshop 文件中的图层。

❻ 在【项目】面板中，展开【marquee 个图层】文件夹，查看 Photoshop 图层，如图 6-3 所示。若有必要，把【名称】栏拉宽一些，以看到完整的图层名称。

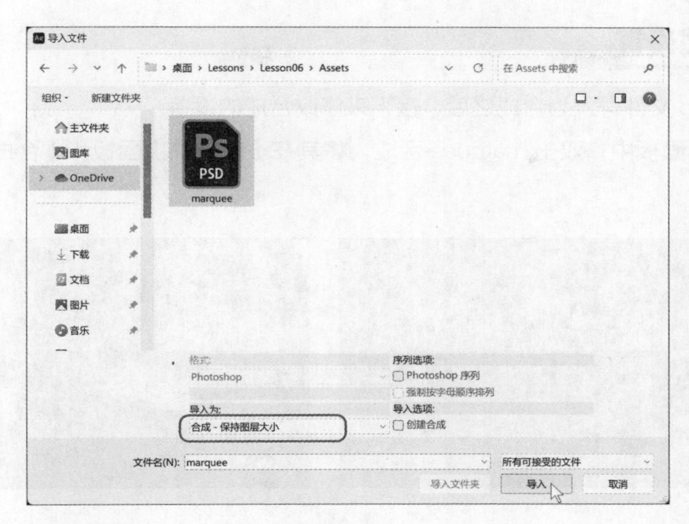

图 6-1

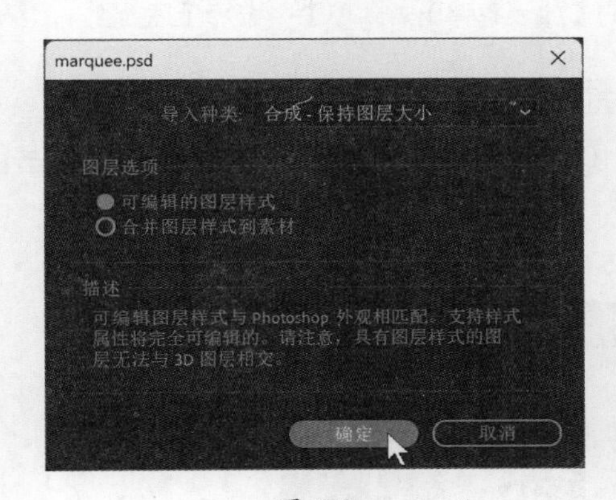

图 6-2

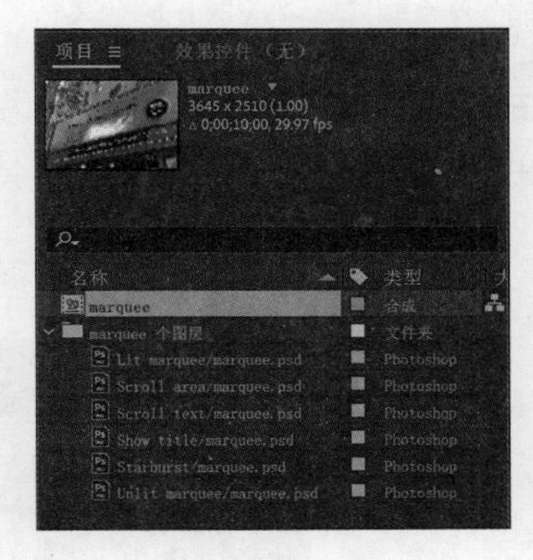

图 6-3

要在 After Effects 中制作动画的每个元素（如星形售票牌）都位于单独的图层上。其中，有一个图层（Unlit marquee）的内容是未亮灯时的剧院门头，还有一个图层（Lit marquee）的内容是亮灯后的剧院门头。

导入 Photoshop 文件时，After Effects 会保留其原有的图层顺序、透明度数据、图层样式。当然，还保留了一些其他特性，比如调整图层和样式等，但这些不会在本项目中用到。

准备 Photoshop 文件

导入包含图层的 Photoshop 文件之前，要精心地为图层命名，这可以大大缩短预览和渲染时间，还可以避免导入和更新图层时出现问题。

- 组织和命名图层。在把一个 Photoshop 文件导入 After Effects 之后，如果你修改其中的图层名称，After Effects 将保留到原始图层的链接。不过，在你把一个 Photoshop 文件导入 After Effects 后，如果你在 Photoshop 中删除了该文件中的一个图层，After Effects 将无法找到它，并且会在【项目】面板中将之标识为缺失文件。
- 为了避免混淆，应确保每个图层有唯一的名称。

6.1.2　修改合成设置

在把 Photoshop 文件导入为合成之后，接下来修改合成的设置。

❶ 在【项目】面板中，双击 marquee 合成，将其在【时间轴】面板和【合成】面板中打开，如图 6-4 所示。

图 6-4

💡 **注意** 若看不到完整的图像，请在【合成】面板底部的【放大率弹出式菜单】中选择【适合】。

❷ 在菜单栏中依次选择【合成】>【合成设置】，打开【合成设置】对话框。

❸ 在【合成设置】对话框中，修改【持续时间】为 10:00，即设置合成时长为 10 秒，然后单击【确定】按钮，如图 6-5 所示。

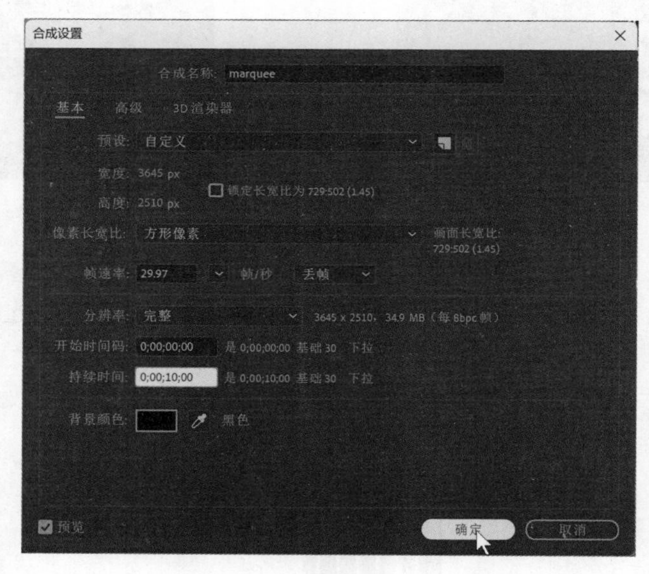

图 6-5

6.2　模拟亮灯效果

制作本项目动画，首先要做的是让牌匾周围的灯亮起来。下面使用不透明度关键帧制作亮灯动画。

❶ 把时间指示器拖曳到 4:00 处，如图 6-6 所示。

图 6-6

当前，亮灯背景位于未亮灯背景之上，即亮背景盖住了暗背景，所以动画的初始画面就是亮的。但是这里需要让牌匾先暗后亮。为此，可以让 Lit marquee 图层开始时是透明的，然后为其不透明度制作动画，使灯光随着时间的推移慢慢亮起来。

❷ 在【时间轴】面板中，选择 Lit marquee 图层，在【属性】面板中单击【不透明度】属性左侧的秒表图标（⏱），添加一个关键帧，如图 6-7 所示。请注意，此时的【不透明度】值为 100%。

图 6-7

❸ 按 Home 键，或者把时间指示器拖曳到 0:00 处，然后把 Lit marquee 图层的【不透明度】值设置为 0%，如图 6-8 所示。此时，After Effects 自动添加一个关键帧。

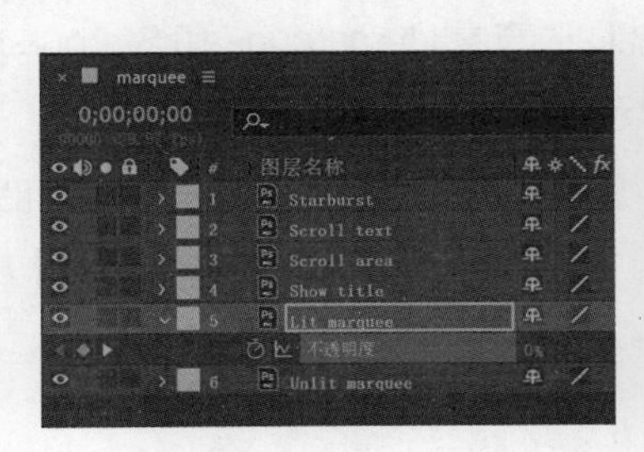

图 6-8

当动画开始时，Lit marquee 图层是透明的，这样其下的 Unlit marquee 图层会显示出来。

❹ 在【预览】面板中，单击【播放 / 停止】按钮（▶）或按空格键，预览动画，如图 6-9 所示。

图 6-9

预览时，可以看到牌匾周围的灯由暗逐渐变亮。

❺ 播放到 4:00 之后，按空格键，停止预览。

❻ 在菜单栏中依次选择【文件】>【保存】，保存当前项目。

6.3 使用关联器复制动画

Starburst 图层中含有 Photoshop 中的【斜面和浮雕】图层样式。本节将为图层样式制作动画，使其背景随着灯一起亮起来。

为此，可以使用关联器复制前面创建的动画。使用关联器创建表达式，然后将一个属性或效果的值链接到另一个属性上。这里，把 Lit marquee 图层的【不透明度】属性与 Starburst 图层的【斜面和浮雕】效果的【深度】属性链接起来。

❶ 按 Home 键，或者把时间指示器拖曳到时间标尺的起始位置。

❷ 展开 Starburst 图层，在【图层样式】下找到【斜面和浮雕】属性，将其展开，如图 6-10 所示。

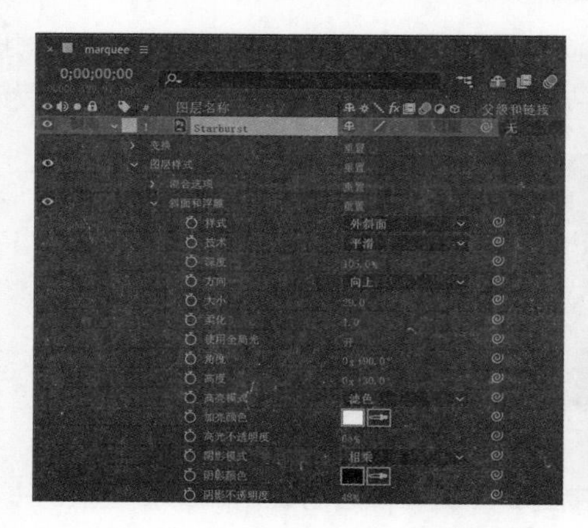

图 6-10

❸ 若有必要，请放大【时间轴】面板，以便能同时查看 Lit marquee 和 Starburst 图层的属性。

❹ 把 Lit marquee 图层的【不透明度】属性显示出来。

❺ 单击 Starburst 图层【深度】属性右侧的【属性关联器】图标（◎），将其拖曳到 Lit marquee 图层的【不透明度】属性上，如图 6-11（a）所示。释放鼠标后，关联成功,【深度】属性值变为红色，如图 6-11（b）所示。

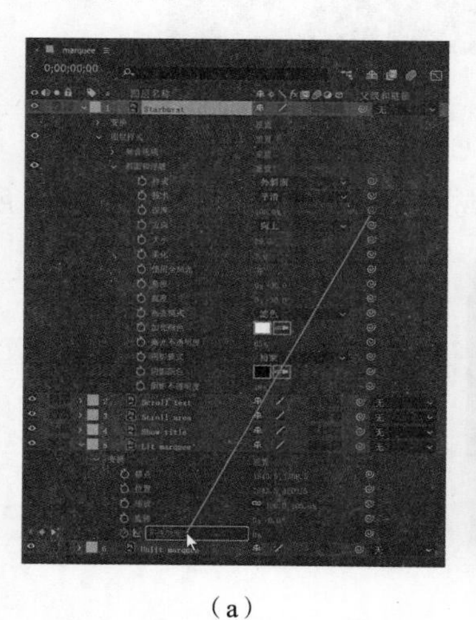

（a）

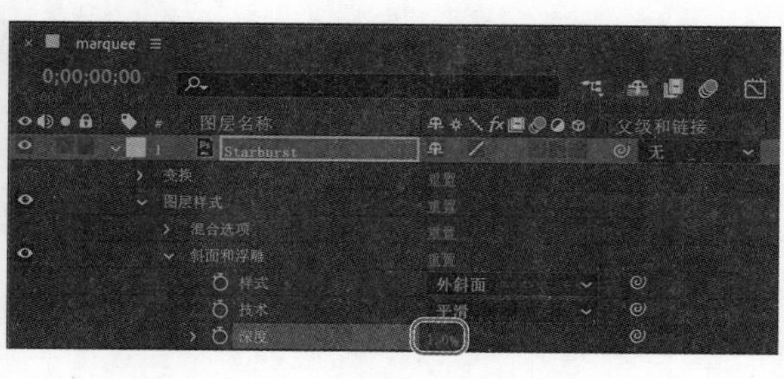

（b）

图 6-11

❻ 展开 Starburst 图层的【深度】属性。此时，Starburst 图层的时间轴上出现一个表达式“thisComp.layer ("Lit marquee").transform.opacity”，如图6-12所示。这表示Lit marquee图层的【不透明度】值替代了 Starburst 图层的【深度】值（105%）。

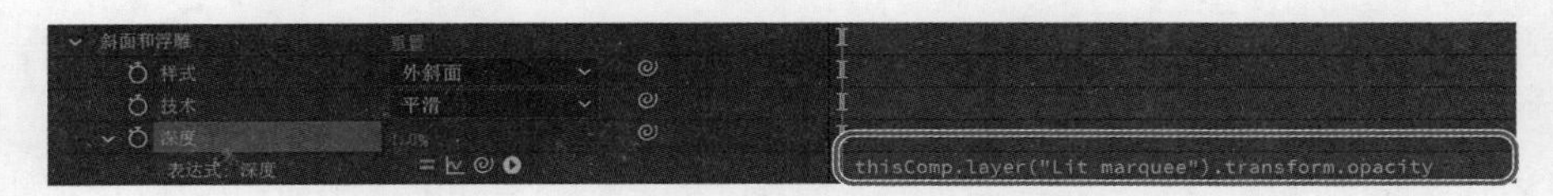

图 6-12

❼ 把时间指示器从 0:00 处拖曳到 4:00 处。此时，可以看到 Lit marquee 图层的【不透明度】值与 Starburst 图层的【深度】值的变化完全同步，星形牌的背光会与牌匾的灯光一同亮起，如图 6-13 所示。

图 6-13

❽ 隐藏所有图层的属性，使【时间轴】面板保持整洁，以方便后续操作。如果你之前放大了【时间轴】面板，请把它恢复成原始大小。

❾ 在菜单栏中依次选择【文件】>【保存】，保存当前项目。

关于 Photoshop 图层样式

Photoshop 提供了多种图层样式，如投影、发光、斜面和浮雕等，应用这些样式会改变图层的外观。导入 Photoshop 文件的图层时，After Effects 可以保留这些图层样式。当然，你也可以在 After Effects 中添加图层样式。

在 Photoshop 中，图层样式被称为“效果”，但在 After Effects 中，它们的作用更像是混合模式。图层样式渲染的顺序在变换之后，而效果渲染早于变换。另一个不同点是，在合成中，每个图层样式直接与其下的图层进行混合，而效果渲染仅限于应用它的图层，其下的图层会被作为一个整体看待。

在【时间轴】面板中可以使用图层的样式属性。

有关 After Effects 中图层样式的更多内容，请阅读 After Effects 帮助文档。

关于表达式

如果你想创建和链接复杂动画，例如多个车轮的旋转，但又不想手动创建大量关键帧，可以使用表达式。借助表达式，你可以在图层的各个属性之间建立联系，并使用一个属性的关键帧去动态控制另一个图层。例如，当你为一个图层创建了旋转关键帧，并应用了【投影】效果，你就可以使用表达式把【旋转】属性值和【投影】效果的【方向】属性值链接起来，这样一来，投影就会随着图层的旋转而发生变化。

你可以在【时间轴】或【效果控件】面板中使用表达式。你还可以使用关联器创建表达式，或者在表达式区域（位于属性之下时间曲线图中的文本区域）中手动输入和编辑表达式。

表达式是基于编程语言 JavaScript 的，但是，即使你不懂 JavaScript 也可以正常使用它。你可以使用关联器来创建表达式，从简单示例开始通过修改创建出符合自己需要的表达式，还可以把对象和方法链接在一起来创建表达式。

更多关于表达式的内容，请阅读 After Effects 帮助文档。

6.4 使用轨道遮罩限制动画

在本项目的跑马灯动画中，文本应该在牌匾的底部沿水平方向滚动，具体地说，文本是在一个黑色区域中滚动。下面先制作文本滚动动画，然后创建一个轨道遮罩，让动画在指定区域中滚动，以此模拟电子滚动屏。

6.4.1 制作文本动画

牌匾周围的灯亮起后，文本才开始滚动，一直滚动到视频结束。

❶ 在【时间轴】面板中，选择 Scroll text 图层。

❷ 把时间指示器拖曳到 4:10 处。

❸ 按 Alt+[（Windows）或 Option+[（macOS）组合键，在 4:10 处设置入点，如图 6-14 所示。

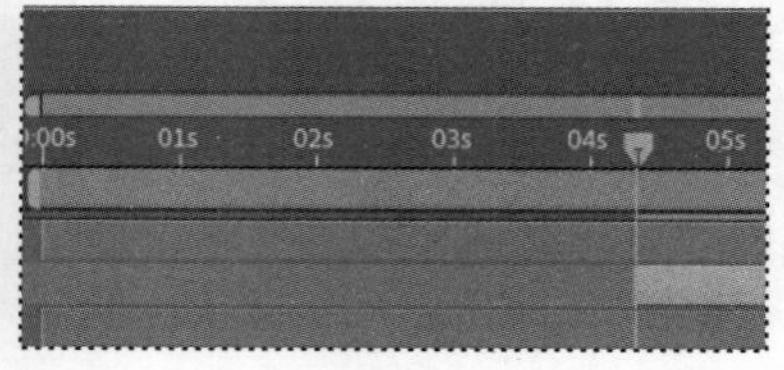

图 6-14

在 4:10 时，即在灯光亮起后不久，文本出现在屏幕上。

❹ 在 Scroll text 图层处于选中状态时，在【属性】面板中把【位置】值设置为 (4994,1106)。此时，只有第一个字母出现在黑色的电子滚动屏上。

❺ 单击【位置】属性左侧的秒表图标（ ），创建初始关键帧，如图 6-15 所示。

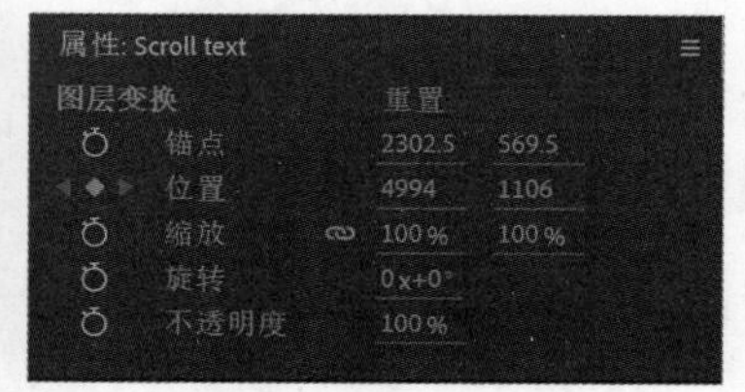

图 6-15

❻ 把时间指示器拖曳到 9:29 处，此处是视频的最后一帧。

❼ 把【位置】设置为 (462,2121)，如图 6-16 所示。

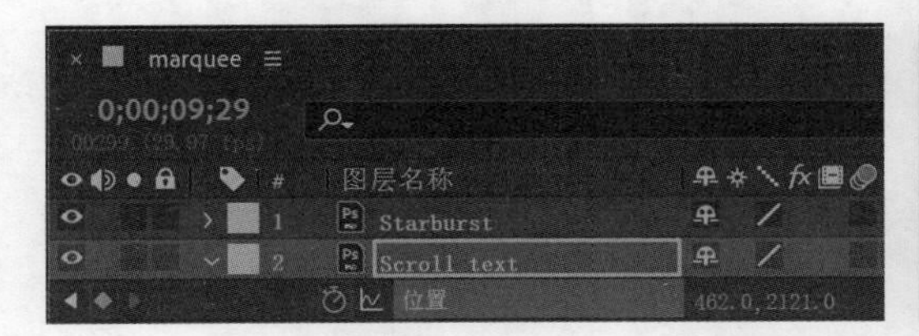

图 6-16

After Effects 自动创建了一个关键帧。文本的最后一个字母在电子滚动屏上显示出来。

❽ 按空格键，预览文本滚动效果。再次按空格键，停止预览。

6.4.2　创建轨道遮罩

到这里，文本滚动效果就制作好了，但是它的覆盖范围有些问题，与牌匾和左侧灯光有重叠。下面使用轨道遮罩把文本动画限制在黑色的滚动屏内。为此，需要把 Scroll area 图层的 Alpha 通道用作轨道遮罩。

❶ 在【时间轴】面板底部，单击【切换开关 / 模式】，显示出【轨道遮罩】栏，以便应用轨道遮罩。

❷ 选择 Scroll text 图层，从轨道遮罩下拉列表中选择【3.Scroll area】，如图 6-17 所示。

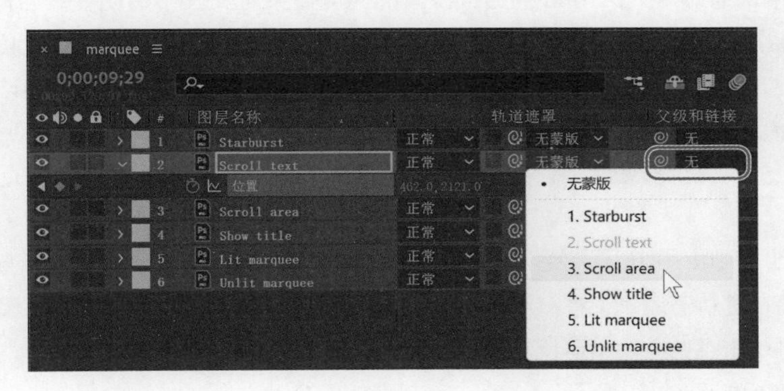

图 6-17

Scroll area 图层的 Alpha 通道用于为 Scroll text 图层设置不透明度，这样 Scroll text 图层的文本内容只在 Scroll area 图层指定的蒙版范围内才会显示出来。应用轨道遮罩时，Scroll area 图层的视频开关会自动关闭。

取消选择 Scroll area 图层后，文本区域顶部会出现浅色伪影（灯光）。在不影响轨道遮罩的前提下，可以把 Scroll area 图层显示出来，以便隐藏这些伪影（灯光）。

❸ 在【时间轴】面板中，单击 Scroll area 图层左侧的视频开关（👁）。

❹ 取消选择所有图层，隐藏所有图层属性。

❺ 按 Home 键，或者把时间指示器拖曳到时间标尺的起始位置，然后按空格键，预览动画，如图 6-18 所示。预览完成后，再次按空格键，停止预览。

❻ 在菜单栏中依次选择【文件】>【保存】，保存当前项目。

图 6-18

轨道遮罩和动态遮罩

当你想在某个图层上抠个“洞”将其下方图层的对应区域显示出来时，应该使用轨道遮罩。创建轨道遮罩时，你需要用到两个图层，一个图层用作蒙版（上面有“洞”），另一个图层用来“填充”蒙版上的“洞”。你可以为轨道遮罩图层或填充图层制作动画。在为轨道遮罩图层制作动画时，你需要创建动态遮罩。若你想使用相同设置为轨道遮罩图层和填充图层制作动画，则可以先对它们进行预合成。

你可以使用轨道遮罩的 Alpha 通道或像素的亮度值来定义其不透明度。当你基于一个不带 Alpha 通道的图层（图层本身没有带 Alpha 通道或者创建该图层的程序无法创建 Alpha 通道）创建轨道遮罩时，使用像素的亮度值来定义轨道遮罩的不透明度是很方便的。不论是 Alpha 通道蒙版还是亮度蒙版，像素的亮度值越高就越透明。大多数情况下，在高对比度蒙版中，一个区域要么完全透明，要么完全不透明。只有在需要部分透明或渐变透明时（例如柔和的边缘），才使用中间色调。

默认情况下，After Effects 使用 Alpha 通道值来创建轨道遮罩。如果你希望使用亮度值创建轨道遮罩，请在【轨道遮罩】栏右侧单击圆点图标（ ），将其变为太阳图标（ ）。在圆点图标或太阳图标右侧单击空白方块，可反转蒙版，此时会显示反转图标（ ）。

动态遮罩剖析如图 6-19 所示。

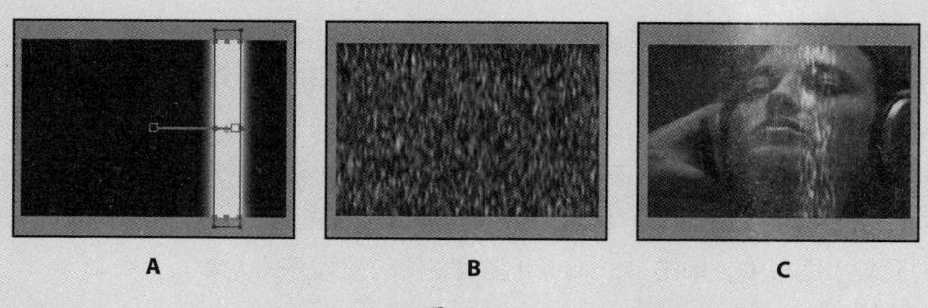

图 6-19

A. 轨道遮罩图层：这是一个带有矩形蒙版的纯色图层，充当亮度蒙版。可用于制作蒙版动画，使蒙版在屏幕上移动。

B. 填充图层：带有图案效果的纯色图层。

C. 结果：从轨道遮罩形状中可以看到图案，图案被添加到了轨道遮罩图层下方的图层上。

6.4.3 添加运动模糊

对文本应用运动模糊效果，可以让文本的运动看上去更加真实。添加好运动模糊之后，还要设置快门角度和相位，以便更好地控制模糊强度。

❶ 把时间指示器拖曳到 8:00 处，这样可以很清楚地看到滚动文本。

❷ 在【时间轴】面板中，单击面板底部的【切换开关 / 模式】按钮。

❸ 单击 Scroll text 图层的运动模糊开关（ ）。

After Effects 会自动为所有打开了运动模糊开关的图层启用运动模糊，此时【合成】面板中的文本看上去就有点模糊了。

❹ 在菜单栏中依次选择【合成】>【合成设置】，打开【合成设置】对话框。

❺ 在【合成设置】对话框中单击【高级】选项卡，把【快门角度】设置为 90° 。

你可以通过设置【快门角度】来模拟调整真实摄像机快门角度的效果，它控制着摄像机光圈开放的时长，其值越大，运动模糊越明显。

❻ 把【快门相位】设置为 0° ，单击【确定】按钮，如图 6-20 所示。

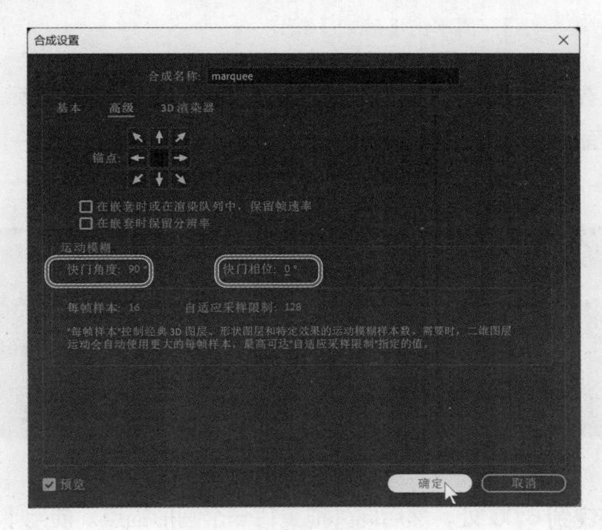

图 6-20

6.5 使用【边角定位】效果制作动画

到这里，剧院门头的牌匾看上去已经相当不错了，但是星形售票提示牌还不是很醒目。下面将使用【边角定位】效果让其随着时间发生扭曲，以吸引人们的视线。

【边角定位】效果类似于 Photoshop 中的自由变换工具，它通过调整图像的 4 个边角点来扭曲图像。你可以使用【边角定位】效果对图像做拉伸、压缩、倾斜、扭曲操作，也可以用其模拟沿着图层边缘转动而产生的透视与运动效果，如制作开门动画。

❶ 把时间指示器拖曳到 4:00 处。

❷ 在【时间轴】面板中，单击打开 Show title、Starburst 两个图层的独奏开关（ ），如图 6-21 所示。

图 6-21

打开某图层的独奏开关后，After Effects 只把打开了独奏开关的图层显示出来，同时把其他所有未打开独奏开关的图层隐藏，这样可以大大提高制作动画、预览动画及渲染动画的速度。

❸ 在【时间轴】面板中选择 Starburst 图层，然后在菜单栏中依次选择【效果】>【扭曲】>【边角定位】。此时，在【合成】面板中，Starburst 图层的 4 个角点上出现小小的圆形锚点。

接下来，在当前位置创建初始关键帧。

注意 若未显示出圆形锚点，请在【合成】面板菜单中选择【视图选项】，然后在【视图选项】对话框中勾选【手柄】与【效果控件】，再单击【确定】按钮。

❹ 在菜单栏中依次选择【窗口】>【效果控件】，打开【效果控件】面板。

❺ 在【效果控件】面板中单击每个圆形锚点（左上、右上、左下、右下）左侧的秒表图标（⏱），设置初始关键帧，如图 6-22 所示。

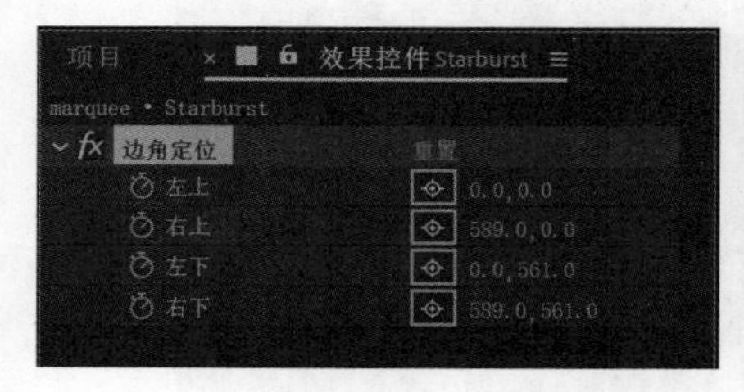

图 6-22

❻ 把时间指示器拖曳到 6:00 处，然后向外拖曳每一个圆形锚点。使用【边角定位】效果时，你可以随意移动每个圆形锚点。当你拖曳这些圆形锚点时，【效果控件】面板中的 x、y 值就会发生相应变化。After Effects 将自动添加关键帧。

除了拖曳圆形锚点之外，你还可以在【效果控件】面板中直接输入相应的坐标，如图 6-23 所示。

图 6-23

❼ 把时间指示器拖曳到 8:00 处，然后拖曳圆形锚点，使文本倾斜一定角度，具体坐标及调整结果如图 6-24 所示。调整后，After Effects 将自动添加关键帧。

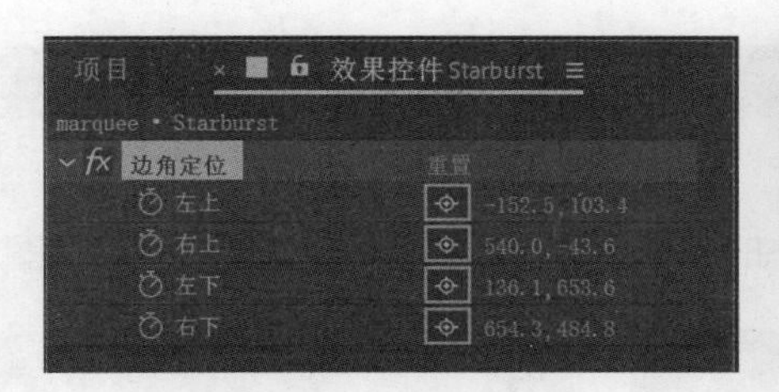

图 6-24

❽ 关闭 Show title、Starburst 两个图层的独奏开关（■），把其他图层重新显示出来。

❾ 按 Home 键，或者把时间指示器拖曳到时间标尺的起始位置。按空格键，预览整个动画，包含【边角定位】效果，如图 6-25 所示。预览完成后，再次按空格键，停止预览。

图 6-25

❿ 在菜单栏中依次选择【文件】>【保存】，保存当前项目。

6.6 模拟天黑情景

在目前的动画中，虽然灯光亮起了，但是天空与建筑仍然保持着白天的状态。当灯光亮起时，它们应该随之黑下来，这样有助于塑造视觉兴趣点，凸显牌匾上的内容。下面将使用蒙版、纯色图层、混合模式来模拟天黑情景。

6.6.1 创建蒙版

要模拟天黑情景，需要使剧院牌匾背后的建筑、天空蒙上一层夜色。为此，先复制图层，再创建一个蒙版，把要变黑的区域抠出来。

❶ 按 Home 键，或者把时间指示器拖曳到时间标尺的起始位置。

❷ 在【时间轴】面板中，选择 Lit marquee 图层。

❸ 在菜单栏中依次选择【编辑】>【重复】，After Effects 立即在 Lit marquee 图层上方创建出 Lit marquee 2 图层。

❹ 在工具栏中选择【钢笔工具】（✒），如图 6-26 所示。

图 6-26

⑤ 在 Lit marquee 2 图层处于选中状态时，单击牌匾的左上角，开始绘制，如图 6-27 所示。

图 6-27

⑥ 沿着牌匾的左边缘、背景的左边缘和上边缘、剧院标识牌添加锚点，绘制蒙版路径，如图 6-28 所示。为蒙版路径添加锚点时，有些锚点可以添加到图像外部。

图 6-28

⑦ 沿着剧院标识牌继续添加锚点，最后单击起始点，封闭蒙版路径，如图 6-29 所示。

图 6-29

6.6.2 添加纯色图层

绘制好蒙版之后，添加一个纯色图层，并为图层的不透明度制作动画。

① 在【时间轴】面板中选择 Lit marquee 图层。

② 在菜单栏中依次选择【图层】>【新建】>【纯色】。

③ 在【纯色设置】对话框中选择一种深灰色，单击【制作合成大小】按钮，然后单击【确定】按钮。After Effects 创建了一个名为【深灰色 纯色 1】的图层，并将其放在 Lit marquee 图层与 Lit marquee 2 图层之间，如图 6-30 所示。

图 6-30

当时间指示器位于时间标尺的起始位置时，图像的大部分区域都是暗的，因为此时 Lit marquee 图层与 Lit marquee 2 图层（及其蒙版）都是不可见的。不用担心，接下来将为【深灰色 纯色 1】图层的【不透明度】属性制作动画来解决这个问题。

❹ 选择 Lit marquee 2 图层，按 M 键，显示出蒙版属性。

❺ 在【蒙版模式】下拉列表中选择【变暗】，勾选【反转】，如图 6-31 所示。

绘制蒙版路径时是沿着背景绘制的，但绘制出的区域并不是要遮罩的部分。勾选【反转】后，After Effects 会反转蒙版，此时未选择的区域将变成被遮罩的区域。

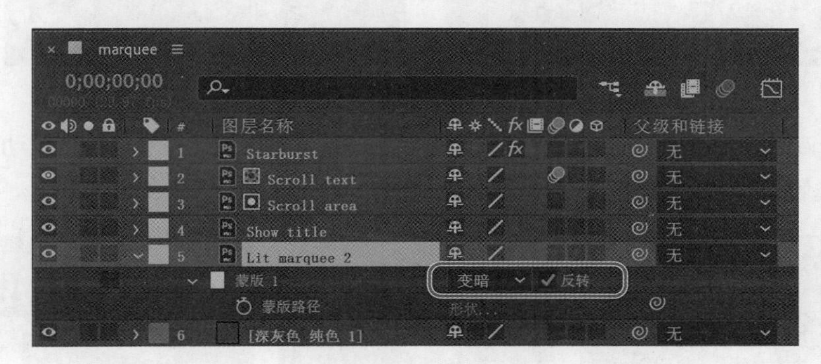

图 6-31

❻ 选择【深灰色 纯色 1】图层。把时间指示器拖曳到时间标尺的起始位置（0:00）。然后，在【属性】面板中设置【不透明度】值为 0%，单击左侧的秒表图标（⏱），创建初始关键帧，如图 6-32 所示。

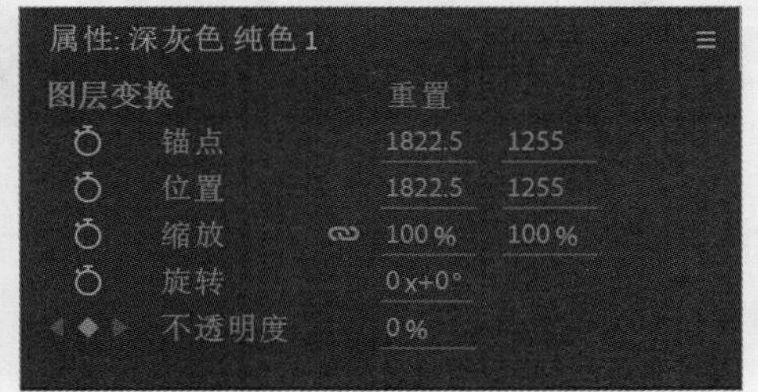

图 6-32

❼ 把时间指示器拖曳到 1:23 处，把【不透明度】值设置为 5%。

❽ 把时间指示器拖曳到 4:09 处，单击【在当前时间添加或移除关键帧】按钮，再创建一个【不透明度】值为 5% 的关键帧，如图 6-33 所示。

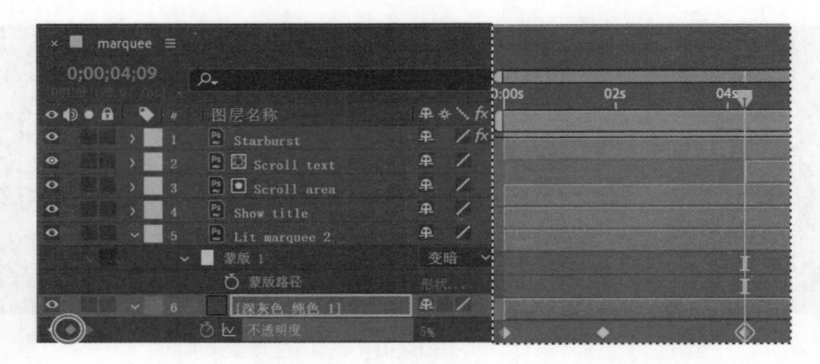

图 6-33

⑨ 把时间指示器拖曳到 7:00 处，把【不透明度】值设置为 75%，如图 6-34 所示。

图 6-34

⑩ 按 Home 键，或者把时间指示器拖曳到时间标尺的起始位置。按空格键预览动画，如图 6-35 所示。预览完成后，再次按空格键停止预览。

图 6-35

随着灯光亮起，文字开始滚动，周围的建筑与天空逐渐变暗。到这里，天黑场景就制作好了。

⑪ 隐藏所有图层的属性，保存当前项目。

6.7 查看图层渲染时间

在一个复杂项目中，了解项目中每个图层的渲染时间是很有意义的。例如，当你处理项目的某些图层时，暂时把另外一些图层或效果关闭，能够节省大量渲染时间，大大提高工作效率。

【时间轴】面板底部显示着当前帧的整体渲染时间。展开渲染时间窗格会打开【渲染时间】栏，其中包括当前帧的每个图层、效果、蒙版、图层样式等的渲染时间。

❶ 在【时间轴】面板底部单击蜗牛图标（ ），如图 6-36 所示。

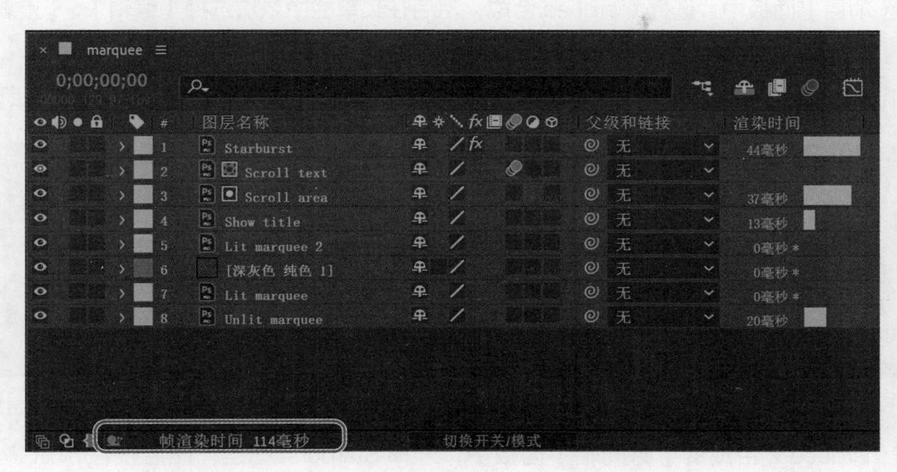

图 6-36

此时，【时间轴】面板中显示出【渲染时间】栏，给出当前帧的每个图层的渲染时间。

❷ 沿着时间标尺拖曳时间指示器，查看每个图层在不同帧的渲染时间。

❸ 展开 Starburst 图层，如图 6-37 所示。请注意，在 Photoshop 中应用的图层样式会增加渲染时间。

图 6-37

❹ 隐藏所有图层属性。再次单击蜗牛图标，把【渲染时间】栏隐藏起来。当然，你也可以让【渲染时间】栏一直显示，以方便随时查看效果改动后渲染时间的变化。

6.8 重映射合成时间

至此，一个简单的延时动画就制作好了。动画看起来还不错，但使用 After Effects 提供的时间重映射功能可以更好地控制动画时间。通过时间重映射，你可以方便地加快、放慢、停止或反向播放素材。

你还可以使用时间重映射功能制作定格效果等。重映射时间时，图表编辑器和【图层】面板非常有用，在接下来的学习中会用到它们。在对项目时间进行重映射后，影片播放的速度会发生变化。

提示 应用【时间扭曲】效果可以获得更好的控制效果，相关内容将在第 14 课中讲解。

6.8.1 预合成图层

下面先复制合成，然后对图层进行预合成，为重映射时间做好准备。

❶ 在【项目】面板中，选择 marquee 合成，然后在菜单栏中依次选择【编辑】>【重复】。此时，【项目】面板中出现一个名为 marquee 2 的合成。

❷ 双击 marquee 2 合成，将其在【时间轴】面板与【合成】面板中打开，如图 6-38 所示。

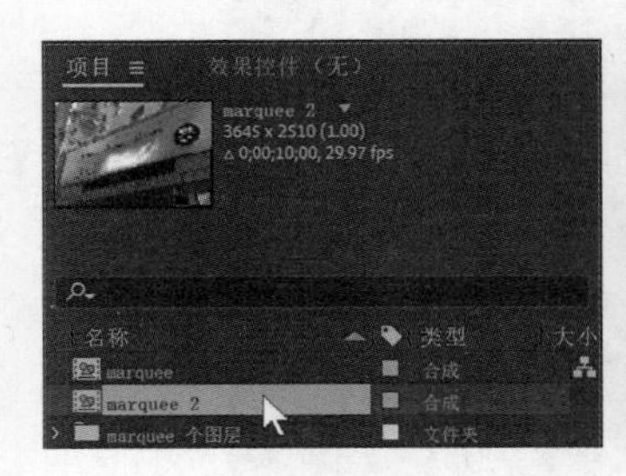

图 6-38

❸ 在 marquee 2 合成的【时间轴】面板中，选择 Starburst 图层，然后按住 Shift 键选择 Unlit marquee 图层，把所有图层选中，如图 6-39 所示。

❹ 在菜单栏中依次选择【图层】>【预合成】，打开【预合成】对话框。

❺ 在【预合成】对话框中选中【将所有属性移动到新合成】，然后单击【确定】按钮，如图 6-40 所示。

图 6-39

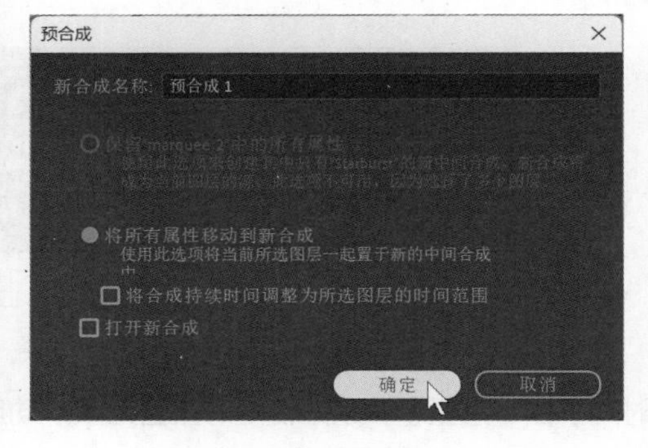

图 6-40

After Effects 新建了一个名为【预合成 1】的合成，并将你在 marquee 2 合成中选中的图层替换掉。接下来，就可以统一地对项目中的所有元素做时间重映射了。

6.8.2 时间重映射

下面来调整项目中时间的速度与方向。

❶ 在【时间轴】面板中，选择【预合成 1】图层，然后在菜单栏中依次选择【图层】>【时间】>【启用重映射】。

After Effects 会在时间轴上添加两个关键帧，这两个关键帧分别位于图层的第一帧和最后一帧，同时图层名称下显示出【时间重映射】属性，如图 6-41 所示。借助这个属性，你可以控制在指定的时间点显示哪个帧。

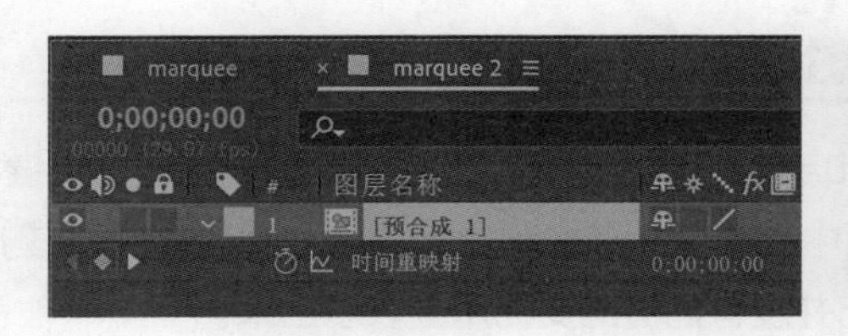

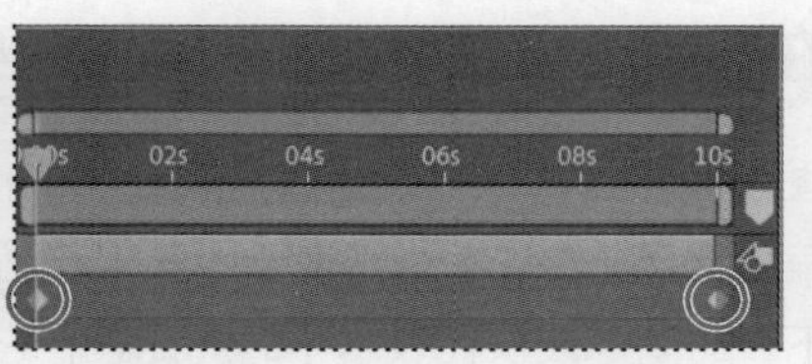

图 6-41

❷ 在【预合成 1】图层处于选中状态时，在菜单栏中依次选择【图层】>【打开图层】，将其在【图层】面板中打开，如图 6-42 所示。

图 6-42

做时间重映射时，你可以在【图层】面板中观看修改的视频帧。【图层】面板中有两个时间标尺，下方的时间标尺代表当前时间，上方的是源时间标尺，上面有时间重映射标记，表示当前时间正在显示的帧。

❸ 按空格键，预览图层。请注意，此时两个时间标尺上的源时间标记和当前时间标记是同步的。当你重映射了时间之后，情况会发生改变。

在前 4 秒中，灯会慢慢亮起。接下来，把这个过程加速，让灯以两倍速亮起。

❹ 拖曳时间指示器至 2:00 处，把【时间重映射】值修改为 4:00，如图 6-43 所示。

这样映射之后，播放时，原来 4:00 处的帧将在 2:00 时显示出来。换言之，在前两秒钟内，该合成以两倍速进行播放。

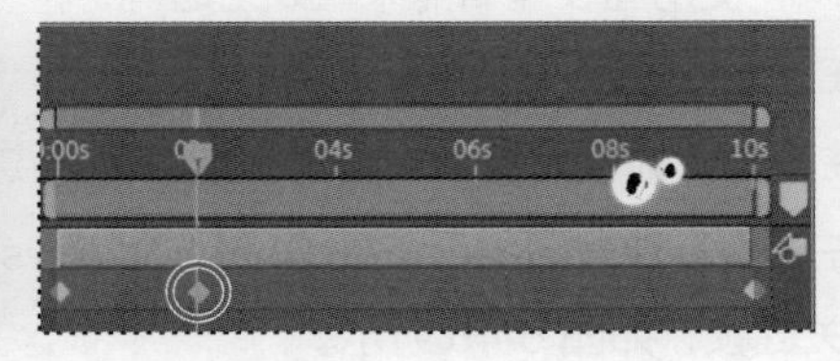

图 6-43

❺ 按空格键，预览动画。开始时，合成以两倍速播放到 2:00 处，然后放慢速度。预览完后，再次按空格键停止预览。

6.8.3 在图表编辑器中查看时间重映射效果

通过图表编辑器，你可以查看并操控效果和动画的方方面面，包括效果的属性值、关键帧、插值等。图表编辑器用一条 2D 曲线表示效果和动画中的变化，其横轴代表播放时间（从左到右）。而在图层条模式下，时间标尺仅代表水平时间元素，它并没有把值的变化用图表示出来。

❶ 在【时间轴】面板中，选中【预合成 1】图层的【时间重映射】属性。

❷ 单击【图表编辑器】按钮（），打开图表编辑器，如图 6-44 所示。

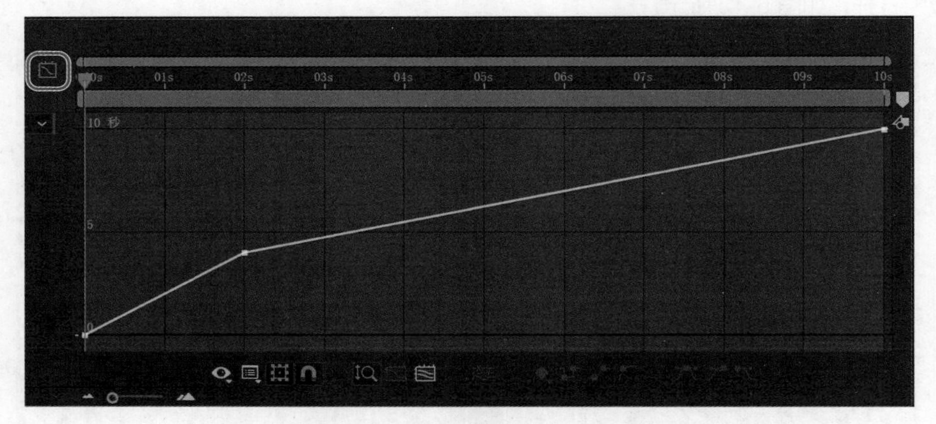

图 6-44

图表编辑器中显示的是时间重映射图，有一条白线把 0:00、2:00、10:00 处的关键帧连了起来。0:00 到 2:00 之间的连线很陡峭，而 2:00 到 10:00 之间的连线相对平缓。连线越陡峭，播放速度越快。

6.8.4 使用图表编辑器重映射时间

重映射时间时，你可以使用时间重映射图中的值来确定和控制影片中的哪一帧在哪个时间点播放。每个时间重映射关键帧都有一个与之相关的时间值，它对应于图层中特定的帧。这个时间值位于时间重映射图的纵轴上。当打开某个图层的时间重映射时，After Effects 会在图层的起点和终点分别添加一个时间重映射关键帧。在时间重映射图中，这些初始时间重映射关键帧的横轴值和纵轴值相等。

通过设置多个时间重映射关键帧，你可以创建复杂的运动效果。每添加一个时间重映射关键帧，你就会得到一个时间点，在该时间点你可以改变影片的播放速度或方向。在时间重映射图中上下移动关键帧，可以指定当前时间播放视频的哪一帧。

接下来，使用图表编辑器来重映射时间。

❶ 在工具栏中选择【选取工具】。

❷ 在【时间轴】面板中，把时间指示器拖曳到 3:00 处。

❸ 在时间重映射图中，按住 Ctrl（Windows）或 Command（macOS）键，在 3:00 处单击折线，新建一个关键帧，如图 6-45 所示。

> **提示** 调整关键帧时，边拖曳边观看【信息】面板，可从中获得更多相关信息。

❹ 把新创建的关键帧向下拖曳至 0 秒，如图 6-46 所示。

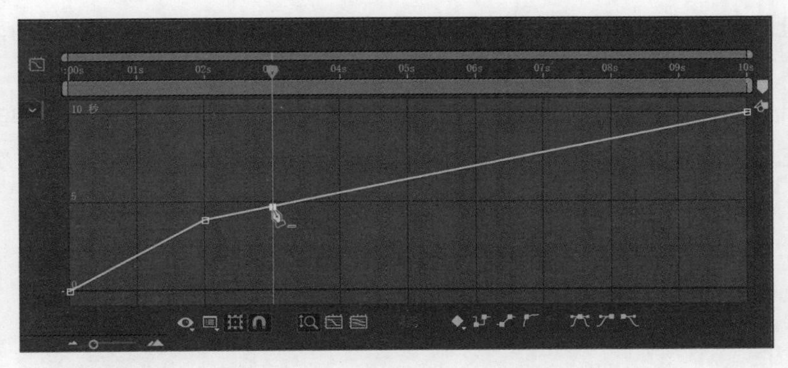

图 6-45

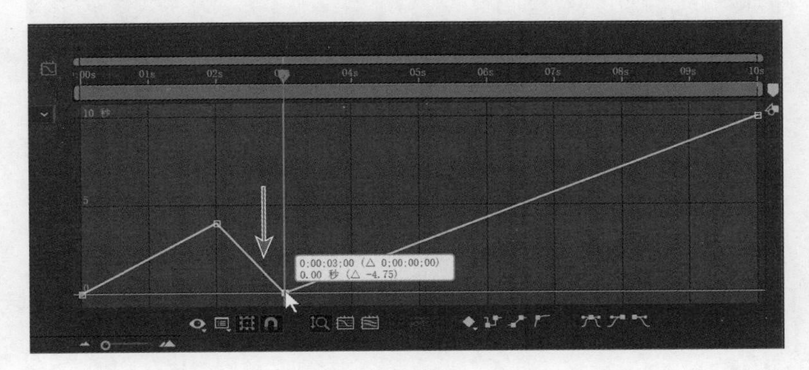

图 6-46

⑤ 把时间指示器移动到 0:00 处，然后按空格键预览效果。观察【图层】面板中的源时间标尺与当前时间标尺，可以知道在指定时间点显示的是哪些帧。

在合成的前两秒里，动画播放得很快；然后反向播放一秒，灯光熄灭；再次播放整个动画。

⑥ 按空格键，停止预览。

接下来，调整关键帧的时间点，让灯在常亮之前先闪两次。

⑦ 把第二个关键帧从 2:00 处拖曳到 1:00 处，使灯在此处亮起。然后把第三个关键帧移动到 2:00 处，让灯熄灭，如图 6-47 所示。

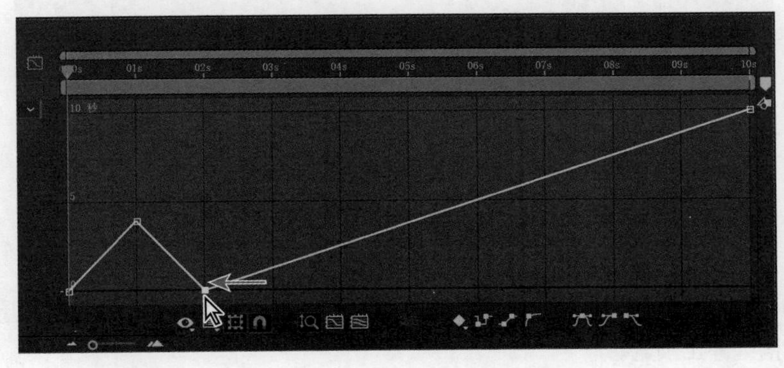

图 6-47

移动关键帧还会影响视频其他部分的时间安排。当前，动画被设定成在 10 秒处播放显示合成中的相应标记点，因此，对速度角要做相应的调整。

接下来，让灯再闪烁一次，然后正常播放动画。注意观察其余动画是怎么变化的，折线会变得很陡峭，因为在较短的时间内有着较长的动画。

⑧ 按住 Ctrl（Windows）或 Command（macOS）键，分别在 3:00 与 4:00 处单击折线，添加两个关键帧，把它们依次拖曳到 4 秒与 0 秒处，如图 6-48 所示。这样，灯会再闪烁一次，然后以正常速度亮起。

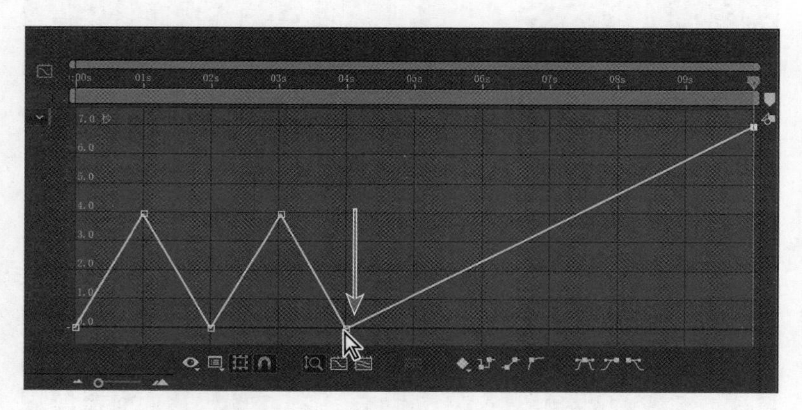

图 6-48

提示 单击【时间重映射】属性，选择所有关键帧，然后调整选框大小，即可在时间标尺上缩放整个动画。

⑨ 按空格键，预览动画。再次按空格键，停止预览。

灯经过两次闪烁后，再次亮起，但是文本在电子滚动屏上滚动的速度太快了。接下来，调整时间点，让文字滚动得慢一些，使其在视频末尾才完全显示出来。

⑩ 把时间指示器拖曳到 10:00 处。然后，把【时间重映射】值修改为 7:00，如图 6-49 所示。

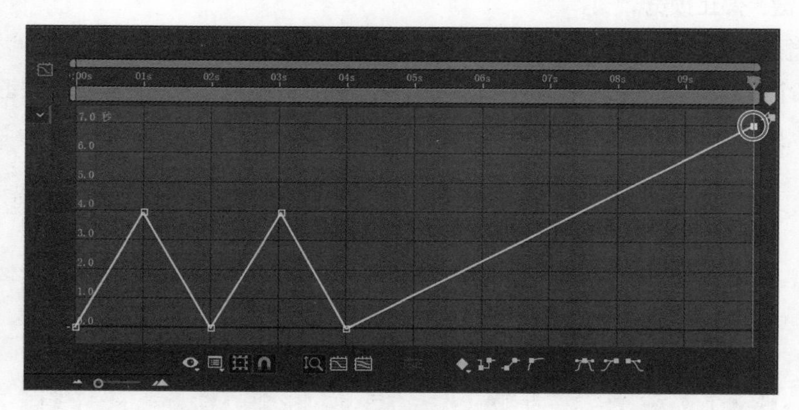

图 6-49

⑪ 按 Home 键，或者把时间指示器拖曳到时间标尺的起始位置，然后按空格键预览动画。预览完后，再次按空格键停止预览。

整个视频播放时长为 10 秒，将其时间重映射为 7 秒后，文字的滚动速度变慢了一些，看起来更加真实。

⑫ 在菜单栏中依次选择【文件】>【保存】，保存当前项目。

6.8.5 添加缓动效果

在灯光闪烁时，添加上缓动效果会让变化显得更舒缓。

❶ 单击 1:00 处的关键帧，将其选中，然后单击图表编辑器底部的【缓动】图标（ ），降低变化速度，让灯光停留的时间长一些。

❷ 单击 3:00 处的关键帧，将其选中，然后单击图表编辑器底部的【缓动】图标，如图 6-50 所示。

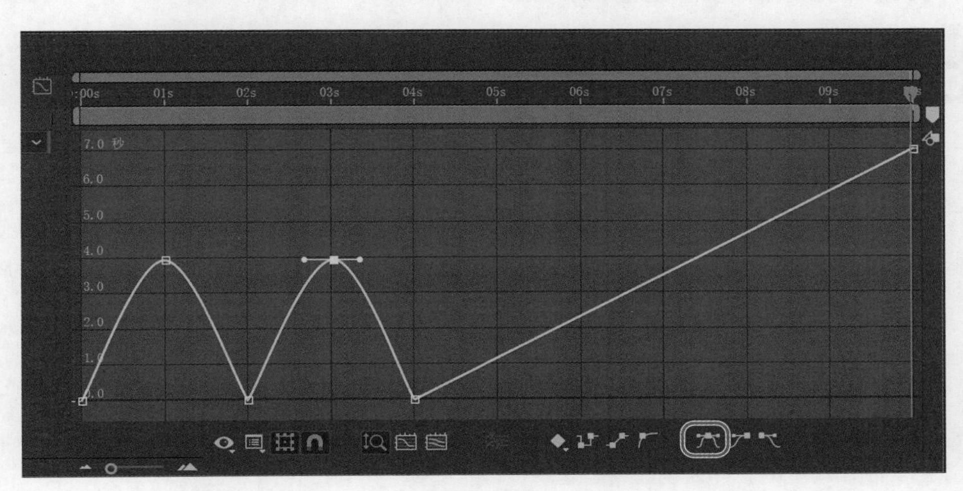

图 6-50

请注意，在添加缓动的地方出现了贝塞尔曲线控制手柄。拖曳贝塞尔曲线控制手柄，可以进一步调整过渡时的缓动程度。将手柄拖得离关键帧越远，过渡越平缓；把手柄往下拖曳或者拖得离关键帧越近，过渡就会越急切。

❸ 把时间指示器拖曳到时间标尺的起始位置，按空格键预览整个动画，如图 6-51 所示。

图 6-51

❹ 在菜单栏中依次选择【文件】>【保存】，保存当前项目。

到这里，你已经制作完成了一个复杂的时间重映射动画。如果你愿意，你可以把整个时间重映射动画渲染并输出。有关渲染和输出动画的更多内容，将在第 15 课中详细讲解。

6.9 复习题

1. 为什么要以合成形式导入包含图层的 Photoshop 文件?
2. 关联器的作用是什么?如何使用?
3. 什么情况下需要使用轨道遮罩?如何使用?
4. 在 After Effects 中如何重映射时间?

6.10 复习题答案

1. 在以合成形式导入包含图层的 Photoshop 文件时,After Effects 会保留原有的图层顺序、不透明度数据、图层样式。当然还会保留其他一些特征,如调整图层及样式等。
2. 可以使用关联器创建表达式,把一个属性或效果的值链接到另一个属性上;还可以使用关联器来建立父子关系。在使用关联器时,把关联器图标从一个属性拖曳到另一个属性上即可。
3. 如果想在某个图层上抠个"洞",将其下方图层的对应区域显示出来,就应该使用轨道遮罩。创建轨道遮罩时,需要用到两个图层,一个图层用作遮罩(上面有"洞"),另一个图层用来"填充"遮罩上的"洞"。可以为轨道遮罩图层或填充图层制作动画。在为轨道遮罩图层制作动画时,需要创建动态遮罩。
4. After Effects 提供好几种重映射时间的方法。通过时间重映射,可以方便地加快、放慢、停止或反向播放素材。重映射时间时,可以使用时间重映射图中的值来确定和控制影片中的哪一帧在哪个时间点播放。当打开某个图层的时间重映射时,After Effects 会在图层的起点和终点分别添加一个时间重映射关键帧。通过设置多个时间重映射关键帧,可以创建复杂的运动效果。每添加一个时间重映射关键帧,就会得到一个时间点,在该时间点可以改变影片的播放速度或方向。

第 7 课

使用蒙版

本课概览

本课主要讲解以下内容。

- 使用【钢笔工具】创建蒙版。
- 通过控制顶点和方向手柄调整蒙版形状。
- 替换蒙版内容。
- 添加阴影。
- 更改蒙版模式。
- 羽化蒙版边缘。
- 在 3D 空间中调整图层的位置，使其与周围场景混合。
- 添加暗角。

学习本课大约需要  小时

项目：广告片段

有时候，不需要（或不想）把整个镜头内容都放入最终合成中。此时，你可以使用蒙版来轻松控制显示视频内容的哪一部分。

7.1 关于蒙版

在 After Effects 中，蒙版是一条路径或轮廓，用于调整图层效果与属性。蒙版常用于修改图层的 Alpha 通道。蒙版由线段和顶点组成，其中线段指用来连接顶点的直线或曲线，顶点指用来定义每段路径的起点和终点。

蒙版可以是开放路径，也可以是封闭路径。开放路径的起点和终点不是同一个，例如直线就是一种开放路径。封闭路径是连续且无始无终的路径，例如圆形。封闭路径蒙版可以用来为图层创建透明区域；开放路径蒙版不能用来为图层创建透明区域，但它可以用作效果参数，例如你可以使用效果沿着蒙版来创建灯光。

一个蒙版必定属于特定图层，而一个图层可以包含多个蒙版。

你可以使用形状工具绘制各种形状（如多边形、椭圆形、星形）的蒙版，也可以使用【钢笔工具】绘制任意路径。在某个图层处于选中状态时绘制形状，绘制的形状将变成所选图层的蒙版，绘制时鼠标指针右下角会显示为一个含圆点的方框（✎▣）。绘制形状时，若无图层处于选中状态，则 After Effects 会自动新建一个形状图层，绘制时鼠标指针右下角会显示为一个星形图标（✎★）。

7.2 课前准备

本课将为平板计算机的屏幕创建蒙版，并用一段影片代替屏幕上的原始内容。然后，调整新素材的位置等，使其符合透视原理。最后，添加阴影、暗角，进一步增强画面效果。

开始之前，预览一下最终影片，并创建好要使用的项目。

❶ 在你的计算机中，请检查 Lessons\Lesson07 文件夹中是否包含以下文件夹和文件，若没有包含，请先下载它们。

- Assets 文件夹：SeaTurtle.mov, TabletVideo.mov。
- Sample_Movies 文件夹：Lesson07.mp4。

❷ 在 Windows Movies & TV 或 QuickTime Player 中打开并播放 Lesson07.mp4 示例影片，了解本课要创建的效果。观看完之后，关闭 Windows Movies & TV 或 QuickTime Player。如果存储空间有限，你可以把示例影片从硬盘中删除。

学习本课前，建议你把 After Effects 恢复成默认设置。相关说明请阅读前言“恢复默认首选项”中的内容。

❸ 启动 After Effects 时，立即按 Ctrl+Alt+Shift（Windows）或 Command+Option+Shift（macOS）组合键，在【启动修复选项】对话框中单击【重置首选项】按钮，即可恢复默认首选项。在【主页】窗口中，单击【新建项目】按钮。

此时，After Effects 会打开一个未命名的空项目。

❹ 在菜单栏中依次选择【文件】>【另存为】>【另存为】，在【另存为】对话框中，转到 Lessons\Lesson07\Finished_Project 文件夹。

❺ 输入项目名称“Lesson07_Finished.aep”，单击【保存】按钮，保存项目。

创建合成

首先导入两段素材，然后根据其中一段素材的长宽比和持续时间创建合成。

❶ 在【项目】面板中，双击空白区域，打开【导入文件】对话框。

❷ 在【导入文件】对话框中，转到 Lessons\Lesson07\Assets 文件夹下，按住 Shift 键，同时选择 SeaTurtle.mov 和 TableVideo.mov 两个文件，然后单击【导入】(Windows) 或【打开】(macOS) 按钮。

❸ 在【项目】面板中取消选择两个文件，然后选择 TabletVideo.mov 文件，将其拖曳到面板底部的【新建合成】图标上（▣），After Effects 自动创建一个名为 TabletVideo 的合成，如图 7-1 所示，并在【合成】和【时间轴】面板中打开它。

图 7-1

❹ 在菜单栏中依次选择【文件】>【保存】，保存当前项目。

7.3 使用【钢笔工具】创建蒙版

当前平板计算机的屏幕黑漆漆的一片，什么都没有。为了把一段海龟游动的视频添加到屏幕上，需要先为屏幕创建蒙版。

> 💡 提示 你还可以使用 After Effects 自带的 Mocha（摩卡）插件创建蒙版。关于使用 Mocha 插件的内容，请阅读 After Effects 的帮助文档。

❶ 把时间指示器拖曳至 2:00 处，该处视频正好全彩显示。

❷ 在【时间轴】面板中，确保 TabletVideo.mov 图层处于选中状态，然后在工具栏中选择【钢笔工具】(✒)，如图 7-2 所示。

图 7-2

【钢笔工具】可以用来绘制直线或曲线。平板计算机的屏幕本是矩形的，但由于受到不规则对象的遮挡，因此需要使用【钢笔工具】来准确选出屏幕显露的区域。

❸ 单击平板计算机屏幕的左下角，设置第一个点，如图 7-3（a）所示。

❹ 单击平板计算机屏幕的左上角，设置第二个点。After Effects 会自动用直线把两个点连起来。

❺ 单击平板计算机屏幕的右上角，设置第三个点。然后单击布料与屏幕右边缘的交点，设置第四个点，如图 7-3（b）所示。

❻ 把鼠标指针（钢笔工具）放到第一个点（屏幕左下角）上。当钢笔旁边出现小圆圈时，如图 7-3（c）所示，单击以封闭蒙版路径。

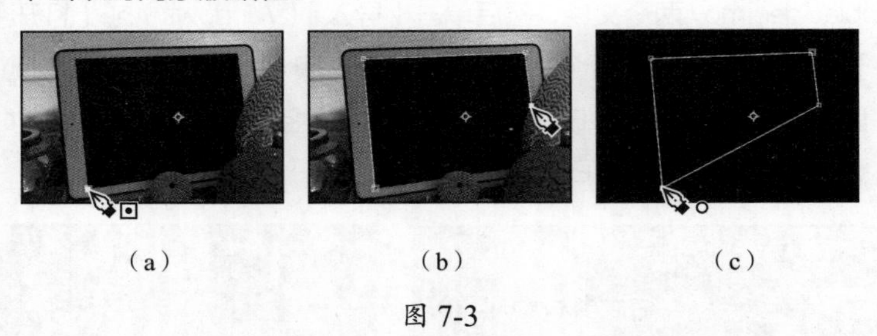

（a）　（b）　（c）

图 7-3

创建蒙版的小技巧

如果你之前用过 Adobe Illustrator、Photoshop 等软件，那么你应该熟悉蒙版、贝塞尔曲线等的创建方法。创建蒙版或贝塞尔曲线需要注意以下 3 点，掌握这 3 点有助于提高创建效率。

- 尽可能少添加顶点。
- 单击起点，可封闭蒙版路径。单击蒙版路径，在菜单栏中依次选择【图层】>【蒙版和形状路径】>【已关闭】，可打开已封闭的蒙版路径。
- 按住 Ctrl（Windows）或 Command（macOS）键，使用【钢笔工具】单击路径上的最后一个点，可向开放路径添加锚点。在锚点处于选中状态时，可以继续添加锚点。

关于蒙版模式

蒙版混合模式（蒙版模式）控制着一个图层中的蒙版怎样与另一个蒙版发生作用。默认情况下，所有蒙版都处在【相加】模式之下，该模式会把同一图层上所有蒙版的不透明度的值相加。你可以为每个蒙版指定不同的模式，如图 7-4 所示，但是不能制作蒙版模式随时间变化的动画。

为图层创建的第一个蒙版会与该图层的 Alpha 通道发生作用。但如果 Alpha 通道没有把整幅图像定义为不透明，那么蒙版将与该图层的帧发生作用。你在【时间轴】面板中创建的每个蒙版都会与其上方的蒙版发生作用。在【时间轴】面板中，运用蒙版模式所得到的结果取决于高层蒙版的模式设置。你只能在同一个图层的各个蒙版之间应用蒙版模式。借助蒙版模式，可以创建出拥有多个透明区域的复杂蒙版形状。例如，把两个蒙版组合在一起，通过设置蒙版模式，将它们的交叉区域设为不透明度区域。

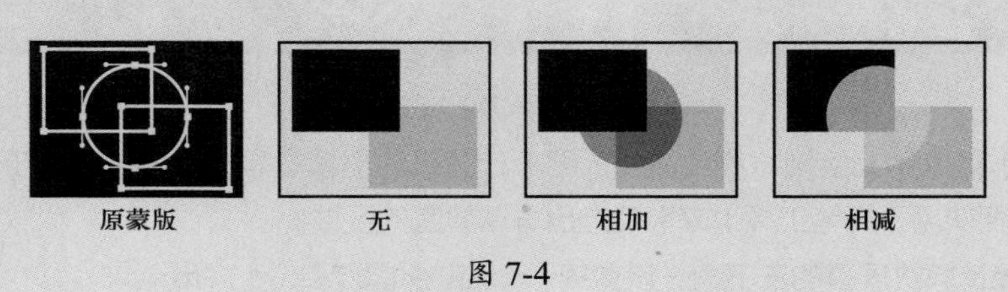

图 7-4

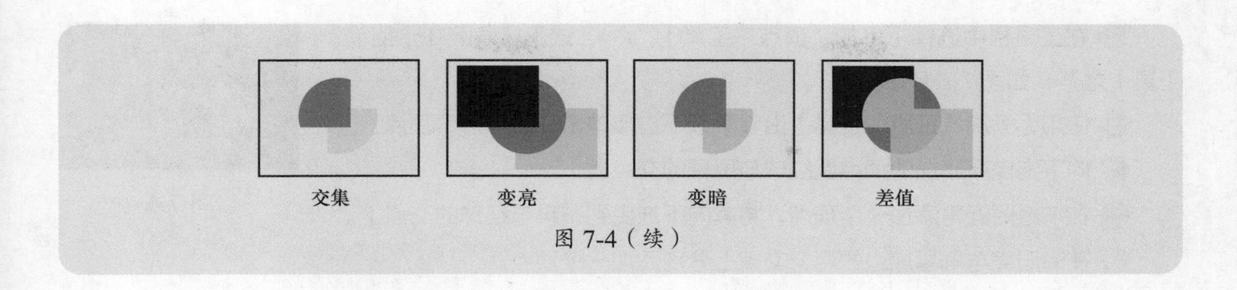

图 7-4（续）

7.4 编辑蒙版

绘制好的蒙版并没有把屏幕内部遮起来，而是把屏幕外部遮起来了。为了解决这个问题，需要反转蒙版。你还可以使用贝塞尔曲线创建更精确的蒙版。

7.4.1 反转蒙版

本项目需要使蒙版的内部透明，蒙版外部不透明。因此需要反转蒙版。

❶ 在【时间轴】面板中，选择 TabletVideo.mov 图层，按 M 键，显示蒙版的【蒙版路径】属性。

> 提示 快速连按两次 M 键，将显示所选图层的所有蒙版属性。

反转蒙版的方法有两种：一种是在【蒙版模式】下拉列表中选择【相减】，另一种是勾选蒙版模式右侧的【反转】。

❷ 勾选蒙版 1 右侧的【反转】，如图 7-5 所示。

图 7-5

此时，蒙版发生了反转。

❸ 按 F2 键，或单击【时间轴】面板的空白区域，取消选择 TabletVideo.mov 图层。

7.4.2 创建曲线蒙版

曲线蒙版与任意多边形蒙版使用贝塞尔曲线定义蒙版形状。通过调整贝塞尔曲线，你能够灵活地控制蒙版形状。通过贝塞尔曲线，你能创建（带锐角的）直线、平滑曲线，或二者的结合体。

下面将使用贝塞尔曲线调整布料、红球、海胆壳（它们遮住了屏幕的一部分）周围的蒙版边缘。

❶ 在【时间轴】面板中，选择TabletVideo.mov图层的蒙版——蒙版1。选择蒙版1将激活该蒙版，并选中所有顶点。

❷ 在工具栏中选择【添加“顶点”工具】( )，该工具隐藏在【钢笔工具】之下，如图 7-6 所示。

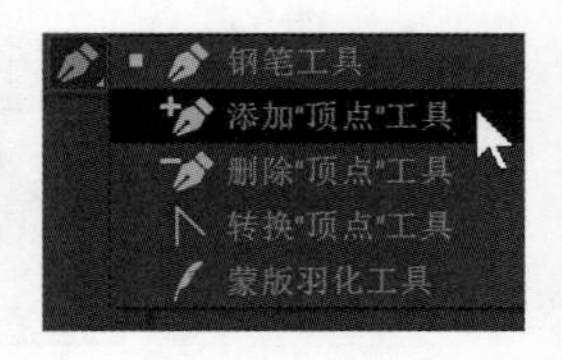

图 7-6

❸ 使用【添加“顶点”工具】沿着蒙版下边缘单击，添加一个顶点。

❹ 向下拖曳新添加的顶点至红球与屏幕的交点上。

❺ 在布料附近再添加一个顶点，将其向下拖曳到布料与红球的交点上。

❻ 在海胆壳与屏幕底边的两个交点上分别添加一个顶点。

步骤 3~6 的具体操作如图 7-7 所示。

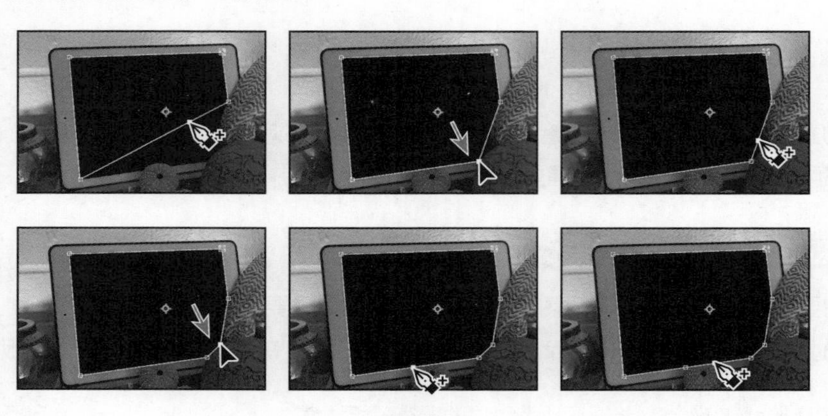

图 7-7

❼ 在工具栏中选择【转换“顶点”工具】( )，该工具隐藏于【钢笔工具】之下。

❽ 在【合成】面板中，单击布料与红球交接处的顶点，把尖角点变成平滑点。

❾ 调整方向控制手柄，使蒙版紧紧贴合布料和红球的轮廓。

步骤 8 和步骤 9 的具体操作如图 7-8 所示。

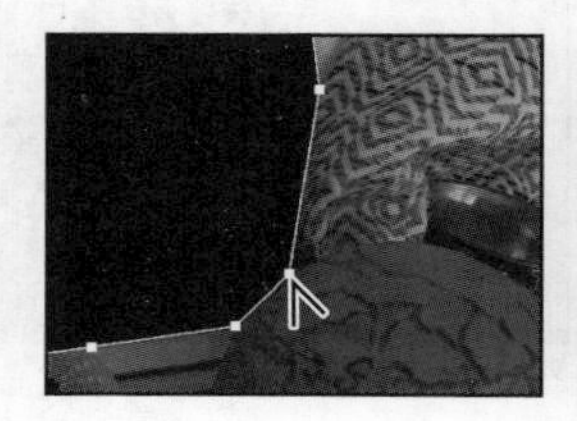
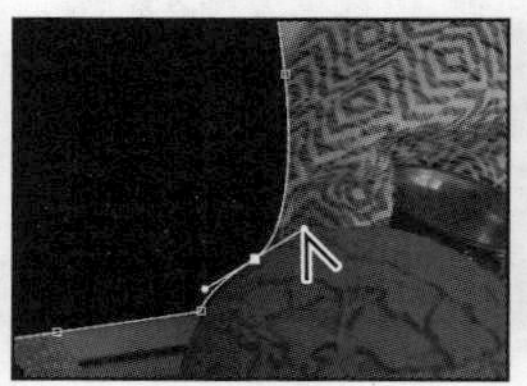
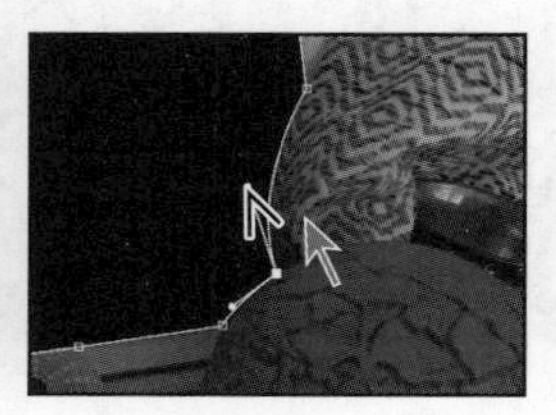

图 7-8

❿ 调整海胆壳与屏幕底边交接处的顶点的方向控制手柄，如图 7-9 所示。

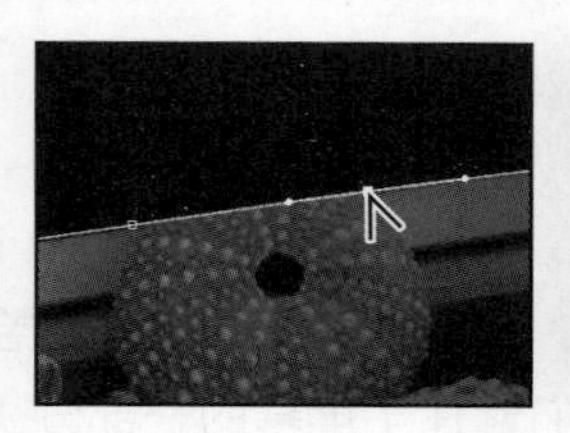
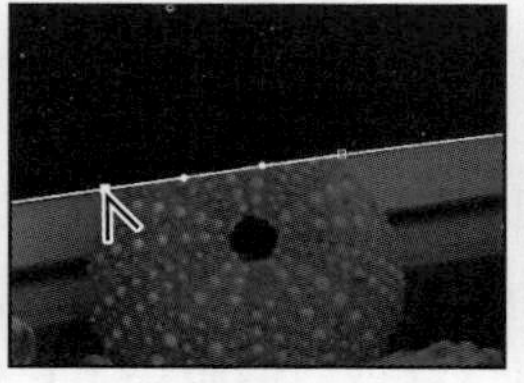
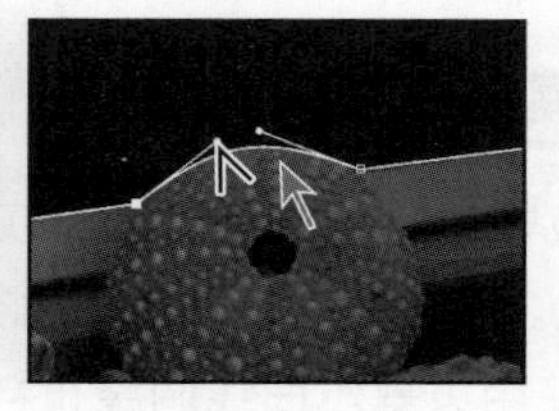

图 7-9

⓫ 在【时间轴】面板中，取消选择 TabletVideo.mov 图层，检查蒙版边缘。若需要做进一步调整，选择 TabletVideo.mov 图层的蒙版 1，然后使用【转换“顶点”工具】进一步调整蒙版形状即可。

⓬ 在菜单栏中依次选择【文件】>【保存】，保存当前项目。

创建贝塞尔曲线蒙版

前面使用【转换“顶点”工具】把角点转换为了带有贝塞尔曲线控制手柄的平滑点，但其实，你可以一开始就创建贝塞尔曲线蒙版。你可以在【合成】面板中使用【钢笔工具】单击，创建第一个顶点；然后将鼠标指针移动到第二个顶点的位置单击，并沿着曲线方向拖曳，当得到需要的曲线时释放鼠标；继续添加顶点，直到得到你想要的形状；最后单击第一个顶点，或者双击最后一个顶点，完成蒙版的创建。切换回【选取工具】，进一步调整蒙版形状。

7.5 羽化蒙版边缘

创建好的蒙版整体上看起来不错，但是屏幕边缘的地方有些太过锐利，显得不真实。为了解决这个问题，下面将对蒙版边缘进行羽化。

❶ 在【时间轴】面板中，选择 TabletVideo.mov 图层，按 F 键，把蒙版的【蒙版羽化】属性显示出来。

❷ 把【蒙版羽化】值设置为 (3,3) 像素，如图 7-10 所示。

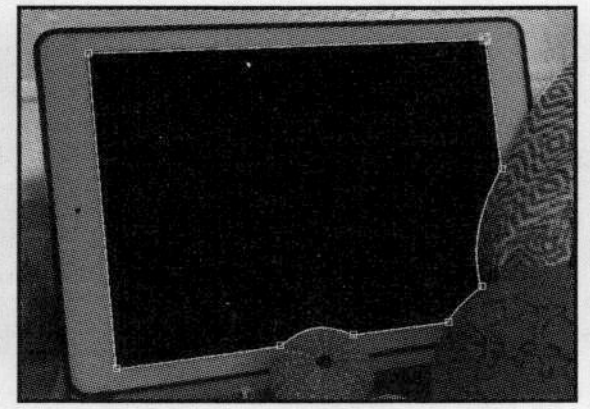

图 7-10

❸ 隐藏 TabletVideo.mov 图层的属性。在菜单栏中依次选择【文件】>【保存】，保存当前项目。

7.6 替换蒙版内容

本节将用一段海龟游动的视频替换蒙版内容，将其自然地融合到整个场景之中。

提示 对图层应用效果之后，你可以使用蒙版更好地控制效果在图层上的影响范围，还可以使用表达式为蒙版制作动画。

❶ 在【项目】面板中，选择 SeaTurtle.mov 文件，将其拖曳到【时间轴】面板中，并置于 TabletVideo.mov 图层之下，如图 7-11 所示。

❷ 在【合成】面板底部的【放大率弹出式菜单】中选择【合适大小（最大 100%）】，这样你可以看见整个合成画面。

注意 如果你当前用的是配备有 Retina 显示屏的 Mac 计算机，你看到的将是【合适大小（最大 200%）】。

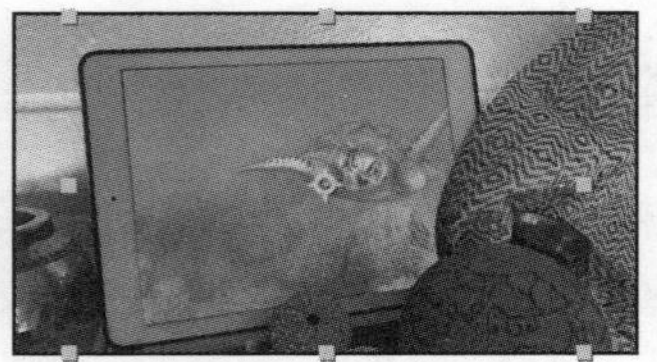

图 7-11

③ 选择【选取工具】( )，然后在【合成】面板中略微向左拖曳 SeaTurtle.mov 图层，使其位于平板计算机屏幕的中央，如图 7-12 所示。

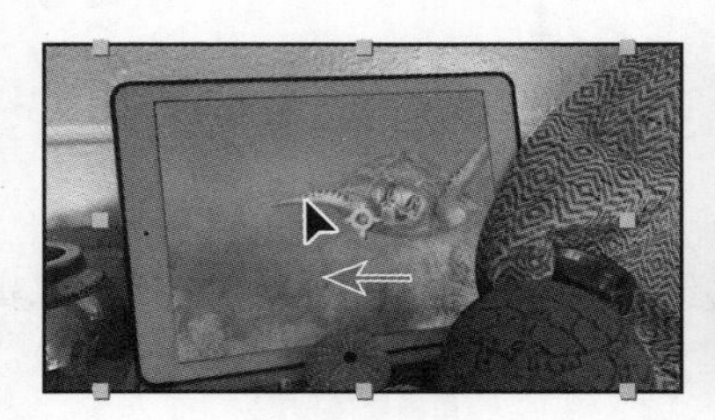
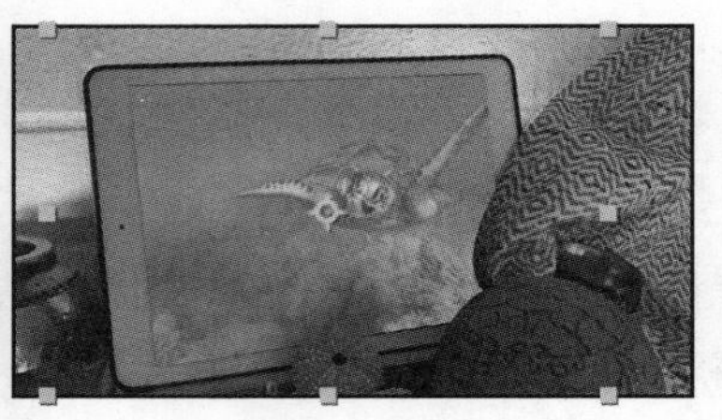

图 7-12

④ 把时间指示器拖曳到 2:07 处。在【时间轴】面板中，向右拖曳 SeaTurtle.mov 图层，使其从 2:07 处开始，与 TabletVideo.mov 图层同时结束，如图 7-13 所示。

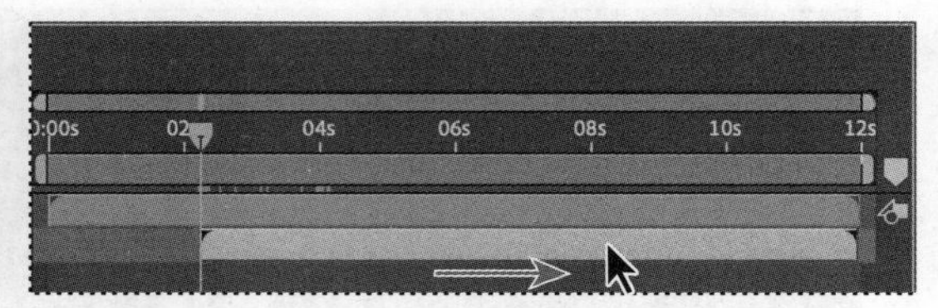

图 7-13

通过触摸方式缩放和移动图像

如果你当前使用的设备支持触控，如 Microsoft Surface、Wacom Cintiq Touch、多点触控板等，你可以使用手指缩放和移动图像。After Effects 支持在【合成】面板、【图层】面板、【素材】面板、【时间轴】面板中使用触控手势缩放和移动图像。

缩放：两根手指向里捏，缩小图像；两根手指向外张开，放大图像。

移动：在面板的当前视图中，同时滑动两根手指，可以上下左右移动图像。

调整视频的位置和尺寸

相对于平板计算机屏幕，海龟视频的尺寸太大了，角度也不太对。因此需要把海龟视频图层（SeaTurtle.mov 图层）转换成 3D 图层，这样可以更好地控制它的形状和大小。

① 把时间指示器拖曳到 2:07 处，选择 SeaTurtle.mov 图层。

② 在【时间轴】面板中，在 SeaTurtle.mov 图层处于选中状态时，单击图层的 3D 开关（ ），如图 7-14 所示。

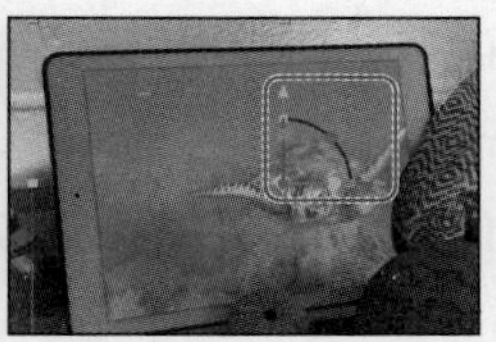

图 7-14

此时，【合成】面板中出现 3D 变换控件，同时【时间轴】面板中出现【方向】【X 轴旋转】【Y 轴旋转】【Z 轴旋转】属性。当前【属性】面板中的大多数属性都有了 3 个值，从左到右依次表示图像的 x 轴、y 轴、z 轴，其中 z 轴控制图层深度。在 3D 变换控件中，你可以看到这些坐标轴。

> **注意** 有关 3D 图层的更多内容，将在第 12 课和第 13 课中讲解。

❸ 在【属性】面板中，把【缩放】值更改为 (90%,90%,90%)。

❹ 选择【选取工具】，然后在【合成】面板中使用 3D 变换控件调整视频在屏幕中的位置。

拖曳红色箭头，可沿水平方向移动图层；拖曳绿色箭头，可沿垂直方向移动图层；拖曳蓝色箭头，可改变图层深度。拖曳红色弧线上的实心圆，可绕 x 轴旋转图层；拖曳绿色弧线上的实心圆，可绕 y 轴旋转图层；拖曳蓝色弧线上的实心圆，可绕 z 轴旋转图层。

❺ 在【属性】面板中设置各个旋转值，如图 7-15 所示。请注意，这里的数值仅供参考，具体设置成多少取决于前面 SeaTurtle.mov 图层的移动情况。

图 7-15

> **提示** 在工具栏中选择【旋转工具】，然后从设置菜单中选择一个选项，可控制 3D 变换控件影响的是旋转值还是方向值。你还可以直接在【时间轴】面板中输入数值，这样就不用在【合成】面板中拖曳了。

❻ 在菜单栏中依次选择【文件】>【保存】，保存当前项目。

7.7 调整不透明度

当前视频出现得有点突然。为了解决这个问题，下面将调整海龟图层的不透明度，使其缓慢出现。

❶ 在时间标尺上，确保时间指示器仍位于 2:07 处，选中 SeaTurtle.mov 图层。

❷ 在【属性】面板中，把【不透明度】属性值更改为 0%，然后单击秒表图标（⏱），创建初始关键帧。

❸ 把时间指示器拖曳到 3:15 处，修改【不透明度】值为 100%。

④ 在【时间轴】面板中，隐藏所有图层的属性，取消选择所有图层。

⑤ 按 Home 键，或者把时间指示器拖曳到时间标尺的起始位置，然后按空格键预览效果，如图 7-16 所示。预览完后，再次按空格键停止预览。

图 7-16

7.8 添加阴影

到这里，屏幕上的视频就添加好了。为了进一步增强真实感，还需要在屏幕上添加阴影。

① 在【时间轴】面板中单击空白区域，取消选择所有图层。然后，在菜单栏中依次选择【图层】>【新建】>【纯色】。

② 在【纯色设置】对话框中，在【名称】文本框中输入 Shadow，单击【制作合成大小】按钮，选择一种深灰色（R=34、G=34、B=34），然后单击【确定】按钮，如图 7-17 所示。

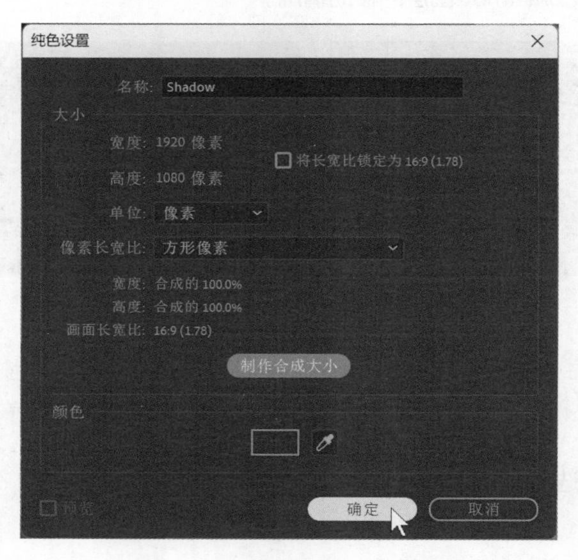

图 7-17

这里无须重新绘制 TabletVideo.mov 图层的蒙版形状，将其复制到 Shadow 图层然后做相应调整即可。

③ 按 Home 键，或者把时间指示器拖曳到时间标尺的起始位置。

④ 在【时间轴】面板中，选择 TabletVideo.mov 图层，按 M 键，显示出【蒙版路径】属性。

⑤ 选择蒙版 1，然后在菜单栏中依次选择【编辑】>【复制】，或者按 Ctrl+C（Windows）或 Command+C（macOS）组合键。

⑥ 在【时间轴】面板中选择 Shadow 图层，然后在菜单栏中依次选择【编辑】>【粘贴】，或者

按 Ctrl+V（Windows）或 Command+V（macOS）组合键。

⑦ 隐藏 TabletVideo.mov 图层的属性。

接下来将使蒙版内部区域变得不透明，蒙版外部区域变得透明。

⑧ 选择 Shadow 图层，按 F 键，显示【蒙版羽化】属性，如图 7-18 所示。

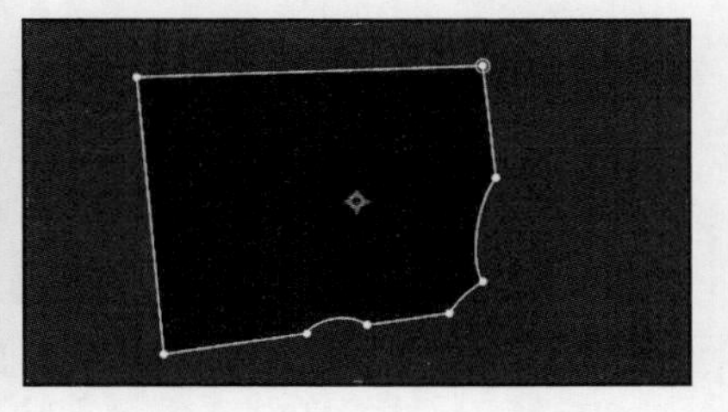

图 7-18

⑨ 把【蒙版羽化】值设置为 (0,0) 像素，取消勾选【反转】，如图 7-19 所示。

图 7-19

此时，Shadow 图层遮住了 SeaTurtle.mov 图层。

7.8.1 调整蒙版形状

邻近的对象应该有投影，但不应该影响到整个屏幕。下面使用【钢笔工具】缩小蒙版，使其仅遮住屏幕右下角。

① 在工具栏中选择【删除“顶点”工具】( )，该工具隐藏在【钢笔工具】之下。

② 单击左上角顶点，将其删除，如图 7-20 所示。

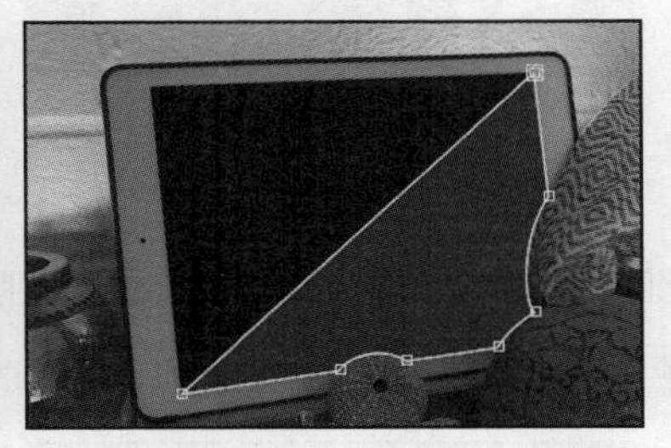

图 7-20

③ 在工具栏中选择【选取工具】( )，然后朝屏幕右下角拖曳左下与右上顶点，如图 7-21 所示。

④ 在工具栏中选择【添加“顶点”工具】( )，该工具隐藏在【钢笔工具】之下。

⑤ 向左上方路径添加顶点，然后使用【转换“顶点”工具】( ) 与【选取工具】调整路径位置与形状，如图 7-22 所示。

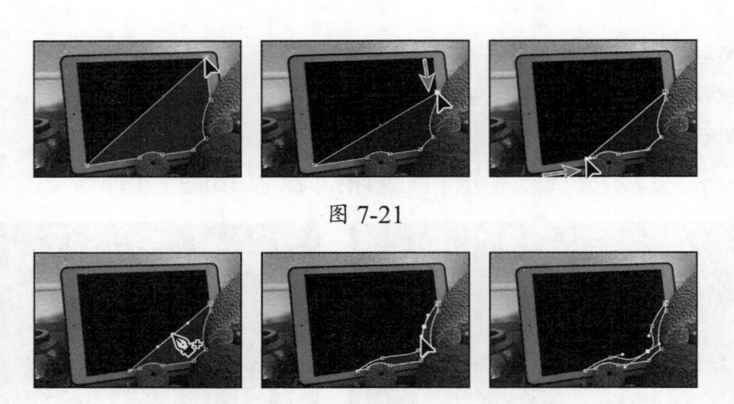

图 7-21

图 7-22

7.8.2 羽化阴影边缘

当前的问题是，阴影边缘太锐利了。为解决这个问题，需要调整蒙版的羽化，使阴影渐渐融于屏幕其余部分。

❶ 把时间指示器拖曳到 3:15 处。

❷ 在工具栏中选择【蒙版羽化工具】( )，该工具隐藏于【转换“顶点”工具】( ) 之下。

前面用【蒙版羽化】属性来等量调整过蒙版周围的羽化量。相比之下，【蒙版羽化工具】更灵活，你可以在封闭蒙版的不同位置应用不同的羽化量。

❸ 在【时间轴】面板中选择 Shadow 图层，然后在【合成】面板中单击左下顶点，创建一个羽化点，如图 7-23（a）所示。

❹ 再次单击羽化点，并向外拖曳羽化点，为整个蒙版增加羽化量，如图 7-23（b）所示。

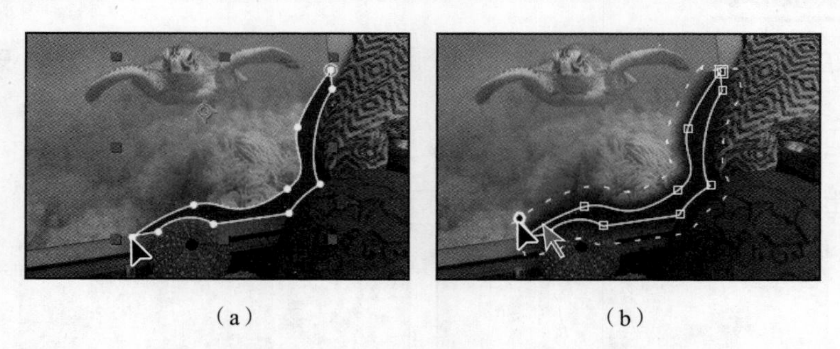

（a） （b）

图 7-23

当前，羽化区域（虚线部分）均匀地扩展到蒙版。下面再添加一些羽化点，以进一步提高真实感。

❺ 单击海胆壳右侧的顶点，如图 7-24 所示。

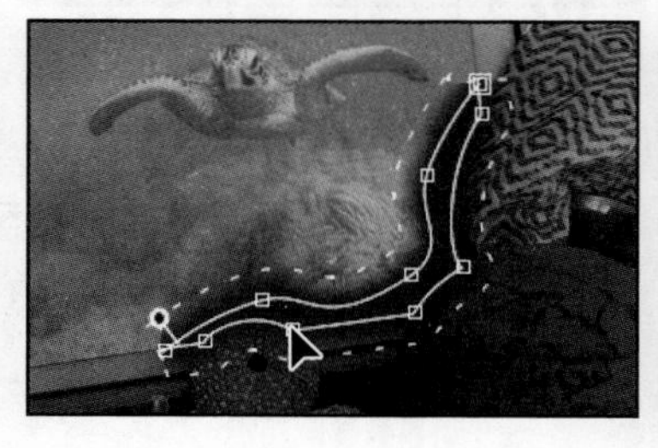

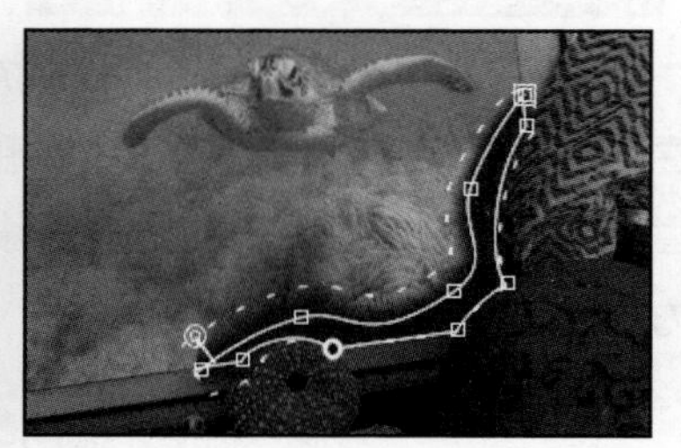

图 7-24

新添加一个羽化点之后，羽化边界收缩至屏幕底部与右侧的蒙版边缘，但是在蒙版左下区域仍然有羽化，有投影的对象不应该被挡住。

⑥ 单击海胆壳左侧顶点下方的虚线，沿着屏幕向上拖曳羽化边界，如图 7-25 所示。

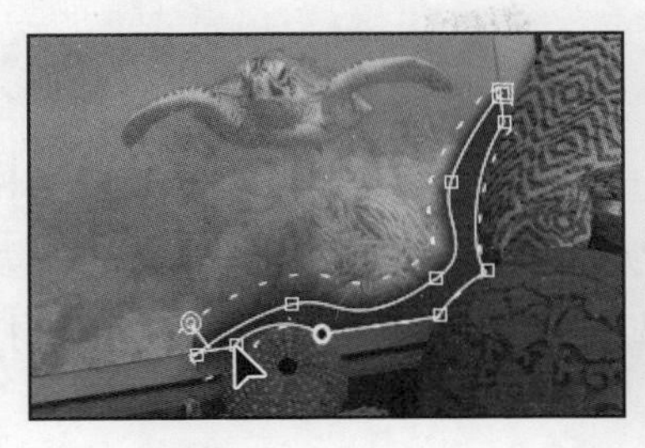
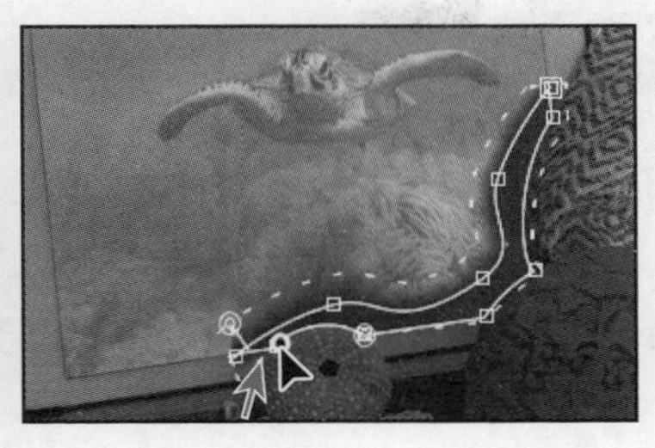

图 7-25

⑦（该步骤可选）在羽化边界的其他地方创建一个羽化点，调整羽化边界，并进行拖曳。

现在阴影看起来已经蛮不错了，但是它遮住了部分视频画面，因此需要调整它的不透明度，透出被它遮住的部分。

⑧ 在【时间轴】面板中选择 Shadow 图层，然后在【属性】面板中把【不透明度】值设置为 20%，如图 7-26 所示。

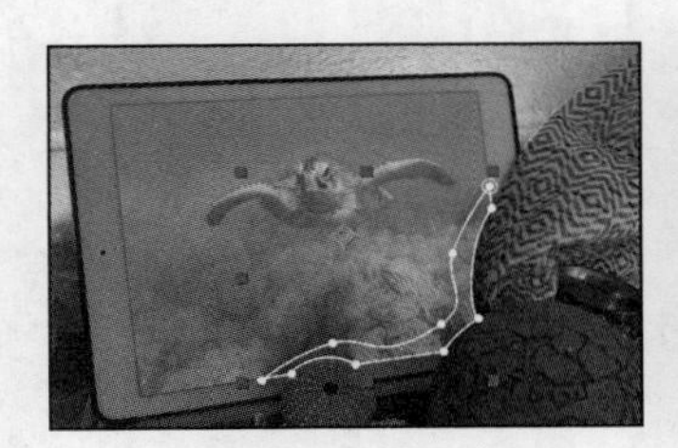

属性: Shadow

图层变换	重置	
锚点	960	540
位置	960	540
缩放	100 %	100 %
旋转	0 x+0°	
不透明度	20 %	

图 7-26

⑨ 在【时间轴】面板中隐藏所有属性，然后按 F2 键，或者在【时间轴】面板中单击空白区域，取消选择所有图层。

7.8.3 应用混合模式

在图层之间应用不同的混合模式，可以产生不同的混合效果。混合模式用来控制一个图层与其下图层的混合方式或作用方式。After Effects 中的混合模式和 Photoshop 中的混合模式类似。

① 在【时间轴】面板菜单中依次选择【列数】>【模式】，显示【模式】栏。

② 在 Shadow 图层的【模式】下拉列表中选择【变暗】，然后取消选择所有图层，以便观察结果，如图 7-27 所示。

图 7-27

【变暗】混合模式会使屏幕画面变暗，并加深 Shadow 图层之下的颜色。

❸ 在菜单栏中依次选择【文件】>【保存】，保存当前项目。

7.9 添加暗角

设计动态图形时，最常用的效果之一是暗角效果。在模拟光线通过镜头的变化时，常常会使用这种效果。在画面中添加暗角，可以有效地把观众的视线集中到中心主题上，从而凸显要表现的主题。

❶ 取消选择所有图层，然后在菜单栏中依次选择【图层】>【新建】>【纯色】，打开【纯色设置】对话框。

❷ 在【纯色设置】对话框中，设置名称为 Warm Vignette，单击【制作合成大小】按钮，使用【吸管工具】从平板计算机左侧花瓶的金属圈上选择一种深棕色，然后单击【确定】按钮，如图 7-28 所示。

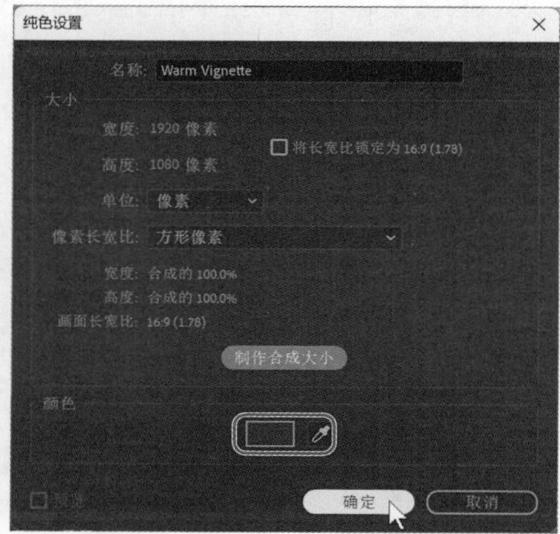

图 7-28

除【钢笔工具】之外，After Effects 还提供了其他一些工具，以方便创建矩形或椭圆形蒙版。

❸ 在工具栏中选择【椭圆工具】( )，该工具隐藏于【矩形工具】( ) 之下。

❹ 在【合成】面板中，把鼠标指针放到画面的左上角。按住鼠标左键并向右下角拖曳，创建一个椭圆形，如图 7-29 所示。若需要，你可以使用【选取工具】调整椭圆形的形状和位置。

> **提示** 双击【椭圆工具】或【矩形工具】，可在屏幕中快速创建蒙版。

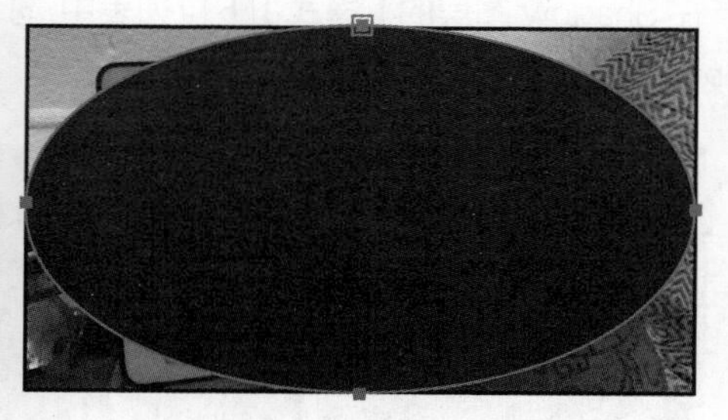

图 7-29

❺ 选择 Warm Vignette 图层，展开其蒙版 1 属性，显示所有蒙版属性。

❻ 在蒙版 1 的【模式】下拉列表中选择【相减】。

使用【矩形工具】和【椭圆工具】

【矩形工具】用于创建矩形或正方形，【椭圆工具】用于创建椭圆形或圆形。在【合成】面板或【图层】面板中，你可以使用这些工具通过拖曳创建不同形状的蒙版。

如果你希望在屏幕上绘制一个正方形或正圆形，请按住 Shift 键，同时双击【矩形工具】或【椭圆工具】。选择【矩形工具】或【椭圆工具】，然后按住 Shift 键拖曳，可绘制不同大小的正方形或正圆形。如果想从中心向外创建蒙版，则需要在拖曳时按住 Ctrl（Windows）或 Command（macOS）键。开始拖曳时，若同时按住 Ctrl+Shift（Windows）或 Command+Shift（macOS）组合键，将从中心锚点创建正方形或圆形蒙版。

请注意，在没有选中任何图层的情形下，使用这些工具绘制出的是形状，而非蒙版。

❼ 修改【蒙版羽化】值为 (200,200) 像素，如图 7-30 所示。

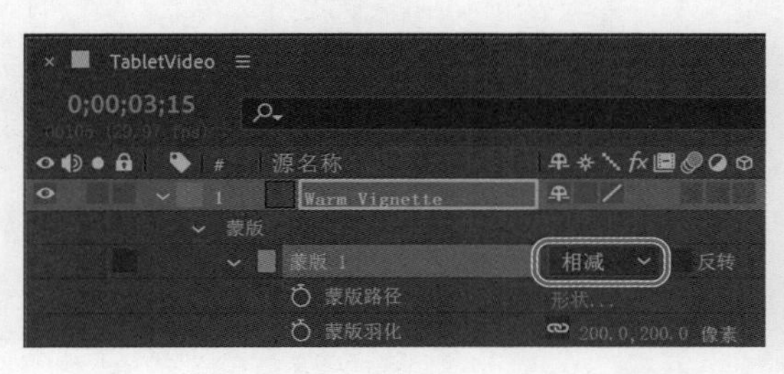

图 7-30

即便用了这么大的羽化值，暗角看起来还是有点过强，显得有点“压抑”。为此，可以通过调整【蒙版扩展】属性来让暗角更柔和、自然。【蒙版扩展】值（单位为像素）控制着调整（指扩展或收缩）后的边缘与原蒙版边缘的距离。

❽ 修改【蒙版扩展】值为 90 像素。

最后，使用混合模式进一步弱化暗角效果。

❾ 选择 Warm Vignette 图层，在【模式】下拉列表中选择【屏幕】，如图 7-31 所示。

图 7-31

❿ 隐藏 Warm Vignette 图层的所有属性。在菜单栏中依次选择【文件】>【保存】，保存当前项目。

⓫ 取消选择所有图层。然后，按空格键预览影片，如图 7-32 所示。预览完后，再次按空格键停止预览。

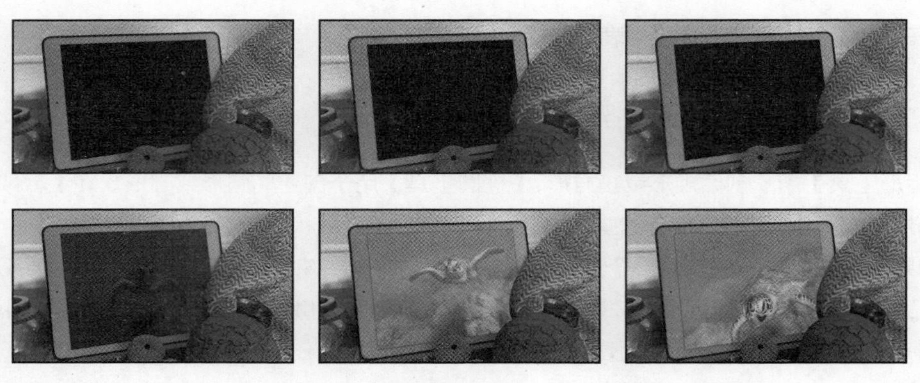

图 7-32

7.10 复习题

1. 什么是蒙版?
2. 贝塞尔曲线控制手柄有什么用?
3. 开放蒙版和封闭蒙版有何区别?
4. 【蒙版羽化工具】为何好用?

7.11 复习题答案

1. 在 After Effects 中，蒙版是一条路径或一个轮廓，用于调整图层效果与属性。蒙版最常见的用法是修改图层的 Alpha 通道。蒙版由线段和顶点组成。
2. 贝塞尔曲线控制手柄用来控制贝塞尔曲线的形状和角度。
3. 开放蒙版用于控制效果或文本位置，它不能定义透明区域。封闭蒙版定义的区域会影响图层的 Alpha 通道。
4. 通过【蒙版羽化工具】可以灵活地控制不同位置的羽化量。使用【蒙版羽化工具】时，单击添加一个羽化点，然后拖曳它即可。

第 8 课

使用人偶工具制作变形动画

本课概览

本课主要讲解以下内容。

- 使用【人偶位置控点工具】添加位置控点。
- 使用【人偶高级控点工具】使图像变形。
- 使用【人偶重叠控点工具】定义重叠区域。
- 使用【人偶弯曲控点工具】旋转和缩放图像。
- 使用【人偶固化控点工具】固化图像。
- 为控点位置制作动画。
- 使用人偶草绘工具记录动画。
- 使用 Character Animator 制作面部表情动画。

学习本课大约需要 1 小时

项目：动态插画

人偶工具可以用于对屏幕上的对象进行拉伸、挤压、伸展及其他变形处理。无论是制作仿真动画、奇幻场景，还是现代艺术品，人偶工具都能极大扩展你自由创作的空间。

8.1 课前准备

在 After Effects 中，借助人偶工具，可以为栅格图像与矢量图形添加自然的动态效果。After Effects 的人偶工具包含五大工具，这些工具用于扭曲变形图像、定义重叠区域、旋转和缩放图像、固化图像等。另外，人偶草绘工具用于实时记录动画。本课将使用人偶工具制作一个广告动画，其中有一只螃蟹在挥舞着蟹螯。

开始之前，预览一下最终影片，并创建好要使用的项目。

❶ 在你的计算机中，请检查 Lessons\Lesson08 文件夹中是否包含以下文件夹和文件，若没有包含，请先下载它们。

- Assets 文件夹：crab.psd、text.psd、Water background.mov。
- Sample_Movies 文件夹：Lesson08.mp4。

❷ 在 Windows Movies & TV 或 QuickTime Player 中打开并播放 Lesson08.mp4 示例影片，了解本课要创建的效果。观看完之后，关闭 Windows Movies & TV 或 QuickTime Player。如果存储空间有限，你可以把示例影片从硬盘中删除。

学习本课前，建议你把 After Effects 恢复成默认设置。相关说明请阅读前言“恢复默认首选项”中的内容。

❸ 启动 After Effects 时，立即按 Ctrl+Alt+Shift（Windows）或 Command+Option+Shift（macOS）组合键，在【启动修复选项】对话框中单击【重置首选项】按钮，即可恢复默认首选项。在【主页】窗口中，单击【新建项目】按钮。

此时，After Effects 会打开一个未命名的空项目。

❹ 在菜单栏中，依次选择【文件】>【另存为】>【另存为】，打开【另存为】对话框。

❺ 在【另存为】对话框中，转到 Lessons\Lesson08\Finished_Project 文件夹。

❻ 输入项目名称“Lesson08_Finished.aep”，单击【保存】按钮，保存项目。

8.1.1 导入素材

下面导入两个 Photoshop 文件和一个背景影片。

❶ 在菜单栏中依次选择【文件】>【导入】>【文件】，打开【导入文件】对话框。

❷ 在【导入文件】对话框中，转到 Lessons\Lesson08\Assets 文件夹，按住 Ctrl（Windows）或 Command（macOS）键，选择 crab.psd 和 Water background.mov 文件，然后单击【导入】（Windows）或【打开】（macOS）按钮。此时，【项目】面板中会显示出所导入的素材。

❸ 在【项目】面板的空白区域双击，再次打开【导入文件】对话框。转到 Lessons\Lesson08\Assets 文件夹，选择 text.psd 文件。

❹ 在【导入为】下拉列表中选择【合成 - 保持图层大小】（在 macOS 下，需要单击【选项】才会显示【导入为】下拉列表），然后单击【导入】（Windows）或【打开】（macOS）按钮。

❺ 在 text.psd 对话框中，选中【可编辑的图层样式】，单击【确定】按钮，如图 8-1（a）所示。导入的文件以合成的形式添加到【项目】面板中，其图层包含在另外一个单独的文件夹中，如图 8-1（b）所示。

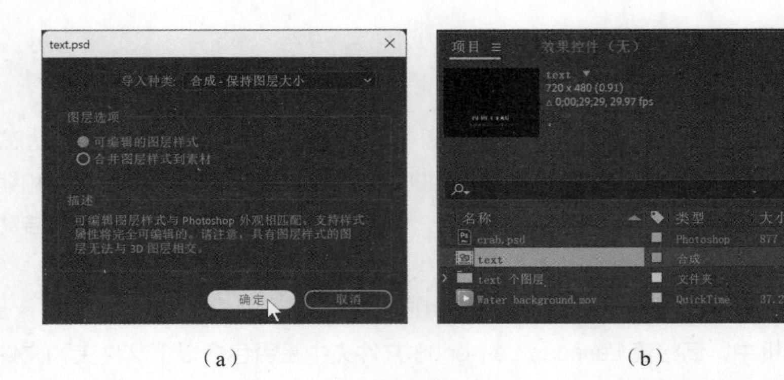

（a）　　　　　　　　　　　　（b）

图 8-1

8.1.2　创建合成

和其他项目一样，这里还是要先新建一个合成。

❶ 在【合成】面板中，单击【新建合成】按钮，如图 8-2 所示，打开【合成设置】对话框。

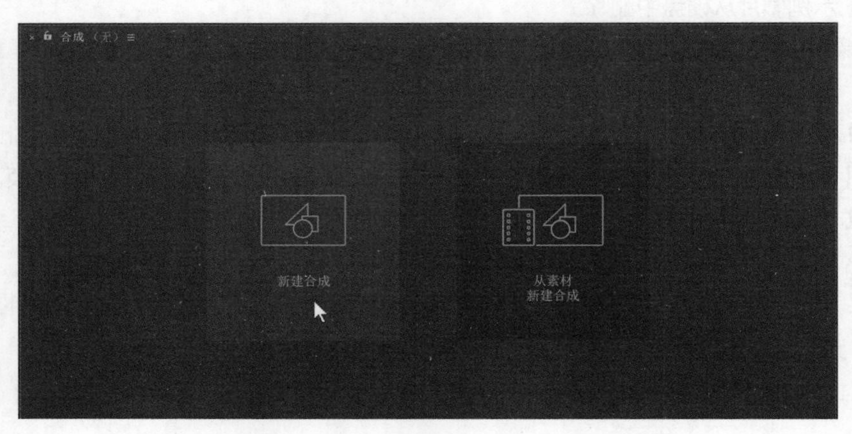

图 8-2

❷ 设置【合成名称】为 Blue Crab。

❸ 取消勾选【锁定长宽比为 3:2（1.50）】。然后把【宽度】值修改为 720px，【高度】值修改为 480px。

❹ 把【帧速率】设置为 30 帧 / 秒，在【像素长宽比】下拉列表中选择【D1/DV NTSC(0.91)】。

❺ 将【持续时间】设置为 10 秒。

❻ 在【背景颜色】中把背景颜色设置为深青色（R=5、G=62、B=65）。然后单击【确定】按钮，如图 8-3 所示。

After Effects 将在【时间轴】与【合成】面板中打开新合成。

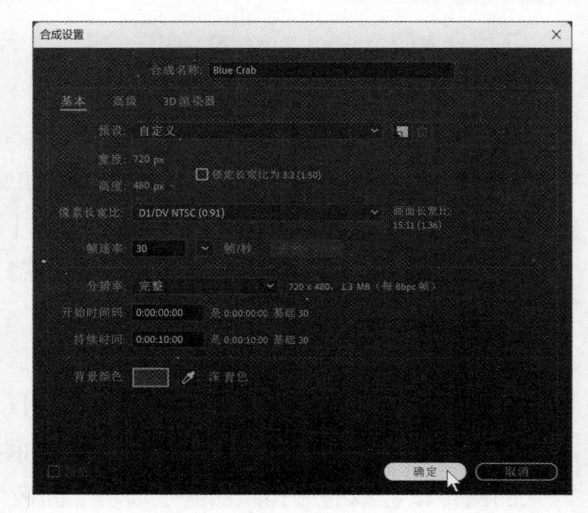

图 8-3

8.1.3 添加背景

有背景的情况下，为图像制作动画相对方便一些，因此，下面向合成中添加背景。

❶ 按 Home 键，或者把时间指示器拖曳到时间标尺的起始位置。

❷ 把 Water background.mov 文件拖入【时间轴】面板。

❸ 单击图层左侧的【锁定】图标（🔒），将图层锁定，以防止被意外修改，如图 8-4 所示。

图 8-4

8.1.4 为导入的文本制作动画

最终影片中包含两行动画文本。由于在把 text.psd 文件作为合成导入时保留了原始图层，所以你可以在其【时间轴】面板中编辑它，独立地编辑各个图层并为它们制作动画。下面将为每个图层添加一个动画预设。

❶ 把 text 合成从【项目】面板拖入【时间轴】面板，并使其位于所有图层的顶层，如图 8-5 所示。

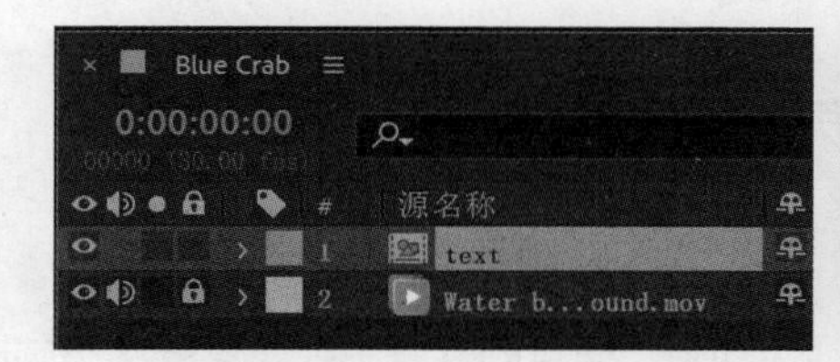

图 8-5

❷ 双击 text 合成，在【时间轴】面板中打开它。

❸ 在 text 合成的【时间轴】面板中，按住 Shift 键，同时选中两个图层，然后在菜单栏中依次选择【图层】>【创建】>【转换为可编辑文字】，效果如图 8-6 所示。

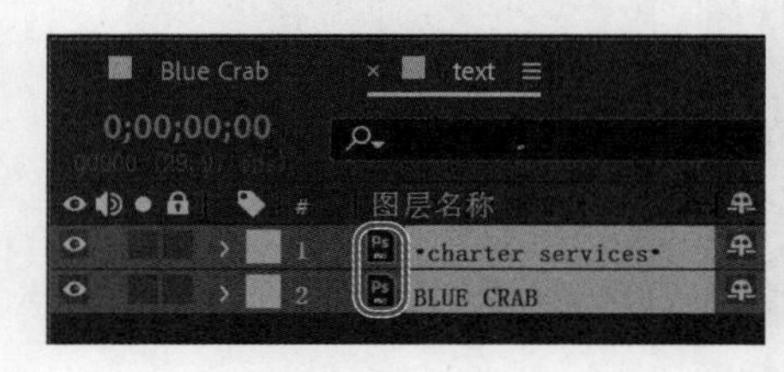

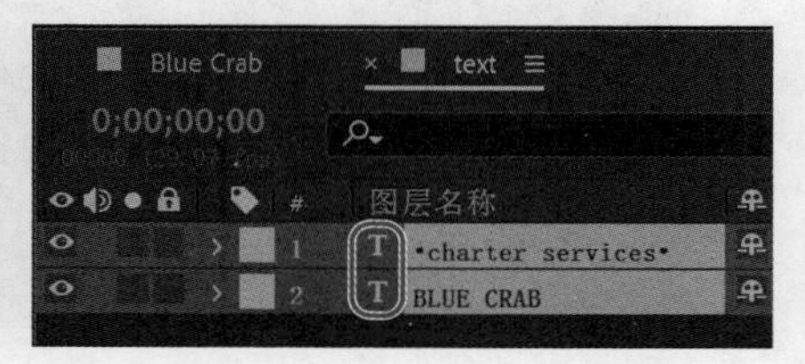

图 8-6

当前，text 合成的两个图层都处于可编辑状态，你可以对它们应用动画预设。

❹ 把时间指示器拖曳到 3:00 处。然后取消选择两个图层，只选中 BLUE CRAB 图层。

❺ 在【效果和预设】面板中搜索【扭转飞入】，然后将其拖曳到 BLUE CRAB 图层上，如图 8-7 所示。

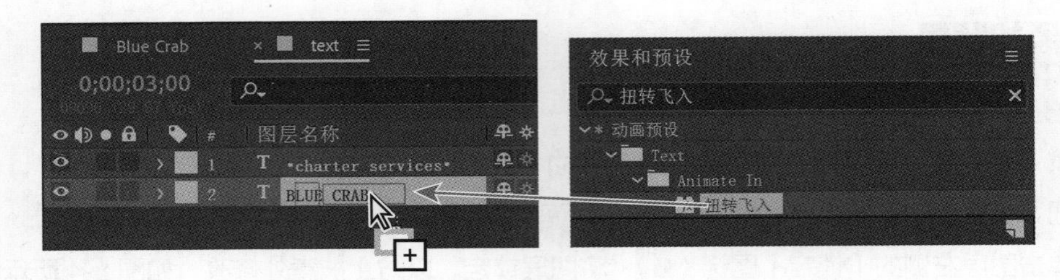

图 8-7

默认情况下，动画预设会持续 2.5 秒左右，这里文本从 3:00 处开始飞入，到 5:16 处结束。After Effects 会为该效果自动添加关键帧。

⑥ 把时间指示器拖曳到 5:21 处，选择 charter services 图层。

⑦ 在【效果和预设】面板中搜索【缓慢淡化打开】，然后将其拖曳到 charter services 图层上。

⑧ 返回 BLUE CRAB 图层的【时间轴】面板，把时间指示器拖曳到时间标尺的起始位置。按空格键预览动画，如图 8-8 所示。再次按空格键，停止预览。

图 8-8

⑨ 在菜单栏中依次选择【文件】>【保存】，保存当前项目。

8.1.5 制作缩放动画

下面将向画面中添加螃蟹，并为它制作缩放动画，使其刚开始出现时充满整个画面，然后快速缩小，最终移动到文本上方。

① 从【项目】面板中把 crab.psd 文件拖曳到【时间轴】面板，并使其位于顶层。

② 按 Home 键，或者把时间指示器拖曳到时间标尺的起始位置，如图 8-9 所示。

图 8-9

③ 在【时间轴】面板中选择 crab.psd 图层，然后在【属性】面板中把【缩放】值设置为 (400%,400%)。

④ 单击【缩放】属性左侧的秒表图标（⏱），创建初始关键帧。

⑤ 把时间指示器拖曳到 2:00 处，在【属性】面板中修改【缩放】值为 (75%,75%)，如图 8-10 所示。

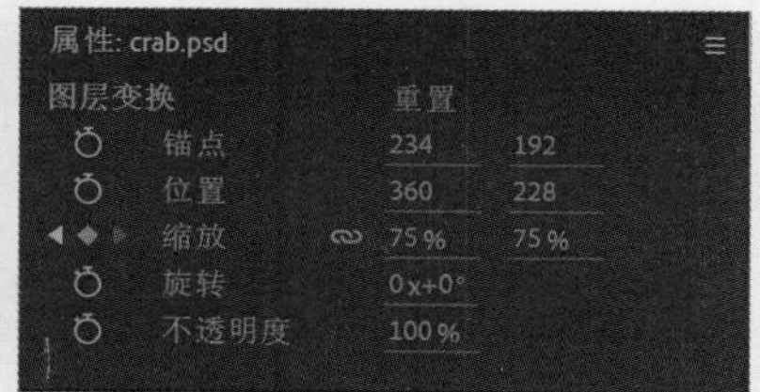

图 8-10

蟒蟹正常缩小，但是位置不对。

❻ 按 Home 键，把时间指示器拖曳到时间标尺的起始位置。

❼ 在【属性】面板中，把【位置】值修改为 (360,82)。此时，螃蟹上移并充满整个合成画面。

❽ 单击【位置】属性左侧的秒表图标，创建初始关键帧。

❾ 把时间指示器拖曳到 1:15 处，把【位置】修改为 (360,228)。

❿ 把时间指示器拖曳到 2:00 处，把【位置】修改为 (360,182)。

⓫ 沿着时间标尺，把时间指示器从起始位置拖曳到 2:00 处，观看螃蟹缩放动画，如图 8-11 所示。

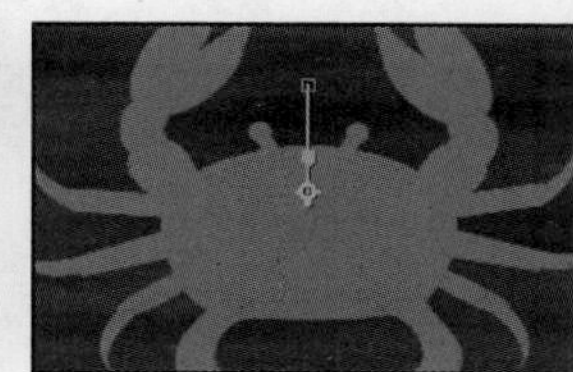

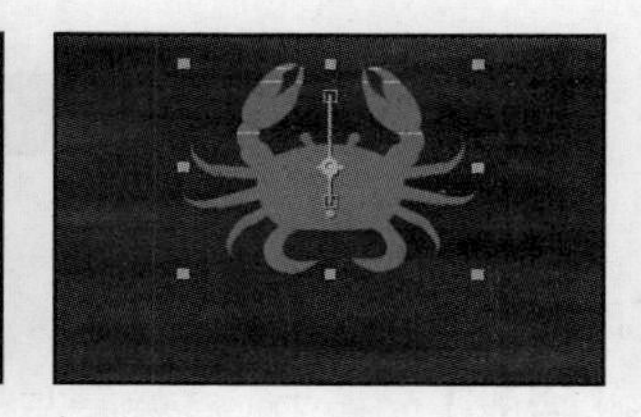

图 8-11

⓬ 隐藏 crab.psd 图层的所有属性。在菜单栏中依次选择【文件】>【保存】，保存当前项目。

8.2 关于人偶工具

通过人偶工具可以把栅格和矢量图像转换成虚拟的提线木偶。当你拉动提线木偶的某根提线时，木偶上与该提线相连的部分就会随之移动。例如，向上拉动与木偶的手相连的提线，木偶的手就会抬起。人偶工具通过控点指定提线附着的部位。

人偶工具根据控点位置对图像的各个部分进行扭曲变形，你可以自由地设置控点，并为它们制作动画。控点控制着图像哪些部分会移动、旋转，哪些部分固定不动，以及当发生重叠时哪些部分位于前面。

After Effects 中有 5 种控点，每种控点对应一种工具。

- 【人偶位置控点工具】( )：用于设置和移动位置控点，这些控点用于改变图像中点的位置。
- 【人偶固化控点工具】( )：用于设置固化控点，图像中被固化的部分不易发生扭曲变形。
- 【人偶弯曲控点工具】( )：用于设置弯曲控点，允许你对图像的某个部分进行旋转、缩放，同时不改变位置。
- 【人偶高级控点工具】( )：用于设置高级控点，允许你完全控制图像的旋转、缩放、位置。
- 【人偶重叠控点工具】( )：用于设置重叠控点，指定发生重叠时图像的哪一部分位于上层。

一旦设置了控点，图像内部区域就会被自动划分成大量三角形网格，每一个网格都与图像像素相关联，当网格移动时，相应像素也会跟着移动。在为位置控点制作动画时，越靠近控点，网格变形越厉害，同时会尽量保持图像的整体形状不变。例如，当你为角色手部的控点制作动画时，角色的手部和胳膊都会变形，但是其他部分大都保持在原来的位置。

注意 只有设置了变形控点的帧才会计算网格。如果你在【时间轴】面板中添加了很多控点，这些点会根据网格原来的位置进行放置。

8.3 添加位置控点

位置控点是人偶动画的基本组件。控点的位置和放置方式决定着对象在屏幕上的运动方式。你只需要放置位置控点和显示网格，After Effects 会帮助你创建网格并指定每个控点的影响范围。

在选择【人偶位置控点工具】后，工具栏中会显示人偶工具的相关选项。在【时间轴】面板中，每个控点都有自己的属性，After Effects 会自动为每个控点创建一个初始关键帧。

❶ 在工具栏中选择【人偶位置控点工具】( )，如图 8-12 所示。

图 8-12

❷ 把时间指示器拖曳到 1:27 处，此时螃蟹缩小到最终尺寸。

❸ 在【合成】面板中，在螃蟹左螯的中间位置单击，放置一个位置控点，如图 8-13 所示。

此时，一个黄点出现在螃蟹左螯的中间位置，这个黄点就是位置控点。如果使用【选取工具】( )移动该位置控点，整只螃蟹都会随之移动。接下来添加更多控点，使网格的其他部分保持不动。

❹ 使用【人偶位置控点工具】在螃蟹右螯的中间位置单击，放置另一个位置控点，如图 8-14 所示。

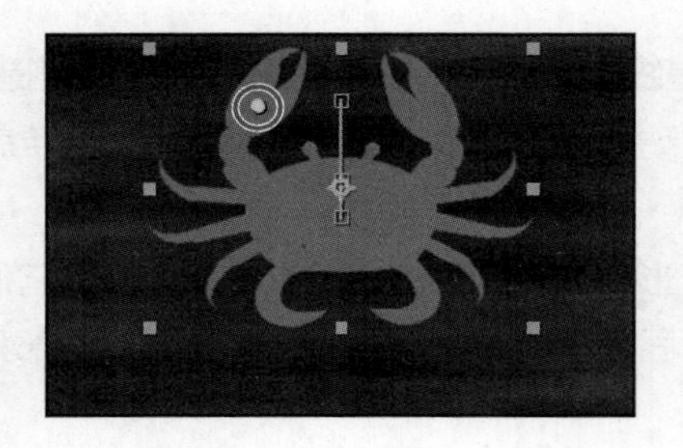

图 8-13

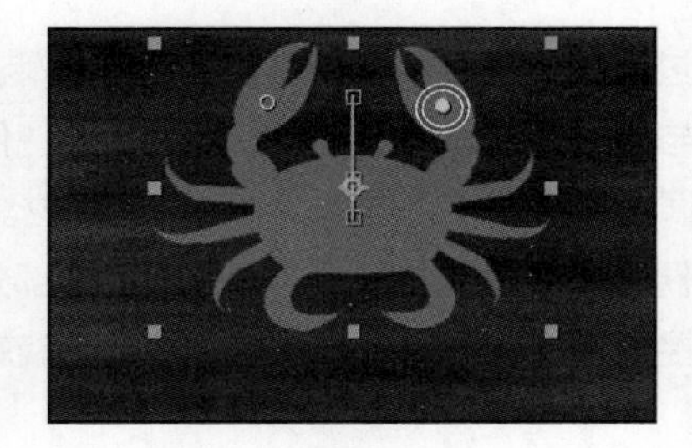

图 8-14

接下来就可以使用【选取工具】移动蟹螯了。添加的控点越多，每个控点影响的区域就越小，每个区域的拉伸程度也会越小。

❺ 选择【选取工具】，拖曳其中一个位置控点，观察效果，如图 8-15 所示。按 Ctrl+Z（Windows）或 Command+Z（macOS）组合键，恢复原样。

❻ 选择【人偶位置控点工具】，在两只眼睛的顶部、每条蟹腿（注意本课所述的蟹腿不包括蟹螯）的末端各放置一个位置控点，如图 8-16 所示。

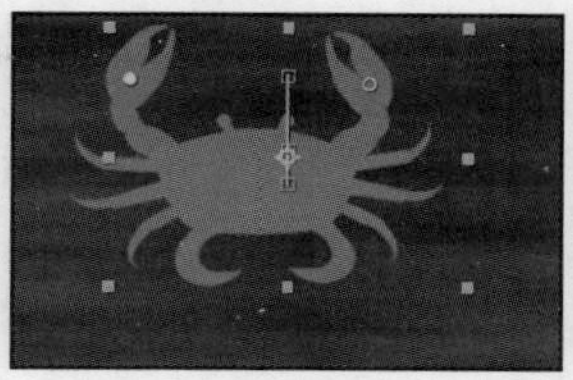
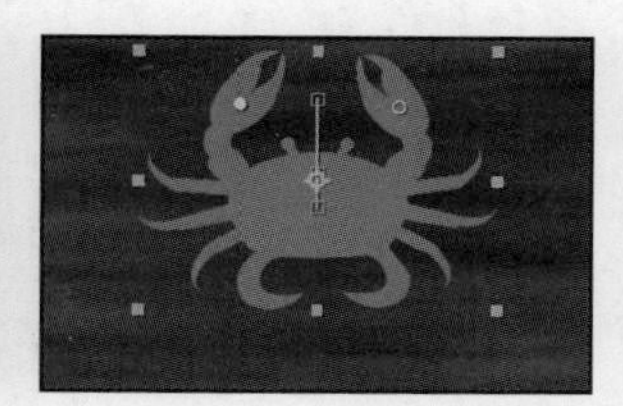

图 8-15

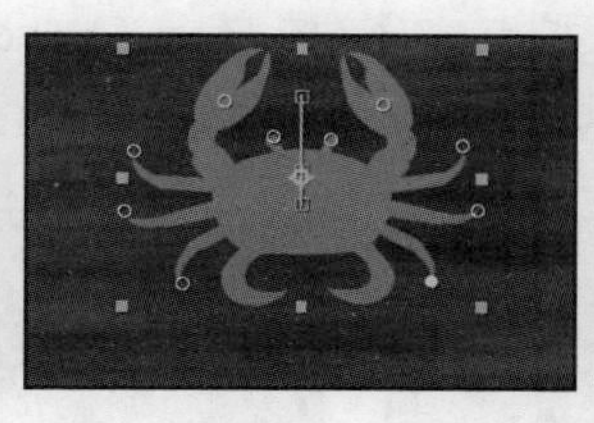
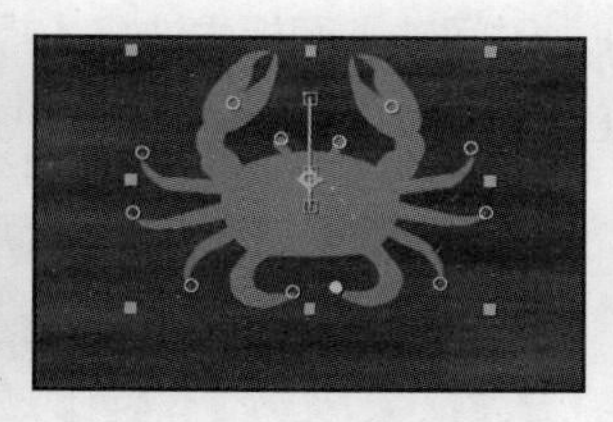

图 8-16

⑦ 在【时间轴】面板中，依次展开【网格 1】>【变形】属性，其中列出了所有位置控点。

8.4 添加高级控点和弯曲控点

你可以使用和移动位置控点相同的方法移动高级控点，还可以使用高级控点旋转与缩放图像区域。本节将使用高级控点替换蟹螯上的位置控点。弯曲控点不会影响位置，但是你可以使用它们旋转或缩放图像的某个区域，同时保持该区域的位置不变。本节将在螃蟹的最后两条腿中间添加弯曲控点，然后显示网格，After Effects 会创建网格，并指定每个控点影响的区域。

① 在工具栏中选择【选取工具】，然后选中并删除蟹螯上的各个位置控点。

② 在工具栏中选择【人偶高级控点工具】( )，该工具隐藏于【人偶位置控点工具】之下。

③ 先在螃蟹左螯的中间位置放置一个高级控点，然后在螃蟹右螯的中间位置放置另外一个高级控点，如图 8-17 所示。

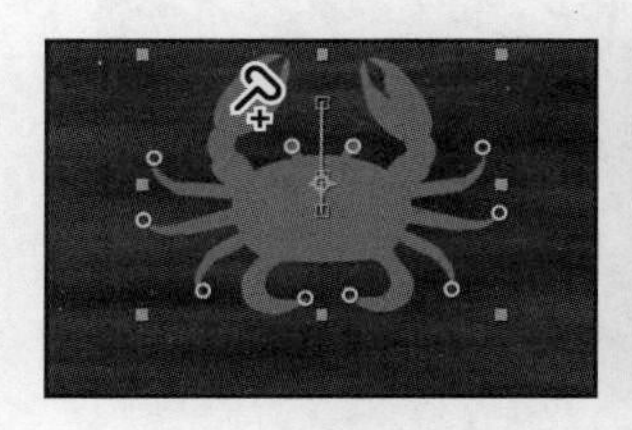
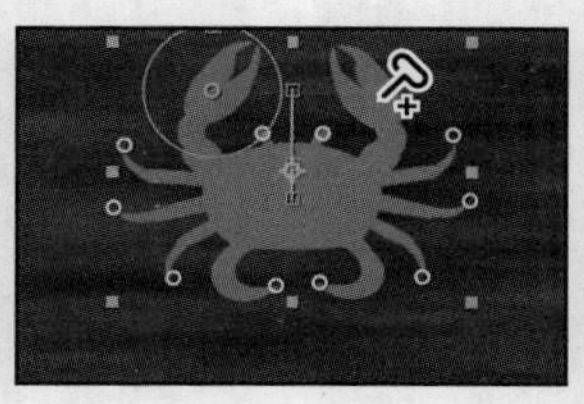
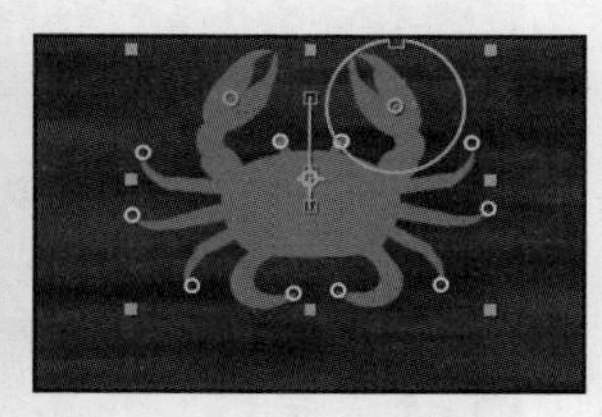

图 8-17

请注意，高级控点外面有一个圆圈，并且圆圈上有一个方框。向内或向外拖曳圆圈上的方框可进行缩放操作，沿顺时针或逆时针方向拖曳圆圈可进行旋转操作。接下来，使用【人偶弯曲控点工具】制作动画。

④ 在工具栏中选择【人偶弯曲控点工具】( )，该工具隐藏于【人偶高级控点工具】之下。

⑤ 先在螃蟹左后腿的中间位置放置一个弯曲控点，然后在螃蟹右后腿的中间位置放置另外一个弯曲控点，如图 8-18 所示。

制作动画时，可以为某些控点起一些易识别的名字，以方便后续操作。这里给蟹螯和眼睛上的控点命名。

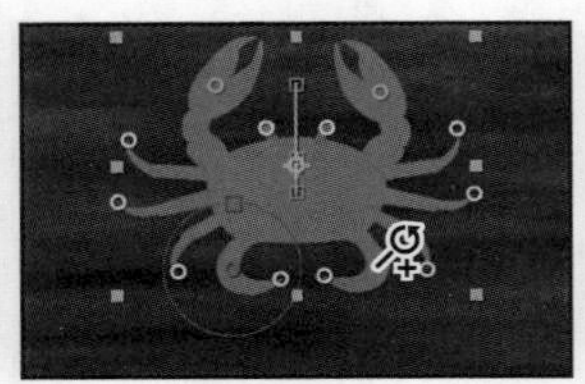
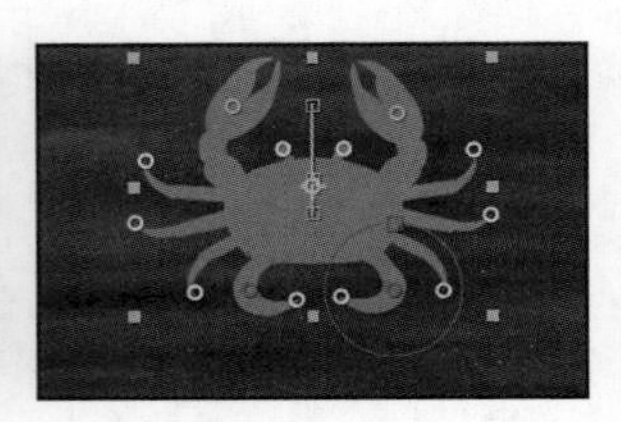

图 8-18

❻ 在【时间轴】面板中选择【操控点 13】，按 Enter（Windows）或 Return（macOS）键，将其重命名为 Left Pincer，再次按 Enter（Windows）或 Return（macOS）键，使修改生效，如图 8-19 所示。

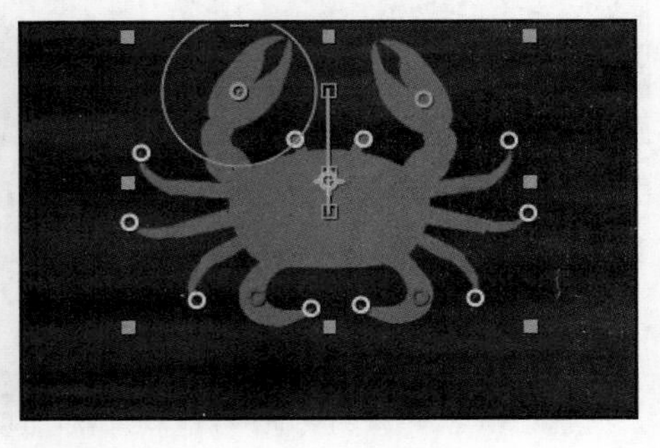

图 8-19

❼ 隐藏控点属性。然后把相应的控点（依次为操控点 14、操控点 3、操控点 4）分别重命名为 Right Pincer、Left Antenna、Right Antenna，如图 8-20 所示。控点默认是根据它们的创建顺序依次编号与命名的。这里不需要为螃蟹腿上的控点重命名。

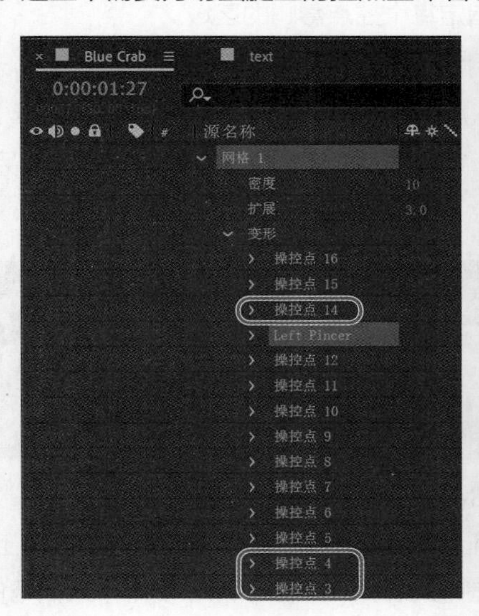

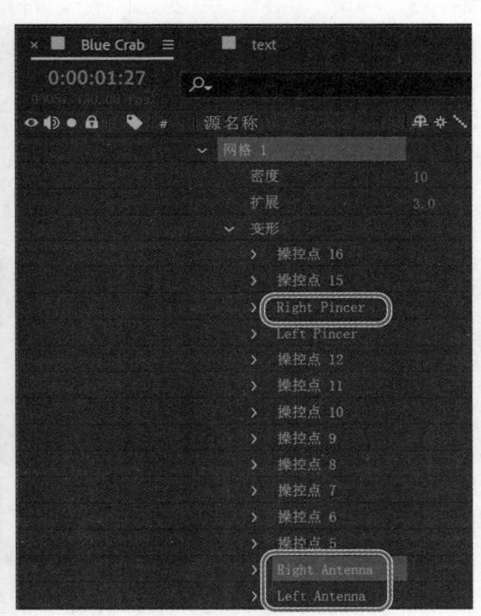

图 8-20

❽ 在工具栏中勾选【显示】，显示变形网格。

螃蟹的颜色和网格颜色几乎一模一样，为了方便区分，需要修改网格颜色，网格颜色由图层左侧的颜色标签指定。

❾ 在【时间轴】面板中，单击 crab.psd 图层左侧的颜色标签，然后在弹出的菜单中选择一种反差大的颜色，如红色或粉色。

⑩ 选择 crab.psd 图层中的【网格 1】，再次显示出网格。

> 提示 你可以把网格扩展到图层轮廓之外，这样可以确保描边包含在变形之中。在工具栏中增加【扩展】属性值，即可扩展网格。

⑪ 在工具栏中，把【密度】值修改为 12，增加网格密度，如图 8-21 所示。你可能需要再次选择【网格 1】才能看见网格。

【密度】属性控制着网格所包含三角形的数量。增加网格中三角形的数量，动画会更平滑，同时会增加渲染时间。

⑫ 在菜单栏中依次选择【文件】>【保存】，保存当前项目。

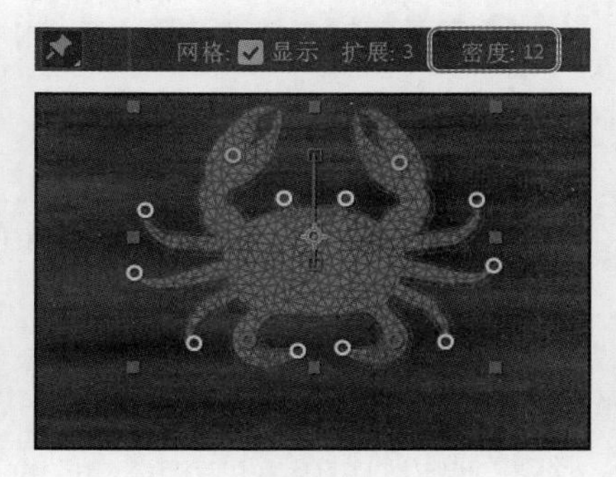

图 8-21

定义重叠区域

如果动画中一个对象或角色的一部分从另一个对象和角色前面经过，可以使用【人偶重叠控点工具】指定出现区域重叠时哪个区域在前面。在工具栏中选择【人偶重叠控点工具】，如图 8-22 所示，勾选【显示】，显示网格，然后单击网格中的重叠区域，把重叠控点放到需要显示在前面的区域中。

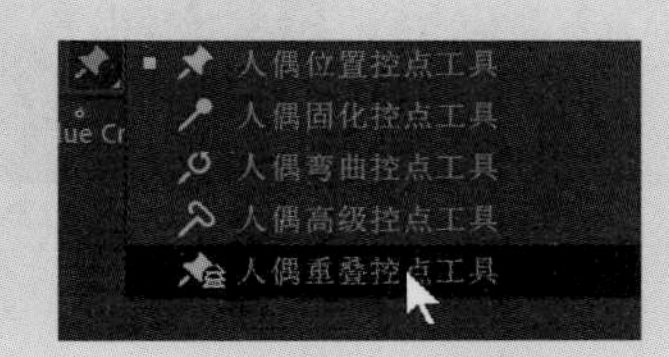

图 8-22

你可以通过工具栏中的选项调整重叠控点的效果。【置前】控制观看者能够看清的程度，把该值设置为 100%，可以防止身体交叠的部分透显出来。【范围】控制着控点对重叠区域的影响范围，受影响的区域在【合成】面板中使用较浅颜色显示。

8.5 设置固定区域

螃蟹动画中，蟹螯、蟹腿、眼睛都是活动的，但是蟹壳应该固定不动。下面将使用【人偶固化控点工具】添加固化控点，确保蟹壳不会受其他部位运动的影响。

① 在工具栏中选择【人偶固化控点工具】( )，该工具隐藏于【人偶弯曲控点工具】之下。

② 如果网格没有显示，在工具栏中勾选【显示】。

③ 在每个蟹螯、蟹腿、眼睛的根部分别设置一个固化控点，把整个蟹壳固定住，如图 8-23 所示。

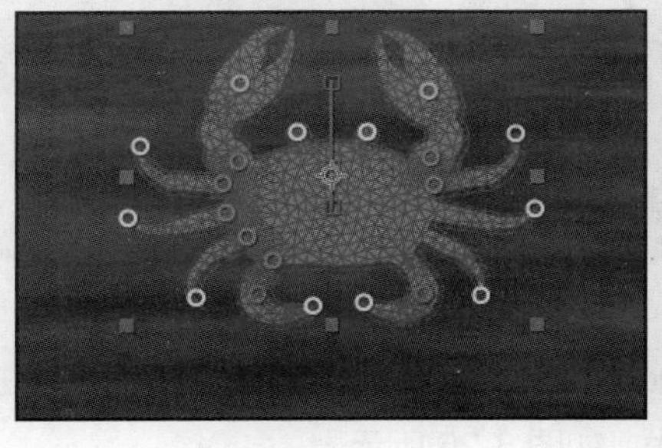

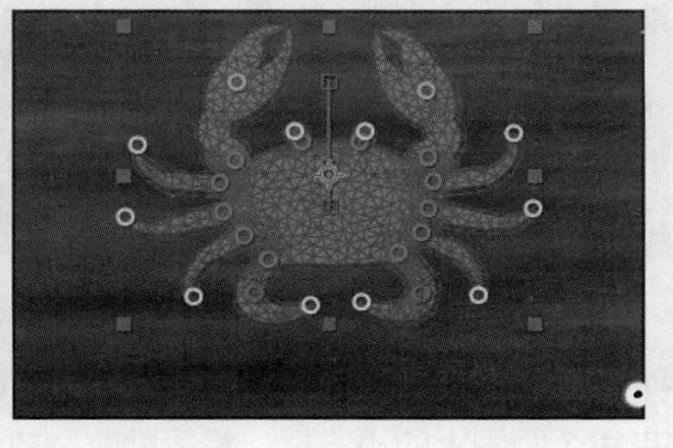

图 8-23

❹ 在【时间轴】面板中，隐藏 crab.psd 图层的所有属性。

❺ 在菜单栏中依次选择【文件】>【保存】，保存当前项目。

挤压与拉伸

挤压与拉伸是传统动画制作中使用的技术，它们能够塑造对象的真实感和重量感。现实生活中，当一个运动的对象撞到静止不动的物体（例如地面）时，就会出现挤压和拉伸现象。正确应用挤压和拉伸，角色的体积不会发生变化。在使用人偶工具为卡通人物或类似对象制作动画时，要考虑它们与其他对象的交互方式。

理解挤压和拉伸原理最简单的方法是观看地面上弹跳的皮球。当皮球着地时，其底部会变平（挤压）；当皮球弹起时，底部会拉伸，如图 8-24 所示。

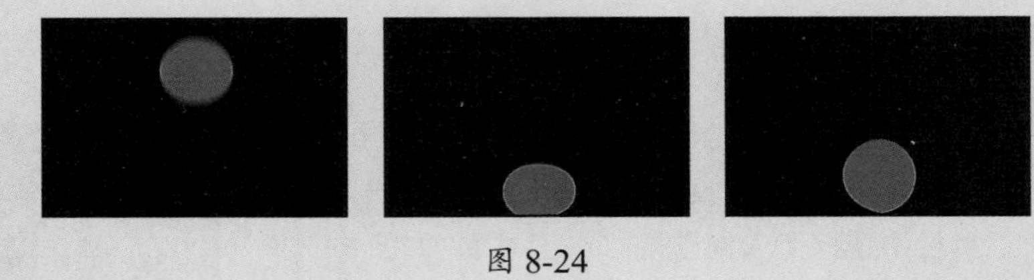

图 8-24

8.6 为控点位置制作动画

前面已经设置好了控点位置。本节将通过调整螃蟹上的控点让螃蟹动起来。固化控点可以防止指定区域（这里指蟹壳）变形过大。

设置控点时，After Effects 为每个控点在 1:27 处创建了初始关键帧。下面为这些控点制作动画，让蟹螯、蟹腿、眼睛动起来，然后让它们回到原来的位置。

❶ 在【时间轴】面板中选择 crab.psd 图层，按 U 键，显示该图层的所有关键帧，选择【操控】，显示出控点。

❷ 在工具栏中选择【选取工具】。把时间指示器拖曳到 4:00 处，选择位于螃蟹左螯上的高级控点。向左拖曳控点外部的圆圈，逆时针旋转蟹螯，然后拖曳中心控点，让蟹螯几乎保持垂直。接着对螃蟹右螯执行类似的操作（向右拖曳圆圈），如图 8-25 所示。

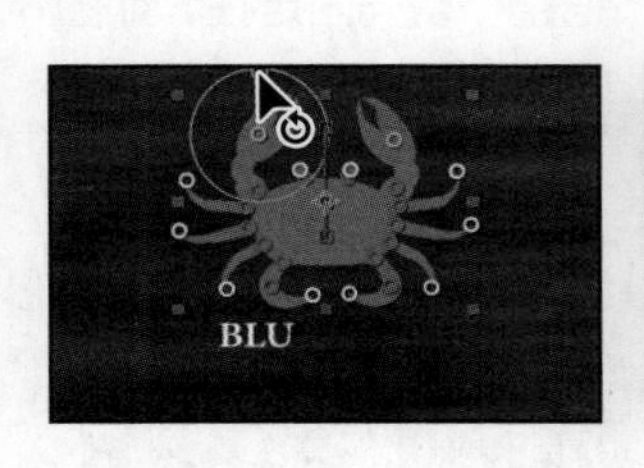

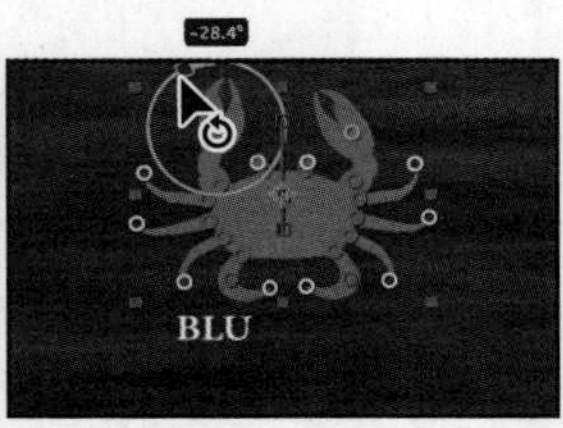

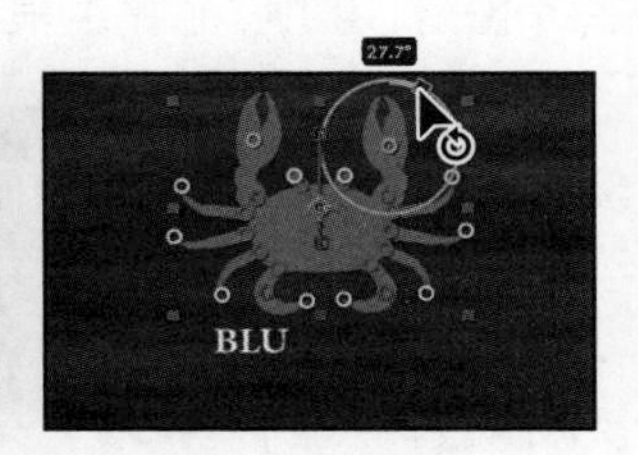

图 8-25

❸ 把时间指示器拖曳至 5:00 处，移动 Left Pincer 和 Right Pincer 控点，让两个蟹螯进一步远离。然后向外拖曳每个圆圈上的小方框，将蟹螯略微放大，如图 8-26 所示。

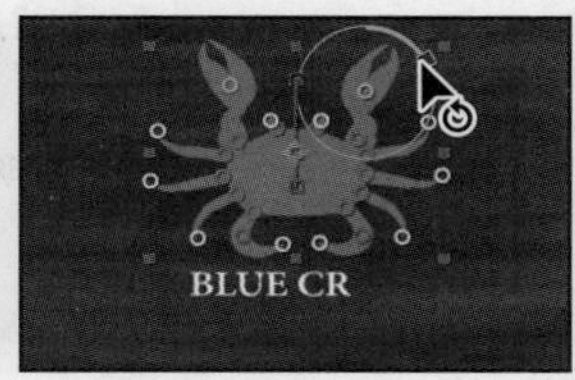

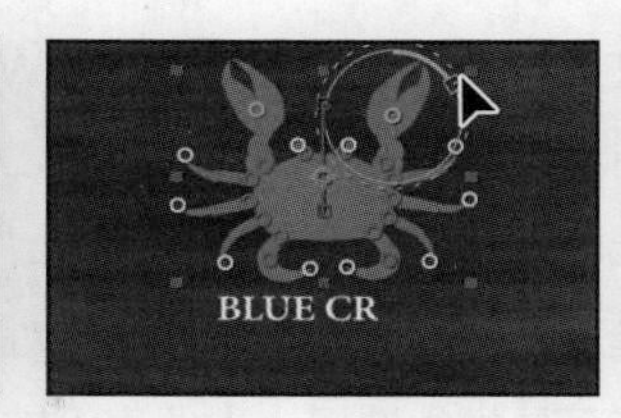

图 8-26

❹ 在 6:19 处，把蟹螯向内扳回。然后在 8:19 处，再次调整蟹螯，使它们再次垂直。在 9:29 处，把蟹螯缩小到原来的尺寸，并移动蟹螯，让它们完全转向内侧。

❺ 沿着时间标尺移动时间指示器，观看蟹螯动画。

接下来，使两只眼睛靠得近一些。由于第一个关键帧已经存在，因此再创建一个关键帧即可。

❻ 把时间指示器拖曳到 7:14 处，并把两只眼睛上的控点拉得近一些。

接下来为蟹腿制作动画，使蟹腿的移动早于蟹螯，并且移动幅度很小。

❼ 把时间指示器拖曳到 1:19 处，移动螃蟹每条腿上的控点，使蟹腿略微变长，并向外弯曲。使用两条后腿上的弯曲控点让两条后腿略微变大。

❽ 分别在 2:01 处、4:00 处、6:17 处调整每条蟹腿，让它们在动画播放过程中稍微向上或向下、向内或向外移动。请注意，不管往哪个方向移动，要确保每个控点每次的移动量大致相同。在 8:10 处，使用弯曲控点把两条后腿恢复成原来的大小。

❾ 隐藏 crab.psd 图层的所有属性。按 F2 键，或单击【时间轴】面板中的空白区域，取消选择所有图层。然后按 Home 键，或者把时间指示器拖曳到时间标尺的起始位置。

❿ 按空格键预览动画，如图 8-27 所示。再次按空格键，停止预览。如果想进一步调整动画，可以调整每个帧上的控点。

图 8-27

⓫ 在菜单栏中，依次选择【文件】>【保存】，保存当前动画。

8.7 使用人偶工具制作波浪效果

人偶工具不仅可以用于为图层上的图像制作动画，还可以用于向视频图层添加扭曲等特殊效果。下面将使用高级控点制作波浪效果。

❶ 在【时间轴】面板中，单击 Water background.mov 图层左侧的【锁定】图标，解除图层锁定，这样你才能编辑它。

❷ 把时间指示器拖曳到 4:00 处，这时你可以清晰地看到水体。

❸ 选择 Water background.mov 图层。

❹ 在工具栏中选择【人偶高级控点工具】，然后在螃蟹的上下左右分别创建一个高级控点。

❺ 在工具栏中取消勾选【显示】，这样你可以清楚地看到水体。

❻ 旋转各个控点，为水体制作波浪效果，如图 8-28 所示。这个过程中，你可能需要缩放水体和调整控点位置，才能保证扭曲后的水体仍然能够充满整个画面。如果对制作的效果不满意，你可以随时删掉控点重来。

图 8-28

❼ 按 Home 键，或者把时间指示器拖曳到时间标尺的起始位置。然后，按空格键预览动画。再次按空格键，停止预览。

❽ 在【时间轴】面板中隐藏所有属性，然后保存项目。

8.8 记录动画

只要你愿意，你完全可以手动修改每个关键帧上每个控点的位置，但这样做太费时间。事实上，你可以不这样制作关键帧动画，而是使用人偶草绘工具实时地把操控点拖曳到目标位置。一旦你开始拖曳控点，After Effects 就会自动记录控点的运动，并在你释放鼠标时停止记录。当你拖曳控点时，合成也随之发生移动。停止记录时，时间指示器会返回记录起始点，这样可方便你记录同一时间段中其他控点的路径。

本节将使用人偶草绘工具重新创建蟹螯运动的动画。

提示 默认情况下，动画播放速度和录制时的速度一样。但你可以更改录制速度和播放速度的比值，录制前，单击工具栏中的【记录选项】，在【操控录制选项】对话框中修改【速度】值即可。

❶ 在菜单栏中依次选择【文件】>【另存为】>【另存为】，在【另存为】对话框中，转到 Lesson08\Finished_Project 文件夹，把项目名称设置为 Motionsketch.aep，保存项目。

❷ 拖曳时间指示器到 1:27 处。

❸ 在【时间轴】面板中选择 crab.psd 图层，按 U 键显示该图层的所有关键帧。

❹ 向下滚动，找到 Left Pincer 和 Right Pincer 控点。拖选这两个控点在 1:27 之后的所有关键帧，然后删除它们，如图 8-29 所示。

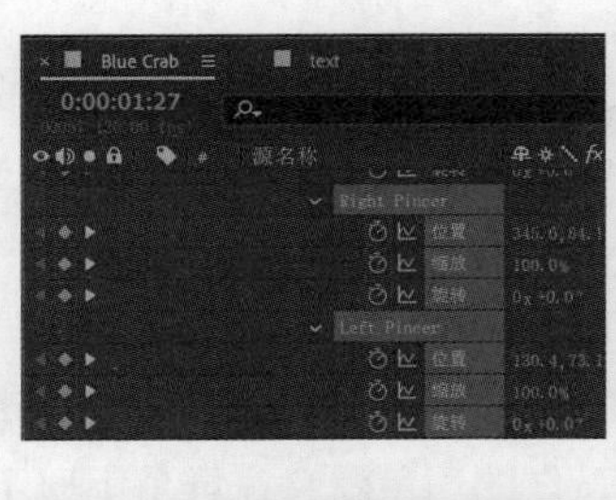

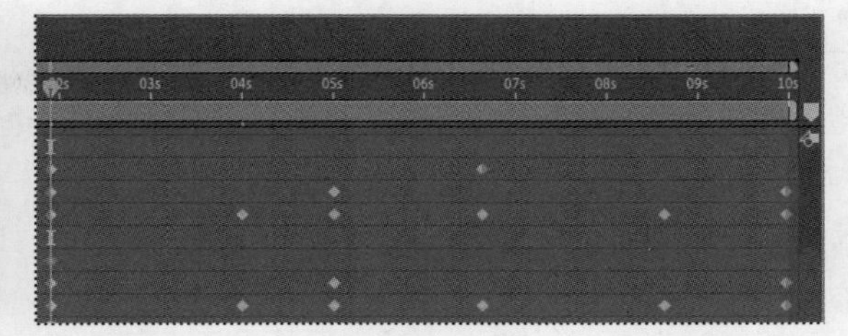

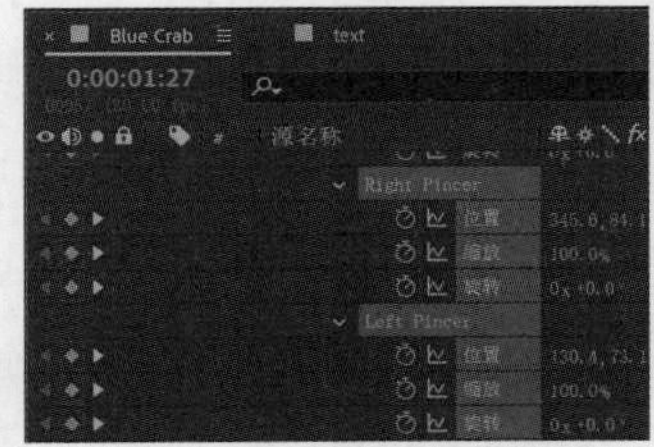

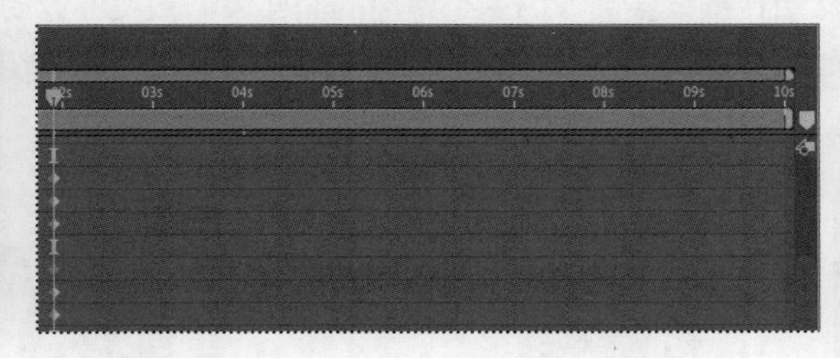

图 8-29

这样就把蟹螯动画的关键帧全部删除了，同时把其他控点的动画保留了下来。根据固化控点的位置，你可能需要稍微移动一下蟹螯，以配合其他控点的移动。

5 在工具栏中选择【人偶位置控点工具】( )。

6 若控点未显示在【合成】面板中，请在【时间轴】面板中选择【操控】，将其显示出来。

7 在【合成】面板中选择 Left Pincer 控点，按住 Ctrl（Windows）或 Command（macOS）键，激活人偶草绘工具，此时在鼠标指针旁边出现一个时钟图标。

8 按住 Ctrl（Windows）或 Command（macOS）键不放，把 Left Pincer 控点拖曳到目标位置后，释放鼠标。此时，时间指示器返回 1:27 处。

9 按住 Ctrl（Windows）或 Command（macOS）键，把 Right Pincer 控点拖曳到目标位置。拖曳时，可以参考螃蟹轮廓和另一只蟹螯的运动路径，如图 8-30 所示。释放鼠标，停止录制。

注意 人偶草绘工具只记录位置变化，不记录旋转与大小变化。

图 8-30

10 预览最终动画。

至此，你已经使用人偶工具制作出了一段逼真、有趣的动画。请记住，你可以使用人偶工具对多种类型的对象进行变形与操控。

更多内容

使用 Character Animator 制作角色动画

如果你的演技不错，推荐你使用Character Animator软件制作角色动画，使用它可以避免手动添加关键帧的麻烦，你只要对着摄像头表演就好。当你需要制作一个较长的动画片段或者需要匹配角色的嘴形和配音时，使用 Character Animator 软件会非常方便，而且整个创作过程也充满了乐趣。

Character Animator 是 Creative Cloud 的一部分，如果你是 Creative Cloud 会员，就可以免费使用它。使用 Character Animator 时，需要先导入使用 Photoshop 或 Illustrator 创建的角色，然后在摄像头前模仿这个角色的面部表情和头部运动，你的角色就会在屏幕上显示相应的动作，如图 8-31 所示。如果你开口说话，那么角色的嘴唇也会根据你的动作做出相应变化。

图 8-31

你可以使用键盘快捷键、鼠标、平板计算机控制身体其他部分（例如腿部、胳膊）的运动。你还可以设置跟随行为，例如，当一只兔子的脑袋朝左摆动时，让它的耳朵也跟着一起向左摆动。

Character Animator 提供了一些有趣的交互式教程，这些教程可以帮助你快速上手并使用它。更多内容，请访问 Character Animator 产品页面。

制作流畅动画的小技巧

- 为不同运动部位创建不同图层，例如在一个图层上画嘴，在另外一个图层上画右眼等。
- 为各个图层指定合适的名称，以方便 Character Animator 识别区分它们。使用特定单词（例如 pupil）有助于 Character Animator 把角色与摄像机捕获的对象的各个部分对应起来。
- 录制之前，练习面部与其他肢体动作。一旦设置好静止姿势，你可以尝试不同嘴形、扬眉动作、摇头和其他动作，了解一下角色是如何模拟这些细微或夸张的肢体动作的。
- 录制时，要正对着麦克风说话。许多口形都是由声音触发的，如 uh-oh，而且角色的嘴部动作要和你说的话保持同步。
- 刚开始时，可以先考虑使用一个现成的角色模板。为图层设置合适名称，有助于后续操作。
- 多尝试为没有面部和身体的对象制作动画。例如，你可以使用 Character Animator 尝试为漂浮的云、飘动的旗帜、开放的花朵制作动画。制作时可以多一些创意，并从中体会创作的乐趣。

8.9 复习题

1. 【人偶位置控点工具】和【人偶高级控点工具】有何不同?
2. 什么时候使用【人偶固化控点工具】?
3. 请说出制作控点位置动画的两种方法。

8.10 复习题答案

1. 【人偶位置控点工具】用于设置和移动位置控点，这些控点指定了图像变形时部分图像的位置。【人偶高级控点工具】用于设置和移动高级控点，这些控点用于完全控制图像的缩放、旋转、位置。
2. 【人偶固化控点工具】用于设置固化控点，当对象中未被固化的部分发生变形时，被固化的部分不易发生扭曲变形。
3. 制作控点位置动画时，可以在【时间轴】面板中手动修改每个控点的位置。但相比之下，更快捷的方法是：选择【人偶位置控点工具】，按住 Ctrl（Windows）或 Command（macOS）键，拖曳控点，After Effects 会自动记录它的运动。

第 9 课

使用【Roto 笔刷工具】

本课概览

本课主要讲解以下内容。

- 使用【Roto 笔刷工具】从背景中提取前景对象。
- 使用【调整边缘工具】修改蒙版。
- 替换背景。
- 面部跟踪。
- 精调跨越多帧的分离边界。
- 冻结分离边界。
- 添加动态文本。

学习本课大约需要 1 小时

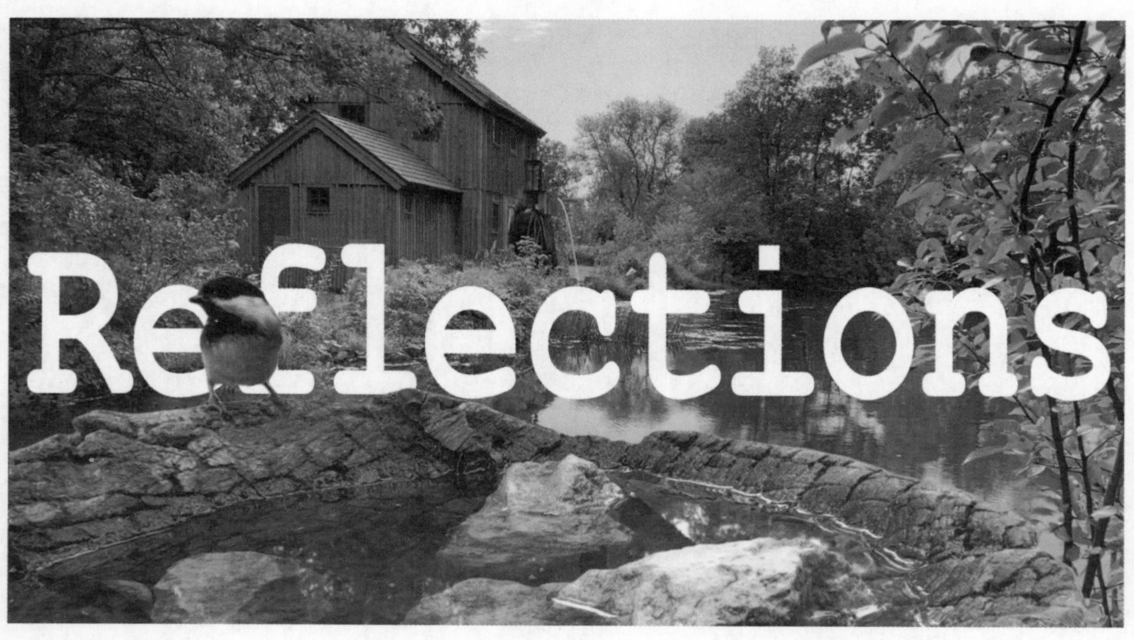

项目：网页横幅广告

使用【Roto 笔刷工具】，可以快速把一个跨越多个帧的对象从背景中分离出来，作为前景元素使用。相比于传统的动态遮罩技术，使用【Roto 笔刷工具】不仅能大大节省时间，而且能得到更好的结果。

9.1 关于动态遮罩

动态遮罩（或影像描摹）技术源自传统动画制作过程，即动画师在玻璃顶盖的桌子上逐帧追踪投影的真人电影，将演员或动物的动作精确复制到手绘世界。动态遮罩常用于追踪对象，将路径用作蒙版，把对象从背景中分离出来以便单独处理。使用动态遮罩时，先绘制蒙版路径，然后制作蒙版路径动画，再使用蒙版定义遮罩（遮罩也是一种蒙版，用于隐藏图像的某个部分，以便叠加另一幅图像）。这种传统方法虽然有效，但耗时，而且过程也很枯燥，当目标对象频繁移动或背景十分复杂时更加麻烦。

如果背景或前景对象拥有一致且鲜明的颜色，你可以使用“抠色”（Color Keying）法把对象从背景中轻松分离出来。如果拍摄时使用的背景是绿色或蓝色（绿屏或蓝屏）的，使用抠色法要比使用动态遮罩简单得多。但在处理复杂背景时，抠色法的效率和效果可能就不尽如人意了。

在 After Effects 中，使用基于 AI 技术的【Roto 笔刷工具】进行抠像，速度要比使用传统的动态遮罩技术快得多。在 After Effects 中，使用【Roto 笔刷工具】定义好前景和背景元素后，软件会创建一个遮罩，并跟踪遮罩的运动。在整个抠像过程中，【Roto 笔刷工具】会承担大部分工作，你只需做些收尾工作就行了。

9.2 课前准备

本课将使用【Roto 笔刷工具】把小鸟和石盆抠出来，以便替换背景。最后还会添加一行动态文本。

动手之前，预览一下最终影片，同时创建好要用的项目。

❶ 在你的计算机中，请检查 Lessons\Lesson09 文件夹中是否包含以下文件夹和文件，若没有包含，请先下载它们。

- Assets 文件夹：Chickadee.mov, Facetracking.mov, MillPond.mov。
- Sample_Movies 文件夹：Lesson09.mp4。

❷ 在 Windows Movies & TV 或 QuickTime Player 中打开并播放 Lesson09.mp4 示例影片，了解本课要创建的效果。观看完之后，关闭 Windows Movies & TV 或 QuickTime Player。如果存储空间有限，你可以把示例影片从硬盘中删除。

学习本课前，建议你把 After Effects 恢复成默认设置。相关说明请阅读前言“恢复默认首选项”中的内容。

❸ 启动 After Effects 时，立即按 Ctrl+Alt+Shift（Windows）或 Command+Option+Shift（macOS）组合键，在【启动修复选项】对话框中单击【重置首选项】按钮，即可恢复默认首选项。

❹ 在【主页】窗口中，单击【新建项目】按钮。

此时，After Effects 会打开一个未命名的空白项目。

❺ 在菜单栏中，依次选择【文件】>【另存为】>【另存为】，打开【另存为】对话框。

❻ 在【另存为】对话框中，转到 Lessons\Lesson09\Finished_Project 文件夹。

❼ 输入项目名称“Lesson09_Finished.aep”，单击【保存】按钮，保存项目。

创建合成

下面导入素材文件，然后基于素材文件创建合成。

❶ 在【合成】面板中单击【从素材新建合成】按钮，如图 9-1 所示，打开【导入文件】对话框。

❷ 在【导入文件】对话框中，转到 Lessons\Lesson09\Assets 文件夹，选择 Chickadee.mov，然后单击【导入】（Windows）或【打开】（macOS）按钮。

After Effects 基于 Chickadee.mov 文件的设置自动创建一个名为 Chickadee 的合成，如图 9-2 所示。该合成时长（持续时间）约为 2.5 秒，帧尺寸为 1920 像素 ×1080 像素，帧速率为 29.97 帧 / 秒（即视频素材拍摄时使用的帧速率）。

❸ 在菜单栏中依次选择【文件】>【保存】，保存当前项目。

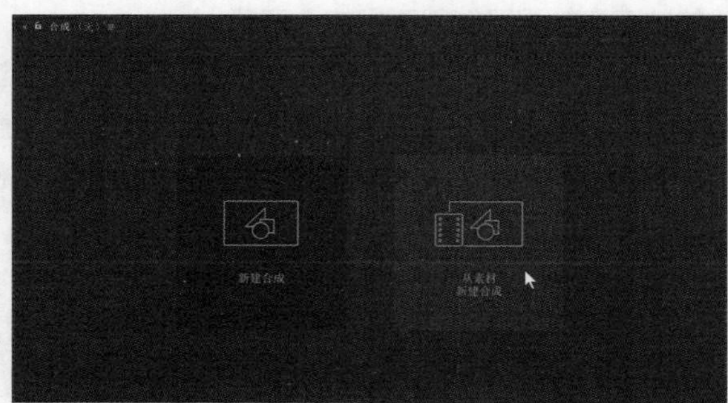

图 9-1

图 9-2

9.3 创建分离边界

使用【Roto 笔刷工具】抠像时，你可以自由指定视频画面中哪些部分是前景，哪些部分是背景，实现精确分离。使用【Roto 笔刷工具】在视频画面中涂抹时，After Effects 会自动识别前景和背景，并在两者之间创建分离边界。

9.3.1 创建基础帧

为了使用【Roto 笔刷工具】分离出前景对象，需要先选择一个基础帧，在其上涂抹描边，把前景和背景分开。视频素材的任意一帧都可以选作基础帧，这里选择第一帧。下面使用【Roto 笔刷工具】在视频画面中涂抹（添加描边），把小鸟和石盆抠出来，以便在合成视频时将之作为前景对象使用。

❶ 沿着时间标尺拖曳时间指示器，浏览视频素材。

❷ 按 Home 键，或者把时间指示器拖曳到时间标尺的起始位置。

❸ 在工具栏中选择【Roto 笔刷工具】（ ），如图 9-3 所示。

图 9-3

使用【Roto 笔刷工具】前，需要进入【图层】面板。

❹ 在【时间轴】面板中，双击 Chickadee.mov 图层，在【图层】面板中打开视频素材，如图 9-4 所示。

图 9-4

❺ 在【图层】面板底部的【放大率弹出式菜单】中选择【适合】，呈现完整的视频画面。

默认情况下，使用【Roto 笔刷工具】涂抹时，呈现的是绿色痕迹，代表前景。当前需要抠出的是小鸟和石盆，它们是前景，因此使用【Roto 笔刷工具】涂抹它们即可。抠像时，一般先使用粗画笔涂抹目标对象，将其大致抠出来，然后使用细一点的画笔调整分离边界，确保目标对象精确。

❻ 在菜单栏中依次选择【窗口】>【画笔】，打开【画笔】面板。在【画笔】面板中，把画笔【直径】设置为 100 像素，【圆度】与【硬度】设为 100%，如图 9-5 所示。（可能需要调整【画笔】面板大小才能显示出所有画笔选项。）

使用【Roto 笔刷工具】涂抹前景对象时，一定要顺着对象的结构涂抹。不同于传统的动态遮罩，使用【Roto 笔刷工具】并不需要你十分精准地勾勒对象边缘。先使用大画笔大致勾勒出对象，然后逐渐缩小画笔，细抠小区域，After Effects 会自动判断边界在何处。

提示 使用鼠标滚轮可以快速放大或缩小【图层】面板中的视频画面。

❼ 按住鼠标左键，在石盆中间水平拖动，画出一条绿色的线，如图 9-6 所示。

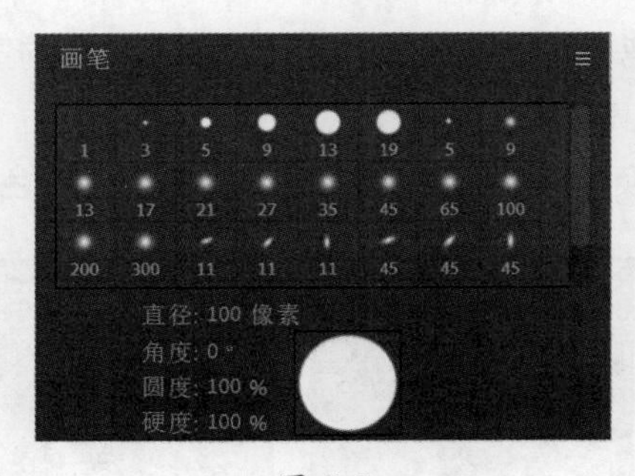

图 9-5

图 9-6

此时，【效果控件】面板中显示出【Roto 笔刷和调整边缘】的各个属性。同时在【图层】面板中出现了一条粉红色的分割线，即分离边界，其内部是前景，外部是背景，如图 9-7 所示。After Effects 大约识别出了一半石盆，因为它只对石盆的一小块区域进行了采样。

多涂抹一些前景区域，可以帮助 After Effects 更准确地识别分离边界。检查一下【Roto 笔刷工具】的版本是否是 3.0。

8 在【效果控件】面板中，确保【版本】中选择的是 3.0，如图 9-8 所示。

图 9-7

图 9-8

9 继续使用大笔刷，沿着石盆内侧边缘涂抹，如图 9-9 所示。请注意，涂抹时，不要把树枝包含进去。

图 9-9

10 把画面放大到 200%，使用【手形工具】( ) 让小鸟显示在面板中央。

11 再次选择【Roto 笔刷工具】。然后，选择一个小笔刷，在小鸟身体上涂抹一下，如图 9-10 所示。

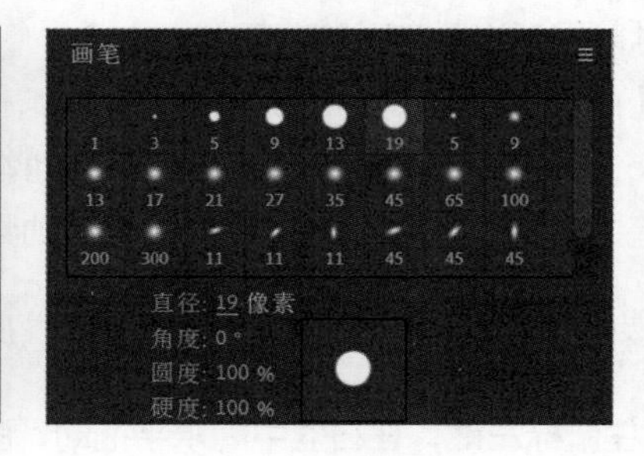

图 9-10

在使用【Roto 笔刷工具】选取前景的过程中，难免会把一部分背景带入前景。当前抠取的前景还不太精确，下面使用背景画笔从前景中去除多余的部分，使其更加精确。

12 按住 Alt（Windows）或 Option（macOS）键，切换成背景画笔，此时画出的痕迹是红色的。在当前选取的前景范围内（粉红色线条内），找出应该是背景的部分，然后使用背景画笔在其上涂抹，将其从前景中排除，如图 9-11 所示。

图 9-11

13 不断在前景画笔和背景画笔之间来回切换，同时调整画笔大小，使得前景与背景得以精确分离，如图 9-12 所示。注意石盆背后的树枝不是前景的一部分，不应当包含在前景之中，请将其从前景中排除。在某些情况下，在某个区域或对象上轻点一下即可轻松将其从前景中排除。

图 9-12

⑭ 把小鸟精确抠出后，缩小画面，仔细检查石盆区域，并根据实际情况做必要调整，以确保石盆也被精确抠出，如图 9-13 所示。

图 9-13

使用 After Effects 编辑 Premiere Pro 视频

在一个项目的制作过程中，你可以使用 Premiere Pro 和 After Effects 处理同一段视频，并在两个应用程序之间轻松传递视频。

若想在 After Effects 中编辑 Premiere Pro 视频，请按照以下步骤操作。

① 在 Premiere Pro 中，使用鼠标右键（Windows）或按住 Control 键（macOS）单击视频，在弹出的菜单中选择【替换为 After Effects 合成】。

此时，After Effects 启动，并打开 Premiere Pro 视频。

② 当 After Effects 询问是否保存所做的更改时，单击【保存】按钮。然后，在 After Effects 中对视频做相应处理，这与其他 After Effects 项目一样。

③ 处理完毕后，保存项目，返回 Premiere Pro。

你在 After Effects 中所做的更改会反映在【时间轴】面板中。

使用【Roto 笔刷工具】时，刚开始画笔涂抹的痕迹不用十分精确，确保分离边界（粉红色线条）与前景对象真实边缘相差 1 到 2 个像素即可。下一小节会对蒙版进行精细调整。After Effects 会依据基础帧的蒙版调整其他帧上的蒙版，所以应尽量把基础帧上的蒙版调得准确一些。

⑮ 在【图层】面板底部，单击【切换 Alpha】按钮（ ）。此时，选取的区域（前景）为白色，未选取的区域（背景）为黑色，两者之间的差别清晰可见，如图 9-14 所示。

⑯ 在【图层】面板底部，单击【切换 Alpha 叠加】按钮（ ）。此时，前景原样显示，背景叠加上一层红色，如图 9-15 所示。

⑰ 在【图层】面板底部，单击【切换 Alpha 边界】按钮（ ），此时画面中再次出现粉色分界线，把小鸟和石盆围住，如图 9-16 所示。

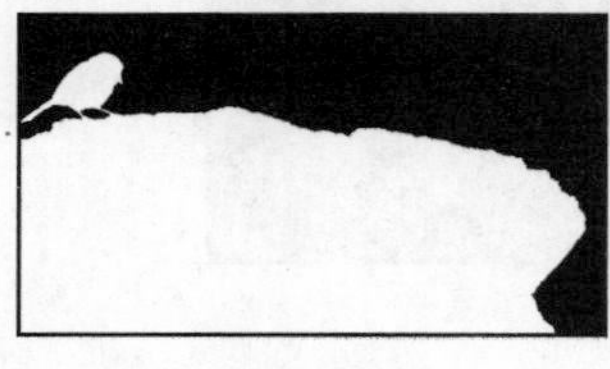

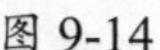

图 9-14

图 9-15

图 9-16

使用【Roto 笔刷工具】时，【Alpha 边界】是展现蒙版精确与否的最好方式，因为边界内外区域一览无余。不过，在【Alpha】和【Alpha 叠加】模式下，你可以更方便地观察蒙版，因为在这两种模式下不会受到背景干扰。

9.3.2 精调分离边界

前面使用【Roto 笔刷工具】创建了一个基础帧，其中包含的分离边界把前景与背景明确分开。在【图层】面板底部的时间标尺下，显示的是 Roto 笔刷的作用范围。当 After Effects 计算好某帧的分离边界时，在时间轴上该帧的下方就会出现绿色条。

向前或向后移动播放滑块（即时间指示器）时，分离边界会随着前景对象（这里指小鸟和石盆）一起移动。接下来逐帧移动播放滑块，检查每帧上的分离边界是否准确，并根据实际情况调整分离边界。

石盆在整个视频内始终保持静止，因此其分离边界始终不变。鉴于此，应把主要精力放在小鸟身上，在整个视频内它的活动范围相对较大。

① 放大画面，对准小鸟，然后在工具栏中选择【Roto 笔刷工具】。

② 按主键盘（非数字小键盘）上的数字键 2，每按一次可向后移动一帧。

提示 按主键盘（非数字小键盘）上的数字键 2，将向后移动一帧（即移动到下一帧）；按数字键 1，将向前移动一帧（即移动到上一帧）。

从基础帧开始，After Effects 会跟踪对象的边缘，并尽量跟踪对象的运动，如图 9-17 所示。分离边界的精确程度（即是否能准确圈住你希望的区域）取决于前景和背景元素的复杂程度。

注意 当分离边界传播至某帧时，After Effects 会把这个帧缓存下来。在时间标尺上缓存的帧用绿条表示。如果你一下跳到前方较远处的帧上，After Effects 可能需要花较长时间才能计算出那个帧的分离边界。

③ 使用【Roto 笔刷工具】在前景和背景上涂抹，进一步调整当前帧上的分离边界（蒙版边界）。当蒙版精确了，即停止调整。

调整过程中，鸟喙处的分离边界也会跟着变化，请确保其准确性，如图 9-18 所示。同样地，小鸟腿部和爪子处的分离边界也要仔细调整，以确保其准确性。

图 9-17

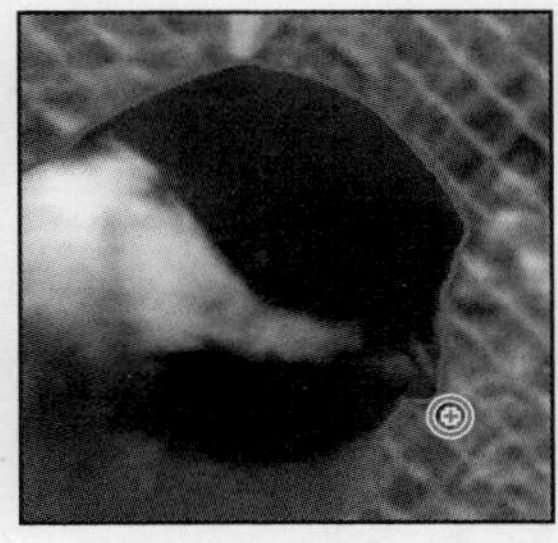

图 9-18

❹ 再次按数字键 2，移动到下一帧。

❺ 使用【Roto 笔刷工具】，继续在前景和背景上涂抹，进一步调整分离边界，如图 9-19 所示。

图 9-19

若画得不对，可以随时撤销，重新再画。在 Roto 笔刷作用范围内逐帧移动时，对当前帧的每次修改都会影响它后面的所有帧。使用 Roto 笔刷描画得越精细，最后的分离效果越好。建议每次下笔描画后，就向后（即向右）走几帧，看看对后面各帧的分离边界产生了什么影响。

当小鸟快速移动时（如 0:14 ~ 0:19），小鸟身体的边缘会变模糊，而一旦小鸟慢下来，其身体的边缘又会变清晰。抠取画面中快速移动的对象（如小鸟）时，应该把主要精力放在从前景中排除不希望选取的部分（如小鸟背后的树枝），尽量不要扩大小鸟所在的模糊区域。

❻ 重复步骤 4 和 5，直到视频结束，如图 9-20 所示。

❼ 小鸟抠好后，缩小画面至适合窗口大小，拖动滑动块，检查各帧的分离边界是否准确，并根据需要做相应调整，如图 9-21 所示。

图 9-20

图 9-21

⑧ 当整个图层的分离边界全部调整完毕后，在菜单栏中依次选择【文件】>【保存】，保存当前项目。

9.4 精调蒙版

尽管 Roto 笔刷的抠像效果已经相当不错了，但是蒙版中还是夹杂着一些背景，或者有些前景还没有完全抠出来。为此，需要对蒙版边缘进行精调，以便从蒙版中删除那些不该混入的背景，以及把未包含的前景纳入蒙版。

9.4.1 调整【Roto 笔刷和调整边缘】效果

使用【Roto 笔刷工具】时，After Effects 会向图层应用【Roto 笔刷和调整边缘】效果，【效果控件】面板中显示出【Roto 笔刷和调整边缘】效果的各个参数和控件。下面借助这些参数和控件进一步调整蒙版边缘。

❶ 在【图层】面板中，按空格键播放视频。预览完整个视频后，再次按空格键停止播放。

观看视频的过程中，你会发现分离边界有点“跳”，不太规整。下面通过调整【减少震颤】和【对比度】来解决这个问题。

❷ 在【效果控件】面板中，把【对比度】值修改为 40%，把【减少震颤】值修改为 20%，如图 9-22 所示。

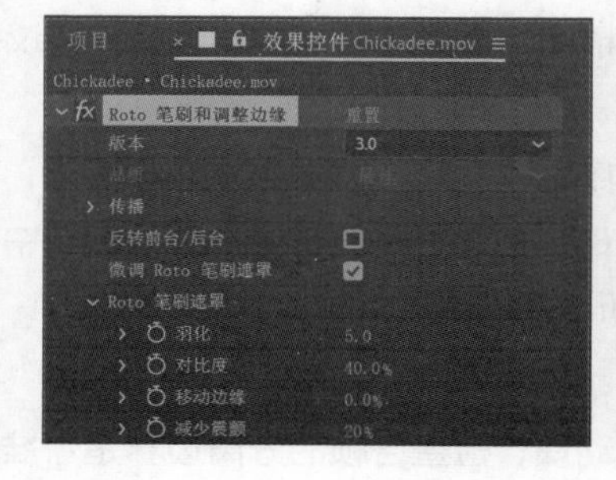

图 9-22

【减少震颤】值控制对相邻帧做加权平均计算时当前帧起多大影响，【对比度】控制分离边界的松紧程度。

③ 再次预览视频，可以发现当前分离边界已经变得非常平滑。

【调整柔和遮罩】和【调整实边遮罩】效果

After Effects 提供了两种用于调整蒙版的相关效果：【调整柔和遮罩】和【调整实边遮罩】。【调整柔和遮罩】效果与【调整实边遮罩】效果几乎完全一样，但它会以恒定的宽度把效果应用到整个遮罩上。如果你想在整个遮罩上捕捉微妙的变化，可以使用【调整柔和遮罩】效果。

在【效果控件】面板中，勾选【Roto 笔刷和调整边缘】中的【微调 Roto 笔刷遮罩】，则【调整实边遮罩】效果对边缘的调整效果和使用 Roto 笔刷的一样。

9.4.2 使用【调整边缘工具】

当要抠取的对象边缘不光滑（比如有很多细小的毛刺）时，使用【Roto 笔刷工具】就无法取得令人满意的抠像效果，因为它不擅于分辨具有细微差异的边缘。此时，【调整边缘工具】就派上大用场了，它允许你把微小细节（例如几缕头发）添加到分离边界所圈住的区域中。

虽然在创建了基础帧之后你就可以使用【调整边缘工具】，但最好还是在你调整完整个视频的分离边界之后再用它。鉴于 After Effects 会传播分离边界，过早使用【调整边缘工具】可能会导致最终蒙版无法达到预期效果。

① 返回视频第一帧（基础帧），然后放大画面，确保能够清晰看到小鸟尾巴边缘。如有必要，使用【手形工具】移动画面，确保能够完整地看到整只鸟。

② 在工具栏中，选择【调整边缘工具】（ ），该工具隐藏于【Roto 笔刷工具】之下。

③ 小鸟尾巴相对柔软，所以选用小尺寸画笔会比较合适。对于带有绒毛的对象，使用小尺寸画笔可能会得到更好的效果。描绘时，画笔要与对象的边缘重叠。

把画笔直径修改为 5 像素，如图 9-23 所示。

使用【调整边缘工具】时，画笔要沿着蒙版边缘移动描绘。

④ 在【图层】面板中，把【调整边缘工具】移动到尾巴边缘上，拖绘时让笔刷盖住分离边界，包含羽毛的模糊区域，如图 9-24 所示。根据实际需要，可多画几笔。

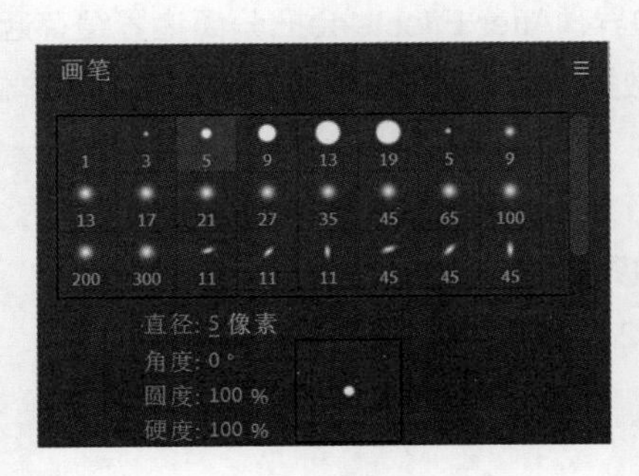

图 9-23

图 9-24

释放鼠标后，After Effects 会切换到 X 光透视模式，这种模式会显示更多边缘细节，方便你观察【调整边缘工具】对蒙版所做的修改。

❺ 沿着时间标尺拖曳时间指示器，检查边缘。在 0:15 处，小鸟移动得很快，导致调整边缘无法跟上，与小鸟尾巴脱离。

❻ 把画笔直径修改为 19 像素，如图 9-25 所示。

❼ 在 0:15 处，按住 Alt（Windows）或 Option（macOS）键，使用【调整边缘工具】从蒙版擦掉某些不自然且无什么用处的区域，如图 9-26 所示。

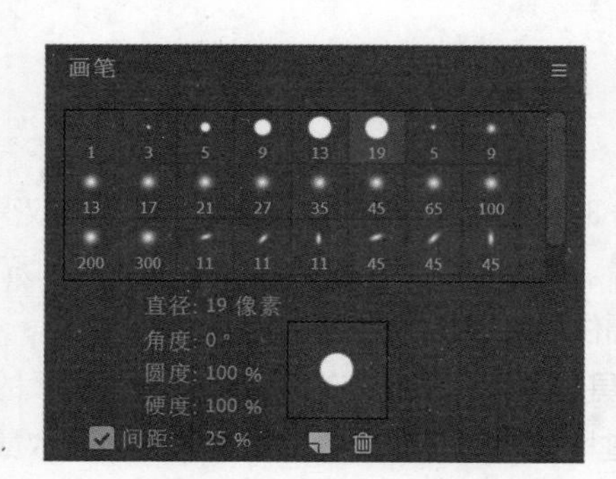

图 9-25

图 9-26

❽ 继续向前或向后移动，使用【调整边缘工具】在未覆盖小鸟羽毛绒毛的蒙版边缘处进行涂抹，并清除脱离小鸟尾巴的蒙版。

❾ 缩小画面，观看整个场景。若【图层】面板已最大化，请把【图层】面板恢复成原来大小。然后在菜单栏中依次选择【文件】>【保存】，保存当前项目。

注意 为了提高效率，建议先对视频蒙版做初步整理，然后使用【调整边缘工具】进行精细调整。

9.5 冻结【Roto 笔刷工具】的调整结果

前面花了大量时间和精力为整个视频创建好了分离边界。After Effects 会把分离边界缓存起来，这样下次调用时，就无须重新计算了。为了方便访问这些数据，需要把它们“冻结”起来。这样做会减轻系统负担，加快 After Effects 的运行速度。

一旦分离边界被冻结，如果不解冻，你将无法对其进行编辑。需要注意的是，冻结分离边界会很耗时，所以在执行冻结操作之前，你最好尽可能地把分离边界调整好。

❶ 在【图层】面板右下角单击【冻结】按钮，如图 9-27 所示。

注意 冻结操作具体的耗费时长取决于你的系统配置。

图 9-27

After Effects 在冻结【Roto 笔刷工具】和【调整边缘工具】的调整结果时会显示一个进度条。在不同系统配置下，冻结操作耗费的时长各不相同。After Effects 冻结各帧的信息时，缓存标志线会变成蓝色。当冻结操作完成后，【图层】面板中的时间标尺之上会显示一个蓝色警告条，提示分离边界已经被冻结了，如图 9-28 所示。

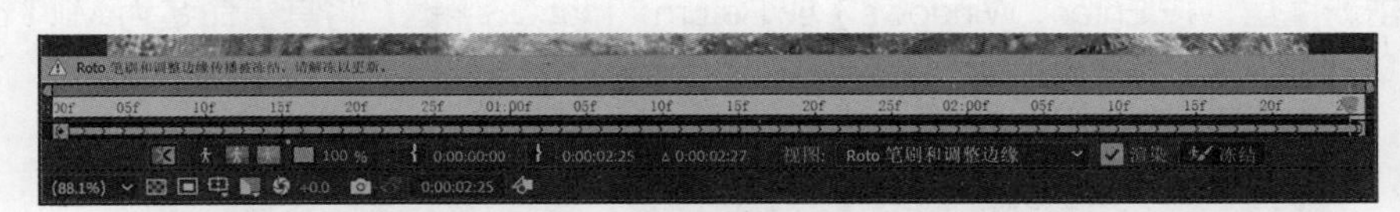

图 9-28

❷ 在【图层】面板中，单击【切换 Alpha 边界】按钮（ ），查看蒙版。然后，单击【切换透明网格】图标（ ）。沿着时间标尺拖曳时间指示器，在背景透明的情况下查看抠出来的前景部分，如图 9-29 所示。

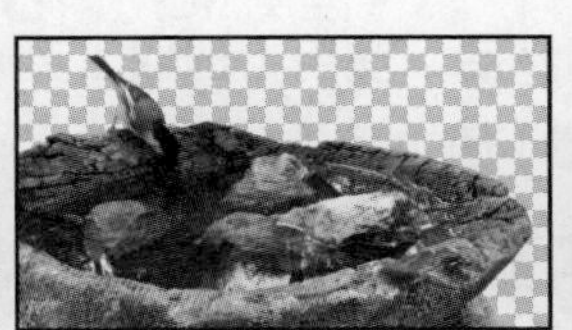

图 9-29

❸ 再次单击【切换 Alpha 边界】按钮，显示分离边界。

❹ 在菜单栏中依次选择【文件】>【保存】，保存当前项目。

After Effects 会把冻结的分离边界信息和项目一起保存下来。

9.6 更改背景

前景抠出来之后，接下来就该做一些合成操作了。例如，换掉整个背景，即把抠出来的内容合成到另外一个背景上；或者，仅更换前景或背景，而其他部分保持不变。这里换掉背景，把抠出来的前景合成到一个新背景上，然后使用颜色校正工具来调整画面。

❶ 关闭【图层】面板，返回【合成】面板，然后把时间指示器拖曳至时间标尺的起始位置。在【合成】面板底部单击【放大率弹出式菜单】，从中选择【适合】。

❷ 若 Chickadee.mov 图层的属性处于展开状态，把它们隐藏起来。

此时【合成】面板中显示的合成中只包含 Chickadee.mov 图层，其内容是前面从视频中抠出来的前景，如图 9-30 所示。

图 9-30

❸ 打开【项目】面板，然后在【项目】面板中双击空白区域，打开【导入文件】对话框。在【导入文件】对话框中转到 Lessons\Lesson09\Assets 文件夹，选择 MillPond.mov，然后单击【导入】（Windows）或【打开】（macOS）按钮。

❹ 把 MillPond.mov 素材从【项目】面板拖入【时间轴】面板，并使其位于 Chickadee.mov 图层之下。

❺ 单击新图层，按 Enter（Windows）或 Return（macOS）键，将其重命名为 Mill Pond Start，再次按 Enter（Windows）或 Return（macOS）键，使修改生效，如图 9-31 所示。

图 9-31

❻ 选择 Chickadee.mov 图层。然后，使用【选取工具】（▶）把图层拖曳至画面的左下角。在【属性】面板中，图层的最终【位置】值如图 9-32 所示。

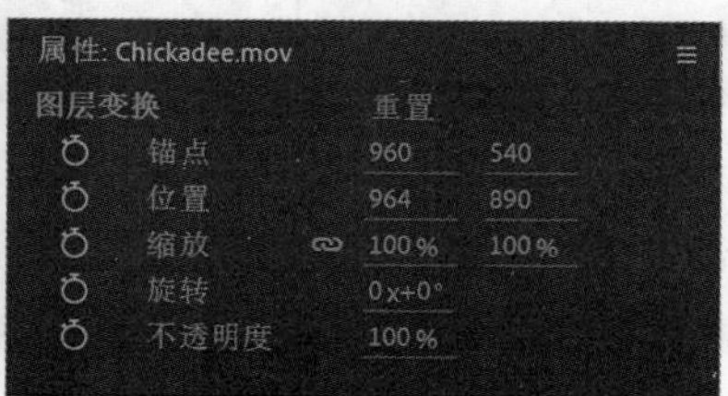

图 9-32

❼ 选择 Mill Pond Start 图层，在菜单栏中依次选择【效果】>【颜色校正】>【色相 / 饱和度】。

【色相 / 饱和度】效果有两种不同的使用方式，首先为 Mill Pond Start 图层创建一个副本。

❽ 在 Mill Pond Start 图层处于选中状态时，在菜单栏中依次选择【编辑】>【重复】。把底部图层（Mill Pond Start 图层）名称修改为 Mill Pond End，如图 9-33 所示。把 Mill Pond Start 2 图层名称

修改为 Mill Pond Start。

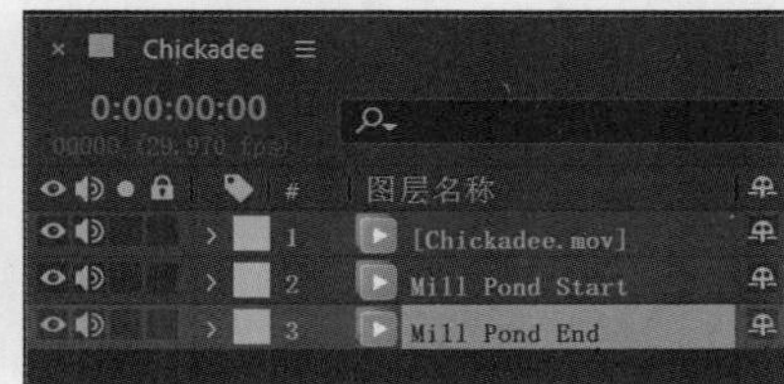

图 9-33

9 选择 Mill Pond Start 图层，在【效果控件】面板中做以下设置，如图 9-34 所示。

- 勾选【彩色化】。
- 修改【着色色相】为 0x+56° 。
- 修改【着色饱和度】为 19。
- 修改【着色亮度】为 -25。

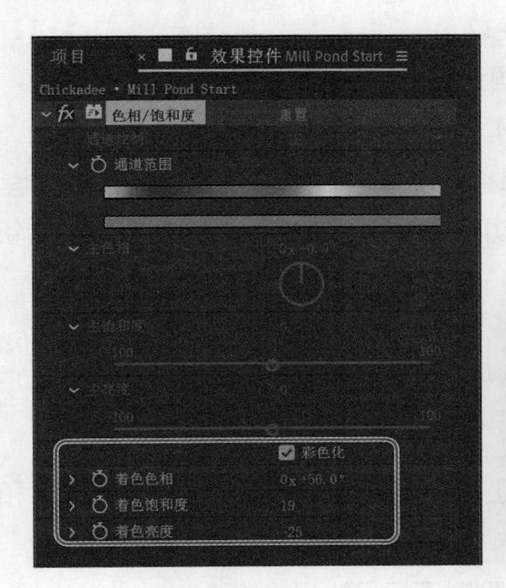

图 9-34

10 在【属性】面板中，单击【不透明度】属性左侧的秒表图标，创建初始关键帧（100%）。

11 把时间指示器拖曳到 1:10 处，修改【不透明度】值为 0%，如图 9-35 所示。

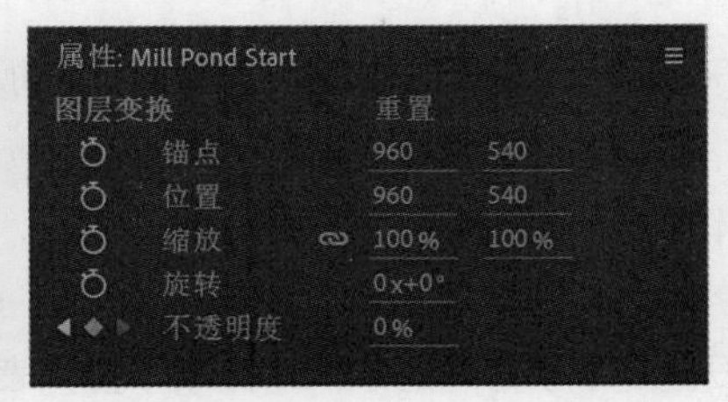

图 9-35

12 确保时间指示器在 1:10 处，选择 Mill Pond End 图层。

13 在【效果控件】面板中，单击【通道范围】属性左侧的秒表图标，创建初始关键帧。

14 把时间指示器拖曳到 2:25 处，修改【主色相】为 0x-30° ，如图 9-36 所示。

15 按空格键预览项目，如图 9-37 所示。预览完后，再次按空格键停止预览。

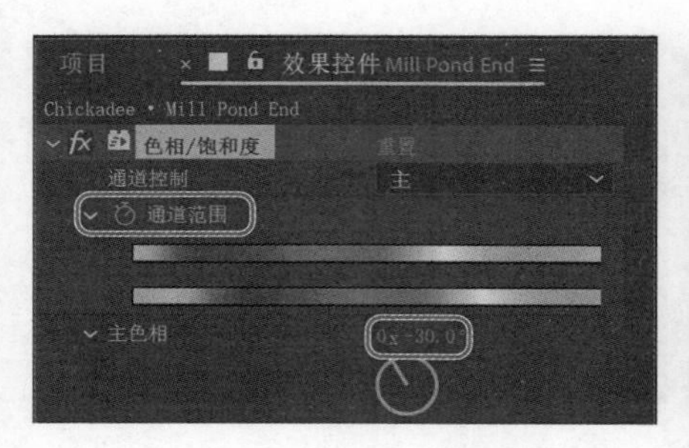

图 9-36

图 9-37

背景有了季节变化，从春天逐渐过渡到夏日，再过渡到初秋。

⑯ 在菜单栏中依次选择【文件】>【增量保存】。

执行增量保存之后，你可以再次返回项目的早期版本以便做相应的修改。当你想尝试某些效果时，【增量保存】功能是非常有用的。【增量保存】功能会保留之前保存过的项目，然后新建一个同名的项目，并在文件名之后添加一个数字编号。

9.7 添加动态文本

到这里，整个项目就差不多完成了。还有一项工作，那就是在前景（小鸟与石盆）和背景之间添加动态文本。

① 取消选择所有图层，然后把时间指示器拖曳到时间标尺的起始位置。

② 在工具栏中选择【横排文字工具】(T)，然后在画面中输入文本“Reflections”。

此时，【时间轴】面板中出现了一个名为 Reflections 的文本图层，该图层位于其他所有图层之上。

③ 选择 Reflections 图层，然后在【属性】面板的【文本】区域中做以下设置，如图 9-38 所示。

- 在字体系列下拉列表中，选择 Courier New 字体。
- 在字体样式下拉列表中，选择 Bold。
- 设置字体大小为 300 像素。
- 在【设置两个字符间的字偶间距】下拉列表中选择【视觉】。
- 设置填充颜色为白色。
- 取消勾选【描边】。
- 单击【更多】按钮，设置【垂直缩放】为 140%。

④ 使用【选取工具】(▶) 把文本拖曳至石盆上边沿，然后在【时间轴】面板中把 Reflections 图层拖曳至 Chickadee.mov 图层之下，如图 9-39 所示。

图 9-38

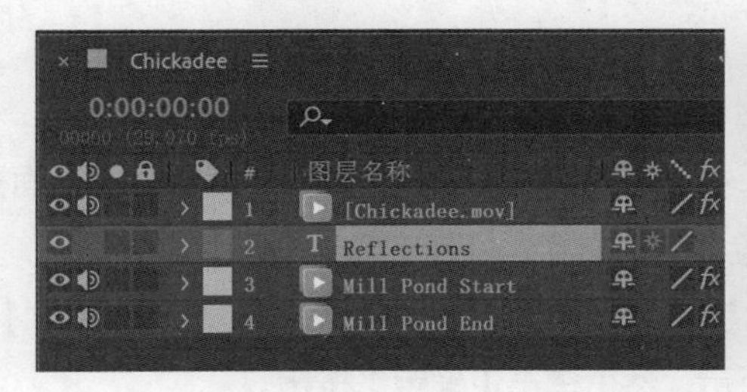

图 9-39

接下来，给文本制作动画，使其像流体一样出现在画面中。

❺ 确保时间指示器位于时间标尺的起始位置，且 Reflections 图层处于选中状态。打开【效果和预设】面板，在搜索框中输入“模糊”，在【Text】>【Blurs】下，双击【模糊并渐入】预设，应用至所选图层，如图 9-40 所示。

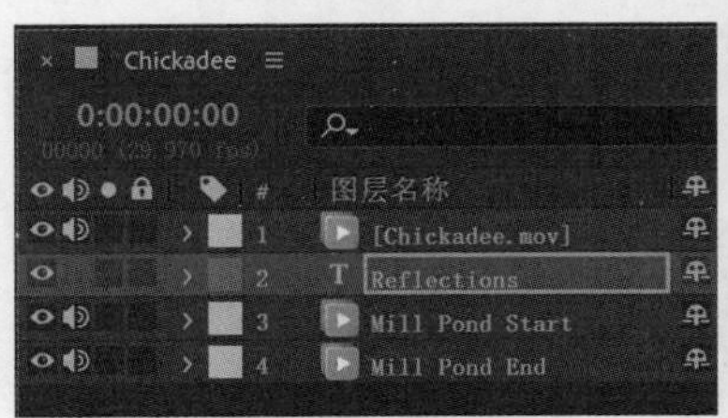

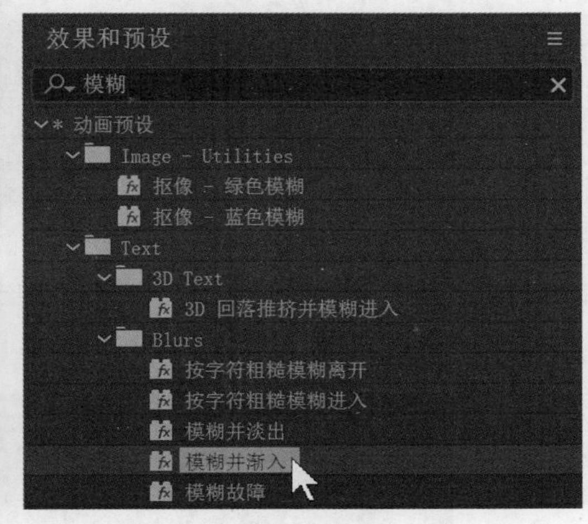

图 9-40

❻ 在【时间轴】面板中，取消对所有图层的选择，把时间指示器拖曳到时间标尺的起始位置。按空格键预览视频，如图 9-41 所示。

❼ 在菜单栏中依次选择【文件】>【保存】，保存当前项目。

图 9-41

9.8 导出影片

渲染影片，然后将其导出。

❶ 在菜单栏中依次选择【文件】>【导出】>【添加到渲染队列】，打开【渲染队列】面板。

❷ 在【渲染队列】面板中，单击【最佳设置】蓝字文字，打开【渲染设置】对话框。

❸ 在【渲染设置】对话框中，在【分辨率】下拉列表中选择【二分之一】，在【帧速率】区域中，选择【使用合成的帧速率 29.970】，如图 9-42 所示，然后单击【确定】按钮。

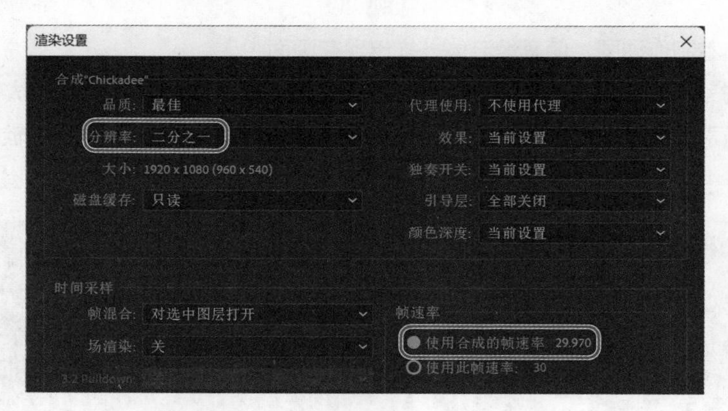

图 9-42

❹ 单击【输出模块】右侧的蓝色文本，打开【输出模块设置】对话框。在【输出模块设置】对话框底部选择【关闭音频输出】，单击【确定】按钮，如图 9-43 所示。

图 9-43

❺ 单击【输出到】右侧的蓝色文本，打开【将影片输出到】对话框。在【将影片输出到】对话框中转到 Lessons\Lesson09\Finished_Project 文件夹，单击【保存】按钮。

⑥ 在【渲染队列】面板右上角单击【渲染】按钮，如图 9-44 所示。

图 9-44

⑦ 渲染完成后，保存并关闭项目。

在本课中，大家一起学习了如何把前景对象从背景中分离，如何替换和调整背景，以及如何制作文本动画。相信现在大家已经学会了【Roto 笔刷工具】的使用方法，接下来就请在你的个人项目中多多使用它，提升熟练度。

更多内容

面部跟踪

After Effects 提供了强大的面部跟踪功能，使用这个功能，可以轻松地跟踪人物面部或面部的特定部位，如嘴唇、眼睛等。而在此之前，跟踪人物面部需要使用 Roto 笔刷或复杂抠像功能。

① 在菜单栏中依次选择【文件】>【新建】>【新建项目】。

② 在【合成】面板中，单击【从素材新建合成】按钮，在弹出的【导入文件】对话框中转到 Lessons\Lesson09\Assets 文件夹，选择 Facetracking.mov 文件，然后单击【导入】（Windows）或【打开】（macOS）按钮。

注意 打开 Lesson09_extra_credit.aep 文件后，你可能需要重新链接 Facetracking.mov 素材。

③ 在【时间轴】面板中，选择 Facetracking.mov 图层。然后在工具栏中选择【椭圆工具】，该工具隐藏于【矩形工具】之下。

④ 在人物面部拖曳，绘制一个椭圆形蒙版，大致盖住人物面部，如图 9-45 所示。

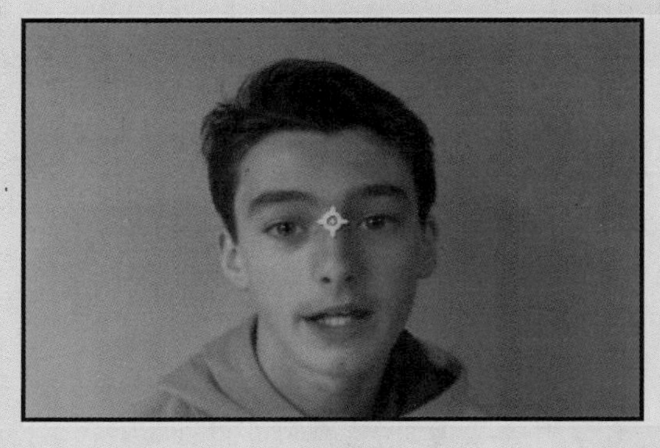

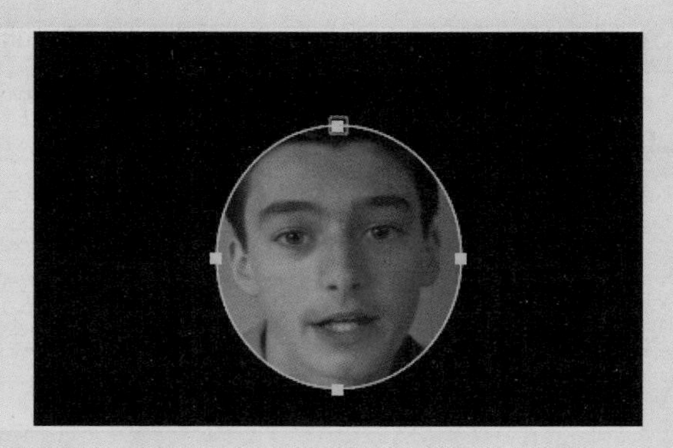

图 9-45

⑤ 使用鼠标右键单击【蒙版 1】，在弹出的菜单中选择【跟踪蒙版】，如图 9-46 所示。

❻ 在【跟踪器】面板中，从【方法】下拉列表中选择【脸部跟踪（仅限轮廓）】，如图 9-47 所示。

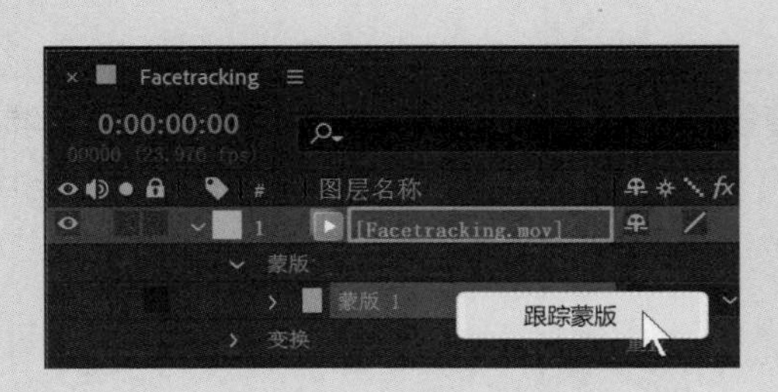

图 9-46

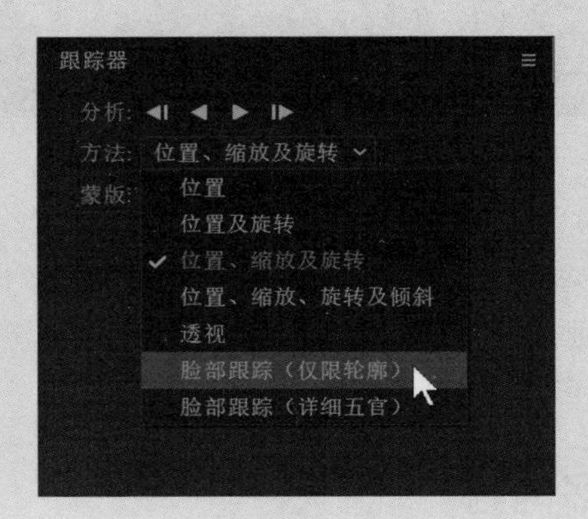

图 9-47

【脸部跟踪（仅限轮廓）】用于跟踪人物整个面部。【脸部跟踪（详细五官）】用于跟踪面部轮廓以及嘴唇、眼睛等独特的面部特征。你可以把详细面部数据导出，用在 Character Animator 之中，或者在 After Effects 中应用特效，或者将其与另一个图层（例如眼罩或帽子）关联在一起。

❼ 在【跟踪器】面板中，单击【向前分析】按钮。

跟踪器会跟踪人物面部，并随着面部运动而更改蒙版的形状和位置，如图 9-48 所示。

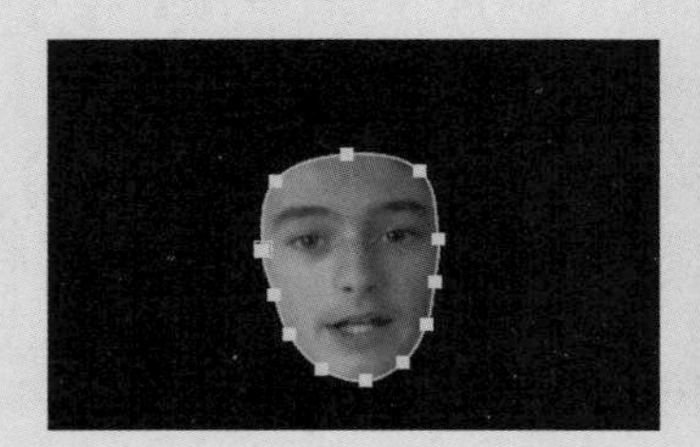
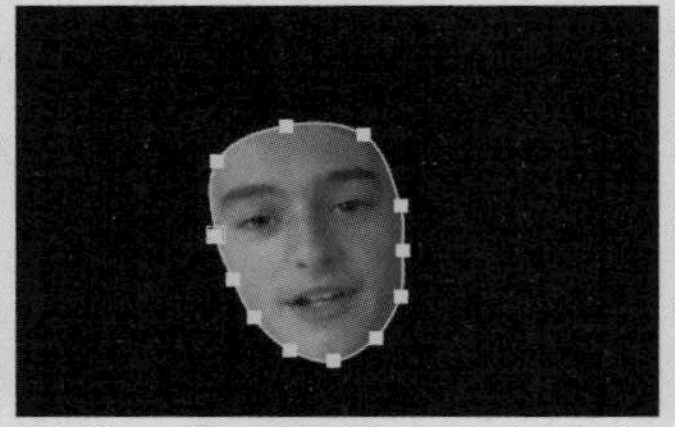
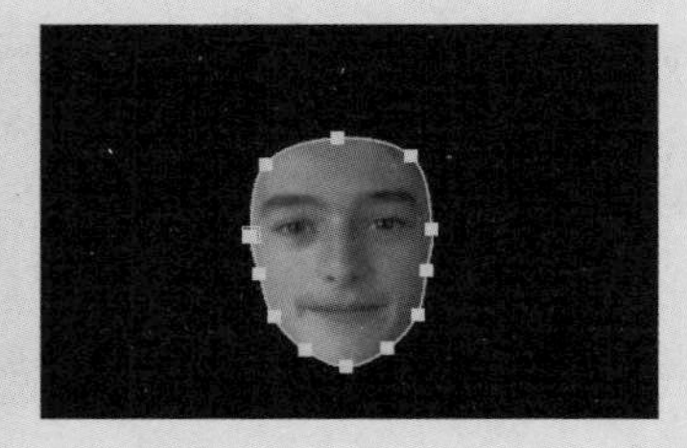

图 9-48

❽ 按 Home 键，使时间指示器返回至时间标尺的起始位置，然后沿着时间标尺拖曳时间指示器，观察蒙版是如何随着人物面部变化而变化的。

❾ 在【效果和预设】面板中，搜索【亮度和对比度】。然后把【亮度和对比度】效果拖曳到【时间轴】面板中的 Facetracking.mov 图层上。

❿ 在【时间轴】面板中依次展开【效果】>【亮度和对比度】>【合成选项】。

⓫ 单击【合成选项】右侧的【+】图标，在蒙版中选择蒙版 1，把【亮度】值修改为 50。

此时，面部蒙版区域变亮，但是有点太亮了，蒙版边缘过于突兀。接下来，把亮度值调小一点。

⓬ 修改【亮度】值为 20。

⓭ 展开【蒙版 1】属性。修改【蒙版羽化】值为 (70,70) 像素，如图 9-49 所示。

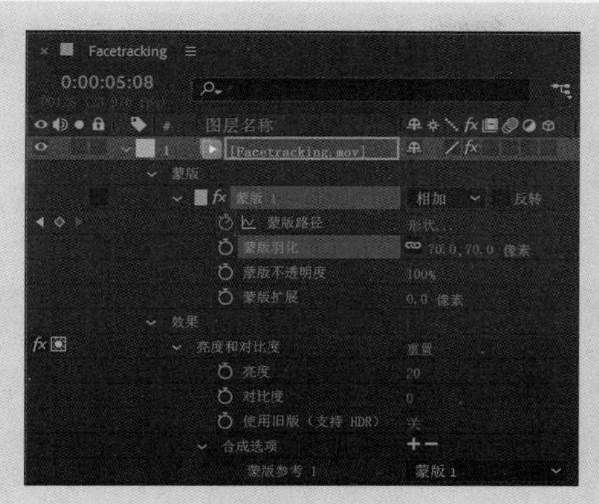

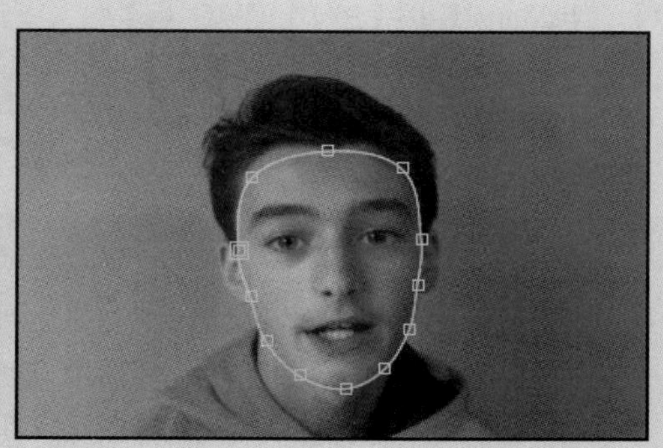

图 9-49

⑭ 把当前项目保存到 Lessons\Lesson09\Finished_Project 文件夹中，然后关闭项目。

借助面部跟踪器，不仅可以让人物面部变模糊、变亮，还可以添加其他各种效果。当然，你还可以翻转蒙版把人物面部保护起来，仅修改人物面部之外的区域。

9.9 复习题

1. 什么时候使用【Roto 笔刷工具】?
2. 什么是分离边界?
3. 什么时候使用【调整边缘工具】?

9.10 复习题答案

1. 凡是可以使用传统动态遮罩进行处理的地方，都可以使用【Roto 笔刷工具】。【Roto 笔刷工具】尤其适用于从背景中删除前景元素。
2. 分离边界是前景和背景之间的分割线。在 Roto 笔刷作用范围内，可以使用【Roto 笔刷工具】轻松调整各帧的分离边界。
3. 当需要为带有模糊或纤细边缘的对象调整分离边界时，可使用【调整边缘工具】。使用【调整边缘工具】可让带有精细细节的区域（例如毛发）变得半透明。使用【调整边缘工具】之前，必须调整好整个视频的分离边界。

第 10 课

调整颜色与氛围

本课概览

本课主要讲解以下内容。

- 使用【场景编辑检测】功能把视频素材内容分离到不同图层上。
- 调整色相和饱和度以校正画面颜色。
- 使用蒙版跟踪器跟踪场景局部。
- 使用【自动对比度】效果调整亮度和对比度。
- 使用【仿制图章工具】复制对象。
- 添加着色效果。
- 使用冻结帧暂停动作。
- 在不同场景之间添加过渡效果。

学习本课大约需要 1 小时

项目：产品广告

视频素材在使用前大都需要做颜色校正和颜色分级。在 After Effects 中，借助其提供的各种强大的工具，你可以轻松地消除视频画面色偏、调亮画面，以及调整画面氛围。

10.1 课前准备

视频画面颜色会影响人的情绪和内心感受。After Effects 提供了多种功能来帮助调整视频画面的颜色。严格来说，颜色校正是指使用各种校色工具和校色技术调整视频颜色，以纠正视频中的白平衡和曝光错误，确保不同视频片段（或称“镜头”）拥有一致的颜色。同样，使用校正工具和校色技术也可以对视频进行颜色分级。颜色分级是对画面颜色的主观性调整，其目标是把观众的视线引导到画面中的主要元素上，或者营造特定的画面氛围和风格，使整个画面更好看、更有情调。

本课将处理几个视频素材，调整画面颜色的饱和度、色相等属性，以优化画面颜色。首先，把一个视频文件分成 3 个独立的图层，以便分别进行处理。然后，应用各种颜色校正效果，增强视频画面效果，改变画面氛围。同时会使用蒙版跟踪和运动跟踪技术，把视频中平淡无奇的背景换成窗帘。

动手之前，预览一下最终影片，同时创建好要用的项目。

❶ 检查你的计算机硬盘上的 Lessons\Lesson10 文件夹中是否包含以下文件。若没有，请先下载它们。

- Assets 文件夹：Collectibles.mp4、drapes.jpg、TrinketsText.psd。
- Sample_Movies 文件夹：Lesson10.mp4。

❷ 在 Windows Movies & TV 或 QuickTime Player 中打开并播放 Lesson10.mp4 示例影片，了解本课要创建的效果。观看完之后，关闭 Windows Movies & TV 或 QuickTime Player。如果存储空间有限，你可以把示例影片从硬盘中删除。

学习本课前，建议你把 After Effects 恢复成默认设置。相关说明请阅读前言“恢复默认首选项”中的内容。

❸ 启动 After Effects 时，立即按 Ctrl+Alt+Shift（Windows）或 Command+Option+Shift（macOS）组合键，在【启动修复选项】对话框中单击【重置首选项】按钮，即可恢复默认首选项。

❹ 在【主页】窗口中，单击【新建项目】按钮。

此时，After Effects 会打开一个未命名的空白项目。

❺ 在菜单栏中，依次选择【文件】>【另存为】>【另存为】，打开【另存为】对话框。

❻ 在【另存为】对话框中，转到 Lessons\Lesson10\Finished_Project 文件夹。输入项目名称“Lesson10_Finished.aep”，单击【保存】按钮，保存项目。

创建合成

下面基于 Collectibles.mp4 文件，新建一个合成。

❶ 在菜单栏中依次选择【文件】>【导入】>【文件】，打开【导入文件】对话框。

❷ 在【导入文件】对话框中，转到 Lessons\Lesson10\Assets 文件夹，选择 Collectibles.mp4，勾选【创建合成】，单击【导入】（Windows）或【打开】（macOS）按钮，如图 10-1 所示。

After Effects 自动创建一个名为 Collectibles 的合成，同时在【合成】和【时间轴】面板中打开它，如图 10-2 所示。

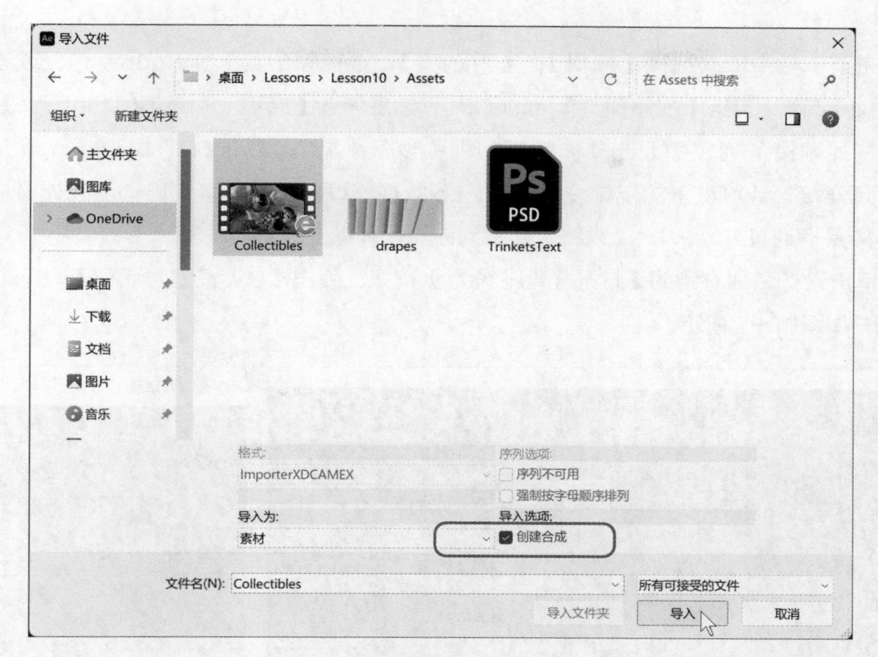

图 10-1

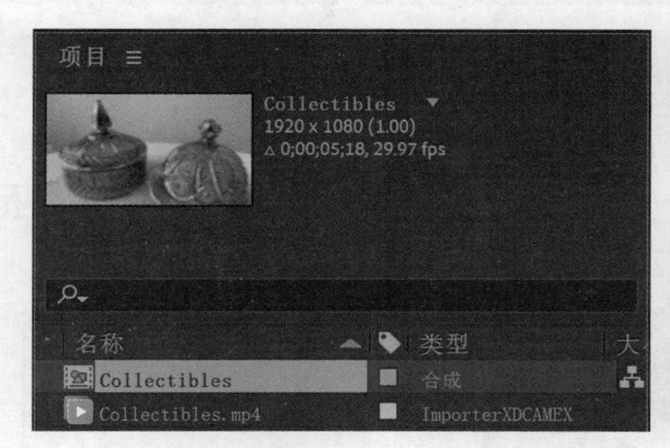

图 10-2

在视频监视器中预览项目

在为视频做颜色校正时，请尽量使用视频监视器，而不是计算机显示器，因为计算机显示器和视频监视器的伽马值存在很大差别。视频在计算机显示器上看着不错，在视频监视器上可能就显得太亮、太白。在做颜色校正之前，请校准你的视频监视器或计算机显示器。关于校准计算机显示器的更多内容，请阅读 After Effects 的帮助文档。

Adobe 数字视频应用程序使用 Mercury Transmit 把视频帧发送到外部视频设备上。视频设备厂商 AJA、Blackmagic Design、Bluefish444、Matrox 提供了相应插件，可以把来自 Mercury Transmit 的视频帧发送到它们的硬件上。这些 Mercury Transmit 插件也可以在 Premiere Pro、Prelude、After Effects 中运行。Mercury Transmit 不需要外部插件就可以使用连接到计算机显卡的视频监视器和通过 FireWire（火线）连接的 DV 设备。

❶ 把视频监视器连接到你的计算机，启动 After Effects 软件。

② 在菜单栏中依次选择【编辑】>【首选项】>【视频预览】(Windows)，或者【After Effects】>【首选项】>【视频预览】(macOS)，然后勾选【启用 Mercury Transmit】。

③ 在视频设备列表中，选择你使用的视频设备。AJA Kona 3G、Blackmagic Playback 等设备表示连接到计算机上的视频设备。Adobe 监视器设备是指连接到显卡上的计算机显示器。Adobe DV 是指通过 FireWire（火线）连接到你的计算机上的 DV 设备。

④ 单击设备名称右侧的【打开插件的设置】按钮，弹出【DV 设置对话框】，里面包含更多控制选项，如图 10-3 所示。

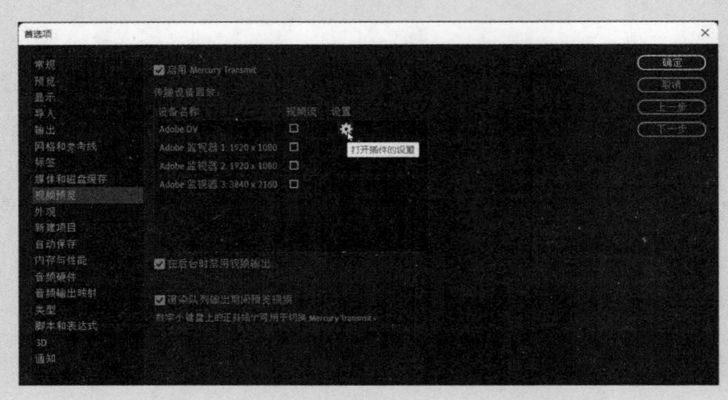

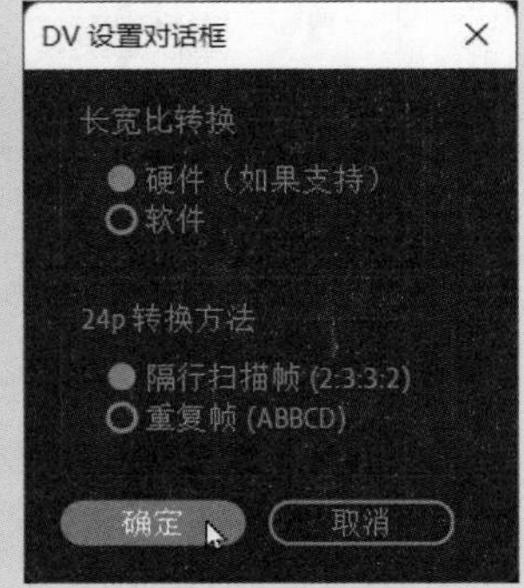

图 10-3

⑤ 设置完毕后，单击【确定】按钮，关闭【首选项】对话框。

③ 按空格键，预览视频素材，如图 10-4 所示。请注意，视频素材中包含 3 个不同的场景。若你的计算机音量较大，在播放视频时你会听到一些噪声。

图 10-4

10.2 检测合成中的场景

视频素材包含 3 个场景，这 3 个场景需要分别处理，包括重新编排 3 个场景的顺序、更改各个场景的时长、应用不同颜色校正、替换其中一个场景的背景，以及在最后一个场景中复制对象等。为了方便做这些处理操作，需要把各个场景分离到单独的图层上，可以使用【场景编辑检测】功能来实现。但在这之前，应把合成的音频做静音处理，以移除里面的静态噪声，防止将其带到新场景中去。

① 按 Home 键，或者把时间指示器拖曳到时间标尺的起始位置。

② 在【时间轴】面板中，单击 Collectibles.mp4 图层左侧的小喇叭图标，把音频关掉，如图 10-5 所示。

❸ 在 Collectibles.mp4 图层处于选中状态时，在菜单栏中依次选择【图层】>【场景编辑检测】。

❹ 在【场景编辑检测】对话框中，选择【在场景编辑位置拆分图层】，单击【确定】按钮，如图 10-6 所示。

图 10-5

图 10-6

After Effects 自动分析视频，然后把视频中的 3 个场景分拆到 3 个图层上，3 个图层的名称一样，均为原始视频文件名，如图 10-7 所示。而且，3 个图层都处于静音状态。视频中的第一个场景位于第三个图层上，最后一个场景位于第一个图层上。接下来重新组织一下 3 个图层。

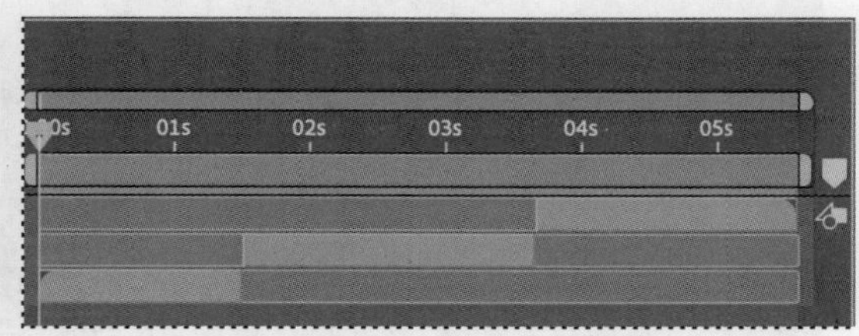

图 10-7

❺ 选择第一个图层，按 Enter（Windows）或 Return（macOS）键，将其重命名为 Trinkets。再次按 Enter（Windows）或 Return（macOS）键，使更改生效。

❻ 重复步骤 5，把第二个和第三个图层的名称分别更改为 Ceramics 与 Art Glass。

❼ 在【时间轴】面板中，把 Ceramics 图层拖曳到最上方，把 Trinkets 图层拖曳到最下方。

❽ 根据图层顺序，把 Ceramics 图层拖曳到时间标尺的起始位置（0:00），把 Art Glass 图层拖曳到 2:05 处，把 Trinkets 图层拖曳至 3:20 处，如图 10-8 所示。

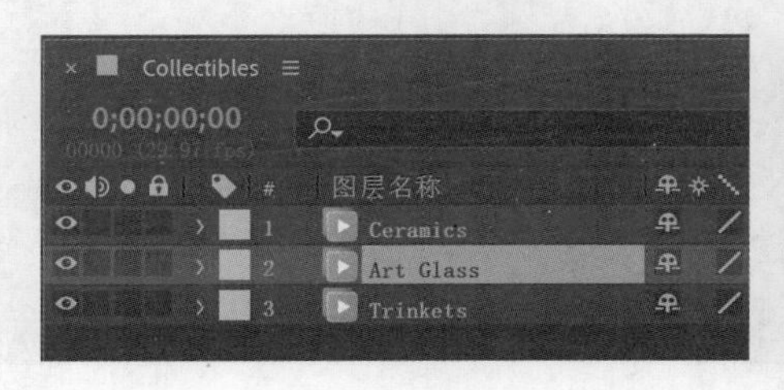

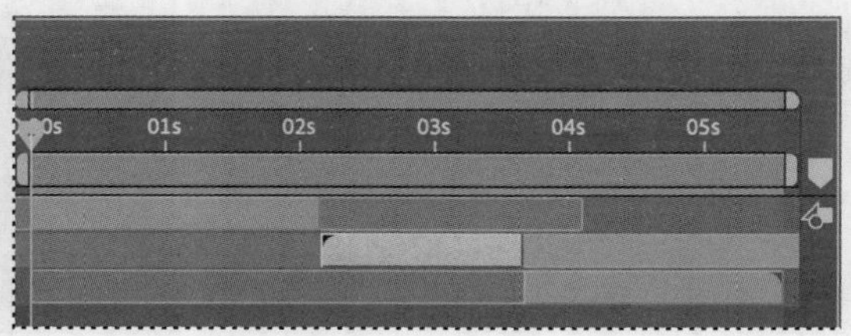

图 10-8

在菜单栏中依次选择【文件】>【保存】，保存当前项目。

10.3 调整画面

下面使用颜色校正效果调整 Ceramics 图层，以加深其画面颜色并提高对比度。

10.3.1 调整饱和度

色相指的是颜色的真实样貌，而饱和度则指颜色的纯度。借助【色相 / 饱和度】效果，可以轻松调整视频画面的色相、饱和度、亮度。

下面调整 Ceramics 图层的饱和度。

❶ 按 Home 键，或者把时间指示器拖曳到时间标尺的起始位置。

❷ 在【时间轴】面板中，选择 Ceramics 图层。

❸ 在菜单栏中依次选择【效果】>【颜色校正】>【色相 / 饱和度】。

此时，【效果控件】面板中显示出【色相 / 饱和度】效果的各个选项，如图 10-9 所示。

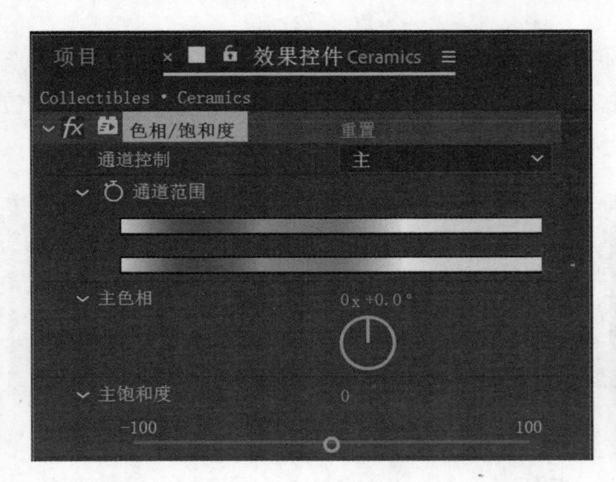

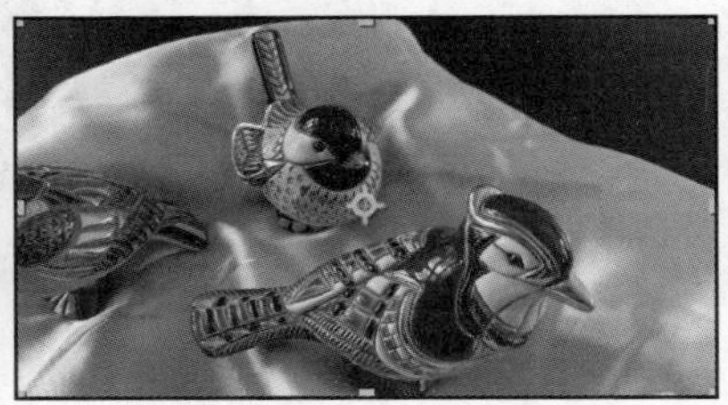

图 10-9

调整饱和度选项，使画面颜色变得鲜艳。

❹ 把【主饱和度】值增加到 25，如图 10-10 所示。

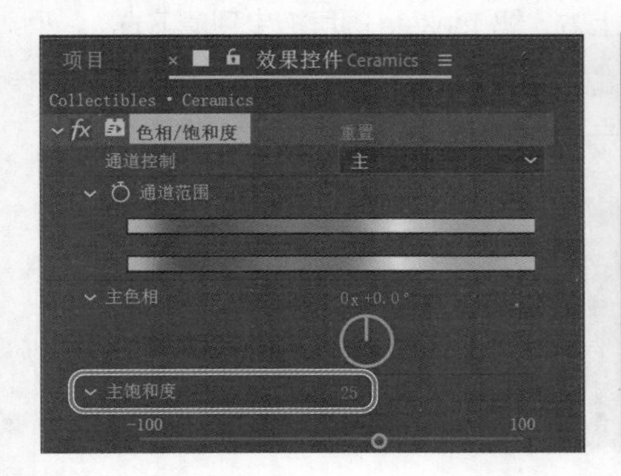

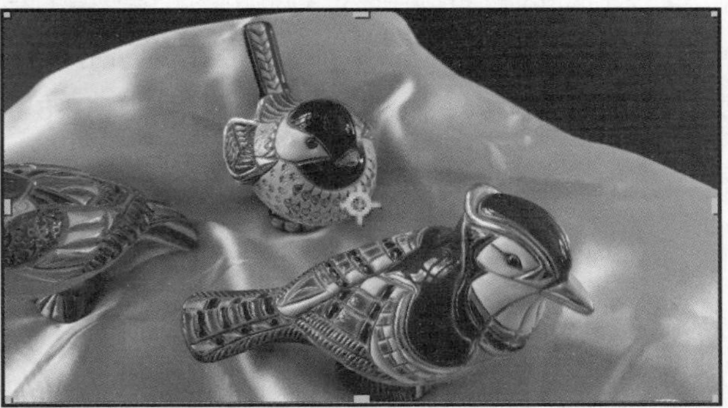

图 10-10

画面中的所有颜色都变亮了一些，尤其是粉红色的布。接下来增强陶瓷鸟身上的金属光泽，只需要把黄色的饱和度提高一点就行了。

⑤ 在【通道控制】下拉列表中选择【黄色】。

⑥ 把【黄色饱和度】提高到 25，如图 10-11 所示。

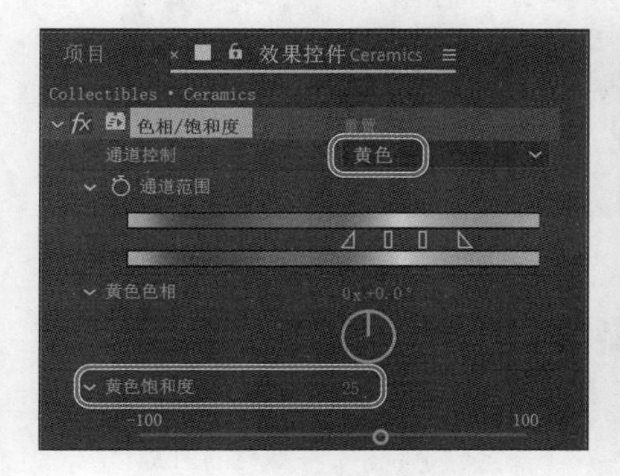

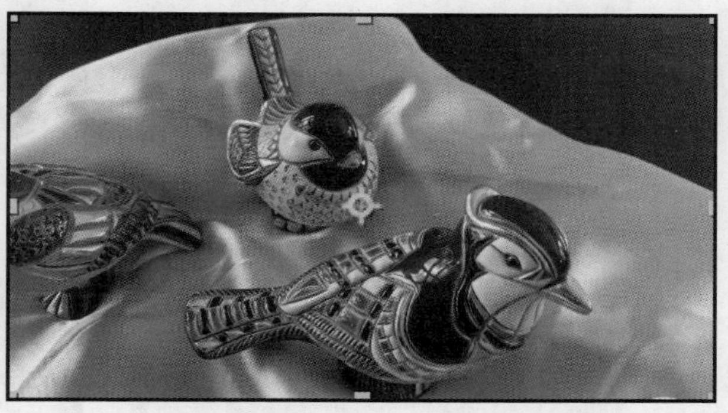

图 10-11

⑦ 在【效果控件】面板中，隐藏【色相 / 饱和度】属性。

10.3.2 调整对比度

【自动对比度】效果可用来调整视频画面的整体对比度和颜色混合程度。应用【自动对比度】效果时，After Effects 会把画面中的最亮像素和最暗像素分别定义为白色和黑色，然后重新排布中间像素，使高光部分更亮、阴影部分更暗，从而增加画面对比度。

增加画面对比度后，陶瓷鸟身上的细节会更加突出。

① 在 Ceramics 图层处于选中状态时，在菜单栏中依次选择【效果】>【颜色校正】>【自动对比度】。

此时，After Effects 会应用默认设置调整画面对比度，同时在【效果控件】面板中显示出【自动对比度】效果的各个控制选项，如图 10-12 所示。

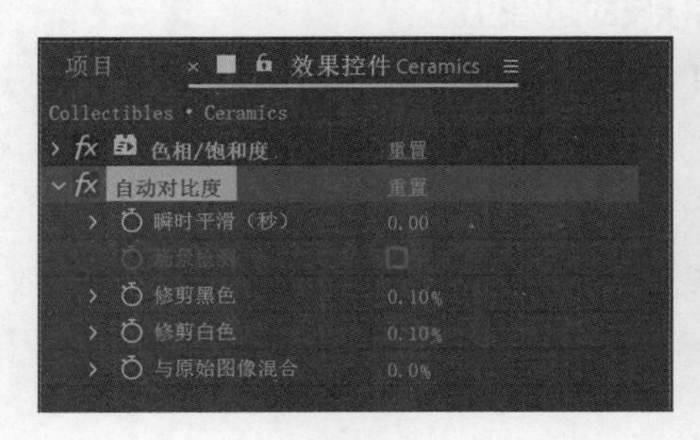

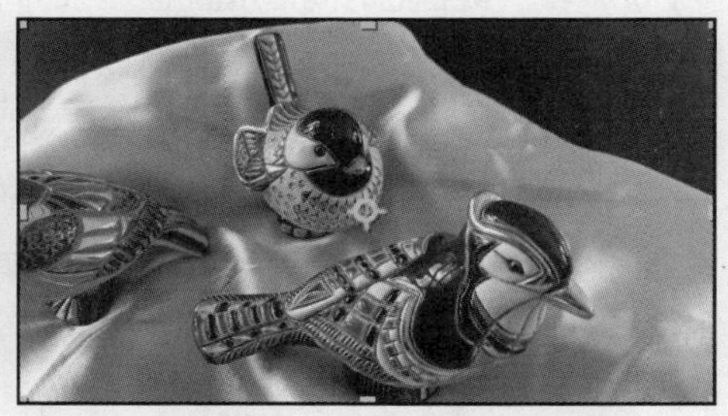

图 10-12

默认设置已经很不错了，但这里要给【修剪黑色】属性制作一个动画，使其随着时间发生变化。

② 确保时间指示器位于时间标尺的起始位置。然后在【效果控件】面板中，单击【修剪黑色】属性左侧的秒表图标（⏱），添加初始关键帧，如图 10-13 所示。

③ 把时间指示器拖曳至 2:02 处，这也是文本的最终位置。

④ 把【修剪黑色】设置成 2%，如图 10-14 所示。

此时，背景变暗，文本更加显眼。

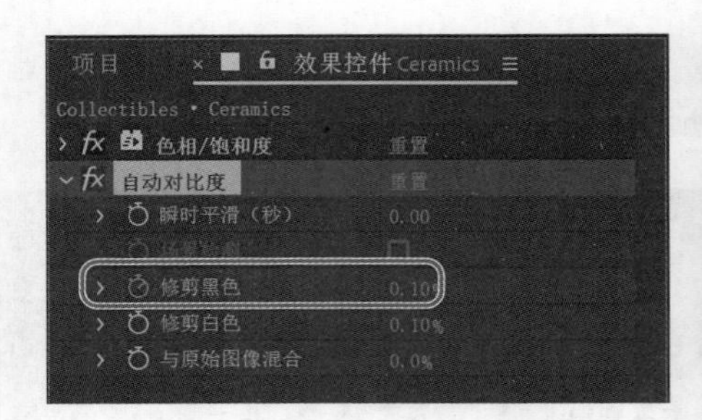

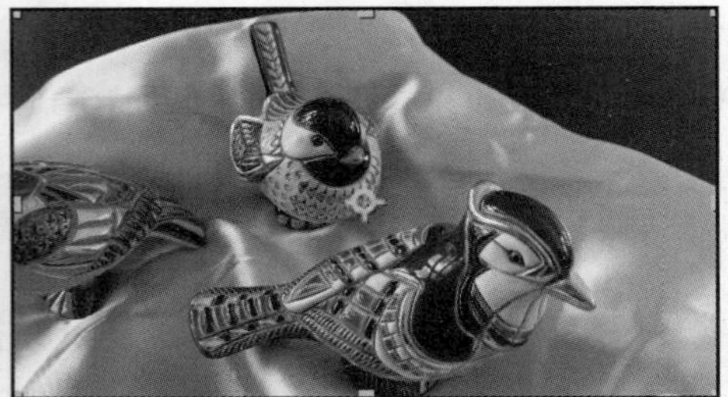

图 10-13

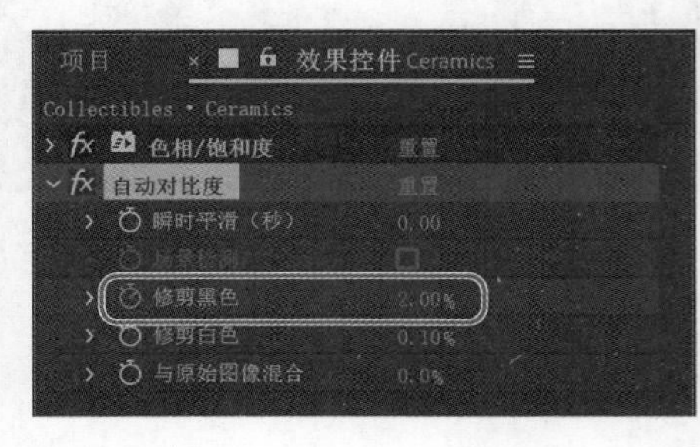

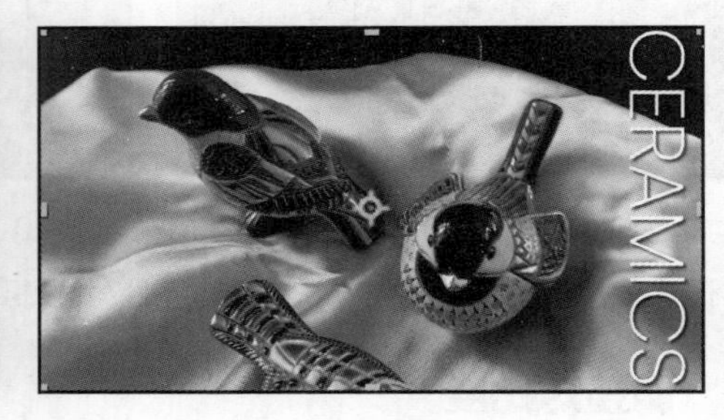

图 10-14

❺ 在【效果控件】面板中，隐藏【自动对比度】效果的各个选项。

❻ 在菜单栏中依次选择【文件】>【保存】，保存当前项目。

10.4　添加着色效果

【色相 / 饱和度】效果中的【着色】选项用于向视频画面中添加颜色，这是一种制作双色调风格的视频的简单方法。为了增加一些视觉趣味，下面将在视频开头添加一个从双色调到全彩色的过渡效果。

❶ 按 Home 键，或者把时间指示器拖曳到时间标尺的起始位置。

❷ 选择 Ceramics 图层，在菜单栏中依次选择【编辑】>【重复】。

❸ 选择 Ceramics 2 图层，按 Enter（Windows）或 Return（macOS）键，将其重命名为 Ceramics Intro。再次按 Enter（Windows）或 Return（macOS）键，使更改生效。

❹ 选择 Ceramics Intro 图层，然后在【效果控件】面板中删除【自动对比度】效果，如图 10-15 所示。

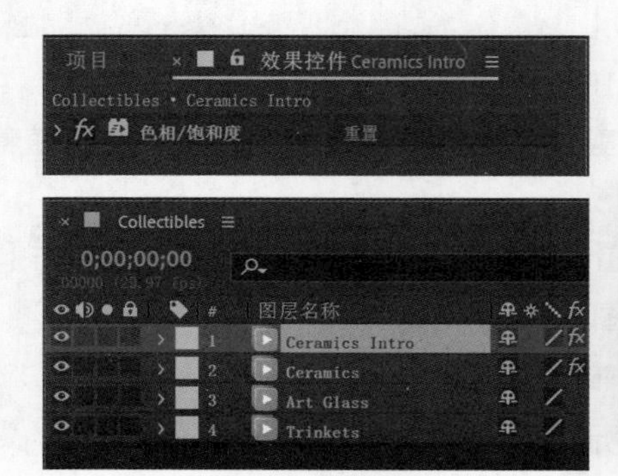

图 10-15

⑤ 在【效果控制】面板中，展开【色相 / 饱和度】效果，做以下设置，如图 10-16 所示。

- 勾选【彩色化】。
- 设置【着色色相】为 0x+25°。
- 设置【着色亮度】为 30。

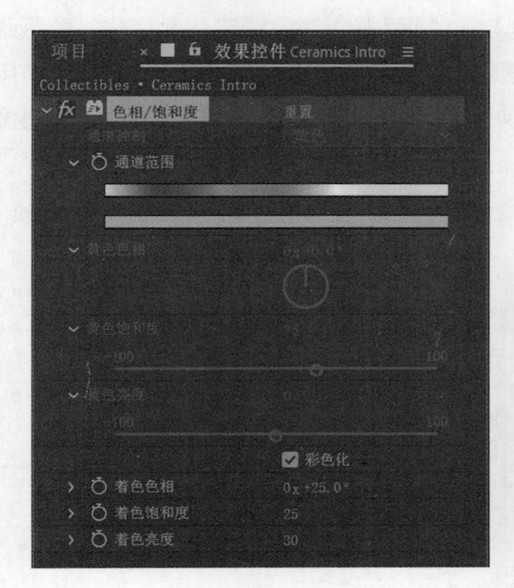

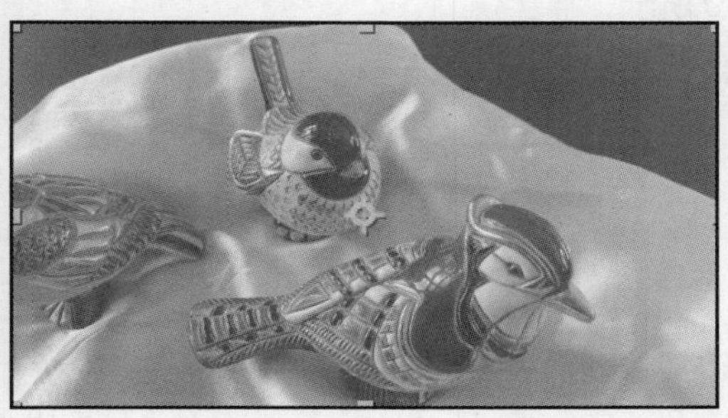

图 10-16

⑥ 在【属性】面板中，单击【不透明度】属性左侧的秒表图标（⏱），创建初始关键帧。

⑦ 把时间指示器拖曳到 0:15 处，把【不透明度】值设置为 0%，如图 10-17 所示。

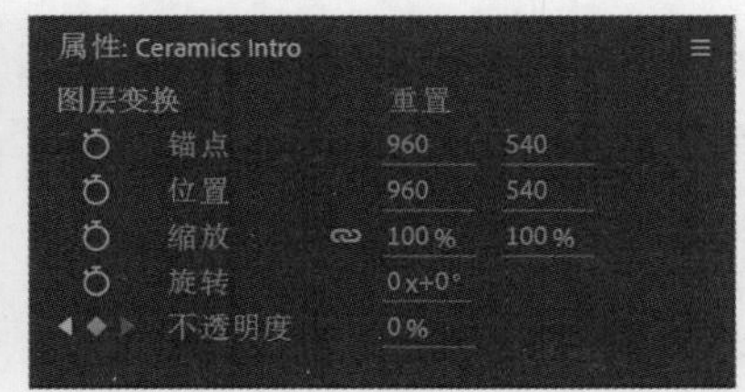

图 10-17

⑧ 在 0:00 与 2:04 之间，拖曳时间指示器浏览过渡效果，如图 10-18 所示。

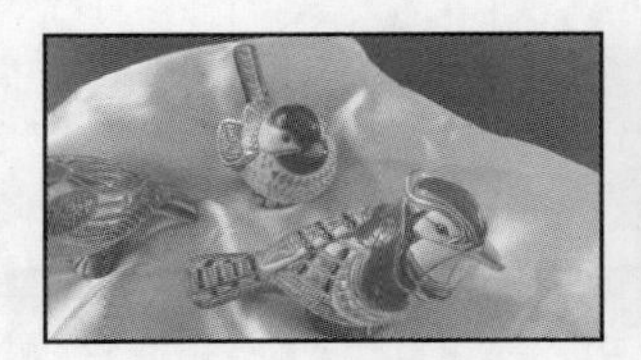

图 10-18

⑨ 隐藏所有图层属性，保存当前项目。

10.5 替换背景

第二个场景（含玻璃容器）中的背景有点平淡，而且墙角处还有一个难看的插座。为了解决这个问题，这里把背景替换成一个窗帘。

首先使用蒙版把背景选出来，然后跟踪蒙版运动。

10.5.1 使用蒙版跟踪器

蒙版跟踪器会对蒙版施加变换，使其随着视频中某个（或某些）对象的变化而变化。蒙版跟踪器类似于第 9 课中提到的脸部跟踪器。你可以使用蒙版跟踪器跟踪一个移动的对象，然后向其应用一种特殊效果。这里将使用蒙版把场景中的玻璃器皿抠出来，并使用蒙版跟踪器跟踪其运动（因摄像机移动而产生）。

❶ 选择 Art Glass 图层，把时间指示器拖曳到 2:05 处，即第二个场景的开头（第一帧），如图 10-19 所示。

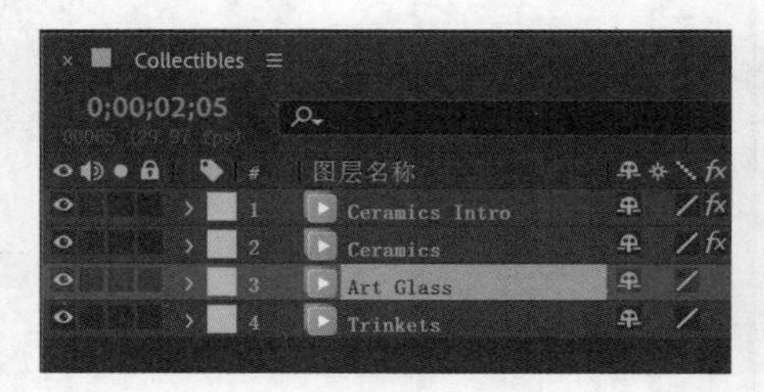

图 10-19

❷ 在【合成】面板中，把画面缩小一些，在画面外露出更多灰色区域。

❸ 在工具栏中选择【钢笔工具】（ ）。

❹ 沿着玻璃器皿和桌子边缘绘制蒙版路径，在顶部和左右两侧把蒙版延伸至画面之外，如图 10-20 所示。

图 10-20

❺ 按 M 键，显示蒙版的属性。

❻ 在【蒙版模式】下拉列表中选择【无】，如图 10-21 所示。

图 10-21

蒙版模式（蒙版混合模式）控制着一个图层中的蒙版如何与另一个蒙版发生作用。默认情况下，所有蒙版都处在【相加】模式之下，该模式会把叠加在同一个图层上的所有蒙版的不透明度值相加。当选择【相加】模式时，蒙版之外的区域会隐藏起来。从【蒙版模式】中选择【无】后，整个画面都会在【合成】面板中显露出来，而不只是被遮罩的区域，这样方便编辑。

⑦ 使用鼠标右键（Windows）或者按住 Control 键（macOS）单击【蒙版 1】，在弹出的菜单中选择【跟踪蒙版】，如图 10-22 所示。

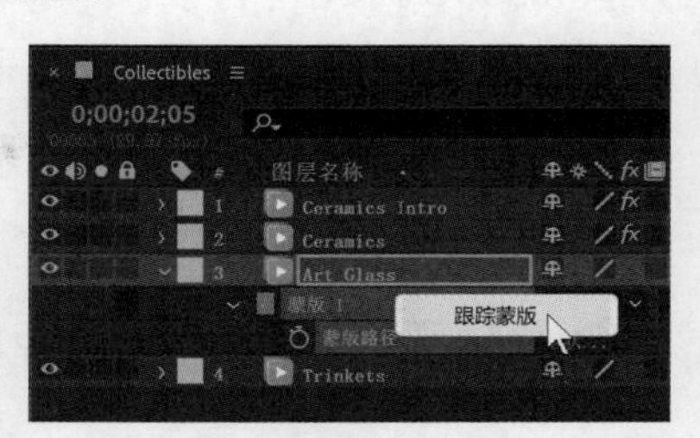

图 10-22

此时，After Effects 打开【跟踪器】面板。蒙版跟踪器不会改变蒙版的形状，即跟踪过程中蒙版形状不变，但是蒙版的位置、旋转、缩放会发生变化。借助蒙版跟踪器，After Effects 会自动跟踪玻璃器皿和桌子的边沿，可避免手动调整蒙版的麻烦。玻璃器皿和圆桌边缘有弯曲，所以需要在跟踪方法中选择【透视】。

图 10-23

⑧ 在【跟踪器】面板中，从【方法】下拉列表中选择【透视】，单击【向前跟踪所选蒙版】按钮（▶），如图 10-23 所示，从 2:05 处开始向前跟踪。

跟踪完成后，拖曳时间指示器检查蒙版是否有问题，如图 10-24 所示。若发现在某一帧上蒙版存在问题，手动调整一下即可。调整蒙版时，你既可以整体移动蒙版，也可以单独移动某个锚点，但是请不要删除锚点，否则会影响后面其他帧上的蒙版。

注意 若很多帧上的蒙版都需要做手动调整，那建议还是把蒙版删了，重新绘制一个蒙版吧。

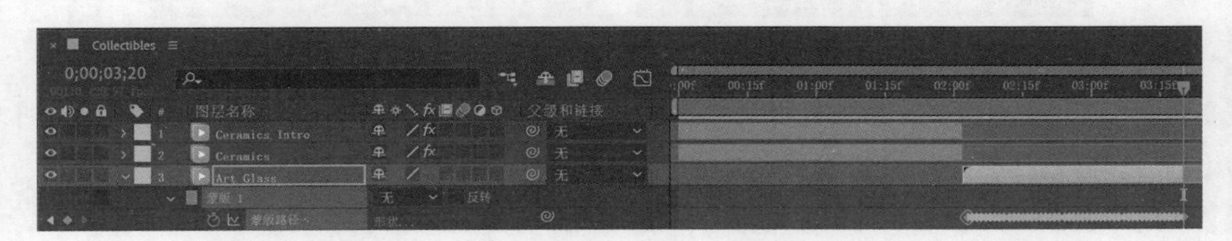

图 10-24

10.5.2 添加新背景

跟踪完蒙版后，接下来把窗帘添加到场景中。

① 在【时间轴】面板中，在【蒙版 1】的【蒙版模式】中选择【相加】，勾选【反转】，如图 10-25 所示。

图 10-25

② 隐藏 Art Glass 图层的属性，把时间指示器拖曳到 2:05 处（场景开头）。

③ 在【项目】面板中，双击空白区域，打开【导入文件】对话框，转到 Lessons\Lesson10\Assets 文件夹。选择 drapes.jpg 文件，取消勾选【创建合成】，然后单击【导入】(Windows) 或【打开】(macOS) 按钮。

④ 把 drapes.jpg 从【项目】面板拖入【时间轴】面板，并使其位于 Art Glass 图层之下，如图 10-26 所示。

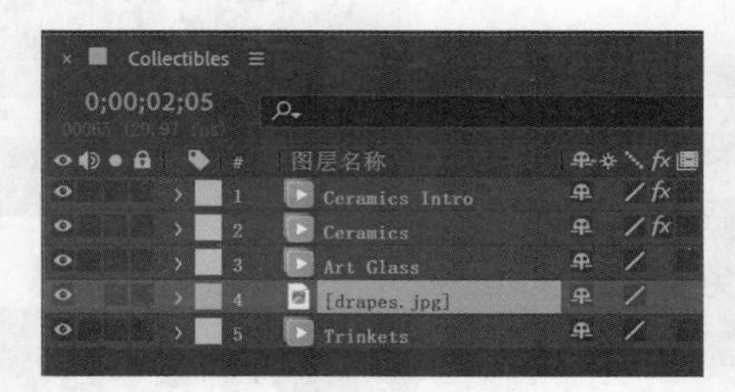

图 10-26

⑤ 在【时间轴】面板中，分别拖曳 drapes.jpg 图层的左右两端，使其持续时间与 Art Glass 图层一致，如图 10-27 所示。

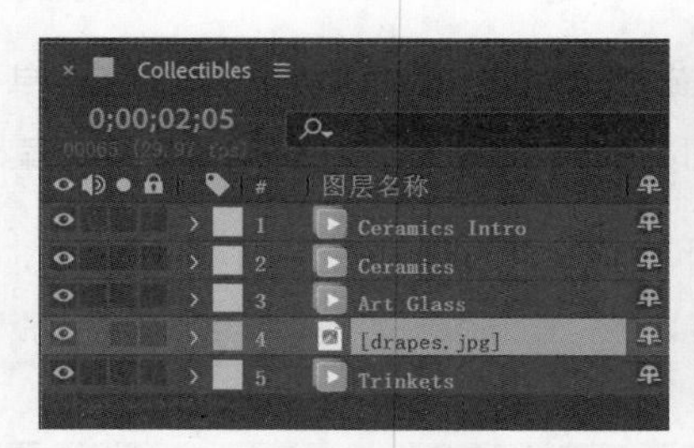

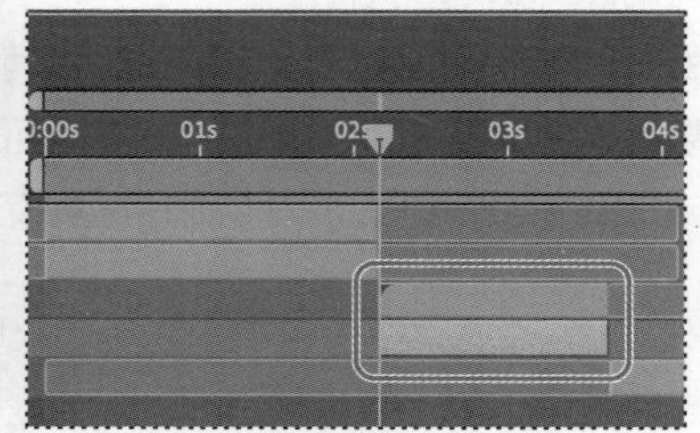

图 10-27

⑥ 在【时间轴】面板中，当 drapes.jpg 图层处于选中状态时，在菜单栏中依次选择【图层】>【变换】>【适合复合宽度】(匹配合成宽度)。

⑦ 使用【选取工具】(▶) 向上移动窗帘，使其顶部与合成顶部对齐，如图 10-28 所示。

图 10-28

10.6 使用【自动对比度】效果校色

当前场景的背景换成了窗帘，看上去没那么单调了，但是它的对比度与前景元素不太搭。下面使用【自动对比度】效果解决这个问题。

❶ 在【时间轴】面板中，选择 Art Glass 图层，然后在菜单栏中依次选择【效果】>【颜色校正】>【自动对比度】。

❷ 在【效果控件】面板中做以下设置，如图 10-29 所示。

- 把【瞬时平滑（秒）】修改为 2。
- 把【修剪白色】修改为 3%，提亮前景元素。

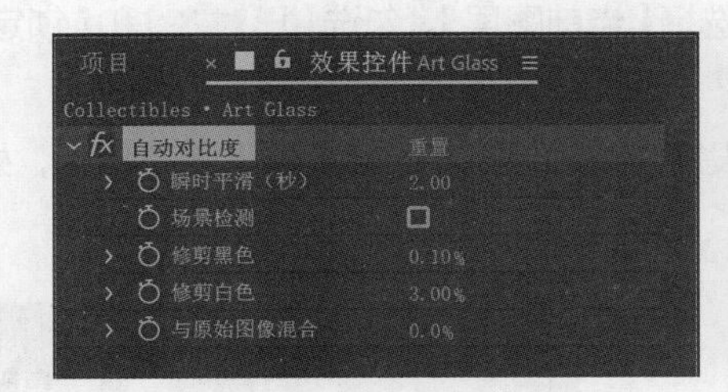

图 10-29

【修剪黑色】和【修剪白色】选项控制着把多少阴影和高光“修剪”到新的阴影（最暗）和高光（最亮）中。请根据需要设置合适的修剪值，过度修剪会导致阴影或高光中的细节损失。

❸ 在菜单栏中依次选择【文件】>【保存】，保存当前项目。

10.7 复制场景中的对象

在 After Effects 中复制对象与在 Photoshop 中复制对象类似，但在 After Effects 中，复制对象是在视频的整个持续时间内，而非只在单个帧（画面）内。向场景中添加对象时，应用运动跟踪功能可确保所添加的对象与场景中的其他对象保持同步。

下面在 Trinkets 图层中使用【仿制图章工具】( ) 复制出另外一个“小兵”，然后将其放到“皇后”的另一侧。

❶ 把时间指示器拖曳到 Trinkets 图层的起始位置，即 3:20 处。

❷ 双击 Trinkets 图层，将其在【图层】面板中打开。然后放大画面，聚焦到画面右下角的皇后和小兵（国际象棋的两个棋子）上，如图 10-30 所示。

图 10-30

❸ 在工具栏中选择【仿制图章工具】，如图 10-31 所示。

图 10-31

【仿制图章工具】会对源图层上的像素采样，然后把采样得到的像素应用到目标图层上，目标图层可以是同一个图层，也可以是同一个合成中的其他图层。在【图层】面板中，你可以自由地使用各种绘画工具，包括【仿制图章工具】。

当你选择【仿制图章工具】后，After Effects 会在右侧堆叠面板组中显示出【绘画】和【画笔】两个面板。

❹ 调整【绘画】面板大小，使其内容全部展现出来。在【模式】下拉列表中选择【正常】，在【时长】下拉列表中选择【固定】，在【源】下拉列表中选择【当前图层】。勾选【已对齐】和【锁定源时间】，把【源时间】值设置为 0 f，如图 10-32 所示。

❺ 打开【画笔】面板，把画笔的【直径】值设置为 21 像素，【硬度】值设置为 80%，如图 10-33 所示。

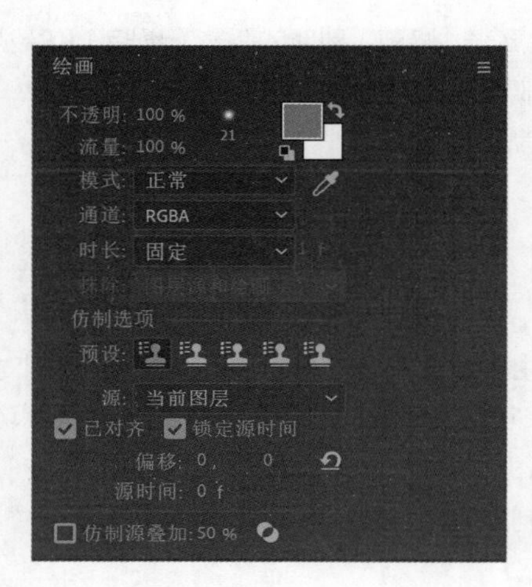

图 10-32

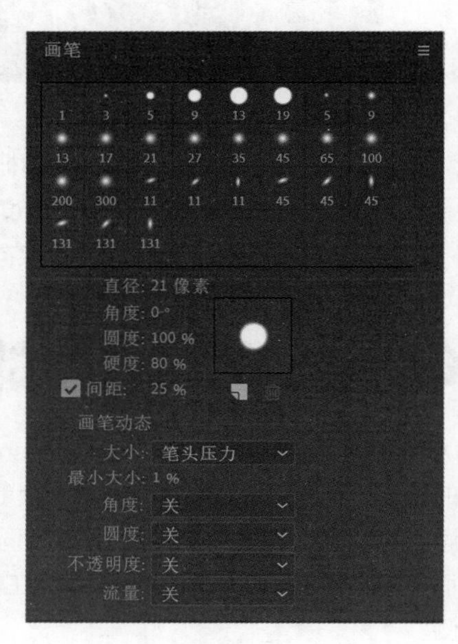

图 10-33

💡 注意 若【画笔】面板不可用，请从【工具栏】面板中选择【画笔工具】，将其激活，然后再选择【仿制图章工具】。

在【绘画】面板中，把【时长】设置为【固定】后，After Effects 将从当前时间点向前（即向右）应用仿制图章效果。目前时间指示器位于图层的起始位置，所以这里做的改动会影响图层中的所有帧。

在【绘画】面板中，勾选【已对齐】后，在目标图层面板中，采样点的位置（仿制源的位置）会随着【仿制图章工具】的移动而变化，便于后面使用多种画笔描绘整个被复制的对象。勾选【锁定源时间】后，After Effects 将允许你复制单个源帧。

❻ 在【图层】面板中，把鼠标指针放在小兵头顶上。然后，按住 Alt 键（Windows）或 Option 键（macOS），单击鼠标左键，指定仿制源。

❼ 在皇后和猫头鹰之间的桌面上找一个合适的位置，按下鼠标左键。一直按着鼠标左键不放来回拖动，绘制出一个新的小兵，如图 10-34 所示。这个过程中，注意观察采样点（由十字形图标指示）的位置，切不可使其超出小兵轮廓之外太多，否则会复制出其他不相关的对象。若对复制结果不

满意，可撤销操作重新设置仿制源。

图 10-34

> 注意　使用【仿制图章工具】涂绘小兵时，尽量一次绘完，中途不要抬起鼠标，这样有助于确保新小兵与原小兵的运动保持一致。

8 当小兵绘制（复制）好之后，拖动时间指示器浏览视频。视频播放时，新小兵静止不动，而场景中的其他对象都是运动的，即新小兵与其他对象不同步。接下来，使用跟踪数据解决这个问题。

9 把时间指示器拖曳到 3:20 处。在 Trinkets 图层处于选中状态时，打开【跟踪器】面板，单击【跟踪运动】按钮，如图 10-35 所示。

此时，新绘制的小兵从画面中消失。别担心，其实它还在。

10 为了得到最佳跟踪结果，切换成【选取工具】，把跟踪点（内框空白部分）拖曳到皇后头顶的左上角，如图 10-36 所示。

> 注意　关于跟踪点的更多内容将在第 14 课中讲解。

11 在【跟踪类型】下拉列表中选择【原始】，然后单击【向前分析】按钮，如图 10-37 所示。

图 10-35

图 10-36

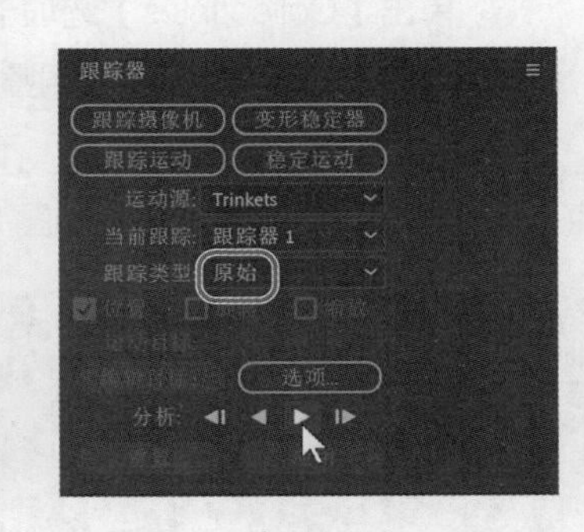

图 10-37

12 在【时间轴】面板中，把时间指示器拖曳到 3:20 处（即第三个场景的开头处）。

13 在 Trinkets 图层下，依次展开【动态跟踪器】(运动跟踪器) >【跟踪器 1】>【跟踪点 1】。

14 在 Trinkets 图层下，依次展开【效果】>【绘画】>【仿制 1】>【变换：仿制 1】。

15 把【变换：仿制 1】下【位置】属性的【属性关联器】( ) 拖曳到【跟踪点 1】下的【附加点】属性上，如图 10-38 所示，然后释放鼠标。（执行该操作，需要把【时间轴】面板最大化，保证能够同时看到上面两个属性。）

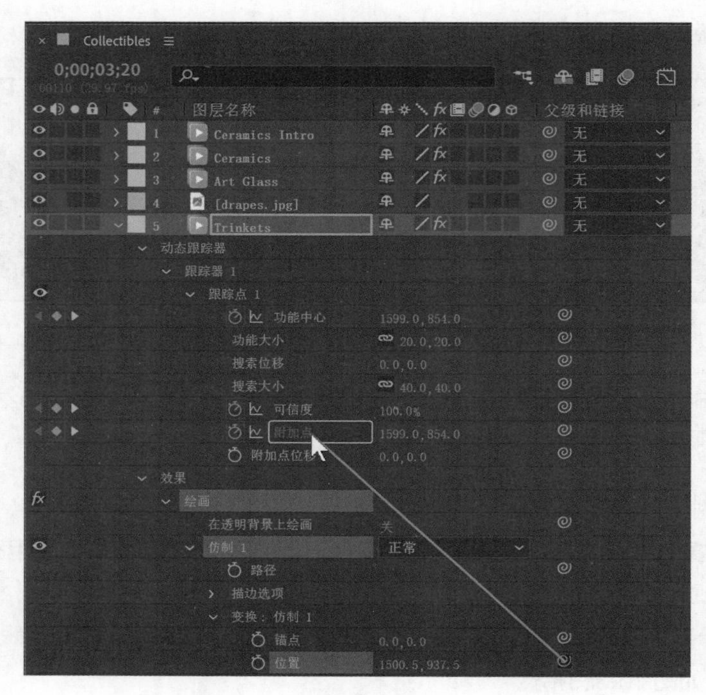

图 10-38

注意 绘制（复制）小兵时，若用了好几笔才画好，则需要分别把每次仿制（仿制 1、仿制 2……）的【位置】属性的【属性关联器】拖曳到【跟踪点 1】下的【附加点】属性上。

此时，你创建的表达式会把新小兵的位置绑定到前面获取的跟踪数据上。这样，播放视频时，新小兵就会随着场景中的其他对象一起移动。

⑯ 单击【Collectibles】选项卡，激活【合成】面板，显示出新复制的小兵。

新小兵的位置不对，通过调整新小兵的锚点，可纠正其与其他对象的位置关系。

⑰ 在【变换：仿制 1】下，不断调整【锚点】属性，直到新小兵出现在皇后旁边。这里，把【锚点】属性值设置为 (80,-50)，如图 10-39 所示。

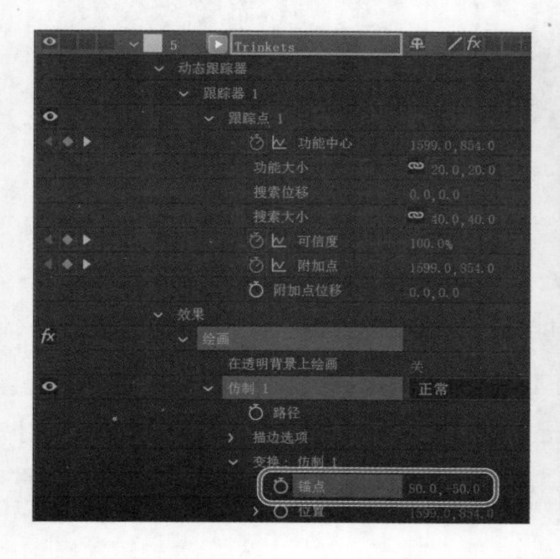

图 10-39

调整【锚点】属性值时，可能得把画面缩小，这样才能看清小兵的位置。你设置的数值可能和书中不一样，这不是问题。

⑱ 在【合成】面板底部的【放大率弹出式菜单】中选择【适合】，确保能看到整个场景。

⑲ 拖曳时间指示器浏览视频，确保新小兵在正确的位置上。调整好之后，关闭【图层】面板，在【时间轴】面板中隐藏所有图层属性，然后把【时间轴】面板恢复成原来的大小。

⑳ 在菜单栏中依次选择【文件】>【保存】，保存当前项目。

10.8 压暗场景

当前，第三个场景看起来已经相当不错了。接下来添加企业 Logo，调整画面亮度，确保文字清晰地凸显出来。

10.8.1 导入 Logo 图像

向第三个场景中导入企业 Logo 图像（它是一个 Photoshop 文件），然后将其添加到场景中。

❶ 选择 Trinkets 图层，把时间指示器拖曳到 3:20 处，即第三个场景开头，如图 10-40 所示。

图 10-40

❷ 在【项目】面板中双击空白区域，打开【导入文件】对话框，转到 Lessons\Lesson10\Assets 文件夹，选择 TrinketsText.psd 文件。从【导入为】下拉列表中选择【素材】，然后单击【导入】（Windows）或【打开】（macOS）按钮。

❸ 在 TrinketsText.psd 对话框中选择【合并的图层】，单击【确定】按钮，如图 10-41 所示。

❹ 把 TrinketsText.psd 文件从【项目】面板拖入【时间轴】面板，将其直接放在 Trinkets 图层上方。

❺ 在 TrinketsText.psd 图层处于选中状态时，按住 Alt+[（Windows）或 Option+[组合键（macOS），把入点设置为 3:20，使其对齐至第三个场景的开头，如图 10-42 所示。

当前企业 Logo 出现在画面中间，如图 10-43 所示。这正是我们想要的，但是场景太亮，影响了文字的可读性。为了解决这个问题，接下来给画面添加一个暗角效果。

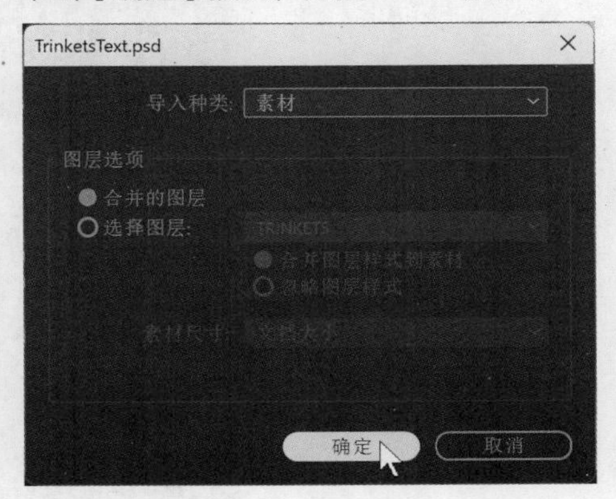

图 10-41

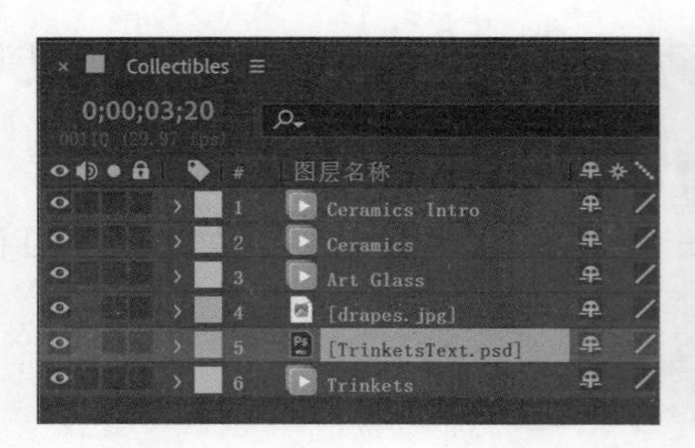

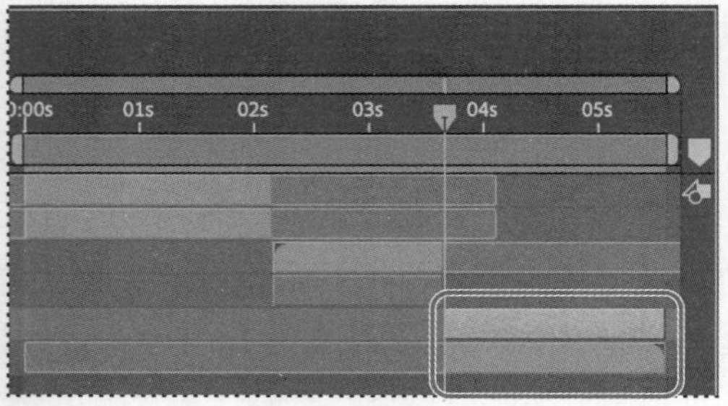

图 10-42

图 10-43

10.8.2 添加暗角

下面新建一个纯色图层，给画面添加暗角效果，凸显画面中间的文字，使其成为视觉焦点。

① 选择 Trinkets 图层，把时间指示器拖曳到 3:20 处，即第三个场景的开头。

② 在菜单栏中依次选择【图层】>【新建】>【纯色】。

③ 在【纯色设置】对话框中做以下设置，如图 10-44 所示。

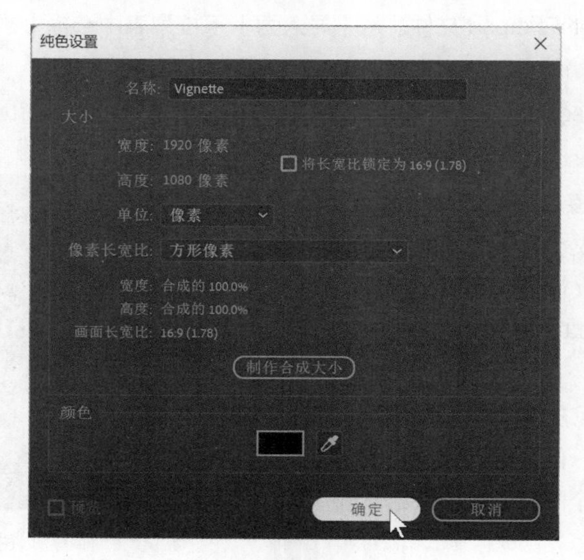

图 10-44

- 设置【名称】为 Vignette。
- 单击【制作合成大小】按钮。
- 设置背景颜色为黑色（R=0、G=0、B=0）。

然后，单击【确定】按钮，关闭【纯色设置】对话框。

图 10-45

❹ 在工具栏选择【椭圆工具】（），该工具隐藏于【矩形工具】（）之下，然后双击【椭圆工具】，After Effects 会根据图层大小自动添加一个椭圆形蒙版，如图 10-45 所示。

> **提示** 按住 Shift 键，双击【椭圆工具】或【矩形工具】，可分别创建一个正圆形或正方形。

❺ 在【时间轴】面板中，选择 Vignette 图层，按 Alt+[（Windows）或 Option+[（macOS）组合键，把入点设置为 3:20，使其对齐至第三个场景的开头，如图 10-46 所示。

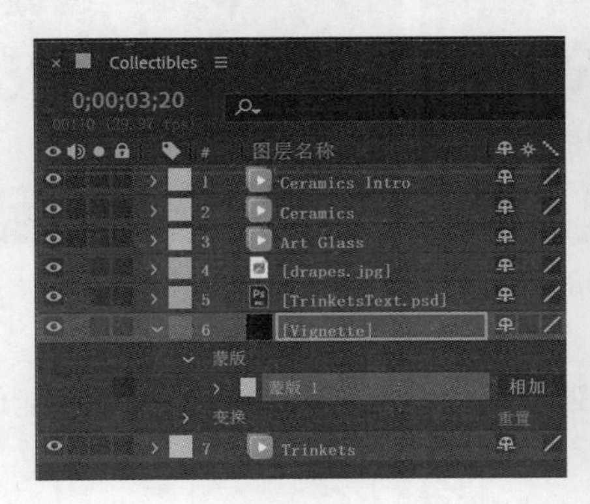

图 10-46

❻ 展开【蒙版 1】属性，做以下设置，如图 10-47 所示。

- 把【蒙版模式】设置为【相减】。
- 把【蒙版羽化】值设置为 (600,600) 像素。
- 把【蒙版不透明度】设置为 50%。

图 10-47

隐藏所有图层属性，然后保存当前项目。

10.8.3 调整亮度

添加上暗角效果后，文字看起来更清晰了，但是场景还是太亮了。下面首先使用【亮度和对比度】效果降低画面亮度，然后给图层制作不透明度动画，让企业名称在视频末尾凸显出来。

❶ 选择 Trinkets 图层，把时间指示器拖曳到 3:20 处，然后在菜单栏中依次选择【效果】>【颜色校正】>【亮度和对比度】。

此时【效果控件】面板中显示出【亮度和对比度】控件。

❷ 在【效果控件】面板中，单击【亮度】属性左侧的秒表图标，创建一个【亮度】值为 0 的初始关键帧。

❸ 把时间指示器拖曳到 5:17 处，此处是视频的最后一帧。

❹ 把【亮度】值修改成 -150，如图 10-48 所示。

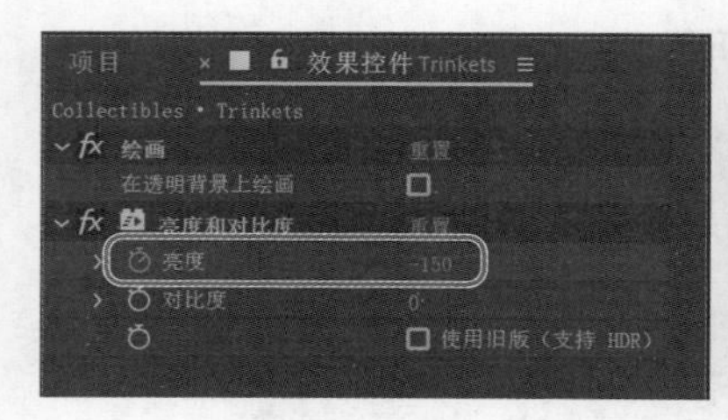

图 10-48

❺ 沿着时间标尺拖曳时间指示器，预览视频。

此时，在视频末尾企业名称非常醒目，可读性很强。接下来，给 TrinketsText.psd 图层制作动画，使其在画面变暗的过程中逐渐清晰。

❻ 把时间指示器拖曳到 5:17 处，选择 TrinketsText.psd 图层。

❼ 在【属性】面板中，单击【不透明度】属性左侧的秒表图标，创建初始关键帧（100%）。

❽ 把时间指示器拖曳到 3:20 处，即第三个场景的开头，把【不透明度】设置为 0%，如图 10-49 所示。

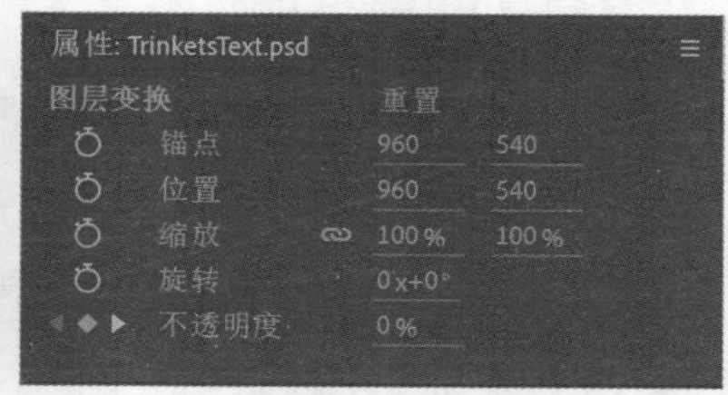

图 10-49

❾ 隐藏所有图层属性，预览视频，如图 10-50 所示。随着场景变暗，文本先是淡入画面，然后变得越来越清晰和鲜明。

图 10-50

10.9 冻结帧

After Effects 支持帧冻结功能，借助该功能，你可以自由地凝固某个画面，直到你重新启动它，或者到达图层末尾。下面把每个场景的最后一帧冻结起来，让观众有足够的时间欣赏每个精彩画面，以及看清画面中的文字。首先预合成各个场景，增加合成时长，多留出一些时间来。

10.9.1 场景预合成

下面预合成各个场景，整理时间轴中的图层。

❶ 按 Home 键，或者把时间指示器拖曳到时间标尺的起始位置。然后按空格键预览整个合成，如图 10-51 所示。再次按空格键，停止预览。

图 10-51

整体看起来不错，但每个场景太短了，观众都来不及看清画面中的文字。

❷ 在【时间轴】面板中按住 Shift 键，同时选中 Ceramics Intro 和 Ceramics 两个图层，如图 10-52 所示。

❸ 在菜单栏中依次选择【图层】>【预合成】，打开【预合成】对话框。

❹ 在【预合成】对话框中，设置新合成的名称为 Ceramics Comp。

❺ 勾选【将合成持续时间调整为所选图层的时间范围】，然后单击【确定】按钮，如图 10-53 所示。

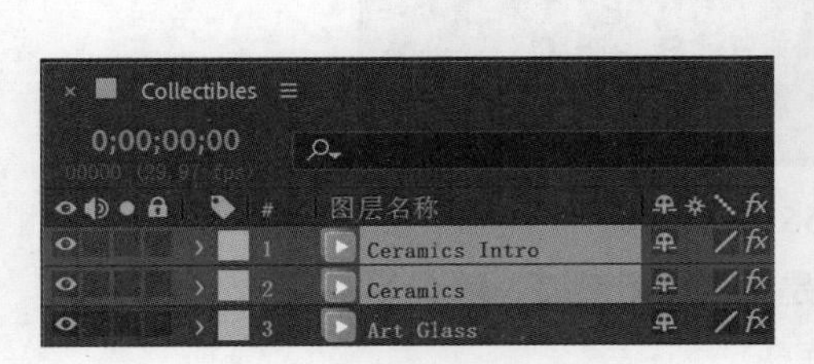

图 10-52

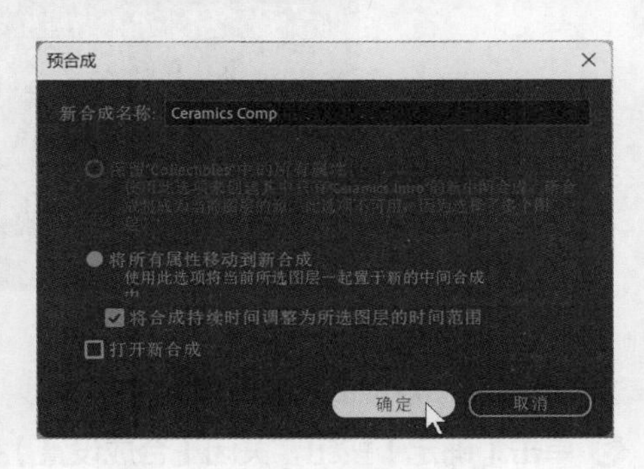

图 10-53

❻ 按住 Shift 键，选择 Art Glass 与 drapes.jpg 两个图层。

❼ 在菜单栏中依次选择【图层】>【预合成】，打开【预合成】对话框。

❽ 在【预合成】对话框中，设置新合成的名称为 Art Glass Comp。

❾ 勾选【将合成持续时间调整为所选图层的时间范围】，然后单击【确定】按钮。

❿ 按住 Shift 键，同时选中 TrinketsText.psd、Vignette、Trinkets 三个图层。

⓫ 在菜单栏中依次选择【图层】>【预合成】，打开【预合成】对话框。

⓬ 在【预合成】对话框中，设置新合成的名称为 Trinkets Comp。

⓭ 勾选【将合成持续时间调整为所选图层的时间范围】，然后单击【确定】按钮，【时间轴】面板如图 10-54 所示。

图 10-54

10.9.2 增加合成时长

添加冻结帧前要增加合成的持续时间，这样才有地方存放要冻结的帧。

❶ 在【项目】面板中，选择 Collectibles 合成，在菜单栏中依次选择【合成】>【合成设置】。

❷ 在【合成设置】对话框中，把【持续时间】增加至 8 秒 18 帧（8:18），如图 10-55 所示。

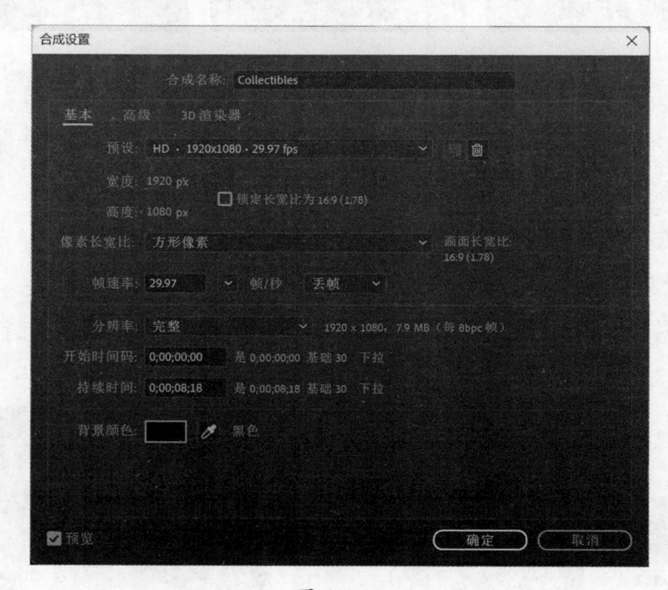

图 10-55

这样就把整个合成的持续时间增加了 3 秒，也就是每个场景增加 1 秒。

❸ 单击【确定】按钮，关闭【合成设置】对话框。

❹ 在【时间轴】面板中，向右拖曳【时间导航器结束】，以便看到合成的整个持续时间，如图 10-56 所示。

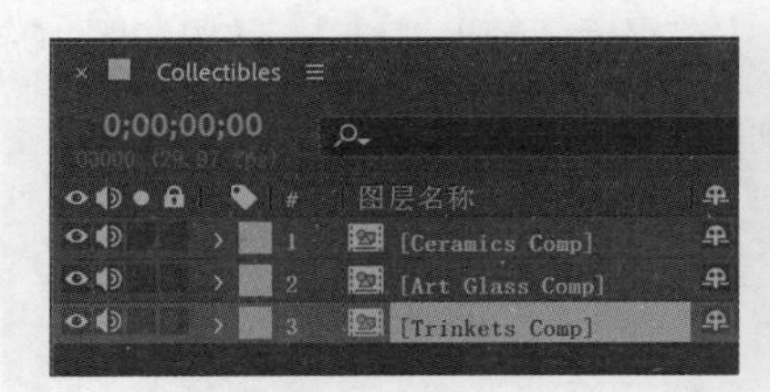

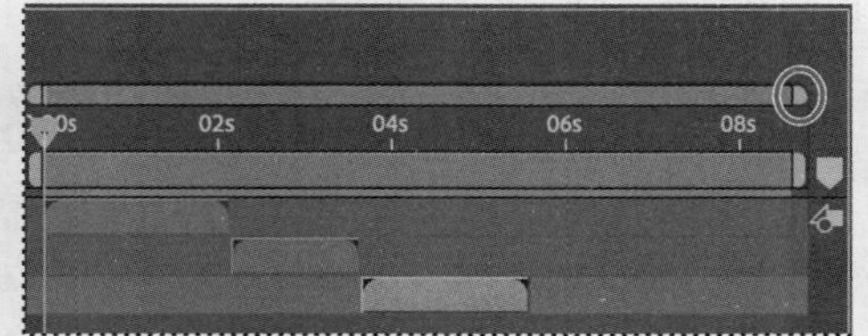

图 10-56

10.9.3 添加冻结帧

下面添加冻结帧，延长各个场景。

❶ 使用鼠标右键单击（Windows）或者按住 Control 键单击（macOS）Ceramics Comp 图层，在弹出的菜单中依次选择【时间】>【在最后一帧上冻结】，如图 10-57 所示。

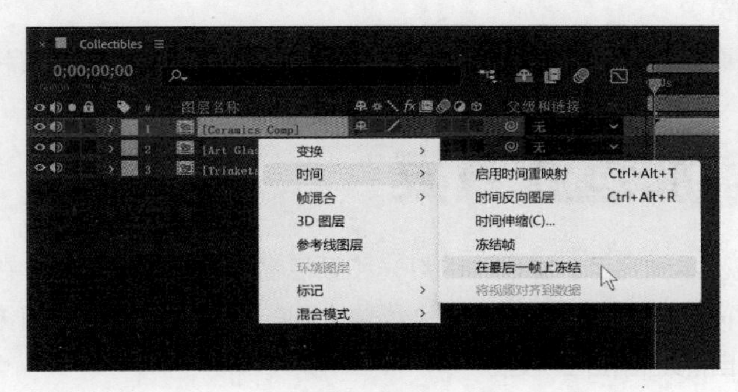

图 10-57

After Effects 启用时间重映射功能，并把关键帧放在图层最后一帧的位置上。

❷ 拖曳时间指示器到 3:04 处。在 Ceramics Comp 图层处于选中的状态时，按 Alt+]（Windows）或 Option+]（macOS）组合键，把图层出点设置为 3:04。

❸ 在【时间轴】面板中，把 Art Glass Comp 和 Trinkets Comp 图层同时向右拖曳，使 Art Glass Comp 图层紧接在 Ceramics Comp 图层后面，如图 10-58 所示。

图 10-58

❹ 使用鼠标右键单击（Windows）或者按住 Control 键单击（macOS）Art Glass Comp 图层，在弹出的菜单中依次选择【时间】>【在最后一帧上冻结】。

❺ 拖曳时间指示器到 5:18 处。在 Art Glass Comp 图层处于选中状态时，按 Alt+]（Windows）或 Option+]（macOS）组合键，把图层出点设置为 5:18。

⑥ 向右拖曳 Trinkets Comp 图层，使其紧跟在 Art Glass Comp 图层之后。

⑦ 在【时间轴】面板中，使用鼠标右键单击（Windows）或者按住 Control 键单击（macOS）Trinkets Comp 图层，在弹出的菜单中依次选择【时间】>【在最后一帧上冻结】，效果如图 10-59 所示。

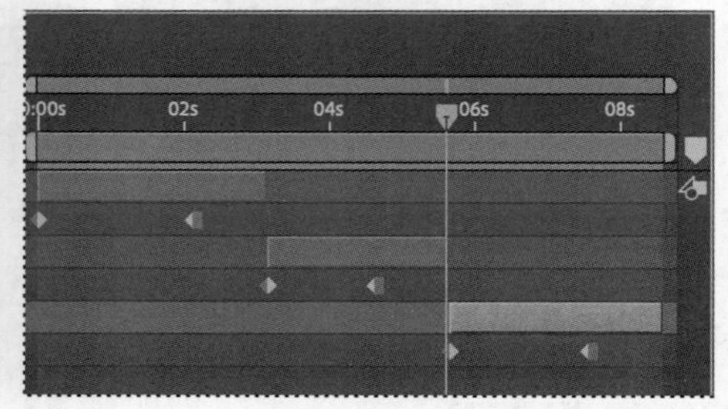

图 10-59

此时，Trinkets Comp 图层延伸到合成末尾，即 8:17 处。

⑧ 按 Home 键，或者把时间指示器拖曳到时间标尺的起始位置，然后按空格键，预览整个合成。再次按空格键，停止预览。

⑨ 隐藏所有图层属性。然后，在菜单栏中依次选择【文件】>【保存】，保存当前项目。

10.10 添加过渡效果

到这里，整个合成基本做完了。画面中的灯光和颜色看起来都不错，文字在屏幕上停留的时间也够长，观众有充足的时间识读它们。但是，各个场景之间的衔接太生硬。下面将在各个场景之间添加过渡效果，使各个场景自然地衔接在一起。

① 在【时间轴】面板中，按住 Shift 键，同时选中 Ceramics Comp 和 Art Glass Comp 两个图层，如图 10-60 所示。

Art Glass Comp 图层紧跟在 Ceramics Comp 图层之后，接下来在它们之间添加一个过渡。

② 在菜单栏中依次选择【动画】>【关键帧辅助】>【序列图层】。

③ 在【序列图层】对话框中，勾选【重叠】。然后将【持续时间】更改为 3 帧，在【过渡】下拉列表中选择【溶解前景图层】，单击【确定】按钮，如图 10-61 所示。

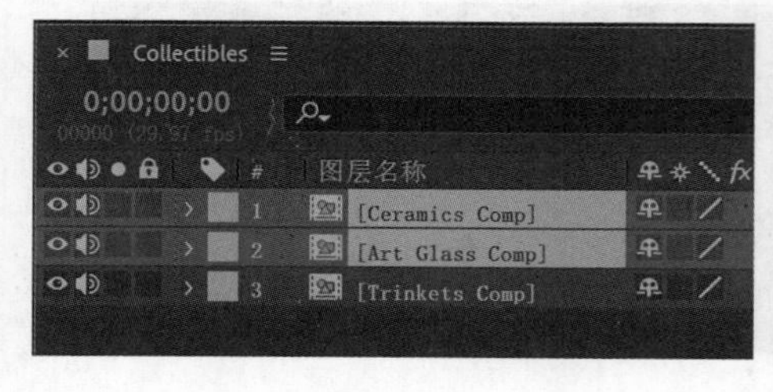

图 10-60

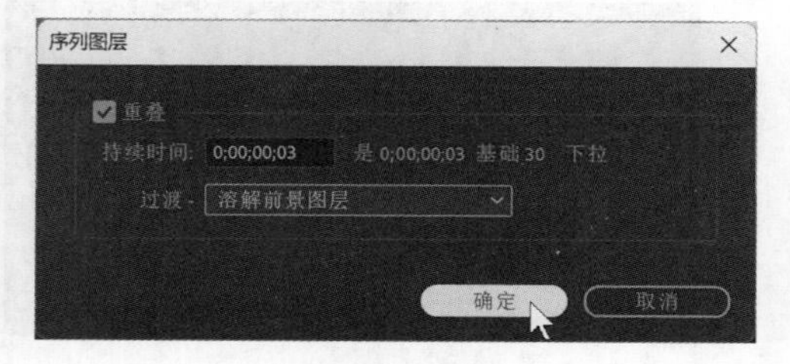

图 10-61

④ 拖曳时间指示器预览过渡效果，如图 10-62 所示。

After Effects 会把两个图层的一部分重叠在一起，重叠部分的时长就是前面设置的 3 帧，播放合成时，可以看到第一个图层溶解过渡到第二个图层。

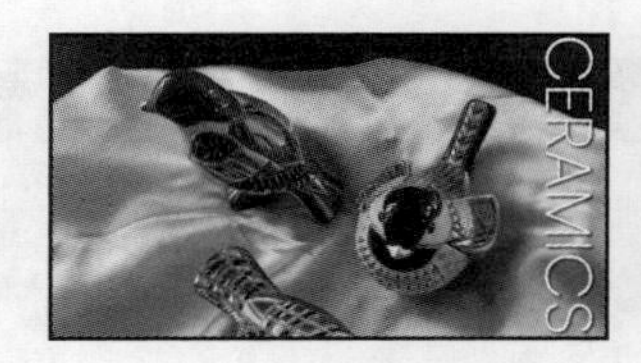

图 10-62

5 在【时间轴】面板中按住 Shift 键，同时选中 Art Glass Comp 和 Trinkets Comp 两个图层。

6 在菜单栏中依次选择【动画】>【关键帧辅助】>【序列图层】。

7 在【序列图层】对话框中，勾选【重叠】。然后将【持续时间】更改为 3 帧，在【过渡】下拉列表中选择【溶解前景图层】，单击【确定】按钮。

把图层重叠在一起后，视频的总长度变短了。接下来把 Trinkets Comp 图层延伸到合成末尾。

8 按 End 键，或者直接把时间指示器拖曳到时间标尺末尾（8:17）。

9 选择 Trinkets Comp 图层，然后按 Alt+]（Windows）或 Option+]（macOS）组合键，把图层扩展至 8:17 处，如图 10-63 所示。

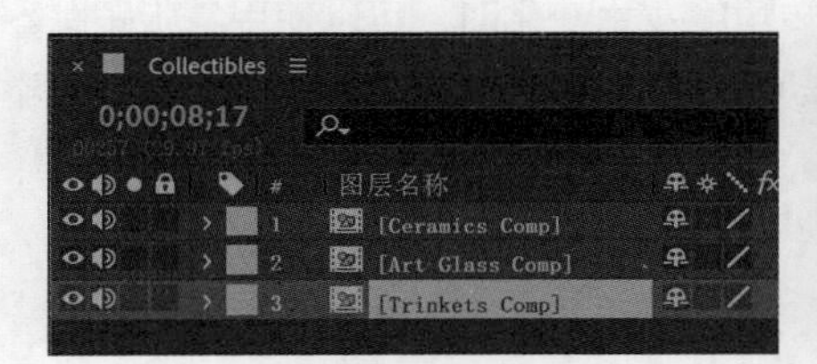

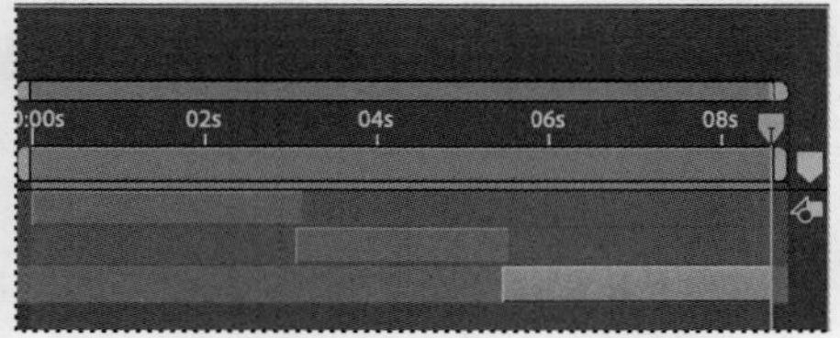

图 10-63

10 预览整个合成，如图 10-64 所示。你可以根据需要继续做一些其他调整，然后保存项目。

图 10-64

10.11 复习题

1. 说一说颜色校正和颜色分级有什么不同?
2. 如何给一个场景上色?
3. 什么时候使用蒙版跟踪器?

10.12 复习题答案

1. 颜色校正是指使用各种校色工具和校色技术调整视频颜色，以纠正视频中的白平衡和曝光错误，确保不同视频片段（或称“镜头”）拥有一致的颜色。相比于颜色校正，颜色分级的主观性更强，其目标是把观众视线引导到画面的主要元素上，或者根据特定的风格调整画面颜色。
2. 在【色相 / 饱和度】效果下，勾选【彩色化】，即可给一个场景上色。使用这种方法可以轻松创建出双色调效果。
3. 当蒙版的形状不变，但其位置、缩放、旋转角度发生变化时，可以使用蒙版跟踪器进行跟踪。例如，可以使用蒙版跟踪器轻松跟踪动作片中的人物、转动的车轮，以及天空中某一块区域等。

第 11 课

创建动态图形模板

本课概览

本课主要讲解以下内容。

- 向【基本图形】面板中添加属性。
- 导出动态图形模板文件（扩展名为 .mogrt）。
- 为嵌套合成中的图层创建基本属性。
- 保护部分项目免受时间拉伸。
- 允许在 .mogrt 文件中替换图像。
- 使用 Premiere Pro 中的动态图形模板。

学习本课大约需要 1 小时

项目：电视节目片头动态图形模板

借助动态图形模板，你可以在保留项目风格和设置的同时，允许其他人在 Premiere Pro 中控制项目中特定的可编辑部分。

11.1 课前准备

在 After Effects 中，你可以使用【基本图形】面板创建动态图形模板，让其他人在 Premiere Pro 中编辑合成的某些方面。创建模板时，你可以指定哪些属性是可编辑的，然后通过 Creative Cloud 把模板分享给其他人，或者直接把制作好的动态图形模板文件（扩展名为 .mogrt）发送给其他人使用。你还可以使用【基本图形】面板在嵌套的合成内部创建基本属性。

本课将为一个电视节目片头制作一个动态图形模板，其中主标题保持不变，其他诸如副标题、背景图像、效果设置等都可以改变。

开始之前，预览一下最终影片，并创建好要使用的项目。

❶ 在你的计算机中，请检查 Lessons\Lesson11 文件夹中是否包含以下文件夹和文件，若没有包含，请先下载它们。

- Assets 文件夹：Embrace.psd、Holding_gun.psd、Man_Hat.psd、Stylized_scene.psd。
- Sample_Movies 文件夹：Lesson11.mp4。

❷ 在 Windows Movies & TV 或 QuickTime Player 中打开并播放 Lesson11.mp4 示例影片，了解本课要创建的效果。观看完之后，关闭 Windows Movies & TV 或 QuickTime Player。如果存储空间有限，你可以把示例影片从硬盘中删除。

学习本课前，建议你把 After Effects 恢复成默认设置。相关说明请阅读前言“恢复默认首选项”中的内容。

❸ 启动 After Effects 时，立即按 Ctrl+Alt+Shift（Windows）或 Command+Option+Shift（macOS）组合键，在【启动修复选项】对话框中单击【重置首选项】按钮，即可恢复默认首选项。在【主页】窗口中，单击【新建项目】按钮。

此时，After Effects 会打开一个未命名的空白项目。

❹ 在菜单栏中，依次选择【文件】>【另存为】>【另存为】，打开【另存为】对话框。

❺ 在【另存为】对话框中，转到 Lessons\Lesson11\Finished_Project 文件夹。输入项目名称“Lesson11_Finished.aep”，单击【保存】按钮，保存项目。

11.2 创建主合成

在 After Effects 中，创建模板之前需要创建一个合成，该合成是创建模板的基础。下面将创建一个主合成，其中包含背景图像、动态标题和副标题。

11.2.1 新建合成

首先导入素材，创建合成。

❶ 在【项目】面板中，双击空白区域，打开【导入文件】对话框。

❷ 在【导入文件】对话框中，转到 Lessons\Lesson11\Assets 文件夹，选择 Embrace.psd 文件。单击【导入】（Windows）或【打开】（macOS）按钮，然后，在 Embrace.psd 对话框中单击【确定】按钮。

❸ 在【合成】面板中，单击【新建合成】按钮。

④ 在【合成设置】对话框中做以下设置，然后单击【确定】按钮，如图 11-1 所示。

- 设置【合成名称】为 Title sequence。
- 在【预设】下拉列表中选择【HD • 1920x1080 • 25fps】。
- 设置【持续时间】为 10:00。
- 设置【背景颜色】为黑色。

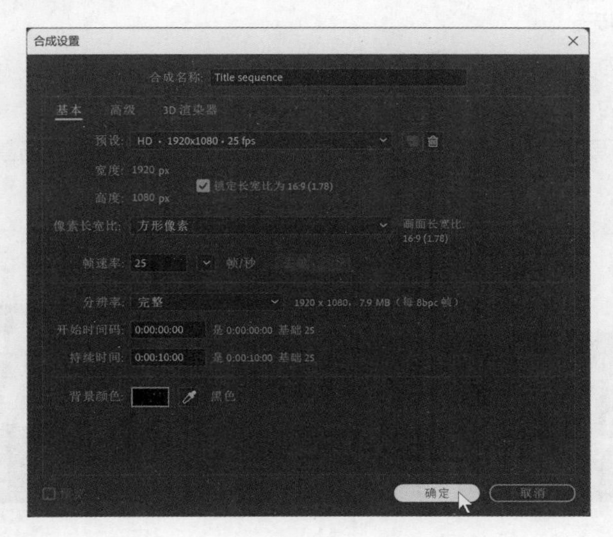

图 11-1

⑤ 把 Embrace.psd 文件拖入【时间轴】面板，如图 11-2 所示。

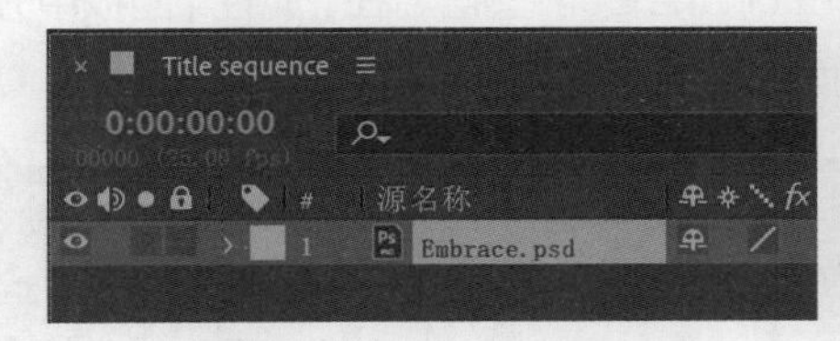

图 11-2

把背景文件显示出来有助于设置文本位置。

11.2.2 添加动态文本

本项目包含整个节目系列的标题，该标题从屏幕顶部出现，然后往下移动，并逐渐变大，每一集的标题以逐个字母的形式出现，然后“爆炸”并从屏幕上消失。下面创建两个图层，并为它们制作动画。

① 在工具栏中选择【横排文字工具】(T)，然后在【合成】面板中单击，出现一个插入点。

此时，After Effects 在【时间轴】面板中添加一个新图层，并在【属性】面板中显示文本属性。

② 在【合成】面板中，输入 SHOT IN THE DARK。

③ 在【属性】面板的【文本】区域下，单击下拉按钮打开字体系列下拉列表。如果你的计算机中尚未安装 Calder Dark Grit Shadow 和 Calder Dark 两种字体，请单击【从 Adobe 添加字体】，然后使用 Adobe Fonts 激活它们。当然，你还可以选择系统中已经安装的其他字体。

> 提示 关于安装字体的更多内容，请阅读 3.3 节。

❹ 在【合成】面板中全选输入的文本，然后在【属性】面板中做以下设置，如图 11-3（a）和（b）所示。

- 在字体系列下拉列表中选择 Calder。
- 在字体样式下拉列表中选择 Dark Grit Shadow。
- 【填充颜色】设置为白色。
- 【描边】设置为无。
- 设置字体大小为 140 像素。
- 设置字符间距为 10。

❺ 选择【选取工具】（▶），然后在【合成】面板中，把标题置于场景上半部分的中间，如图 11-3（c）所示。

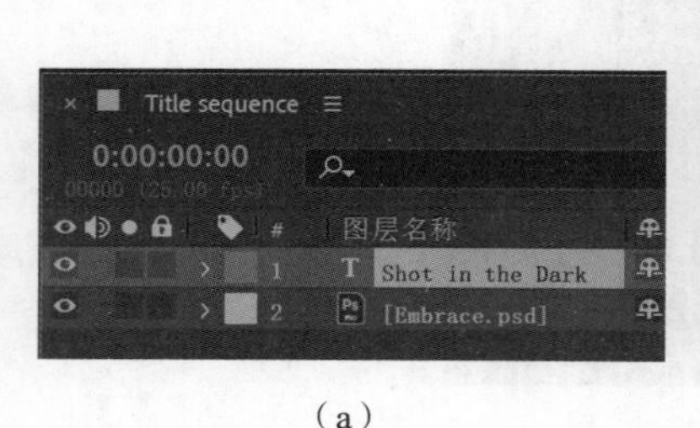

（a）

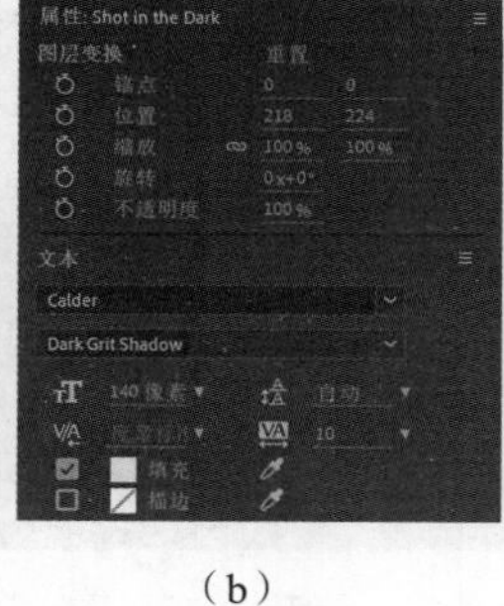

（b）

（c）

图 11-3

❻ 把时间指示器拖曳到 2:00 处。选择 Shot in the Dark 图层，在【属性】面板中分别单击【位置】和【缩放】两个属性左侧的秒表图标，创建初始关键帧，如图 11-4 所示。

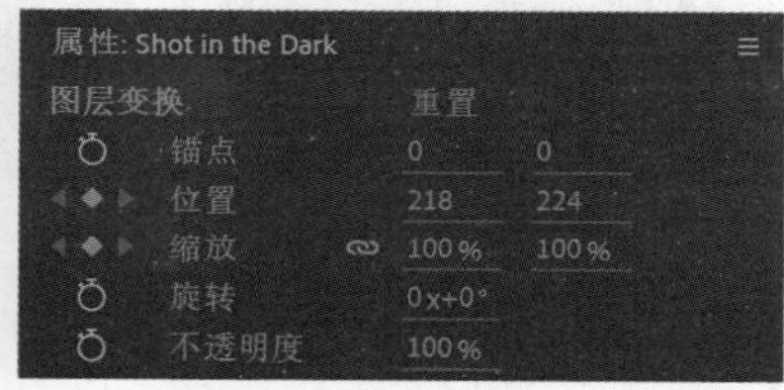

图 11-4

❼ 按 Home 键，把时间指示器移到时间标尺的起始位置。把【缩放】值修改为 (50%,50%)。使用【选取工具】把标题拖曳到【合成】面板顶部的中间，After Effects 自动为【位置】和【缩放】属性创建关键帧，如图 11-5 所示。

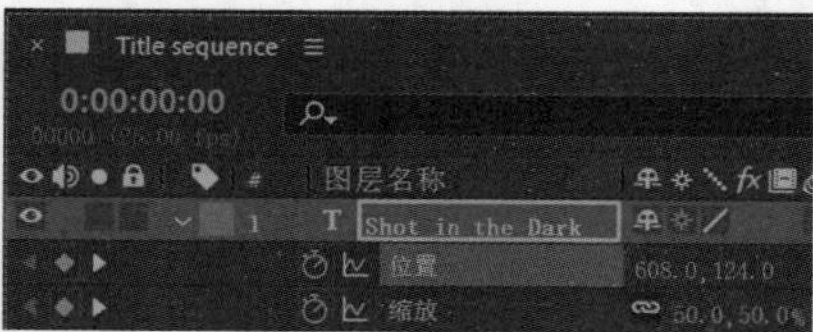

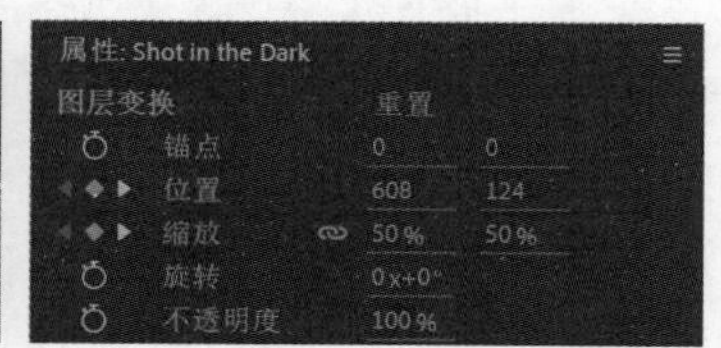

图 11-5

❽ 取消选择所有图层，把时间指示器拖曳到 2:10 处。然后在工具栏中选择【横排文字工具】，在【合成】面板中输入 EPISODE 3: A LIGHT IN THE DISTANCE。

⑨ 在【合成】面板中选择输入的文本，然后在【属性】面板中做以下设置，如图 11-6 所示。

- 在字体系列下拉列表中选择 Calder。
- 在字体样式下拉列表中选择 Dark。
- 设置字体大小为 120 像素。
- 设置水平缩放为 50%。

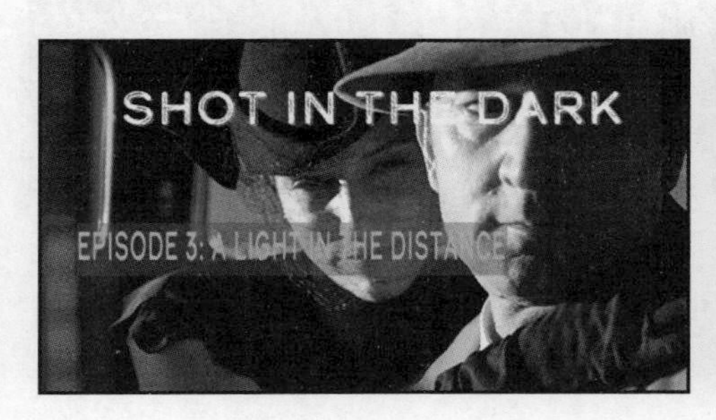

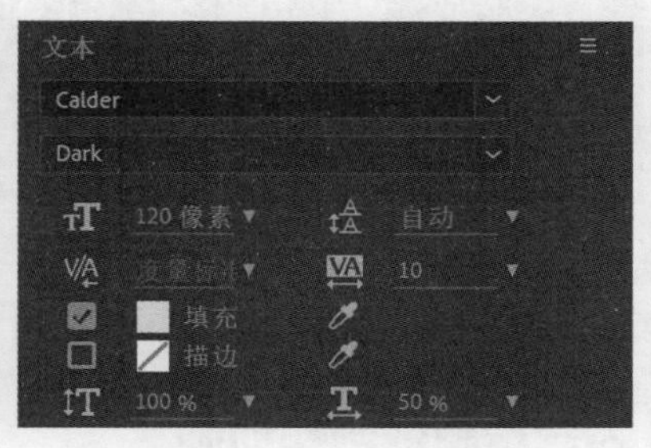

图 11-6

> 注意　如果你没有在步骤 3 中使用 Adobe Fonts 激活 Calder Dark，现在请你激活它。当然，你还可以选择其他已经安装在系统中的字体。

⑩ 把时间指示器拖曳到 9:00 处。在【效果和预设】面板的搜索框中输入“爆炸”。然后选择【爆炸 2】动画预设，将其拖曳到【时间轴】面板中的 Episode 3: A Light in the Distance 图层上。

⑪ 把时间指示器拖曳到 2:10 处。在【效果和预设】面板的搜索框中输入“打字机”。然后选择【打字机】动画预设，将其拖曳到【时间轴】面板中的 Episode 3: A Light in the Distance 图层上，如图 11-7 所示。

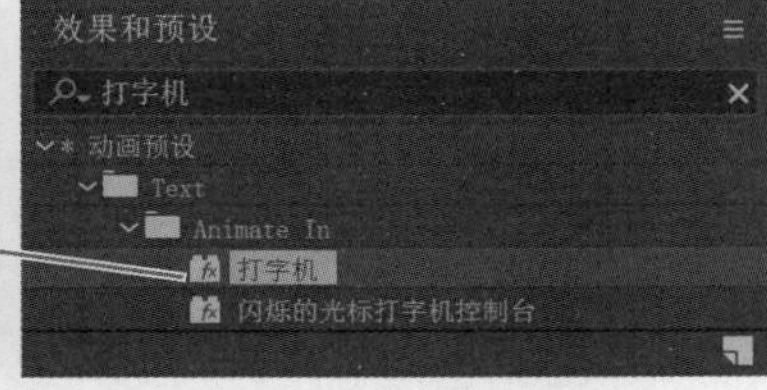

图 11-7

⑫ 把时间指示器拖曳到 9:00 处。在工具栏中选择【选取工具】，然后把文本放在屏幕下三分之一的中间位置，如图 11-8 所示。

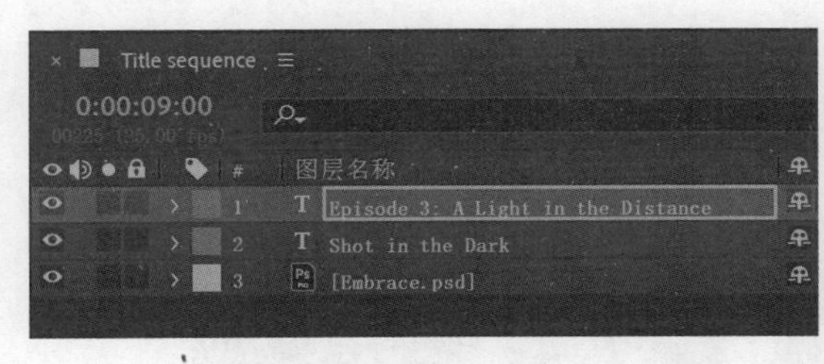

图 11-8

⑬ 按 Home 键，或者把时间指示器拖曳到时间标尺的起始位置，然后按空格键，预览影片，如图 11-9 所示。再次按空格键，停止预览。

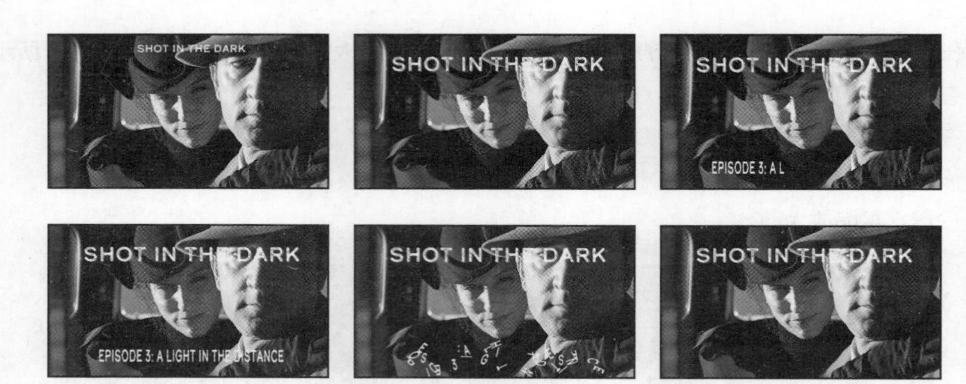

图 11-9

⑭ 隐藏两个文本图层的属性。在菜单栏中依次选择【文件】>【保存】，保存当前项目。

11.2.3 为背景图像制作动画

前面已经为文本制作好了动画，接下来该为背景图像制作动画了。由于这是一个“黑色”剧情系列电视剧，所以要向画面中添加令人不安的效果。下面将使用一个调整图层来应用效果，并且让该效果在文本显示在屏幕上之后才出现。

❶ 在【时间轴】面板中，选择 Embrace.psd 图层。

❷ 在菜单栏中依次选择【图层】>【新建】>【调整图层】。然后，把新创建的调整图层命名为 Background effect。

此时，After Effects 在所选的图层之上新创建了一个调整图层。该调整图层会影响其下的所有图层。

❸ 把时间指示器拖曳到 5:00 处。按 Alt+[（Windows）或 Option+[（macOS）组合键修剪图层，使其入点在 5:00 处，如图 11-10 所示。

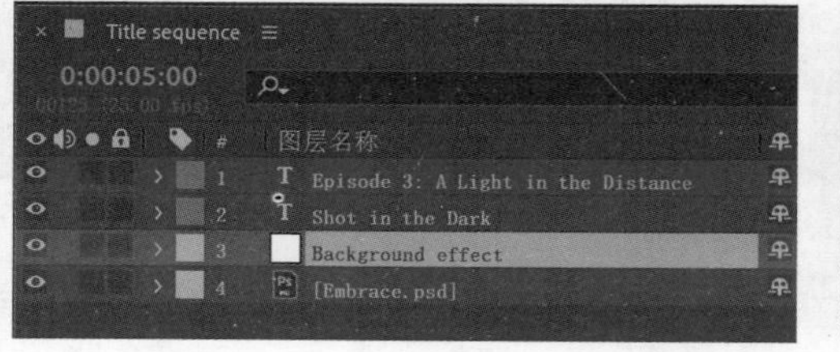

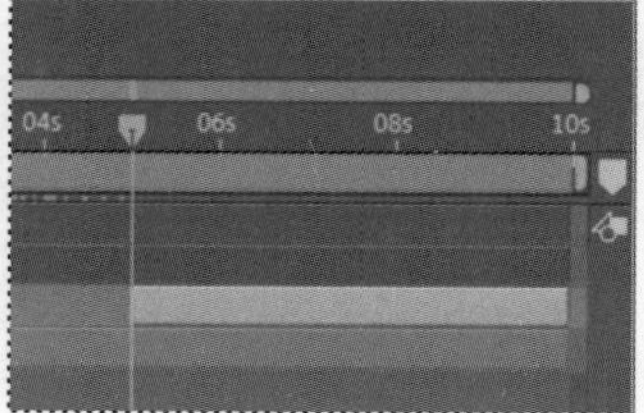

图 11-10

❹ 在【效果和预设】面板的搜索框中输入“不良电视信号”，然后选择【不良电视信号 3 - 弱】，将其拖曳到【时间轴】面板中的 Background effect 图层上，如图 11-11 所示。

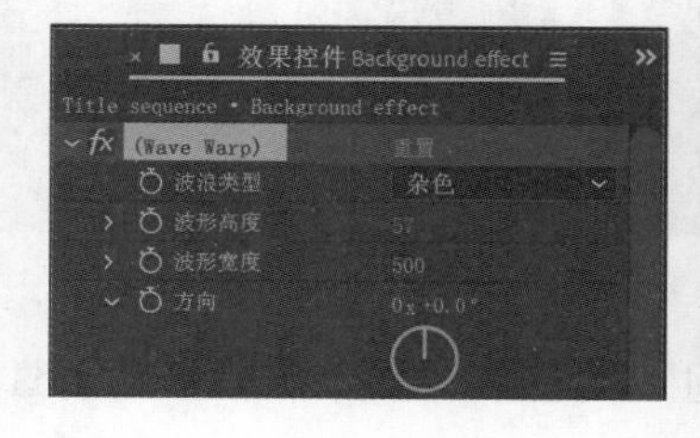

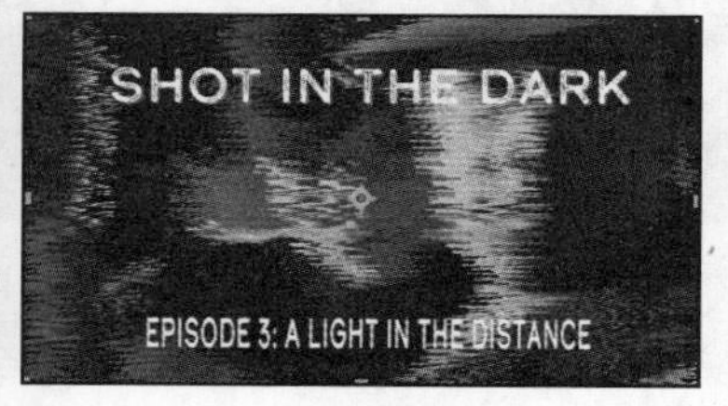

图 11-11

⑤ 按 Home 键，或者把时间指示器拖曳到时间标尺的起始位置，然后按空格键，预览影片。再次按空格键，停止预览。

影片播放时，先是系列标题从上滑入，然后出现剧集标题，再是图像变得扭曲失真。快播放到时间标尺末尾的时候，剧集标题从屏幕上爆炸消失。一旦出现扭曲失真效果，图像将很难看清楚。为解决这个问题，可以修改效果中的设置，让图像变得清晰些。

⑥ 在【效果控件】面板中，在【波浪类型】下拉列表中选择【平滑杂色】，如图 11-12 所示。然后再次预览影片，观察有何变化。

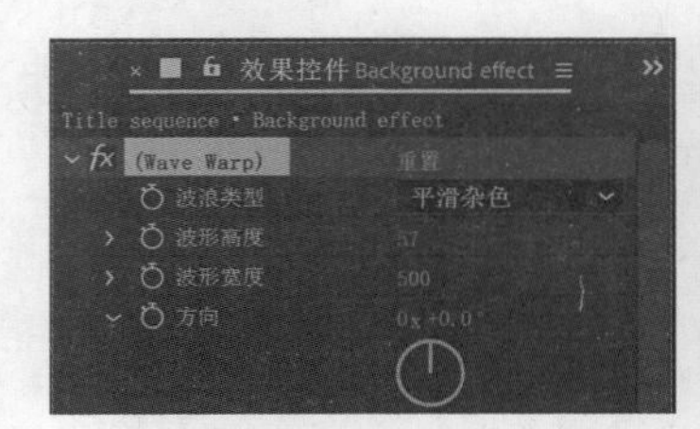

图 11-12

⑦ 在菜单栏中依次选择【文件】>【保存】，保存当前项目。

11.3 创建模板

在 After Effects 中，可以使用【基本图形】面板创建自定义控件，并把它们作为动态图形模板分享出去。创建时把属性拖入【基本图形】面板，添加你想编辑的控件即可。在【基本图形】面板中，你可以自定义控件名称，把它们按功能划分到不同分组中。你既可以在【窗口】菜单中选择【基本图形】，单独打开【基本图形】面板，也可以在【工作区】子菜单中选择【基本图形】，进入【基本图形】工作区，其中包含创建模板所需的大部分面板，包括【效果和预设】面板。

① 在菜单栏中依次选择【窗口】>【工作区】>【基本图形】，进入【基本图形】工作区。

② 在【基本图形】面板中，从【主要内容】下拉列表中选择 Title sequence。此时，模板将以 Title sequence 合成作为基础。

③ 输入模板名称“Shot in the Dark sequence”，如图 11-13 所示。

图 11-13

11.4 向【基本图形】面板中添加属性

在 After Effects 中，可以把大部分效果的控件、变换属性和文本属性添加到动态图形模板中。接下来制作动态图形模板，将允许其他人替换和调整剧集标题、调整【不良电视信号 3- 弱】效果的设置，以及替换背景图像。

11.4.1　允许编辑文本

由于每个剧集的标题都不一样，所以需要让剧集标题可编辑。每个文本图层都有一个【源文本】属性，可以把这个属性添加到【基本图形】面板中。

❶ 在【时间轴】面板中，展开 Episode 3 图层的【文本】属性。

❷ 把【源文本】属性拖入【基本图形】面板，如图 11-14 所示。

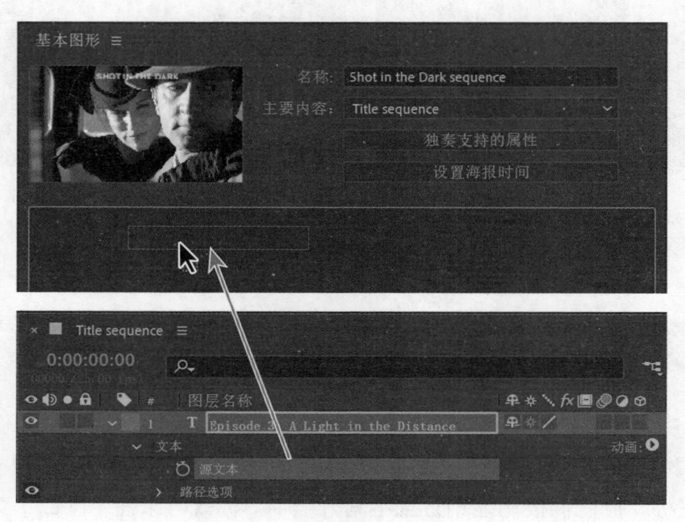

图 11-14

❸ 在【基本图形】面板中，单击左侧的 Episode 3 标签，选择文本，然后输入 Episode name。

❹ 单击 Episode name 属性右侧的【编辑属性】，在【源文本属性】对话框中勾选【启用字体大小调整】，单击【确定】按钮，如图 11-15 所示。

注意 你可以在动态图形模板中为某些属性添加下拉列表，而下拉列表需要用到一些脚本。更多相关内容，请阅读 After Effects 的帮助文档。

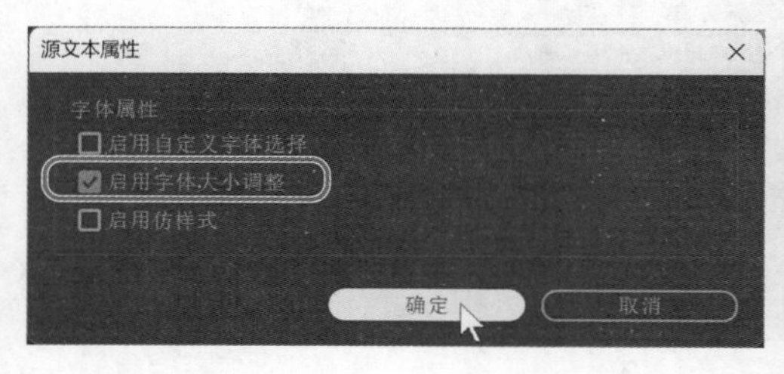

图 11-15

此时，在【基本图形】面板中，在 Episode name 属性之下出现一个文本大小滑动条。

❺ 在【时间轴】面板中选择 Episode 3 图层，按 P 键，显示其【位置】属性。然后把【位置】属性拖入【基本图形】面板。

❻ 单击左侧的 Episode 3 属性标签，选择文本，然后输入 Position。

此时，剧集标题、文本大小、位置都是可编辑的，使用该动态图形模板的用户可以根据需要编辑它们。而其他属性则处于保护状态，是不可编辑的。

11.4.2 添加效果属性

许多效果属性都可以添加到动态图形模板中。在【基本图形】面板中，单击【独奏支持的属性】按钮，可以查看合成中有哪些属性可以添加到【基本图形】面板中。下面将把用于控制效果外观的属性添加到【基本图形】面板中，根据实际情况，你可能需要调整这些属性，把所选的背景图像变得更亮或更暗。

❶ 在【基本图形】面板中，单击【独奏支持的属性】按钮，把那些可添加到【基本图形】面板中的属性在【时间轴】面板中显示出来。

❷ 在【时间轴】面板中，隐藏 Shot in the Dark 和 Episode 3 图层的属性，因为这里并不需要把它们的属性添加到模板中。

❸ 在 Background effect 图层的【颜色平衡】属性之下，把【亮度】属性拖入【基本图形】面板。然后把【饱和度】属性拖入【基本图形】面板。

❹ 在 Background effect 图层的【杂色】属性之下，把【杂色数量】属性拖入【基本图形】面板，如图 11-16 所示。

图 11-16

❺ 把时间指示器拖曳到 6:00 处，这样就可以看到效果了。在【基本图形】面板中，尝试拖曳各个属性的控制滑块，并观察效果外观是如何变化的。按 Ctrl+Z（Windows）或 Command+Z（macOS）组合键，撤销尝试。

11.4.3 属性分组

事实上，到目前为止，你很难轻松说出添加到【基本图形】面板中的各个属性是用来控制画面中的哪个部分的。为解决这个问题，你可以修改各个属性的名称，进一步明确它们的作用对象和功能，但是更好的解决办法是把这些属性分组。接下来就把添加到【基本图形】面板中的各个属性分组，根据作用范围，把它们分成 Episode title 和 Background effect 两个组。

❶ 在【基本图形】面板左下角的下拉列表中，选择【添加组】(默认显示为【添加格式设置】)，如图 11-17 所示。

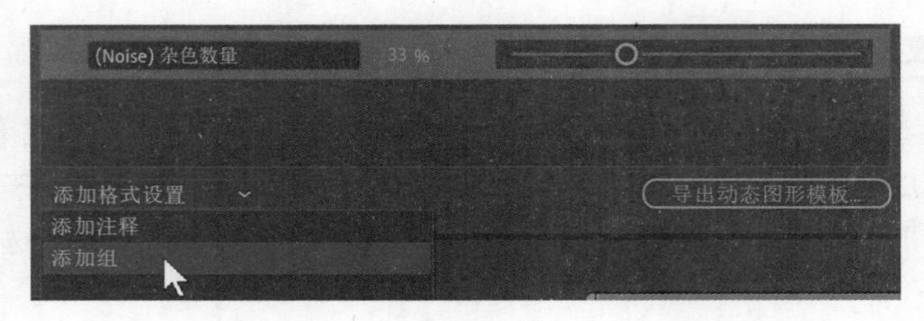

图 11-17

❷ 输入组名“Episode title”，然后把 Episode name 和 Position（位置）属性拖入该分组。此时，【大小】滑块会随 Episode name 属性一起移动到分组中。

❸ 取消选择所有属性，再次从【基本图形】面板左下角的下拉列表中选择【添加组】，然后把新分组命名为 Background effect。

❹ 把【亮度】属性、【饱和度】属性、【杂色数量】属性拖入 Background effect 分组，如图 11-18 所示。

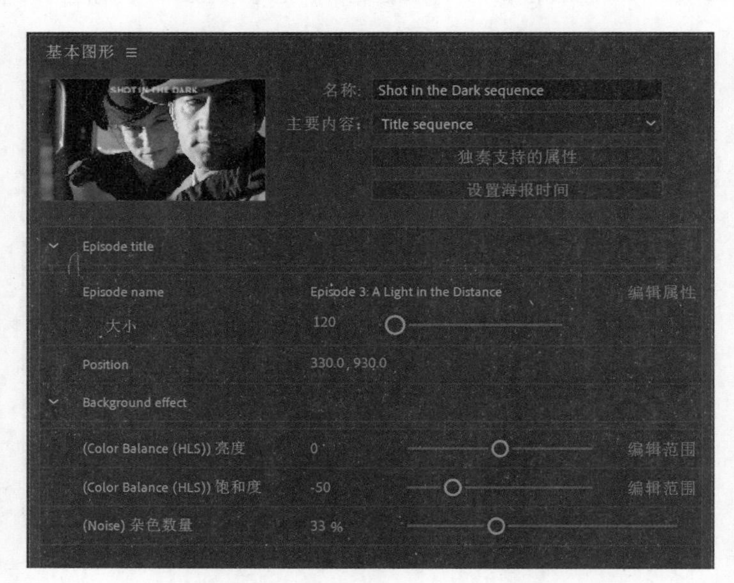

图 11-18

❺ 在【时间轴】面板中，隐藏所有图层的属性。然后在菜单栏中依次选择【文件】>【保存】，保存当前项目。

11.4.4 允许图像替换

这里创建的模板要允许用户把背景图像替换成其他图像。为此可以向动态图形模板中添加一个占位图像，以便用户在 Premiere Pro 中做替换。

❶ 把 Embrace.psd 图层从【时间轴】面板拖曳到【基本图形】面板中。

❷ 单击 Embrace.psd 标签，选择文本，然后输入 Episode image，如图 11-19 所示。

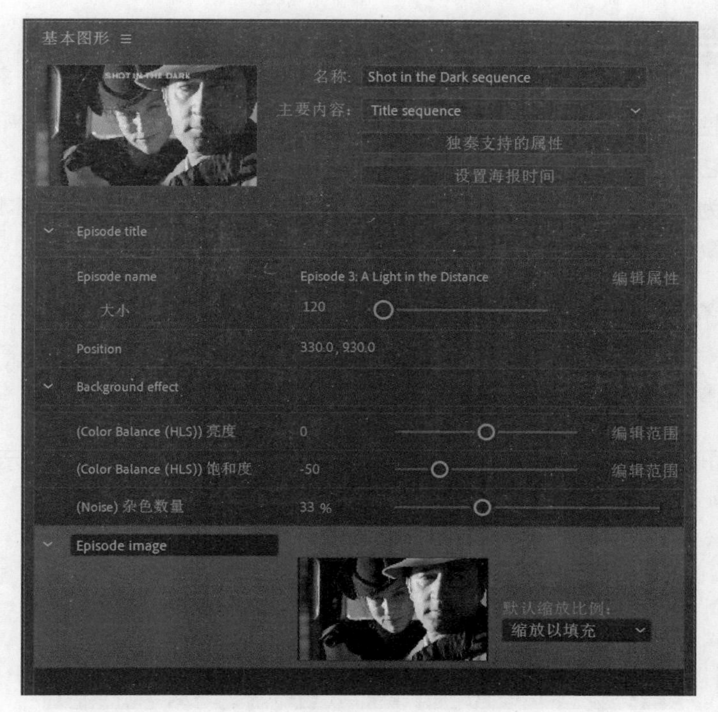

图 11-19

③ 在菜单栏中依次选择【文件】>【保存】，保存当前项目。

11.5 保护指定区域的时间

使用 After Effects 和 Premiere Pro 中的响应式设计功能可以创建出自适应的动态图形。尤其是【响应式设计 - 时间】功能，它既可以用于保护动态图形模板中合成指定区域的持续时间，又允许在不受保护的区域拉伸时间。在 After Effects 中，你可以把动态图形模板（合成）或内嵌合成中指定区域的时间安排保护起来。

下面将对剧集名称过渡的持续时间进行保护。这样，你就可以在 Premiere Pro 中调整其他部分的时间，例如缩短文本爆炸前的时间、加快或放慢其他部分的时间时，受保护区域的时间不受影响。

① 在【时间轴】面板中，把【工作区域开头】拖曳到 2:00 处。

② 把【工作区域结尾】拖曳到 5:00 处，如图 11-20 所示。

这段工作区域是受保护区域，该区域不会做时间拉伸。

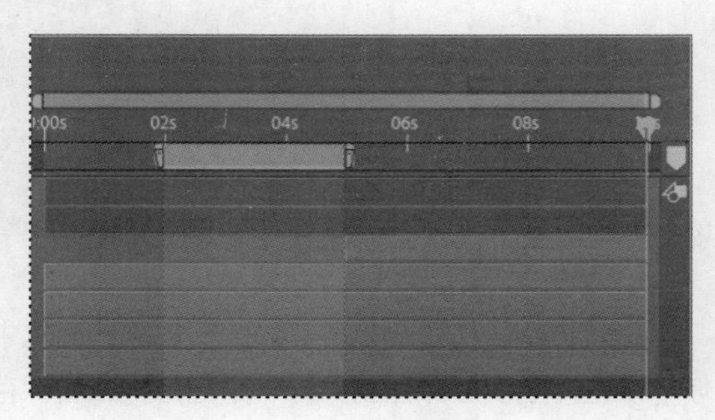

图 11-20

③ 在菜单栏中依次选择【合成】>【响应式设计 - 时间】>【通过工作区域创建受保护的区域】。

此时，受保护区域在【时间轴】面板中显示出来。

④ 在菜单栏中依次选择【文件】>【保存】，保存当前项目。

11.6 导出模板

前面已经把属性添加到【基本图形】面板中并重命名，以便让使用 Premiere Pro 的编辑人员懂得它们的含义，还对它们进行了测试。接下来要把模板导出，以提供给其他人使用。你可以把动态图形模板文件（扩展名为 .mogrt）通过 Creative Cloud 分享出去，也可以把它保存到本地磁盘上。模板文件中包含所有源图像、视频和属性。

提示 如果你没有原始项目文件可用，你可以在 After Effects 中把 .mogrt 文件作为项目文件打开。在【打开】对话框中选择 .mogrt 文件时，After Effects 会要求你指定一个文件夹，用来存放提取的文件。After Effects 会从模板文件提取各种文件，并重新创建项目文件。

❶ 在【基本图形】面板中，单击【导出动态图形模板】按钮，如图 11-21 所示。

图 11-21

❷ 在【导出为动态图形模板】对话框中，在上方的下拉列表中选择【本地模板文件夹】，单击【确定】按钮，如图 11-22 所示。

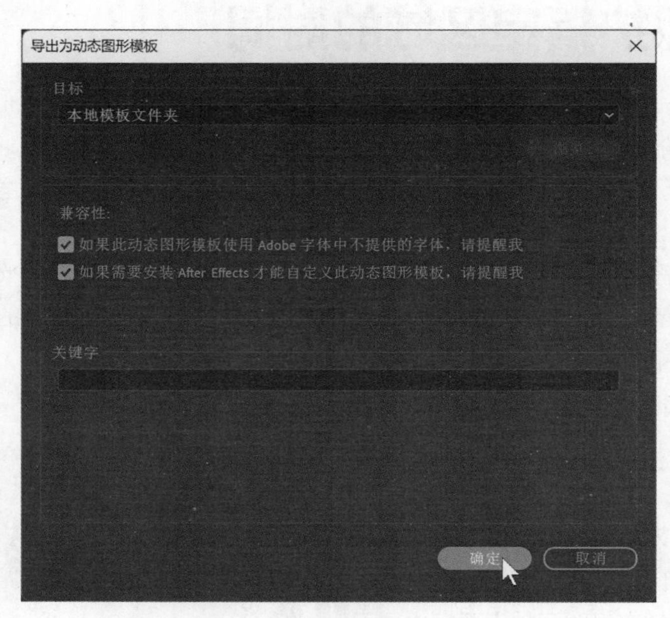

图 11-22

默认情况下，Premiere Pro 会在你的计算机中查找动态图形模板文件夹中的动态图形模板。不过，你可以选择把模板保存到另外一个地方，或者保存到 Creative Cloud 库，以方便你使用其他设备访问。

❸ 在菜单栏中依次选择【文件】>【保存】，保存当前项目后，关闭项目。

创建基本属性

【基本图形】面板除了可以用来创建动态图形模板，还可以用来创建基本属性，你可以通过基本属性访问嵌套合成中的特定属性。借助于基本属性，你可以快速访问那些需要经常编辑的属性，而不必打开嵌套的合成来查找指定图层的属性。

为了创建基本属性，需要先打开嵌套的合成。在【基本图形】面板中，从【主合成】下拉列表中选择嵌套的合成。然后，把合成中图层的属性拖入【基本图形】面板。接着，你就可以对拖入的属性重命名并为它们分组了，这些操作和创建模板时是一样的。

使用基本属性时，需要先在【时间轴】面板中展开嵌套合成的属性，然后展开【基本属性】属性，其中的属性和你在【基本图形】面板中创建的一样，如图 11-23 所示。

图 11-23

更多内容

在 Premiere Pro 中使用动态图形模板

你可以在 Premiere Pro 中使用模板编辑片头标题。

❶ 打开 Premiere Pro 软件，在【主页】窗口中，单击【新建项目】按钮。

❷ 输入项目名称“Shot in the Dark opening”，指定保存位置为 Lessons\Lesson11\Finished_Project 文件夹，单击【确定】按钮。

❸ 在菜单栏中依次选择【窗口】>【工作区】>【图形】，打开【基本图形】面板，然后打开其他可能用到的面板。

❹ 在菜单栏中依次选择【文件】>【新建】>【序列】，在弹出的【新建序列】对话框中依次选择【HDV】>【HDV 1080p25】，单击【确定】按钮。

❺ 在【基本图形】面板中，确保【本地模板文件夹】处于勾选状态，找到你创建的模板。Premiere Pro 包含几个标准的模板，它们按字母顺序显示，如图 11-24 所示。

⑥ 把你的模板从【基本图形】面板拖入【时间轴】面板的新序列。出现提示时，单击【更改序列设置】按钮匹配视频。

载入模板时，Premiere Pro 会显示一条媒体离线信息。

⑦ 模板载入完成后，按空格键预览视频。然后沿着时间标尺拖曳时间指示器，直到你可以看见剧集标题和效果。

⑧ 在【项目】面板中双击空白区域。然后，转到 Lesson11\Assets 文件夹，按住 Shift 键选择 4 个 PSD 文件，单击【打开】或【导入】按钮。在每个文件的对话框中，单击【确定】按钮。

⑨ 在【基本图形】面板中，单击【编辑】选项卡。若在【基本图形】面板中看不到模板控件，请双击【项目监视器】面板，然后修改【基本图形】面板中的设置。

⑩ 把一个图像从【项目】面板拖到【基本图形】面板中的 Episode image 缩览图上，Premiere Pro 将更改【节目】面板和缩览图中的背景图像。

⑪ 再次按空格键，预览影片。

图 11-24

⑫ 在【时间轴】面板中拖曳图层以加长它，然后再次预览，可以看到开头部分的标题动画和图像效果的时间都被延长了，但剧集标题动画的时间保持不变，如图 11-25 所示。

图 11-25

⑬ 根据你的需要做其他调整，然后保存文件，关闭 Premiere Pro。

11.7 复习题

1. 为什么要在 After Effects 中保存动态图形模板？
2. 如何把属性添加到【基本图形】面板中？
3. 如何组织【基本图形】面板中的属性？
4. 如何分享动态图形模板？

11.8 复习题答案

1. 保存动态图形模板可以让其他人编辑合成的特定属性，同时不会失去它原有的风格。
2. 要把属性添加到【基本图形】面板中，从【时间轴】面板直接拖入【基本图形】面板即可。
3. 为了组织【基本图形】面板中的属性，需要把属性划分成不同组。具体操作为从【基本图形】面板左下角的下拉列表中选择【添加组】，为分组指定名称，然后把相应属性拖入分组。此外，还可以添加注释，帮助用户更好地理解你的意图。
4. 分享动态图形模板的方法有以下两种：把动态图形模板导出到 Creative Cloud 中；把动态图形模板导出到本地的模板文件夹中，再把 .mogrt 文件发送给其他人。

第12课

使用 3D 功能

本课概览

本课主要讲解以下内容。

- 在 After Effects 中创建 3D 环境。
- 沿着 *x* 轴、*y* 轴、*z* 轴旋转和放置图层。
- 通过多个视图观看 3D 场景。
- 为摄像机图层制作动画。
- 在 After Effects 中挤压 3D 文本和形状。
- 导入 3D 对象。
- 使用 3D 变换控件。
- 查看 3D 地平面。
- 添加灯光以创建阴影和景深。
- After Effects 与 Cinema 4D 配合使用。

学习本课大约需要 1 小时

项目：一家虚构饮料公司的广告

在 After Effects 中，单击【时间轴】面板中的一个开关即可将一个 2D 图层转换为 3D 图层，从而开启一个具有无限可能性的新世界。After Effects 内置的 Maxon Cinema 4D Lite 能够给你的创作带来更高的自由度。

12.1 课前准备

After Effects 不仅可以在二维（2D）空间 (x,y) 中处理图层，还可以在三维（3D）空间 (x,y,z) 中处理图层。本书前面讲解的内容基本都是在 2D 空间下的操作。在把一个 2D 图层转换为 3D 图层之后，After Effects 会为它添加 z 轴，对象可以沿着 z 轴在立体空间中向前或向后移动。把 z 轴上的深度和各种灯光、摄像机角度相结合，可以创建出更逼真的 3D 对象，这些对象的运动更自然，光照和阴影更真实，透视效果和聚焦效果更好。本课将讲解如何创建 3D 图层，以及如何为它制作动画。

动手之前，预览一下最终影片，并创建好要使用的项目。

❶ 在你的计算机中，请检查 Lessons\Lesson12 文件夹中是否包含以下文件夹和文件，若没有包含，请先下载它们。

- Assets 文件夹：Bottle.glb, Trees.jpg、Wineglass.glb。
- Sample_Movies 文件夹：Lesson12.mp4。

❷ 在 Windows Movies & TV 或 QuickTime Player 中打开并播放 Lesson12.mp4 示例影片，了解本课要创建的效果。观看完之后，关闭 Windows Movies & TV 或 QuickTime Player。如果存储空间有限，你可以把示例影片从硬盘中删除。

学习本课前，建议你把 After Effects 恢复成默认设置。相关说明请阅读前言“恢复默认首选项”中的内容。

❸ 启动 After Effects 时，立即按 Ctrl+Alt+Shift（Windows）或 Command+Option+Shift（macOS）组合键，在【启动修复选项】对话框中单击【重置首选项】按钮，即可恢复默认首选项。在【主页】窗口中，单击【新建项目】按钮。

❹ 在菜单栏中，依次选择【文件】>【另存为】>【另存为】，打开【另存为】对话框。

❺ 在【另存为】对话框中，转到 Lessons\Lesson12\Finished_Project 文件夹。输入项目名称“Lesson12_Finished.aep”，单击【保存】按钮，保存项目。

❻ 在【合成】面板中单击【新建合成】按钮，打开【合成设置】对话框。

❼ 在【合成设置】对话框中做以下设置，如图 12-1 所示，然后单击【确定】按钮。

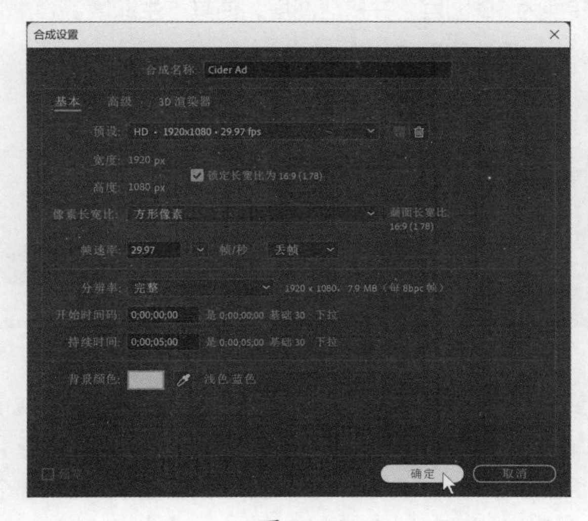

图 12-1

- 设置【合成名称】为 Cider Ad。
- 在【预设】下拉列表中，选择【HD • 1920x1080 • 29.97fps】。
- 设置【持续时间】为 5:00。
- 在【背景颜色】中，选择淡蓝色（R=194、G=200、B=236），然后单击【确定】按钮。

12.2 在 After Effects 中创建 3D 形状

在 After Effects 中，可以基于标准形状图层轻松创建 3D 对象。操作起来也很简单，开启 3D 图层开关即可完成转换。

下面搭建一个平台，用于放置酒瓶和酒杯。

❶ 在工具栏中选择【矩形工具】。

❷ 绘制一个矩形，尺寸约为 410 像素 ×78 像素。调整矩形尺寸的方法有两种：一是绘制时拖动鼠标，调整至合适大小；二是在【属性】面板的【形状属性】区域的【大小】中，输入矩形的长度和宽度值（输入数值时，请先单击锁链图标，关掉约束比例功能）。

❸ 在【属性】面板中的【形状属性】区域做以下设置，如图 12-2 所示。

- 将【圆度】值设置为 38，使矩形变为圆角矩形。
- 修改【填充颜色】为黑色。
- 将【描边颜色】设置为【无】。

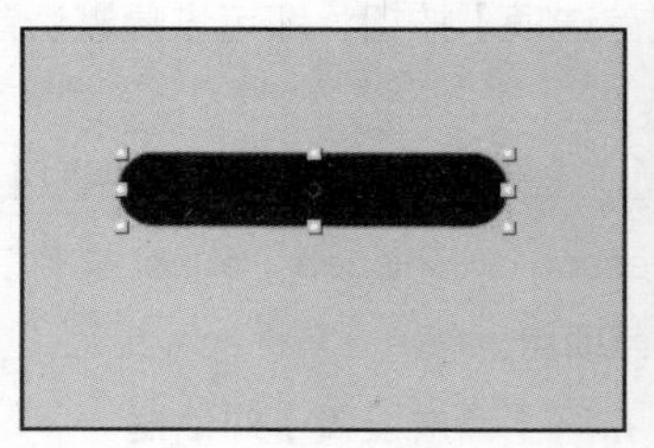

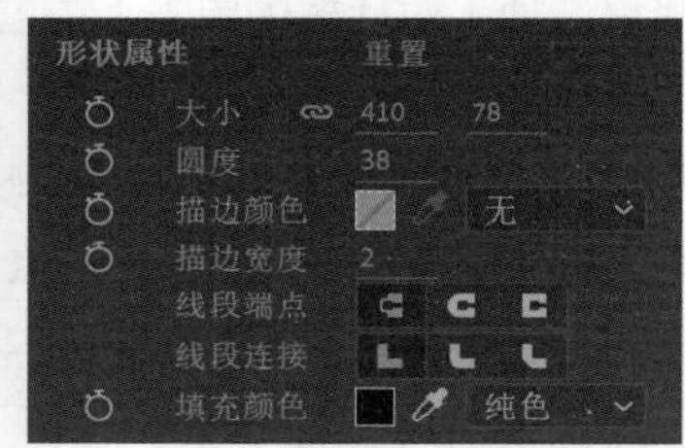

图 12-2

接下来，将 2D 图层转换为 3D 图层，并挤压图层，使其产生深度。

❹ 在【时间轴】面板中，更改图层名称为 Platform。

❺ 在【时间轴】面板中，打开 Platform 图层的 3D 开关（），如图 12-3 所示。

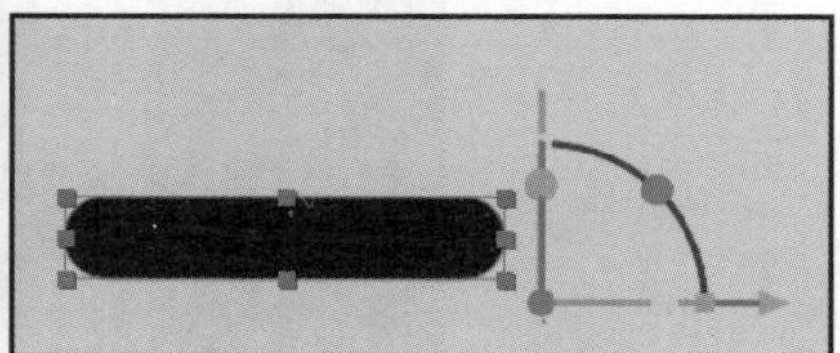

图 12-3

此时，Platform 图层变成一个 3D 图层。当选中一个 3D 图层时，【合成】面板中就会出现 3D 变换控件。红色箭头代表 *x* 轴，绿色箭头代表 *y* 轴，蓝色箭头代表 *z* 轴。当把【选取工具】置于相应箭头上时，鼠标指针右下角会显示字母 x、y 或 z，表示当前所指的箭头代表哪个坐标轴。当把鼠标指针放置在某个坐标轴上并移动或旋转图层时，图层将只沿着该坐标轴进行移动或旋转。

此时，图层的【变换】属性组下多出了几个属性，包括 3 个轴的旋转和 1 个方向属性。同时其他属性的值也由原来的 2 个变成了 3 个，多出来的 1 个是该属性在 z 轴上的值。

❻ 在【时间轴】面板中，单击【几何选项】右侧的蓝色文本“更改渲染器”，如图 12-4 所示。

❼ 在【合成设置】对话框的【3D 渲染器】选项卡下，从【渲染器】下拉列表中选择【高级 3D】，如图 12-5 所示，单击【确定】按钮。

图 12-4

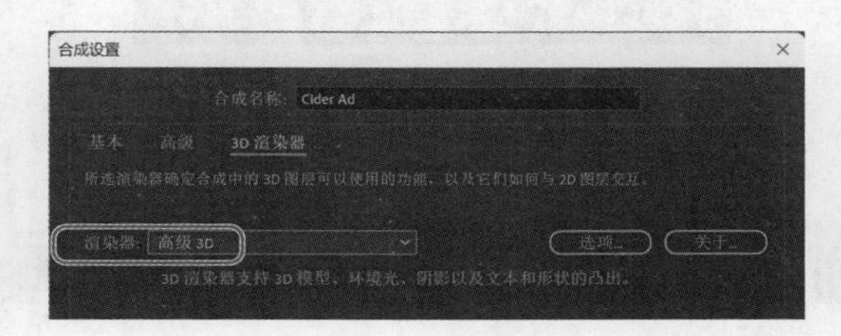

图 12-5

此时，【几何选项】从原来的不可用状态变为可用状态。

注意 如果你的系统没有足够的专用视频内存（VRAM），那么高级 3D 渲染器将无法使用。此时，你可以使用 Cinema 4D 渲染器挤压文字和形状，但无法导入 3D 模型。

❽ 展开【几何选项】，然后把【凸出深度】设置为 250，如图 12-6 所示。

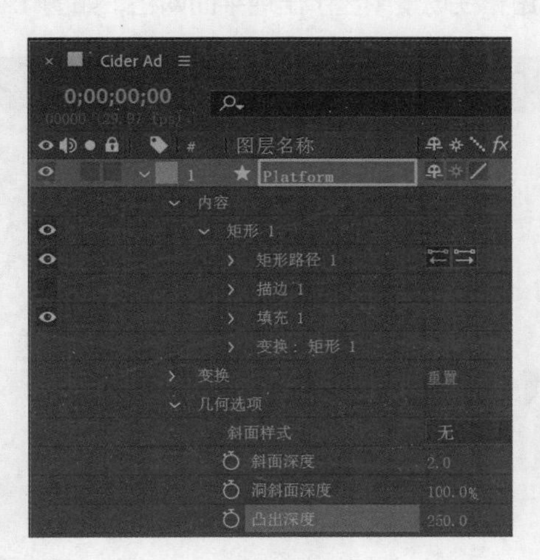

图 12-6

此时，平台已经有了一定深度（厚度），但是从当前视角看并不明显。当前平台高度不够，需要增加一些高度。

❾ 在【属性】面板的【图层变换】区域中，单击【缩放】属性右侧的锁链图标，关闭约束比例功能，设置 y 轴缩放值为 475%，如图 12-7 所示。

❿ 选择【选取工具】（▶），然后把平台拖至画面左下角，如图 12-8 所示。你在实际操作时看到的【位置】值可能和这里不一样，具体取决于原始矩形的绘制位置。

⑪ 在【时间轴】面板中，隐藏所有图层属性，保存当前项目。

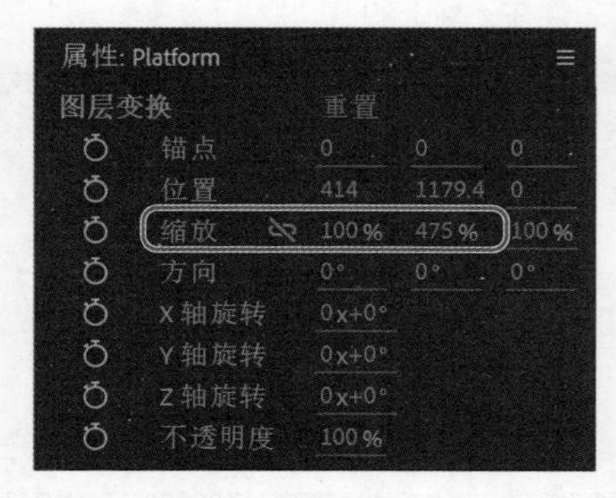

图 12-7

图 12-8

12.3 显示 3D 地平面

地平面是 3D 空间中虚拟的地面，排列对齐 3D 对象时可以参考地平面。把 3D 地平面显示出来有助于对齐对象，判断对象之间的关系。在 After Effects 中，开启实时草图 3D 预览模式即可看到 3D 地平面。在实时草图 3D 预览模式下，复杂场景的实时播放速度大大加快。但请注意，该模式仅适用于草图，而非最终作品。

❶ 在【合成】面板底部，单击【草图 3D】按钮，开启 3D 模式。

❷ 单击【3D 地平面】按钮，在场景中显示出地平面网格，如图 12-9 所示。

图 12-9

是否能够看见地平面网格，取决于当前摄像机的视角。当前摄像机从前方正对着整个场景，因此看不到地平面网格。

在【草图 3D】模式下打开【扩展查看器】，整个粘贴板的内容就会显示出来。粘贴板代表整个合成面板区域，画面区域是其中一部分，观众只能看到画面区域中的内容。

使用 3D 变换控件

借助于 3D 变换控件，你可以沿着 x 轴、y 轴、z 轴轻松调整 3D 图层的位置、缩放与旋转角度，如图 12-10 所示。x 轴是红色的，y 轴是绿色的，z 轴是蓝色的。

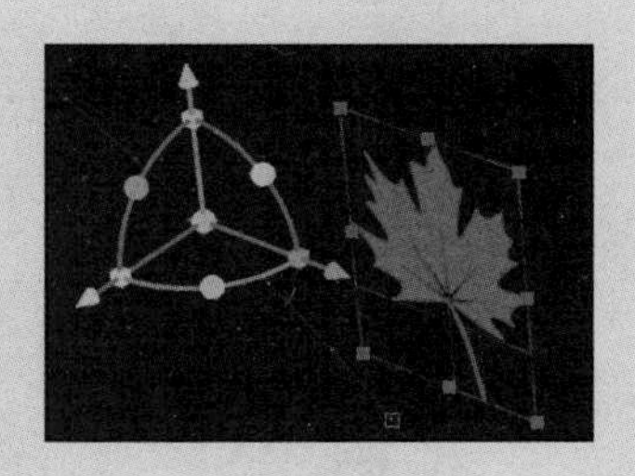

图 12-10

在调整图层位置时，沿着相应的坐标轴进行拖曳即可。例如，拖曳红色箭头可沿着 x 轴方向移动图层。

各个坐标轴上都有一个方块点，拖曳它可以缩放图层，例如拖曳 y 轴上的绿色方块点，将沿 y 轴方向缩放图层。执行缩放操作的同时按住 Shift 键，可以在所有方向上进行等比例缩放。

另外，控件中还有 3 条不同颜色的弧线，把鼠标指针放到弧线上，拖曳鼠标即可旋转图层。例如，拖曳蓝色弧线，可沿着 z 轴旋转图层。默认情况下，旋转是以 1° 为单位进行的。

12.4 导入 3D 对象

After Effects 支持在项目中导入 GLB、GLTF、OBJ 格式的 3D 对象。导入 3D 对象时，这些对象的材质也会一同导入项目，但是 After Effects 不支持编辑 3D 对象的材质。在 After Effects 中，你可以修改 3D 对象的位置、大小和方向。

❶ 在菜单栏中依次选择【文件】>【导入】>【文件】，打开【导入文件】对话框。

❷ 在【导入文件】对话框中，转到 Lessons\Lesson12\Assets 文件夹，选择 Bottle.glb 文件。单击【导入】(Windows) 或【打开】(macOS) 按钮。

此时，【项目】面板中出现一个 Bottle 文件夹，其中包含着 Bottle.glb 文件。

❸ 把 Bottle.glb 文件拖入【时间轴】面板，在【模型设置: Bottle.glb】对话框中做以下设置，如图 12-11 所示。

- 在对话框左下角勾选【预览】，使该对话框中的设置实时呈现在 3D 对象上。
- 把【对象缩放】设置为 165%，单击【确定】按钮，关闭对话框。

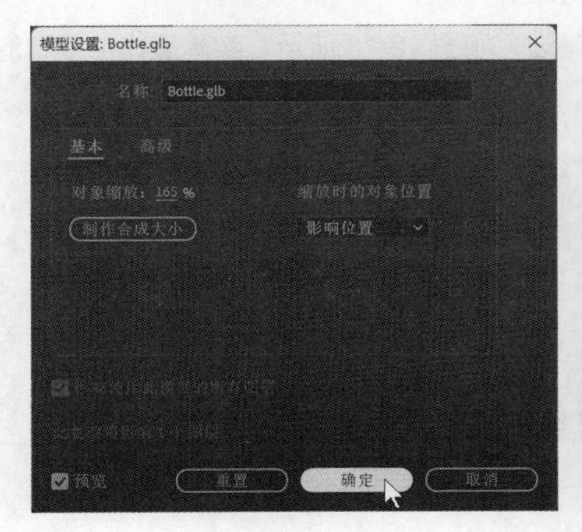

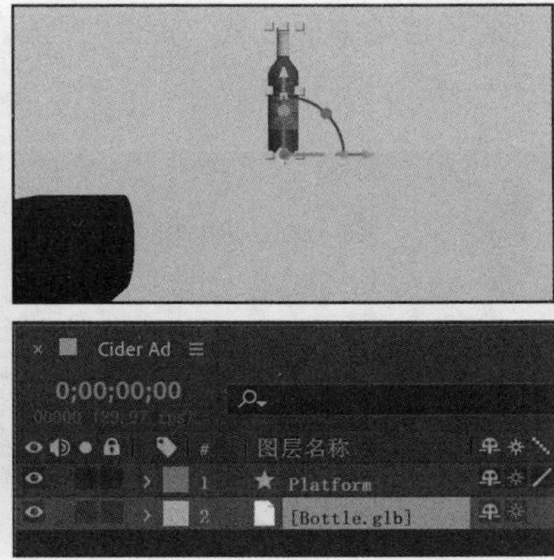

图 12-11

注意 若当前渲染器不是【高级 3D】，当导入 3D 对象并添加到合成后，After Effects 会自动把渲染器更改为【高级 3D】。

④ 在【时间轴】面板中，确保 Bottle.glb 图层处于选中状态。

⑤ 使用【选取工具】( ) 和 3D 变换控件拖曳酒瓶，使其恰好位于平台上，如图 12-12 所示。

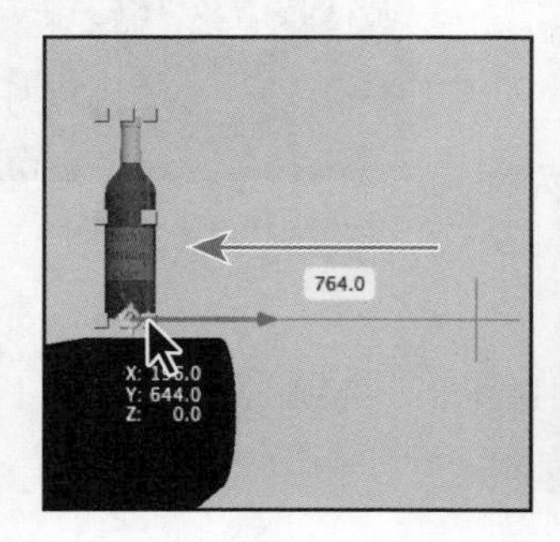

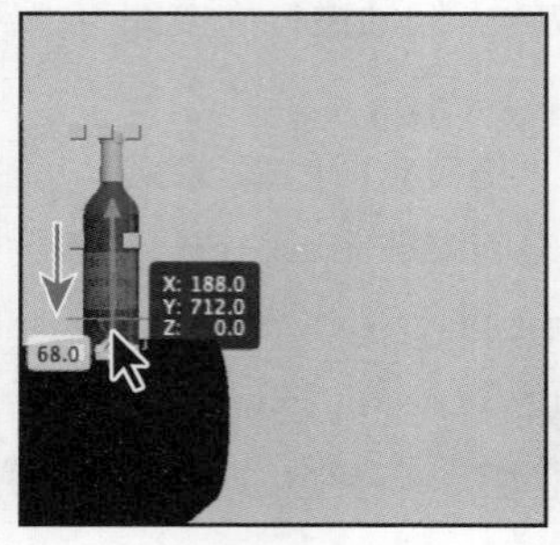

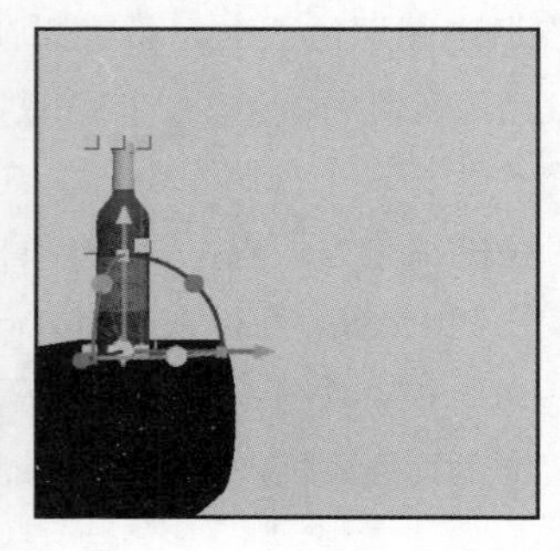

图 12-12

⑥ 在【项目】面板的空白区域双击，再次打开【导入文件】对话框。在 Assets 文件夹中选择 Wineglass.glb 文件，然后单击【导入】(Windows) 或【打开】(macOS) 按钮。

⑦ 把 Wineglass.glb 文件拖入【时间轴】面板。

⑧ 在【模型设置: Wineglass.glb】对话框中，把【对象缩放】设置为 230%，如图 12-13 所示，单击【确定】按钮，关闭对话框。

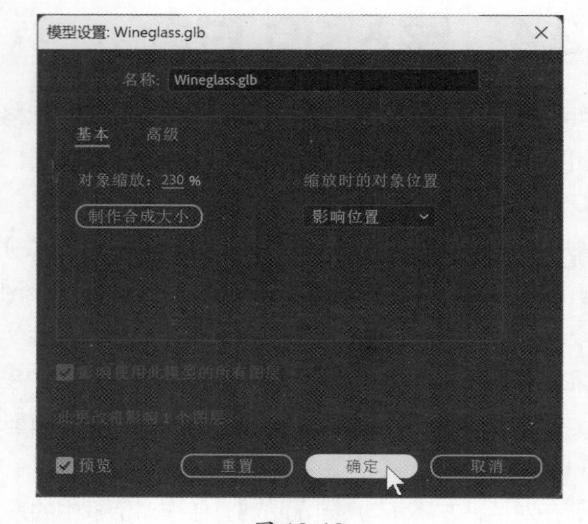

图 12-13

⑨ 在【时间轴】面板中选择 Wineglass.glb 图层，在菜单栏中依次选择【编辑】>【重复】，复制出一个酒杯，如图 12-14 所示。

⑩ 把两个酒杯移动到平台上，放置到酒瓶旁边，如图 12-15 所示。实际操作中看到的某些设置值可能和这里不一样，这很正常。

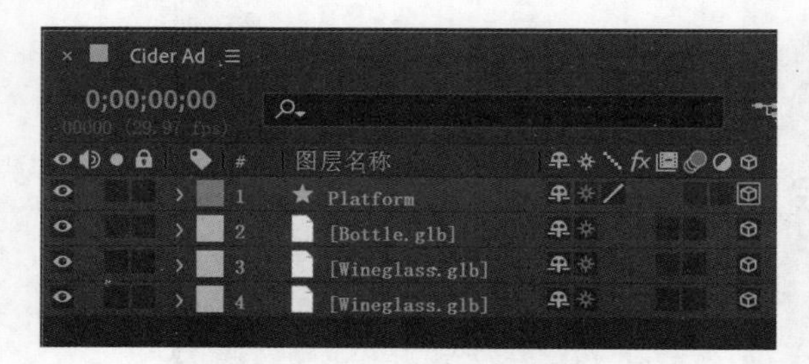

图 12-14

图 12-15

⑪ 隐藏所有图层属性，保存当前项目。

关于导入 3D 对象

After Effects 支持导入 GLB、GLTF、OBJ 这 3 种格式的 3D 对象。多种应用程序能够生成这些格式的 3D 对象，如 Adobe Substance 3D、Adobe Illustrator 等。

向项目中导入 3D 模型时，After Effects 会新建一个文件夹，在默认情况下该文件夹名称与模型名称一致。如果 3D 模型还带有附属文件（如纹理图像文件），After Effects 会把模型及其附属文件一起放入同名的文件夹。

在其他应用程序中创建模型时，建议大家使用 PNG、JPEG 格式的纹理文件，这样在把制作好的模型导入 After Effects 时会非常方便。

在把 3D 模型添加到场景后，最好开启【草图 3D】模式，这样不仅能看到地平面，而且预览速度快。

12.5 创建 3D 文本

公司名称应出现在平台上。本节创建 3D 文本（公司名称），并制作动画，使其慢慢贴附到平台正面。

❶ 在工具栏中选择【横排文字工具】（T）。

❷ 在【合成】面板中单击，输入 Birch's Sparkling Cider，每输入一个单词，按一下 Enter（Windows）或 Return（macOS）键，最终变成 3 行。

❸ 在【合成】面板中，选择刚刚输入的文本。在【属性】面板的【文本】区域中，做以下设置。

- 字体：Noteworthy 或其他手写字体。
- 描边：无。
- 字体大小：72 像素。
- 填充颜色：白色。

注意 如果你的计算机中尚未安装任何手写字体，请先使用 Adobe Fonts 安装一款。在菜单栏中依次选择【文件】>【从 Adobe 添加字体】，在打开的页面中搜索一款手写字体，然后激活它。可能需要先关闭【属性】面板，然后再次打开才能看到新激活的字体。

❹ 在【属性】面板的【段落】区域中，单击【居中对齐文本】按钮，如图 12-16 所示。

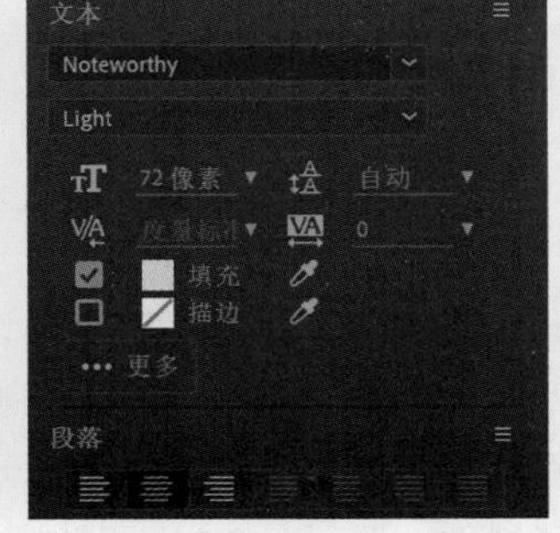

图 12-16

⑤ 在【时间轴】面板中，打开 Birch's Sparkling Cider 图层的 3D 图层开关（ ）。

当前 Birch's Sparkling Cider 图层的【几何选项】和【材质选项】都是可用的，与前面创建的 3D 形状图层一样。同样，在文本图层的【变换】属性组下多出来 3 个旋转属性和 1 个方向属性。

提示 在【时间轴】面板中，当 3D 图层之间有 2D 图层时，就应该创建独立的 3D 素材箱。不同 3D 素材箱中的图层是分别进行渲染和交互的。在【时间轴】面板中，After Effects 会用虚线把属于同一个 3D 素材箱的图层的 3D 开关围起来。

⑥ 在【时间轴】面板中，展开 Birch's Sparkling Cider 图层的【几何选项】，做以下设置，如图 12-17 所示。

- 设置【凸出深度】值为 27。
- 在【斜面样式】下拉列表中选择【凸面】。
- 设置【斜面深度】值为 2。

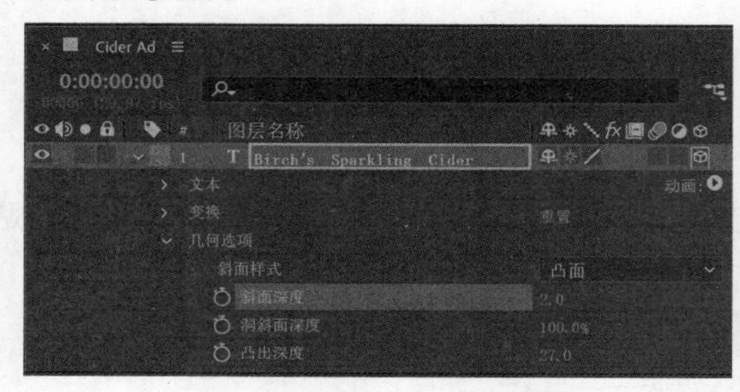

图 12-17

到这里，3D 文本就创建好了，接下来确定 3D 文本的位置。

⑦ 在【时间轴】面板中，确保 Birch's Sparkling Cider 图层处于顶层，如图 12-18（a）所示。

⑧ 选择【选取工具】，然后使用 3D 变换控件把 3D 文本拖曳到平台正面，如图 12-18（b）所示。

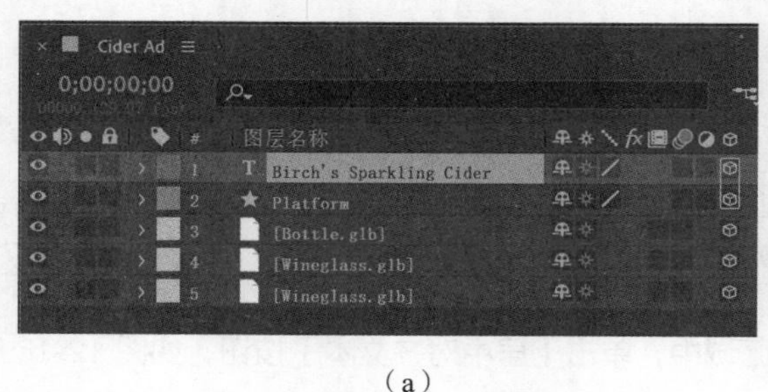

（a）

（b）

图 12-18

⑨ 隐藏所有图层属性，保存当前项目。

把 2D 对象转换成 3D 对象

在 After Effects 中，打开某个 2D 图层的 3D 图层开关即可将其转换成 3D 图层。该方法几乎适用于所有 2D 图层。把一个 2D 图层转换成 3D 图层后，就可以在 3 个坐标轴上操纵图层了，包括投影和接收投影，以及设置其他多个材质选项。但需要注意的是，只有形状和文本图层才支持挤压操作。把一个 2D 图层转换成 3D 图层后，大多数仍然是 2D 对象，只是可以在 3D

空间中操纵而已。比如，把一个视频图层转换成 3D 图层后，虽然可以在 3D 空间中旋转它，但视频本身仍然是 2D 的，就像一张薄薄的明信片置于 3D 空间中。

12.6 使用 3D 视图

有时，3D 图层外观看起来有一定的迷惑性。例如，一个图层看起来好像在 x 轴和 y 轴上缩小了，但其实它只是在沿着 z 轴运动。在【合成】面板中，有时默认视图并不能帮你做出正确的判断。【合成】面板底部有一个【选择视图布局】下拉列表，用于把【合成】面板划分成不同视图，你可以选择相应视图以从不同角度观看你的 3D 作品。此外，【合成】面板底部还有一个 3D 视图下拉列表，你可以从中选择不同的视图。下面从不同角度观察场景，检查各个对象位置是否正确。

❶ 在【合成】面板底部，单击【选择视图布局】下拉列表，从下拉列表中选择【4 个视图】（若屏幕较小，请选择【2 个视图】），如图 12-19 所示。（你可能需要增加【合成】面板的宽度，才能看见【选择视图布局】下拉列表。）

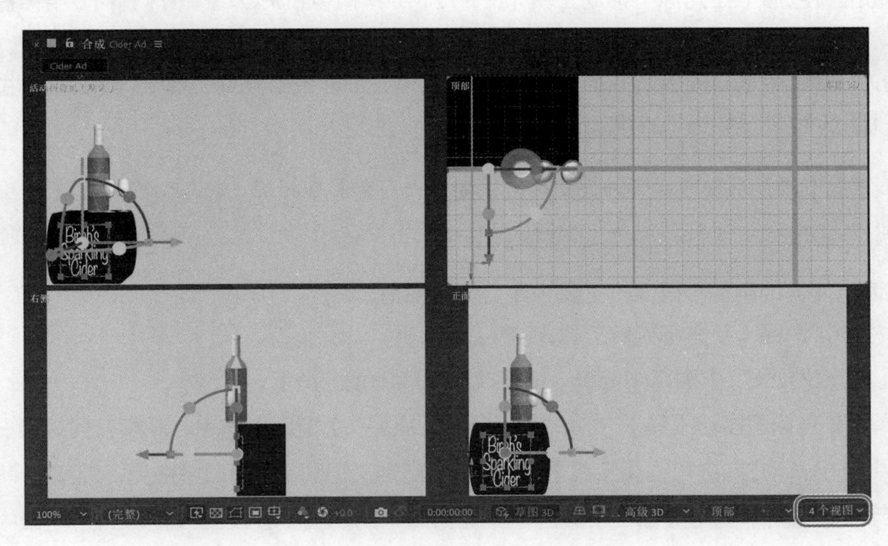

图 12-19

在【4 个视图】下，你可以从不同视角观看场景。顶视图是沿着 y 轴自上而下观看场景。在顶视图中，你可以看到各个对象沿 z 轴的排列情况，同时各个图层是有深度的，看上去像矩形。活动摄像机视图呈现的是从摄像机镜头观看场景的样子，当前活动摄像机视图和正面视图是一致的。右视图呈现的是沿着 x 轴观看场景的样子。类似于顶视图，在右视图下，深度也表现为一个矩形。

❷ 在【4 个视图】下，单击正面视图，可将其激活；在【2 个视图】下，单击左侧的视图，可将其激活（视图激活后 4 个角上有蓝色三角形）。然后，在 3D 视图下拉列表中选择【自定义视图 1】，如图 12-20 所示，从另外一个视角观察场景。

从不同角度观察 3D 场景有助于精确对齐场景中的各个元素，了解图层之间的作用方式，以及各个对象、灯光、摄像机在 3D 空间中的位置关系。例如，在当前场景中，你可能会发现酒瓶和酒杯重合在一起；或者，其中一个或多个对象出现在平台边缘之外。

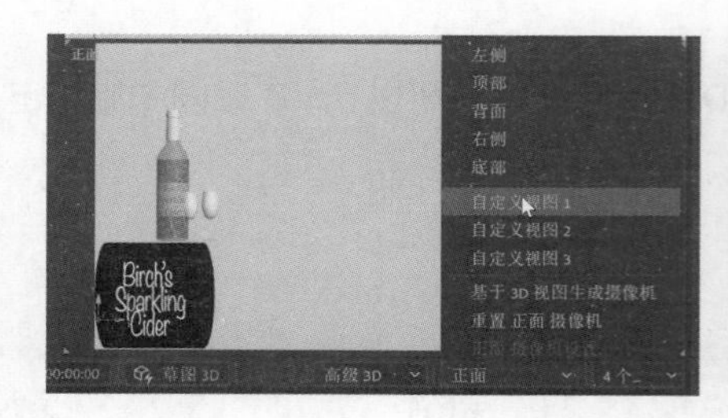

图 12-20

12.7 使用摄像机工具

当创建了一个 3D 图层之后，工具栏中的各种摄像机工具就变得可用了。你可以使用这些摄像机工具改变场景视角，以及操控已有的摄像机。

- 旋转工具包括【绕光标旋转工具】（ ）、【绕场景旋转工具】（ ）、【绕相机信息点旋转】（ ）（绕相机兴趣点旋转）这 3 个工具。
- 移动工具包括【在光标下移动工具】（ ）、【平移摄像机 POI 工具】（ ）（平移摄像机兴趣点工具）。
- 推拉工具包括【向光标方向推拉镜头工具】（ ）、【推拉至光标工具】（ ）、【推拉至摄像机 POI 工具】（ ）（推拉至摄像机兴趣点工具）。

注意 摄像机工具是用来改变场景视角的，只能用在自定义视图下，在正面视图或顶视图等固定视图下无法使用。

接下来演示如何使用各个摄像机工具来改变场景视角。

在工具栏中，选择【绕光标旋转工具】（ ）。

❶ 在【自定义视图 1】窗口中拖曳，即可改变观察场景的角度。

❷ 选择【在光标下移动工具】（ ），在【自定义视图 1】窗口中拖曳，观察有何效果。

❸ 选择【向光标方向推拉镜头工具】（ ），在【自定义视图 1】窗口中拖曳，观察有何效果。

❹ 在自定义视图中使用摄像机工具时，其他窗口中的视图不会发生改变。而且场景中的对象本身并不会移动，改变的只是观察它们的视角，就像你会飞，能够绕着中央舞台飞翔，从不同角度观察场景一样。

❺ 使用相机工具，改变观察视角，检查酒瓶、酒杯、文本在平台上的位置是否正确。

❻ 从【选择视图布局】下拉列表中，选择【1 个视图】。

❼ 使用【绕光标旋转工具】，从多个角度观察场景中的对象。

❽ 若在某个视角下发现场景中的某个对象位置有问题时，请在该视角下调整对象位置，确保其位置准确无误。使用【选取工具】和 3D 变换控件，调整酒瓶、酒杯、文本位置，如图 12-21 所示。酒瓶和酒杯应该恰好放在平台上，既不应埋入平台中，也不应悬浮在平台上方。文字应该贴在平台正面，而且带有明显的挤出效果。

❾ 调整完成后，在菜单栏中依次选择【视图】>【重置自定义视图 1 摄像机】，返回原始摄像机视图，如图 12-22 所示。

图 12-21

图 12-22

12.8 添加背景

浅蓝色背景有点无趣。下面添加桦树背景，衬托一下公司名称。

❶ 在【项目】面板中双击空白区域，再次打开【导入文件】对话框。在 Assets 文件夹中选择 Trees.jpg 文件，然后单击【导入】(Windows) 或【打开】(macOS) 按钮。

❷ 把 Trees.jpg 文件拖入【时间轴】面板，并将其置于其他所有图层之下，如图 12-23 所示。

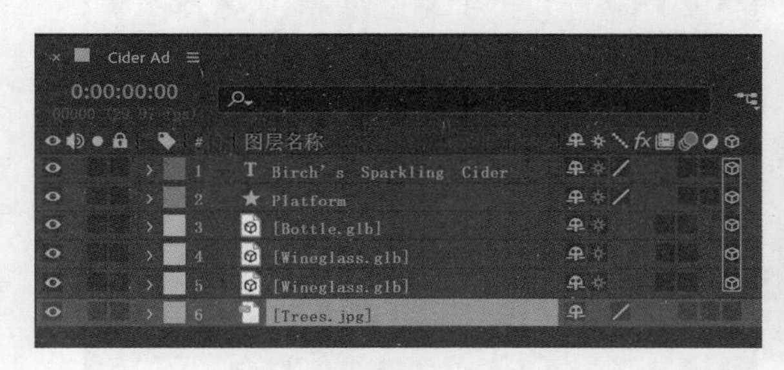

图 12-23

12.9 照亮场景

在 After Effects 中，灯光也被视为一种图层，用于将光线照射到其他图层。After Effects 提供了 5 种灯光，分别是平行、聚光、点、环境、周围，你可以从中选择一种灯光，并通过各种参数调整它。默认情况下，灯光指向兴趣点，也就是整个场景的聚焦区域。创建 3D 图层时，After Effects 自动创建一个默认灯光，但相比之下，你自己创建的灯光会让你拥有更多控制权。灯光只影响场景中的 3D 对象，它对背景不会产生任何作用。

下面将向场景中添加灯光并调整材质属性，使整个场景更精致、丰富。

12.9.1 添加聚光灯

首先添加一个聚光灯，营造出场景纵深感。

❶ 把时间指示器拖曳到 4:29 处，即时间标尺上的最后一帧。

❷ 取消选择所有图层，在菜单栏中依次选择【图层】>【新建】>【灯光】，打开【灯光设置】对话框。

❸ 在【灯光设置】对话框中，做以下设置，如图 12-24（a）所示。

- 设置【名称】为 Spotlight。
- 在【灯光类型】下拉列表中选择【聚光】。
- 设置【颜色】为白色（R=248、G=249、B=242）。
- 设置【强度】为 100%、【锥形角度】为 90° 。
- 设置【锥形羽化】为 50%。
- 单击【确定】按钮，创建一个灯光图层。

【合成】面板中出现一个线框，用于指示灯光位置；还有一个十字线图标（⊕），用于表示兴趣点，如图 12-24（b）所示。

在【时间轴】面板中，灯光图层左侧会出现一个灯泡图标（💡），如图 12-24（c）所示。

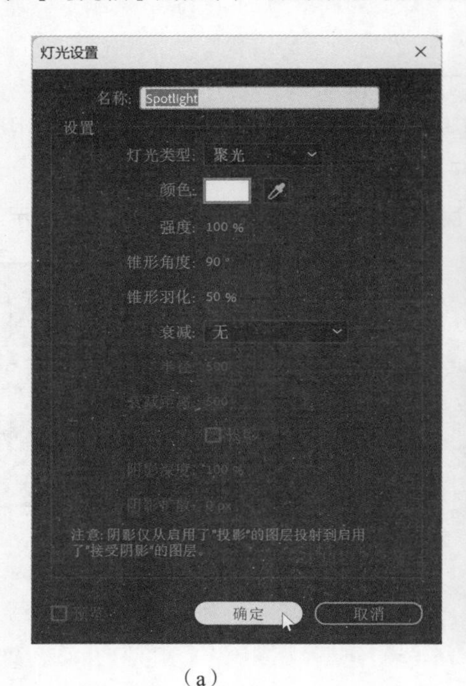

（a）

（b）

（c）

图 12-24

❹ 在【时间轴】面板中，确保 Spotlight 图层处于选中状态。

❺ 在【属性】面板中做以下设置，如图 12-25 所示。

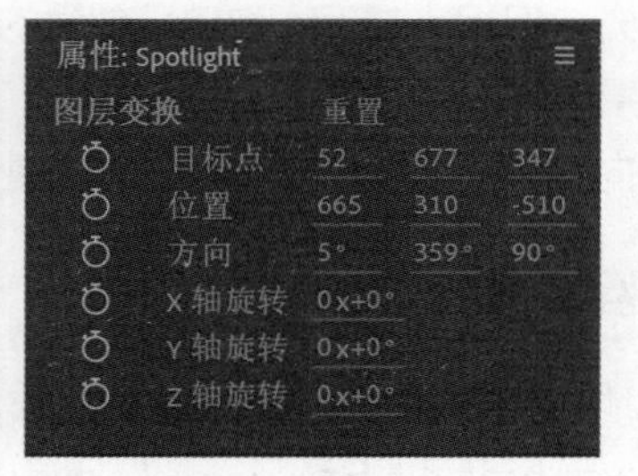

图 12-25

- 设置【目标点】（兴趣点）为 (52,677,347)。

- 设置【位置】值为 (665,310,-510)。
- 设置【方向】为 (5°,359°,90°)。

12.9.2 添加环境光

聚光灯给场景增添了一些戏剧性，但仅有它是不够的。一旦你自己创建了一个灯光，After Effects 就会自动禁用默认灯光。下面添加环境光来照亮整个场景。

❶ 在菜单栏中依次选择【图层】>【新建】>【灯光】。

❷ 在【灯光设置】对话框中做以下设置，如图 12-26 所示。

- 设置【名称】为 Fall Light。
- 在【灯光类型】下拉列表中选择【环境】。
- 设置【颜色】为淡蓝色（R=179、G=221、B=244）。
- 设置【强度】为 65%。
- 单击【确定】按钮，创建一个灯光图层。

在菜单栏中依次选择【文件】>【保存】，保存当前项目。

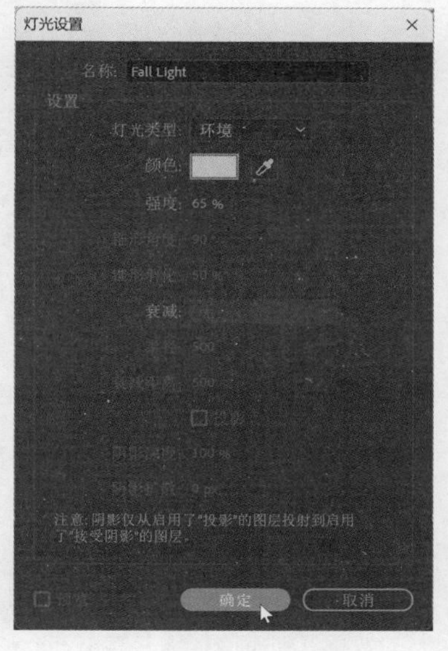

图 12-26

12.9.3 投影与材质属性

到这里，整个场景看上去已经很不错了，但还需要进一步增强 3D 立体效果。下面修改【材质选项】属性，指定 3D 图层和灯光、阴影的作用方式。

❶ 选中 Birch's Sparkling Cider 图层，展开【材质选项】属性组，做以下设置，如图 12-27 所示。

- 设置【投影】为【开】，使场景中的 3D 文本在灯光照射下产生投影。
- 把【镜面强度】值设置为 35%，使文本仅反射少量光线。
- 把【镜面反光度】值设置为 15%，使文字表面略带金属光泽。
- 设置【环境】值为 25%，减少环境光对文本的影响。

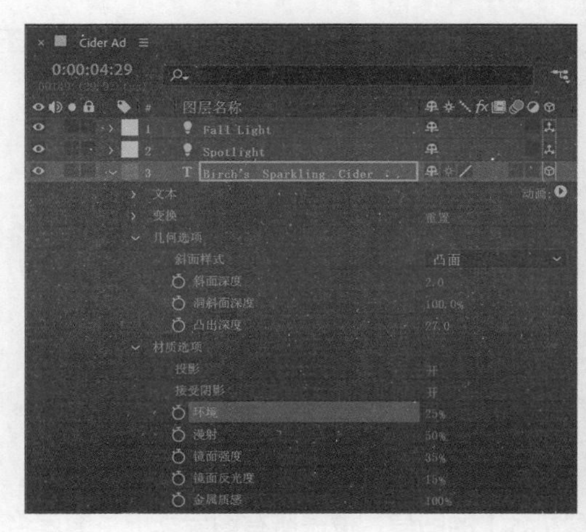

图 12-27

【材质选项】属性组下的各个属性用于设定 3D 图层的表面属性。此外，你还可以在【材质选项】组下设置投影和透光率。

② 隐藏所有图层属性。取消选择所有图层。

③ 在菜单栏中依次选择【文件】>【保存】，保存当前项目。

使用 HDR（高动态范围）图像作为灯光

通过将 HDR 或 HDRI 格式的图像用作环境光的环境贴图，可以轻松创建出有趣的光照效果。3D 图层的环境贴图能够产生更真实的光照、反射和阴影。

按照以下步骤，为环境光添加 HDR 贴图。

① 在菜单栏中依次选择【图层】>【新建】>【灯光】，在【灯光设置】对话框中，设置【灯光类型】为【周围】，单击【确定】按钮。

② 向项目中导入一张 HDR 图像，并将之添加到合成中。

③ 在【时间轴】面板中，展开灯光属性组。

④ 把灯光的【源】属性设置为 HDR 图层。

一旦把一个 HDR 图层设置为灯光源，该 HDR 图层本身将不再显示。

请注意，充当环境贴图的图层必须是单帧 HDR 图层，不能是序列。此外，应用于环境贴图上的效果和动画都会被忽略。

更多相关内容，请阅读 After Effects 帮助文档。

12.10　添加摄像机

前面学习了如何使用不同视图观看 3D 场景。下面学习如何使用摄像机图层以多个角度和多种距离观看 3D 图层。一旦为合成设置好一个摄像机，你就可以通过该摄像机来观看图层内容。观看合成时，既可以通过活动摄像机，也可以通过一台自定义的摄像机。如果你没有创建自定义摄像机，那么活动摄像机就是默认合成视图。

如果你已经使用摄像机工具创建了一个自定义视图，在菜单栏中依次选择【视图】>【基于 3D 视图生成摄像机】，可基于该自定义视图创建一个摄像机。

下面创建一个自定义摄像机。

① 取消选择所有图层，然后在菜单栏中依次选择【图层】>【新建】>【摄像机】。

② 在【摄像机设置】对话框中，从【预设】下拉列表选择【35 毫米】，单击【确定】按钮，如图 12-28 所示。

提示 默认情况下，After Effects 会使用一个线框表示摄像机。你可以选择关闭摄像机线框或仅在摄像机处于选中状态时才显示线框。具体做法是，在【合成】面板菜单中选择【视图选项】，在【视图选项】对话框中，从【摄像机线框】下拉列表中选择是否打开以及何时打开，然后单击【确定】按钮。

此时，【时间轴】面板中出现一个名为【摄像机 1】的图层，位于所有图层之上（图层名称左侧有摄像机图标），同时【合成】面板中的视图根据新摄像机视图进行了更新，如图 12-29 所示。【合成】面板中的视图应该有一些小变化，因为 35 毫米摄像机的视角肯定要比默认摄像机的视角宽一些。如果你没有观察到场景有任何变化，请单击【摄像机 1】图层左侧的视频开关，确保摄像机图层处于可见状态。

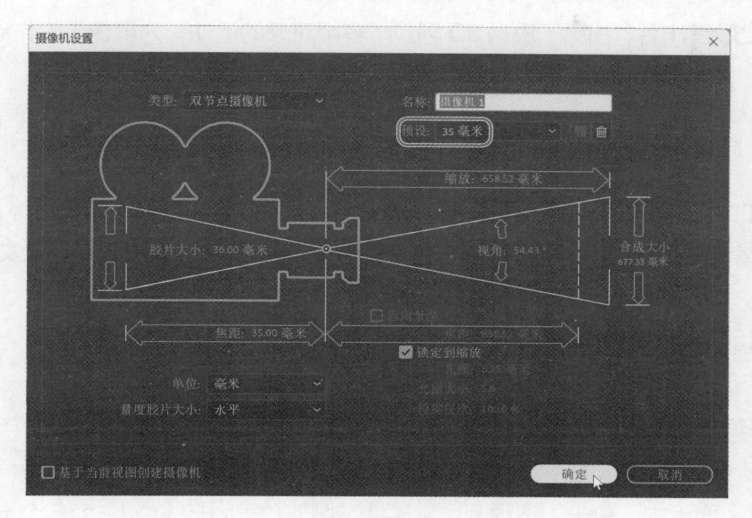

图 12-28

图 12-29

❸ 在【合成】面板底部，从【选择视图布局】下拉列表中选择【2 个视图】。

❹ 把左边视图更改为【右侧】，把右边视图设置为【活动摄像机】(摄像机 1)，如图 12-30 所示。

图 12-30

类似于灯光图层，摄像机图层也有兴趣点，用来设定摄像机的拍摄目标。默认情况下，摄像机的兴趣点位于合成中心。

到这里，场景中的对象都已经排列好，而且摄像机也设置好了。接下来将给文本、摄像机、灯光等制作动画，完成最终作品。相比于协调 3D 场景中多个对象的运动，为摄像机制作动画要容易得多。

12.11 为 3D 场景中的对象制作动画

前面已经在 3D 场景中设置好了 3D 模型、3D 形状、3D 文本、灯光、摄像机等，但到目前为止，场景中的一切仍然是静止的。下面给 3D 场景中的对象制作不透明度动画，并且让文本从画面中央移动至平台上。

❶ 把时间指示器拖曳到 4:29 处，即最后一帧处。

首先给平台、酒瓶、酒杯的不透明度制作动画。

❷ 在【时间轴】面板中，按住 Shift 键同时选中 Platform、Bottle.glb，以及两个 Wineglass.glb 图层，如图 12-31 所示。

❸ 在【属性】面板中，单击【不透明度】属性左侧的秒表图标（），为各个选中的图层创建初始关键帧（100%），如图 12-32 所示。

图 12-31

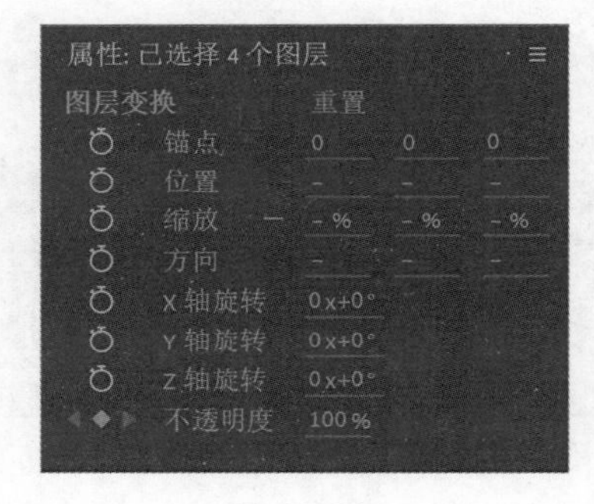

图 12-32

❹ 把时间指示器拖曳到 3:00 处。然后，单击【不透明度】属性左侧的【在当前时间添加或移除关键帧】图标，为每个图层再添加一个关键帧（100%）。

❺ 按 Home 键，或者把时间指示器拖曳到时间标尺的起始位置。

❻ 在 4 个图层仍处于选中状态时，把【不透明度】设置为 0%。

❼ 在【时间轴】面板中选择 Trees.jpg 图层，然后在【属性】面板中把【不透明度】值设置为 50%。单击【不透明度】属性左侧的秒表图标，在时间标尺的起始位置创建初始关键帧。

❽ 再次把时间指示器拖曳到时间标尺末尾，即 4:29 处，设置【不透明度】为 100%。

❾ 选择 Birch's Sparkling Cider 图层。在【属性】面板中，单击【缩放】与【位置】属性左侧的秒表图标，给两个属性分别添加关键帧。

❿ 把时间指示器拖曳到 3:00 处，分别单击【缩放】与【位置】属性的【在当前时间添加或移除关键帧】图标，在当前时间给两个属性添加关键帧。

⓫ 做如下操作（见图 12-33）：把时间指示器拖曳到 0:15 处；把 Birch's Sparkling Cider 文本拖

曳至画面中间，正面朝前；在【属性】面板中，把【缩放】的各个值均修改为 350%。

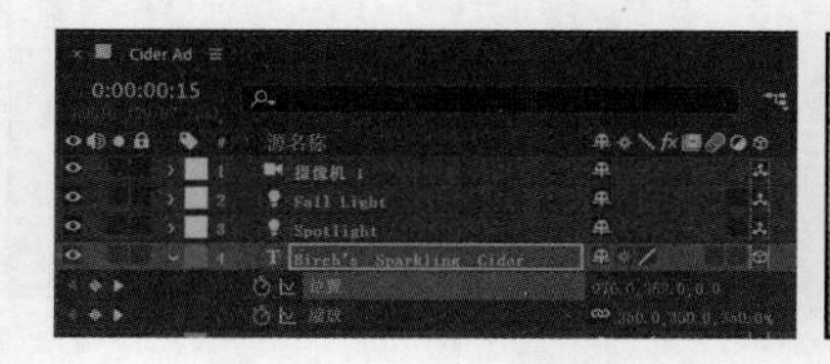

图 12-33

⑫ 在【时间轴】面板中，展开 Birch's Sparkling Cider 图层的【材质选项】。把时间指示器拖曳到 4:29 处，单击【环境】属性左侧的秒表图标，添加关键帧（当前【环境】值为 25%）。

⑬ 按 Home 键，或者把时间指示器拖曳到时间标尺的起始位置。在【材质选项】下修改【环境】值为 50%。

⑭ 隐藏所有图层属性，保存当前项目。

⑮ 按空格键预览动画，如图 12-34 所示。再次按空格键，停止预览。

图 12-34

12.12 制作摄像机动画

下面制作摄像机动画。制作摄像机动画过程中，使用摄像机工具可以把摄像机放到 3D 空间中的不同位置。

❶ 按 Home 键，或者把时间指示器拖曳到时间标尺的起始位置。在【时间轴】面板中选择【摄像机 1】图层。在【属性】面板中分别单击【位置】与【目标点】属性左侧的秒表图标，基于各自当前值创建初始关键帧。

❷ 把时间指示器拖曳到 0:20 处。在工具栏中选择【绕场景旋转工具】，该工具隐藏于【绕光标旋转工具】下。

❸ 使用【绕场景旋转工具】移动摄像机，使平台看起来朝右。

❹ 把时间指示器拖曳到 4:20 处。使用旋转、平移、推拉工具调整摄像机，使平台等对象显得更大，居于画面中央，且正面朝前。

当前，摄像机镜头聚焦到平台、酒瓶、酒杯上。

❺ 隐藏所有图层属性。

❻ 按空格键预览整个场景，如图 12-35 所示。预览完后，再次按空格键停止预览。

❼ 如果你想进一步调整摄像机的移动路径，可以调整现有关键帧或添加新关键帧。

❽ 保存当前项目。

图 12-35

3D 通道效果

有几个 3D 通道效果（3D Channel Extract、Depth Matte、Depth of Field、Fog 3D）可以从嵌套的3D合成中提取深度数据（*z* 轴深度），进而应用特殊效果。首先对3D图层进行预合成。然后应用效果到嵌套合成，并在【效果控件】面板中做相应调整。关于深度传递和 3D 通道效果的更多内容，请阅读 After Effects 的帮助文档。

使用 Cinema 4D Lite

After Effects 内置有 Cinema 4D Lite，借助它，动态图形艺术家和动画师可以直接把 3D 对象插入 After Effects 场景，并且不需要做预渲染和复杂的文件转换。在把 3D 对象添加到 After Effects 合成之后，你可以继续在 Cinema 4D Lite 中编辑它们。

如果你的计算机中未安装 Cinema 4D Lite，请打开 Creative Cloud 应用程序，在已安装的应用程序列表中找到“After Effects ”，从【更多操作】菜单中选择【附加组件】，然后单击【Cinema 4D】旁边的“添加”按钮。使用 Cinema 4D Lite 前，你必须先向 Maxon 注册。但在不注册的情况下，你仍然可以在 After Effects 中使用 Cinema 4D 渲染器。

注意 在 After Effects 中，坐标原点 (0,0) 位于合成的左上角。而在许多 3D 应用程序（包括 Maxon Cinema 4D）中，坐标原点 (0,0,0) 通常位于屏幕中心。另外，在 After Effects 中，当鼠标指针沿着屏幕往下移动时，*y* 值会变大。

向合成中添加 Cinema 4D 图层时，After Effects 会打开 Cinema 4D Lite，供你在一个新的 C4D 文件中创建 3D 场景。当你在 Cinema 4D 中保存 3D 场景后，After Effects 中的 3D 场景会自动更新。

在 After Effects 菜单栏中依次选择【图层】>【新建】>【Maxon Cinema 4D 文件】，After Effects 会在【时间轴】面板中添加一个图层，同时 Cinema 4D 打开一个空场景，里面只有 3D 网格，如图 12-36 所示。

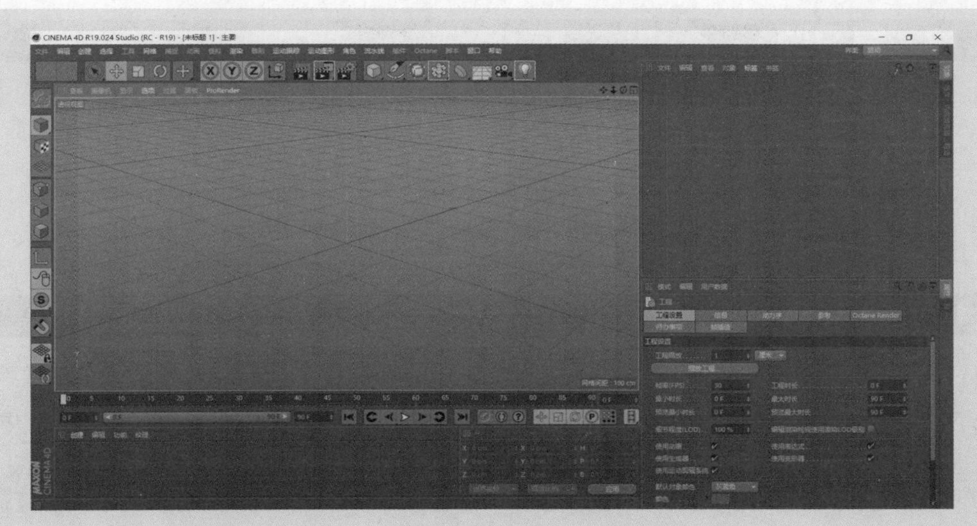

图 12-36

有关使用 Cinema 4D Lite 的更多内容，请阅读 Cinema 4D 帮助文档。

12.13 复习题

1. 打开某个图层的 3D 图层开关后，该图层会发生什么变化？
2. 观看包含 3D 图层的合成时，为什么需要从多个视角观看？
3. 什么是摄像机图层？
4. After Effects 中的 3D 灯光是什么？

12.14 复习题答案

1. 在【时间轴】面板中，打开一个图层的 3D 图层开关后，After Effects 会为该图层添加第三个轴——z 轴，然后就可以在 3D 空间中移动和旋转这个图层了。此外，这个图层还多了几个 3D 图层特有的属性，比如【材质选项】属性组。
2. 根据【合成】面板中选择的视图不同，3D 图层呈现不同外观，且具有迷惑性。在【合成】面板中从多个视角观看合成，可以准确把握某个图层相对于其他图层的位置。
3. 在 After Effects 中，借助于摄像机图层，可以从不同视角和距离观察 3D 图层。一旦为合成设置好摄像机，就可以通过那台摄像机来观看图层，还可以为摄像机的位置、角度等制作动画。
4. 在 After Effects 中，灯光图层用于将光线照射到其他图层。After Effects 提供了 5 种灯光，分别是平行、聚光、点、环境、周围，你可以从中选择一种灯光并通过各种参数调整它们。

第 13 课

使用 3D 摄像机跟踪器

本课概览

本课主要讲解以下内容。

- 使用 3D 摄像机跟踪器跟踪素材。
- 设置地平面和原点。
- 使用实底图层锁定元素到平面。
- 向跟踪的场景中添加摄像机和文本元素。
- 为 3D 元素创建真实的阴影。
- 修复果冻效应。

学习本课大约需要 *1.5* 小时

项目：电视广告

3D 摄像机跟踪器通过分析 2D 画面来创建虚拟的 3D 摄像机，你可以使用这些分析数据把 3D 对象自然地融入你的场景中。

13.1 关于 3D 摄像机跟踪器效果

【3D 摄像机跟踪器】效果会自动分析 2D 素材中的运动，获取场景拍摄时摄像机所在位置和所用的镜头类型，然后在 After Effects 中新建 3D 摄像机来匹配它。【3D 摄像机跟踪器】效果还会把 3D 跟踪点叠加到 2D 画面上，以便你把 3D 图层轻松地添加到源素材中。

这些新添加的 3D 图层和源素材拥有相同的运动和透视变化。此外，你还可以使用【3D 摄像机跟踪器】效果创建“阴影捕手”，使新加的 3D 图层在源画面中产生真实的投影和反光。

【3D 摄像机跟踪器】是在后台执行分析任务的，在此期间，你可以继续做其他处理工作。

13.2 课前准备

本课将为一家旅游公司制作一则简短的广告。先导入素材，并使用【3D 摄像机跟踪器】效果跟踪它；然后添加 3D 文本元素，使之准确跟踪场景；再使用类似方法添加其他图像；最后应用一个效果向场景中快速添加更多字符。

动手之前，预览一下最终影片，同时创建好要用的项目。

❶ 在你的计算机中，请检查 Lessons\Lesson13 文件夹中是否包含以下文件夹和文件，若没有包含，请先下载它们。

- Assets 文件夹：BlueCrabLogo.psd、Quote1.psd、Quote2.psd、Quote3.psd、Shoreline.mov。
- Sample_Movies 文件夹：Lesson13.mp4。

❷ 在 Windows Movies & TV 或 QuickTime Player 中打开并播放 Lesson13.mp4 示例影片，了解本课要创建的效果。观看完之后，关闭 Windows Movies & TV 或 QuickTime Player。如果存储空间有限，你可以把示例影片从硬盘中删除。

学习本课前，建议你把 After Effects 恢复成默认设置。相关说明请阅读前言“恢复默认首选项”中的内容。

❸ 启动 After Effects 时，立即按 Ctrl+Alt+Shift（Windows）或 Command+Option+Shift（macOS）组合键，在【启动修复选项】对话框中单击【重置首选项】按钮，即可恢复默认首选项。在【主页】窗口中，单击【新建项目】按钮。

此时，After Effects 会打开一个未命名的空白项目。

❹ 在菜单栏中，依次选择【文件】>【另存为】>【另存为】，打开【另存为】对话框。

❺ 在【另存为】对话框中，转到 Lessons\Lesson13\Finished_Project 文件夹。

❻ 输入项目名称“Lesson13_Finished.aep”，单击【保存】按钮，保存项目。

13.2.1 导入素材

本课需要导入 5 个素材。

❶ 在菜单栏中依次选择【文件】>【导入】>【文件】，打开【导入文件】对话框。

❷ 在【导入文件】对话框中，转到 Lessons\Lesson13\Assets 文件夹。按住 Shift 键单击 Quote1.psd、Quote2.psd、Quote3.psd、Shoreline.mov 文件，把它们同时选中，然后单击【导入】（Windows）或【打开】（macOS）按钮。

③ 在【项目】面板中双击空白区域，再次打开【导入文件】对话框。

④ 选择 BlueCrabLogo.psd 文件，然后单击【导入】（Windows）或【打开】（macOS）按钮。

⑤ 在 BlueCrabLogo.psd 对话框中选择【合并图层】，然后单击【确定】按钮。

13.2.2 创建合成

下面将根据 Shoreline.mov 文件的长宽比和持续时间创建新合成。

① 把 Shoreline.mov 文件拖曳到【项目】面板底部的【新建合成】图标（）上。此时，After Effects 新建一个名为 Shoreline 的合成，并显示在【合成】和【时间轴】面板中，如图 13-1 所示。

图 13-1

② 沿着时间标尺拖曳时间指示器，预览视频。

摄像机围绕着海滩场景移动，然后是一些奔跑螃蟹的特写镜头，最后镜头拉回到海洋和岩石上。接下来要做的是添加文本、螃蟹赞美语和公司 Logo。

③ 在菜单栏中依次选择【文件】>【保存】，保存当前项目。

修复果冻效应

搭载 CMOS 传感器的数码摄像机（包括在电影业、商业广告、电视节目中广受欢迎的 DSLR 相机（带有视频拍摄功能））通常使用的是卷帘快门，它是通过 CMOS 传感器逐行扫描曝光方式实现的。在使用卷帘快门拍摄时，如果逐行扫描速度不够快，就会造成图像各个部分的记录时间不同，从而出现图像倾斜、扭曲、失真变形等问题。拍摄时，如果摄像机或拍摄主体在快速运动，卷帘快门就有可能引起图像扭曲，如建筑物倾斜、图像歪斜等。

After Effects 提供了【果冻效应修复】效果，用于自动解决上述问题。使用时，先在【时间轴】面板中选择有问题的图层，然后在菜单栏中依次选择【效果】>【扭曲】>【果冻效应修复】，效果如图 13-2 所示。

出现果冻效应时，建筑物的柱子发生倾斜

应用【果冻效应修复】效果后，建筑物看起来更稳定了

图 13-2

通常情况下，使用默认设置就能获得理想的修复效果。但是，有时可能需要调整扫描方向和分析方法，才能得到理想的效果。

对于已经应用了【果冻效应修复】效果的画面，如果你还想向它应用【3D 摄像机跟踪器】效果，请你先做预合成再应用。

13.3 跟踪素材

至此，2D 素材已经准备好了。接下来让 After Effects 跟踪它，并在合适的位置放置 3D 摄像机。

❶ 按 Home 键，或者把时间指示器拖曳到时间标尺的起始位置。

❷ 在【时间轴】面板中，使用鼠标右键单击（Windows）或者按住 Control 键单击（macOS）Shoreline.mov 图层，在弹出的菜单中依次选择【跟踪和稳定】>【跟踪摄像机】，如图 13-3 所示。

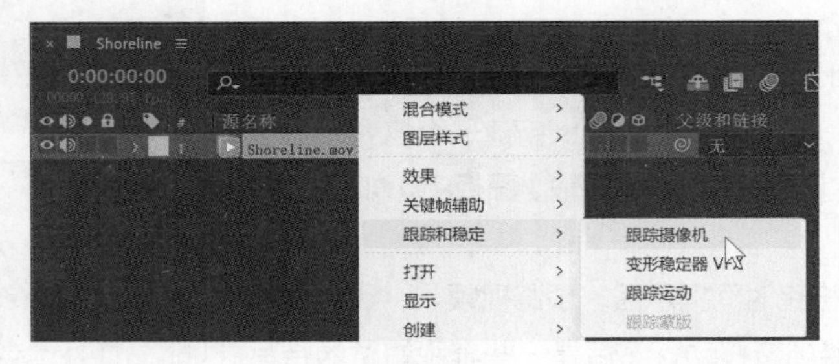

图 13-3

此时，After Effects 开始在后台分析视频，跟踪摄像机并显示相关信息。分析结束后，【合成】面板中显示的画面中会出现许多跟踪点，如图 13-4 所示。跟踪点的大小表示它与虚拟摄像机距离的远近：跟踪点越大表示离摄像机越近，越小表示离摄像机越远。

图 13-4

提示 一般情况下，默认分析就能得到令人满意的效果。当然，如果你不满意，还可以进一步做详细分析，从而得到更准确的摄像机位置。在【效果控件】面板的【高级】下，你可以找到【详细分析】选项。

分析完成后，在菜单栏中依次选择【文件】>【保存】，保存当前项目。

13.4 创建地平面、摄像机和初始文本

现在已经有了 3D 场景，但是还需要一台 3D 摄像机。接下来将创建第一个文本元素，并添加摄像机。

❶ 按 Home 键，或者把时间指示器拖曳到时间标尺的起始位置。

❷ 在【合成】面板中，把鼠标指针放在靠近大岩石的水面上，直到显示出图 13-5 所示的目标平面。（若看不到跟踪点和目标，请在【效果控件】面板中单击【3D 摄像机跟踪器】效果将其激活。）请注意，你看到的跟踪点和目标可能和这里的不一样。

提示 按住 Shift 键选择跟踪点，可指定使用哪些跟踪点来创建平面和目标。

当把鼠标指针放到 3 个或更多个邻近跟踪点（这些邻近跟踪点能够定义一个平面）之间时，这些点之间就会出现一个半透明的三角形或多边形。此外，红色目标表示平面在 3D 空间中的方向。

③ 使用鼠标右键单击（Windows）或者按住 Control 键单击（macOS）平面，在弹出的菜单中选择【设置地平面和原点】，如图 13-5 所示。

地平面和原点提供了一个参考点，该参考点的坐标是 (0,0,0)。虽然从【合成】面板中看不出有什么变化，但是活动摄像机视角、地平面、原点使得改变摄像机的旋转、位置更容易。

④ 使用鼠标右键单击（Windows）或者按住 Control 键单击（macOS）同一个平面，在弹出的菜单中选择【创建文本和摄像机】，如图 13-6 所示。

图 13-5

图 13-6

注意 此外，你还可以在【效果控件】面板中单击【创建摄像机】按钮来添加摄像机。

此时，【合成】面板中显示一个较大的平躺着的文本。同时【时间轴】面板中添加了两个图层：【文本】和【3D 跟踪器摄像机】。【文本】图层的 3D 开关处于开启状态，但是 Shoreline.mov 图层仍然是 2D 的。因为文本是唯一需要放置在 3D 空间中的元素，所以没有必要把背景图层（Shoreline.mov 图层）也转换成 3D 图层。

⑤ 沿着时间标尺拖曳时间指示器，预览视频。从视频中可以看到，当摄像机移动时，文本仍然保持在原来的位置上。把时间指示器拖曳到时间标尺的起始位置。

⑥ 在【时间轴】面板中，双击【文本】图层，如图 13-7 所示，在【属性】面板中打开文本属性。

图 13-7

⑦ 在【文本】区域设置字体为 Impact，字体样式为 Regular，字体大小为 48 像素。勾选【描边】，

设置描边宽度为 0.5 像素，描边类型为【在填充上描边】。设置填充颜色为白色，描边颜色为黑色（默认颜色），字符间距为 0，如图 13-8 所示。

图 13-8

此时，文本看起来相当不错，但是这里需要把它竖起来。接下来将改变它在空间中的位置，然后使用广告文字替换它。

❽ 在【时间轴】面板中，选择【文本】图层，退出文本编辑模式。然后，在【属性】面板中设置【方向】值为 (12°，30°，350°)，让文本竖起来，如图 13-9 所示。(你设置的值可能和这里不一样，根据实际情况设置即可。)

图 13-9

注意 如果你选了其他目标作为地平面，那么输入的值会有所不同。当然，你也可以不输入数值，而在【合成】面板中使用 3D 变换控件调整各个坐标轴。

所有新建的 3D 图层都使用指定的地平面和原点来确定它在场景中的方向。当改变【方向】值时，文本在空间中的方向也会发生变化。

❾ 在【时间轴】面板中双击【文本】图层，在【合成】面板中打开它。

此时，文本处于可编辑状态，上面覆盖着一个透明的红色矩形。

❿ 在文本处于选中状态时，在【合成】面板中输入 THE OTHER GUYS。然后在【时间轴】面板中单击 THE OTHER GUYS 图层，退出文本编辑模式。

到目前为止，一切进展顺利。接下来重新设置文本的位置，使其位于场景中间。

⓫ 使用【选取工具】沿着屏幕向上拖曳文本，使其位于水面之上。或者，在【属性】面板中直接把【位置】值修改为 (-6270,-1740,1188)，如图 13-10 所示。

如果文本一直在同一个位置，那么随着摄像机的运动，文本会变得不可见。下面将为文本制作动画，让其可见时间长一点。

⓬ 单击【位置】属性左侧的秒表图标（⏱），创建初始关键帧。

属性: THE OTHER GUYS
图层变换 重置
锚点 0 0 0
位置 -6270 -1740 1188

图 13-10

⓭ 把时间指示器拖曳到 2:03 处。然后在【属性】面板中把【位置】值修改为 (-7115,1800,-1150)，如图 13-11（a）所示，或者直接使用【选取工具】和【旋转工具】调整文本位置，如图 13-11（b）所示。

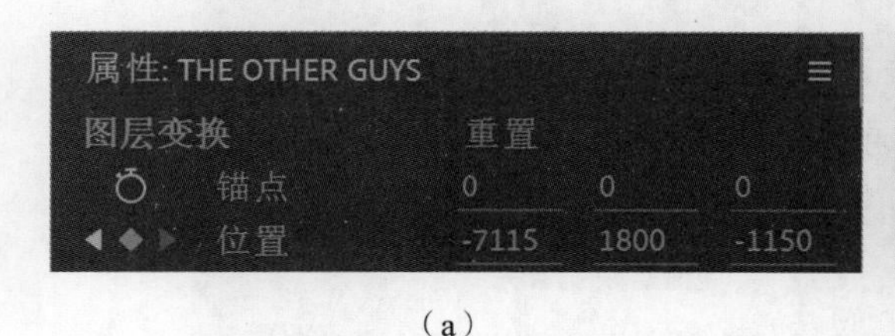

（a）

（b）

图 13-11

⓮ 沿着时间标尺拖曳时间指示器，预览文本动画。然后隐藏处于打开状态的所有属性，在菜单栏中依次选择【文件】>【保存】，保存当前项目。

13.5 添加其他文本元素

前面已经为广告添加好了一个文本，接下来使用类似步骤继续向合成中添加其他广告文本。添加其他文本时，虽然步骤类似，但是由于各个文本在视频中出现的位置不同，所以还需要在场景中调整各个文本的位置、方向和缩放值等。

❶ 把时间指示器拖曳到 2:03 处。

❷ 在【时间轴】面板中，选择 Shoreline.mov 图层，按 E 键显示其【效果】属性。然后选择【3D 摄像机跟踪器】，将其激活，如图 13-12 所示。

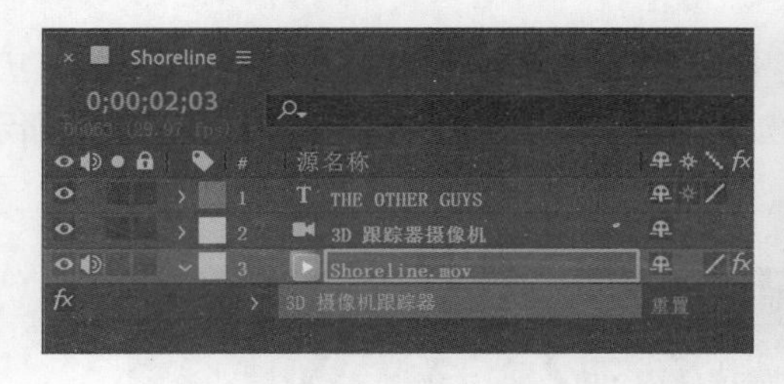

图 13-12

💡 注意 这里选的是 Shoreline.mov 图层下的【3D 摄像机跟踪器】，而非 3D 跟踪器摄像机图层下的。

❸ 在【效果控件】面板中，把【跟踪点大小】值修改为 50%，如图 13-13 所示，这样可以更清楚地看到跟踪点。

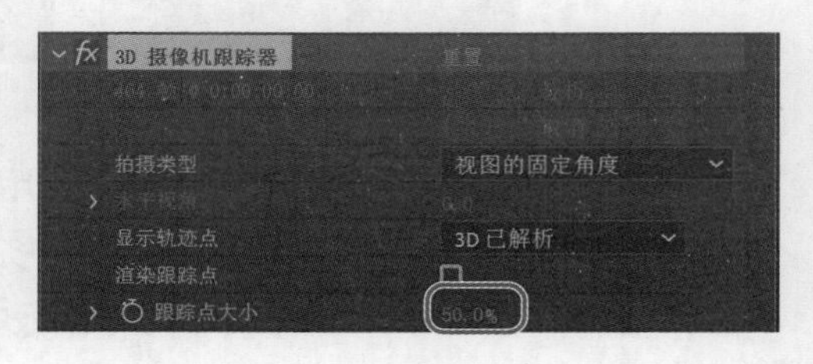

图 13-13

❹ 在工具栏中选择【选取工具】。然后在【合成】面板中把鼠标指针放到两块岩石之间，让红色靶标平躺在两块岩石上，接着使用鼠标右键单击（Windows）或者按住 Control 键单击（macOS）红色靶标，在弹出的菜单中选择【创建文本】，如图 13-14 所示。

图 13-14

❺ 在【时间轴】面板中选择【文本】图层，然后把【方向】值修改为 (0°,45°,0°)，旋转文本，如图 13-15 所示。

属性: 文本

图层变换	重置		
锚点	0	0	0
位置	7530.7	1665.8	-1383.4
缩放	2250 %	2250 %	2250 %
方向	0°	45°	0°

图 13-15

❻ 双击【文本】图层，进入可编辑状态，然后在【合成】面板中输入 ARE。单击 ARE 图层，进入文本编辑模式。

❼ 单击【位置】属性左侧的秒表图标（ ），创建一个初始关键帧。

❽ 把时间指示器拖曳到 2:29 处。使用【选取工具】移动文本，使其位置如图 13-16 所示。你看到的【位置】值可能和这里不一样，这很正常。

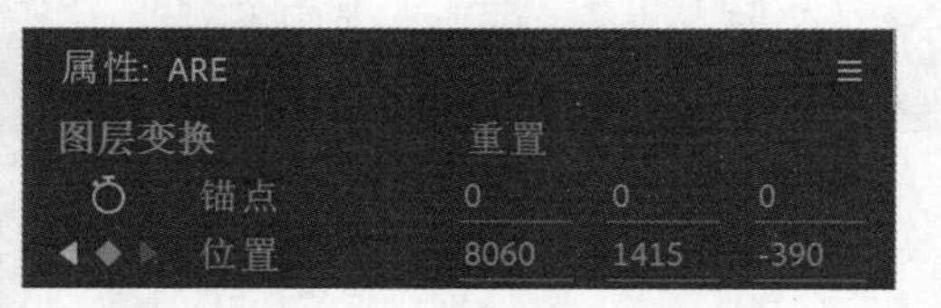

属性: ARE

图层变换	重置		
锚点	0	0	0
位置	8060	1415	-390

图 13-16

❾ 把时间指示器拖曳到 4:14 处。使用【选取工具】拖曳合成，使文本底部显露出来，如图 13-17（a）所示。（若必要，请使用【手形工具】（ ）移动一下画面，直到能看到画面之外的文本框。）当然，你还可以直接在【属性】面板中修改文本的【位置】值，如图 13-17（b）所示。注意，你使用的属性值可能和这里的不一样。

(a)

(b)

图 13-17

⑩ 隐藏图层属性。如果前面你使用【手形工具】调整了画面的位置，现在请把它归位。然后，选择【选取工具】，并手动预览文本动画。

⑪ 把时间指示器拖曳到 4:14 处。在【时间轴】面板中选择 Shoreline.mov 图层，再次激活 3D 摄像机跟踪器的跟踪点，然后在 Shoreline.mov 图层下选择【3D 摄像机跟踪器】，或者在【效果控件】面板中选择【3D 摄像机跟踪器】。

⑫ 使用【选取工具】(▶)在右侧大岩石上选择一个目标平面。然后使用鼠标右键单击（Windows）或按住 Control 键单击（macOS）目标，在弹出的菜单中选择【创建文本】，如图 13-18 所示。

⑬ 在【时间轴】面板中选择【文本】图层，旋转文本，使其垂直并略微倾斜，或者在【属性】面板中把【方向】值设置为（0°　,45°　,10°　），把【缩放】值设置为 (2000%,2000%,2000%)，如图 13-19 所示。

图 13-18

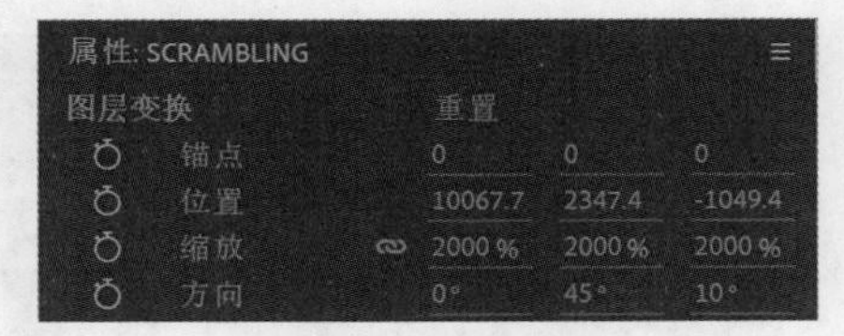

图 13-19

⑭ 双击【文本】图层，然后在【合成】面板中输入 SCRAMBLING。

⑮ 把时间指示器拖曳到 3:10 处，此时文本应该刚出现。使用【选取工具】拖曳文本，使其位于 ARE 之下，从左到右延伸到画面之外，如图 13-20 所示。你还可以使用【旋转工具】或 3D 控件进行设置。设置好文本位置后，单击【位置】属性左侧的秒表图标（⏱），创建一个初始关键帧。

图 13-20

⑯ 把时间指示器拖曳到 4:21 处，使用【选取工具】移动文本，如图 13-21（a）所示。然后分别在 6:05 和 7:04 处，继续向画面左下角移动文本，如图 13-21（b）与图 13-21（c）所示。

（a）

（b）

（c）

图 13-21

现在，文本位置已经设置好了，还需要让文本突然出现在屏幕上。接下来将整理一下各文本图层，让它们相互错开。

⑰ 把时间指示器拖曳到 2:03 处。选择 ARE 图层，按 Alt+[（Windows）或 Option+[（macOS）组合键。然后把时间指示器拖曳到 3:10 处，选择 SCRAMBLING 图层，再次按 Alt+[（Windows）或 Option+[（macOS）组合键。

⑱ 隐藏所有图层属性。然后，在菜单栏中依次选择【文件】>【保存】，保存当前项目。

⑲ 按空格键预览文本动画，如图 13-22 所示。再次按空格键，停止预览。

图 13-22

13.6 使用实底图层把图像锁定到平面

前面已经在 After Effects 中制作好了广告文案，但是螃蟹的赞美词位于会话气泡中，并且以图像形式存在。本节将把这些 PSD 文件添加到 After Effects 的实底图层上，并把它们锁定到指定平面。

❶ 把时间指示器拖曳到 6:06 处。在【时间轴】面板中选择 Shoreline.mov 图层，在【效果控件】面板中，选择【3D 摄像机跟踪器】效果。

❷ 选择【选取工具】，移动鼠标指针，找一个垂直平面。使用鼠标右键单击平面，在弹出的菜单中选择【创建实底】，如图 13-23 所示。

此时，After Effects 创建了一个【跟踪实底 1】图层，并且在【合成】面板中出现一个实底正方形。你看到的实底正方形的颜色可能和这里不一样。

图 13-23

调整摄像机的景深

调整 3D 摄像机的景深可以使计算机生成的元素更自然地融入真实的视频素材中。如果使用摄像机拍摄视频素材时所用的设置参数，那么离摄像机越远的 3D 对象就会因失焦而变得越模糊。

调整景深时，先在【时间轴】面板中选择 3D 跟踪器摄像机图层，然后在菜单栏中依次选择【图层】>【摄像机设置】，在弹出的【摄像机设置】对话框中设置相应参数即可。

❸ 在【时间轴】面板中，使用鼠标右键单击（Windows）或者按住 Control 键单击（macOS）【跟踪实底 1】图层，在弹出的菜单中选择【预合成】。在弹出的【预合成】对话框中，设置【新合成名称】为 Crab Quote 1，然后单击【确定】按钮，如图 13-24 所示。

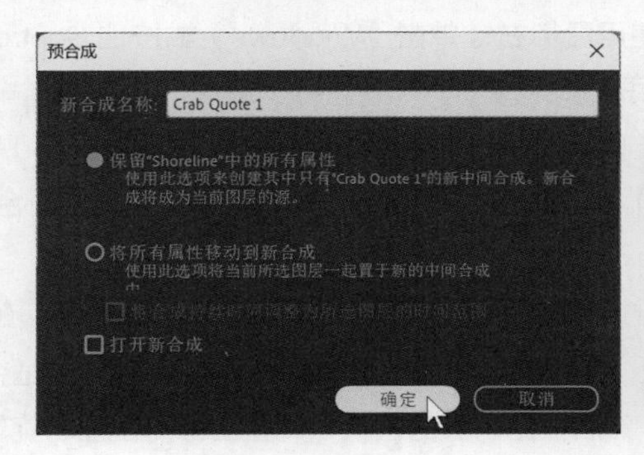

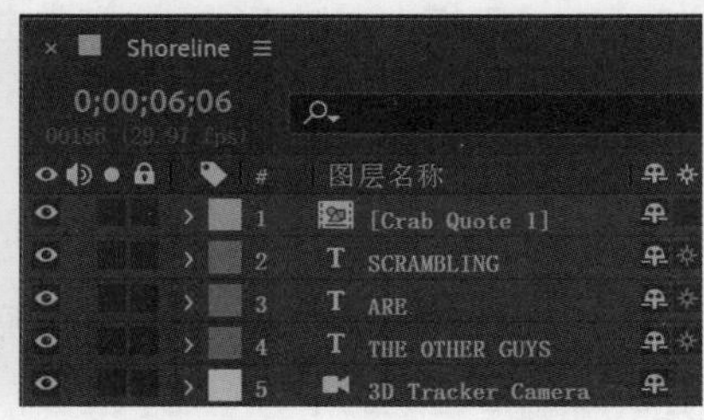

图 13-24

After Effects 创建了一个名为 Crab Quote 1 的合成，其中包含着【跟踪实底 1】图层。

❹ 双击 Crab Quote 1 合成，打开它。在【时间轴】面板中，删除【跟踪实底 1】图层。

❺ 在【项目】面板中，把 Quote1.psd 文件拖入【时间轴】面板，如图 13-25 所示。

❻ 在菜单栏中依次选择【图层】>【变换】>【适合复合宽度】，效果如图 13-26 所示。

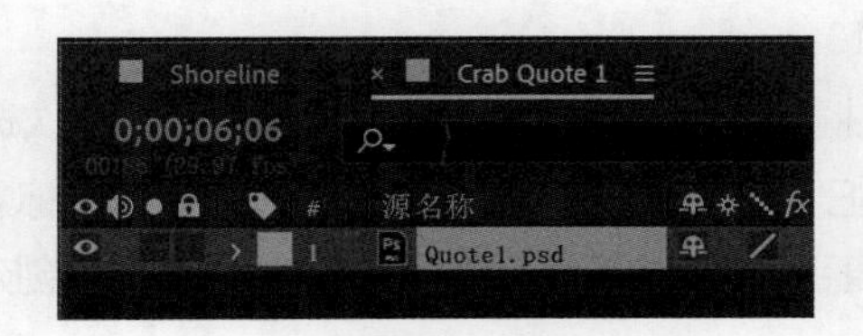

图 13-25

图 13-26

⑦ 返回 Shoreline 合成的【时间轴】面板，如图 13-27 所示。

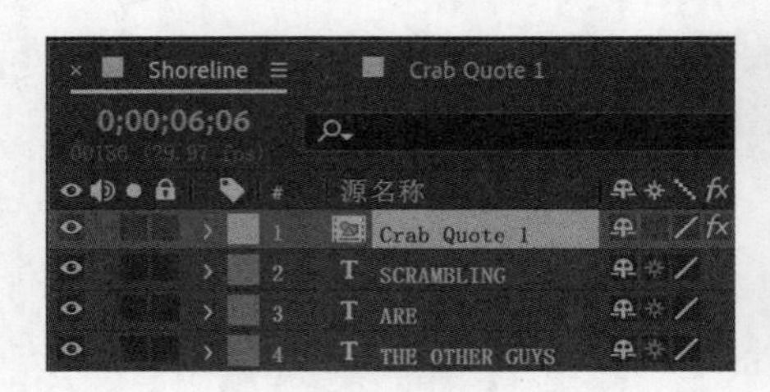

图 13-27

After Effects 在创建实底图层的地方显示出了 Quote1.psd 图像。

⑧ 使用【选取工具】和 3D 控件调整图像的位置和缩放等，使其与一群螃蟹产生联系，如图 13-28 所示。

图 13-28

⑨ 把时间指示器拖曳到 7:15 处，在【时间轴】面板中选择 Shoreline.mov 图层，再次选择【3D 摄像机跟踪器】效果。在【效果控件】面板中，把【跟踪点大小】值设置为 25%，这样可以更清楚地看到跟踪点。然后沿着岩石找一个垂直平面，使用鼠标右键单击（Windows）或按住 Control 键单击（macOS）平面，在弹出的菜单中选择【创建实底】。

⑩ 在【时间轴】面板中，使用鼠标右键单击（Windows）或者按住 Control 键（macOS）单击【跟踪实底 1】图层，在弹出的菜单中选择【预合成】。在弹出的【预合成】对话框中，设置【新合成名称】为 Crab Quote 2，然后单击【确定】按钮。

⑪ 双击 Crab Quote 2 合成，打开它。在【时间轴】面板中，删除【跟踪实底 1】图层。在【项目】面板中，把 Quote2.psd 文件拖入【时间轴】面板，在菜单栏中依次选择【图层】>【变换】>【适合复合】。

⑫ 返回 Shoreline 合成的【时间轴】面板，然后根据螃蟹的位置，调整图像的位置、旋转、缩放等，如图 13-29 所示。

图 13-29

⑬ 把时间指示器拖曳到 9:01 处，在【时间轴】面板中选择 Shoreline.mov 图层，再次选择【3D 摄像机跟踪器】效果。在【效果控件】面板中，把【目标大小】值设置为 50%。使用鼠标右键单击（Windows）或按住 Control 键单击（macOS）垂直平面上的目标，在弹出的菜单中选择【创建实底】，如图 13-30 所示。

图 13-30

⑭ 在【时间轴】面板中，使用鼠标右键单击（Windows）或按住 Control 键单击（macOS）【跟踪实底 1】图层，在弹出的菜单中选择【预合成】。在弹出的【预合成】对话框中，设置【新合成名称】为 Crab Quote 3，然后单击【确定】按钮。双击 Crab Quote 3 合成，打开它。在【时间轴】面板中，删除【跟踪实底 1】图层。在【项目】面板中，把 Quote3.psd 文件拖入【时间轴】面板，然后在菜单栏中依次选择【图层】>【变换】>【适合复合】。

⑮ 返回 Shoreline 合成的【时间轴】面板，然后根据螃蟹的位置，调整图像的位置、旋转、缩放等，如图 13-31 所示。

图 13-31

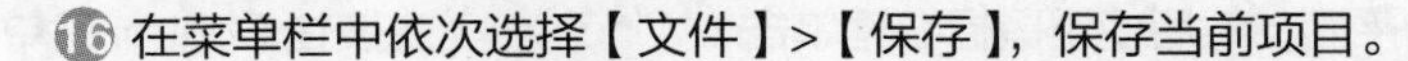

⑯ 在菜单栏中依次选择【文件】>【保存】，保存当前项目。

13.7 整理合成

前面做了一些复杂的工作，创建了一个场景，把添加的元素与场景中的真实元素融合在一起。接下来预览一下实际效果并整理合成。

① 按 Home 键，或者把时间指示器拖曳到时间标尺的起始位置。

② 按空格键，预览影片。第一次播放时速度有点慢，这是因为 After Effects 在缓存视频和声音，一旦缓存完毕，再次播放就是实时播放了。

③ 再次按空格键，停止预览。

整个视频看起来相当不错了，但还存在文本 ARE 在结尾意外出现，以及螃蟹的赞美词同时出现的问题。接下来调整一下各个图层，让它们在指定的时间出现。

④ 把时间指示器拖曳到 5:00 处，选择 ARE 图层，按 Alt+]（Windows）或 Option+]（macOS）组合键。

⑤ 把时间指示器拖曳到 6:06 处，选择 Crab Quote 1 图层，按 Alt+[（Windows）或 Option+[（macOS）组合键。

⑥ 把时间指示器拖曳到 7:15 处，选择 Crab Quote 2 图层，按 Alt+[（Windows）或 Option+[（macOS）组合键。

⑦ 把时间指示器拖曳到 9:01 处，选择 Crab Quote 3 图层，按 Alt+[（Windows）或 Option+[（macOS）组合键，效果如图 13-32 所示。

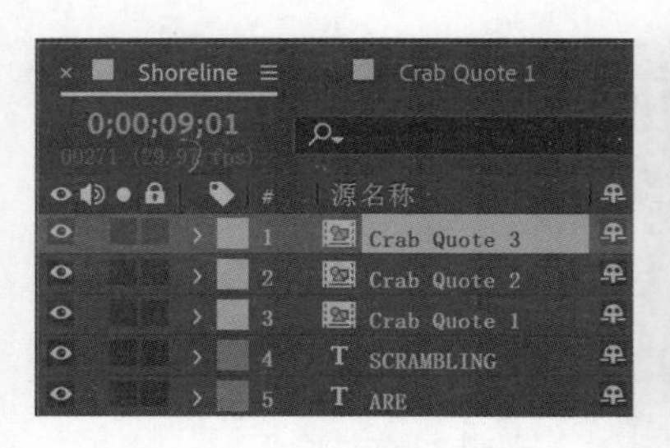

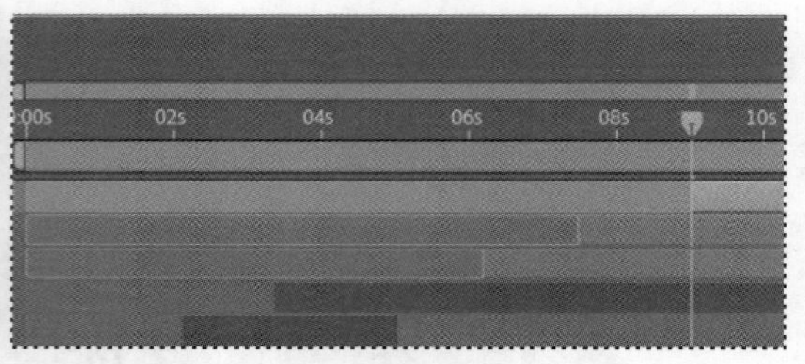

图 13-32

❽ 按空格键，再次预览影片。现在，文本和赞美词都在指定的时间出现了。

❾ 再次按空格键，停止预览。

❿ 在菜单栏中依次选择【文件】>【保存】，保存当前项目。

13.8 添加公司 Logo

画面中缺少公司 Logo，没人会知道这是哪家公司打的广告。本节将使用实底图层在影片末尾加上公司 Logo。

❶ 把时间指示器拖曳到 11:15 处，选择 Shoreline.mov 图层，在【效果控件】面板中选择【3D 摄像机跟踪器】，把【跟踪点大小】值和【目标大小】值修改回 100%。

❷ 在岩石上找一个相对平坦的平面，然后使用鼠标右键单击（Windows）或按住 Control 键单击（macOS）平面，在弹出的菜单中选择【创建实底】，如图 13-33 所示。

图 13-33

❸ 在【时间轴】面板中，使用鼠标右键单击（Windows）或按住 Control 键单击（macOS）【跟踪实底 1】图层，在弹出的菜单中选择【预合成】。在弹出的【预合成】对话框中，设置【新合成名称】为 Logo，然后单击【确定】按钮。

❹ 双击 Logo 合成，打开它。在【时间轴】面板中，删除【跟踪实底 1】图层。然后，从【项目】面板中把 BlueCrabLogo.psd 文件拖入【时间轴】面板。在 BlueCrabLogo.psd 图层处于选中状态时，在菜单栏中依次选择【图层】>【变换】>【适合复合】。

❺ 在【时间轴】面板中，单击 Shoreline 选项卡，然后选择 Logo 图层。

❻ 使用 3D 变换控件旋转 Logo，使【方向】值变为 (0°,60°,0°)。然后使用【选取工具】(▶)，向上拖曳 Logo，将其置于岩石之上，如图 13-34 所示。

❼ 在【属性】面板中，分别单击【位置】【缩放】【方向】属性左侧的秒表图标（⏱），如图 13-35 所示，

创建初始关键帧。

图 13-34

图 13-35

❽ 把时间指示器拖曳到 12:03 处，修改【缩放】值为 (190.5%,190.5%,190.5%)。然后调整 Logo 的位置和方向，效果如图 13-36 所示。

❾ 把时间指示器拖曳到 13:04 处，修改【缩放】值为 (249%,249%,249%)。然后调整 Logo 的位置，效果如图 13-37 所示。

❿ 把时间指示器拖曳到 13:25 处，修改【缩放】值为 (285.2%,285.2%,285.2%)。然后调整 Logo 的方向（使其朝前）和位置，效果如图 13-38 所示。

图 13-36

图 13-37

图 13-38

⓫ 把时间指示器拖曳到 14:29 处，调整 Logo 的位置，如图 13-39 所示。隐藏图层的所有属性。

属性: Logo
图层变换 重置
锚点 540 540 0
位置 1214.8 -4416.4 -12176.9
缩放 287.6 % 287.6 % 287.6 %
方向 0° 80° 0°

图 13-39

13.9 添加真实阴影

到这里，已经在画面中添加好了所有元素，但是这些 3D 对象看起来仍然不像真的，因为还没有为它们添加阴影。本节将创建阴影捕手和光，为画面增加景深效果。

❶ 把时间指示器拖曳到 5:00 处。在【时间轴】面板中选择 Shoreline.mov 图层，在【效果控件】面板中选择【3D 摄像机跟踪器】效果。

> **注意** 这里一定要选择 Shoreline.mov 图层下的【3D 摄像机跟踪器】效果，而非 3D 跟踪器摄像机图层下的。

❷ 在工具栏中选择【选取工具】。然后在【合成】面板中，找一个平放在岩石上的平面。

❸ 使用鼠标右键单击（Windows）或按住 Control 键单击（macOS）平面，在弹出的菜单中选择

【创建阴影捕手和光】，如图 13-40 所示。

图 13-40

此时，After Effects 会在场景中添加一个光源，并应用默认设置，所以你能在【合成】面板中看到有阴影出现。不过，这里还需要根据源素材中的灯光情况调整新增光源的位置。After Effects 在【时间轴】面板中添加的【阴影捕手 1】Shadow Catcher 1 图层是一个形状图层，它有自己的材质选项，可以只从场景接收阴影。

❹ 在【时间轴】面板中选择【光源 1】图层。在【属性】面板中，把【位置】值修改为 (939.6,169.7,23.7)，调整灯光位置，如图 13-41 所示。

图 13-41

❺ 在菜单栏中依次选择【图层】>【灯光设置】，打开【灯光设置】对话框。

- 在【灯光设置】对话框中，修改灯光的强度、颜色等各种属性，如图 13-42 所示。
- 在【灯光类型】下拉列表中选择【聚光】。
- 设置【颜色】为白色。
- 设置【阴影深度】值为 15%。
- 设置【阴影扩散】值为 100px。

单击【确定】按钮，关闭【灯光设置】对话框。

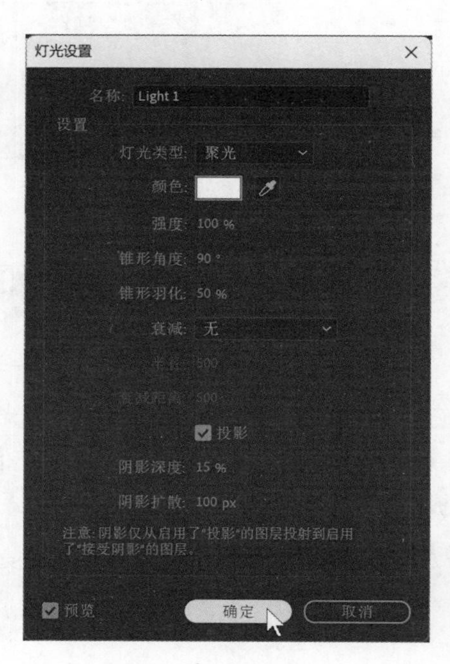

图 13-42

❻ 在【时间轴】面板中选择【阴影捕手 1】Shadow Catcher 1 图层。然后在【属性】面板中把【缩放】值设置为（340%,340%,340%）。

改变【阴影捕手 1】Shadow Catcher 1 图层大小将影响阴影出现的区域。

13.10 添加环境光

对光源进行调整之后，阴影看起来好多了，但却使得文本显得有些暗。这个问题可以通过添加环境光来解决。与聚光灯不同，环境光能够在整个场景中形成更多散射光。

❶ 取消选择所有图层，在菜单栏中依次选择【图层】>【新建】>【灯光】，打开【灯光设置】对话框。

❷ 在【灯光类型】下拉列表中选择【环境】，修改灯光强度为 80%，颜色为白色。

❸ 单击【确定】按钮，在场景中添加灯光，效果如图 13-43 所示。

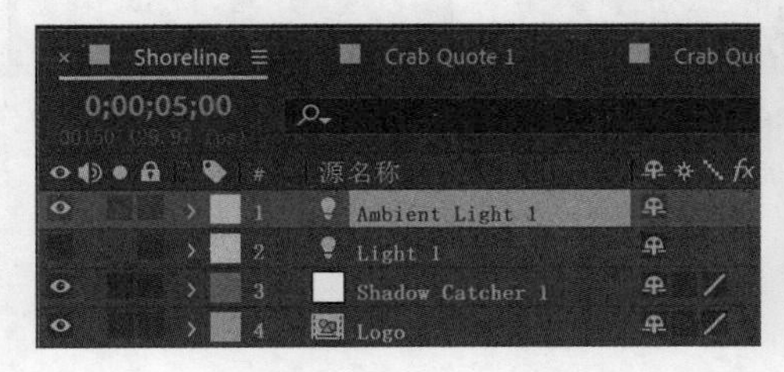

图 13-43

13.11 添加波纹效果

到这里，场景中的 3D 元素、摄像机、灯光照明都制作好了。接下来添加一个波纹效果，进一步增加视频的趣味性。

❶ 把时间指示器拖曳到 6:06 处。

❷ 在菜单栏中依次选择【窗口】>【效果和预设】，打开【效果和预设】面板。在【效果和预设】面板顶部的搜索框中输入“波纹”。

❸ 在 Transitions-Dissolves 类别中选择【溶解 - 波纹】效果，将其拖曳至【时间轴】面板中的 Crab Quote 1 图层上。

此时，Crab Quote 1 图层会消失不见，视频播放时，它会逐渐显示在屏幕上，并伴随有波纹效果。

❹ 把时间指示器拖曳到 7:15 处，选择 Crab Quote 2 图层，重复步骤 3。

❺ 把时间指示器拖曳到 9:01 处，选择 Crab Quote 3 图层，重复步骤 3。

13.12 预览合成

至此，所有 3D 元素、摄像机、灯光、效果都设置好了。接下来预览合成，观看最终效果。

❶ 按 Home 键，或者把时间指示器拖曳到时间标尺的起始位置。

❷ 按空格键预览影片，如图 13-44 所示。第一次播放时速度有点慢，这是因为 After Effects 在缓存视频和声音，一旦缓存完毕，再次播放就是实时播放了。

❸ 再次按空格键，停止预览。

4 在菜单栏中依次选择【文件】>【保存】，保存当前项目。

图 13-44

13.13 复习题

1.【3D 摄像机跟踪器】效果有何用?
2. 如何让添加到场景中的 3D 元素看上去有后退感?
3.【果冻效应修复】效果有什么用?

13.14 复习题答案

1.【3D 摄像机跟踪器】效果会自动分析 2D 素材中的运动，获取场景拍摄时摄像机所在的位置和所用的镜头类型，然后在 After Effects 中新建 3D 摄像机来匹配它。【3D 摄像机跟踪器】效果还会把 3D 跟踪点叠加到 2D 画面上，以便你把 3D 图层轻松地添加到源素材中。
2. 为了使添加到场景中的 3D 元素看上去有后退感，即让其好像在远离摄像机，需要调整 3D 元素的【缩放】属性。调整【缩放】属性可以使元素透视和合成的其他部分紧密结合一起。
3. 搭载 CMOS 传感器的数码摄像机 [包括在电影业、商业广告、电视节目中广受欢迎的 DSLR 相机（带有视频拍摄功能）] 通常使用的是卷帘快门，它是通过 CMOS 传感器逐行扫描曝光方式实现拍摄的。在使用卷帘快门拍摄时，如果逐行扫描速度不够快，就会造成图像各个部分的记录时间不同，从而出现图像倾斜、扭曲、失真变形等问题。拍摄时，如果摄像机或拍摄主体在快速运动，卷帘快门就有可能引起图像扭曲，如建筑物倾斜、图像歪斜等。After Effects 提供了【果冻效应修复】效果，用于自动解决上述问题。使用时，先在【时间轴】面板中选择有问题的图层，然后在菜单栏中依次选择【效果】>【扭曲】>【果冻效应修复】。

第 14 课

高级编辑技术

本课概览

本课主要讲解以下内容。

- 去除画面抖动。
- 使用单点运动跟踪让视频中的一个对象跟着另一个对象运动。
- 使用【内容识别填充】从视频中删除不想要的对象。
- 创建粒子系统。
- 使用【时间扭曲】效果创建慢动作。

学习本课大约需要 2 小时

项目：特殊效果与高级编辑技巧

After Effects 提供了强大的变形稳定、运动跟踪、粒子仿真等高级效果和功能，这些效果和功能几乎可以满足制作过程中的一切需求。

14.1 课前准备

前面课程中介绍了设计动态图形时需要用到的许多 2D 和 3D 工具。除此之外，After Effects 还提供了变形稳定、运动跟踪、高级抠像工具、扭曲变形、重映射时间（【时间扭曲】效果）等功能，同时支持 HDR 图像、网络渲染等。本课将讲解如何使用【变形稳定器】效果稳定手持摄像机拍摄的视频、如何让一个对象跟踪另一个对象以使它们的运动保持一致，以及如何使用【内容识别填充】去掉不想要的对象。最后还要讲一讲 After Effects 提供的两种高级数字效果：粒子系统发生器和【时间扭曲】效果。

本课包含多个项目。开始学习前，大致浏览一下各个项目的最终效果。

① 在你的计算机中，请检查 Lessons\Lesson14 文件夹中是否包含以下文件夹和文件，若没有包含，请先下载它们。

- Assets 文件夹：cat.psd、koala.mov、snowday.mov、spinning_dog.mov、ticktock.mov。
- Sample_Movies 文件夹：Lesson14_Content-Aware.mp4、Lesson14_Particles.mp4、Lesson14_Stabilize.mp4、Lesson14_Timewarp.mp4、Lesson14_Tracking.mp4。

② 在 Windows Movies & TV 或 QuickTime Player 中打开并播放本课示例影片，了解本课要做什么。

③ 观看完之后，关闭 Windows Movies & TV 或 QuickTime Player。如果存储空间有限，你可以把示例影片从硬盘中删除。

注意 你可以一次性看完所有示例影片。当然，如果你不打算一次学完所有内容，你也可以分开看，要学哪部分就看哪部分示例影片。

14.2 去除画面抖动

有时你可能会手持摄像机进行拍摄，这样拍摄的视频中会有画面抖动。除非你想特意制造这种效果，否则就需要去除画面中的抖动，对画面进行稳定处理。

为了消除画面中的抖动，After Effects 提供了【变形稳定器】效果。使用【变形稳定器】效果去除视频的画面抖动后，视频中的运动会变得很平滑，【变形稳定器】效果会适当地调整图层的缩放和位置。

双立方采样

在 After Effects 中放大一段视频或图像时，After Effects 必须对数据进行采样，以补充之前不存在的信息。缩放图层时，你可以为 After Effects 指定要使用的采样方法。更多细节，请阅读 After Effects 的帮助文档。

双线性采样适合用于对有清晰边缘的图像进行采样。相比于双线性采样，双立方采样使用了更复杂的算法，在图像的颜色过渡很平缓时（例如接近于真实的摄影图像），使用双立方采样能够获得更好的效果。

在为图层选择采样方法时，先选择图层，再在菜单栏中依次选择【图层】>【品质】>【双立方】或【图层】>【品质】>【双线性】。双线性采样和双立方采样仅适用于品质设为最佳的图层。（在菜单栏中依次选择【图层】>【品质】>【最佳】，可把图层的品质设为最佳。）此外，你还可以使用【质量和采样】开关在双线性采样和双立方采样方法之间进行切换。

如果你需要放大图像，同时要保留细节，建议你使用【保留细节放大】效果，该效果会把图像中锐利的线条保留下来。例如，你可以使用这个效果把标清视频（SD）转换成高清视频（HD），或者把高清视频转换成符合数字电影标准的视频。【保留细节放大】效果与 Photoshop 的【图像大小】对话框中名为【保留细节】的重采样选项非常类似。请注意，相比于双线性采样或双立方采样，对图层应用【保留细节放大】效果，计算机的执行速度要慢一些。

14.2.1 创建项目

学习本课之前，最好把 After Effects 恢复成默认设置。相关说明请阅读前言“恢复默认首选项”中的内容。

❶ 启动 After Effects 时，立即按 Ctrl+Alt+Shift（Windows）或 Command+Option+Shift（macOS）组合键，在【启动修复选项】对话框中单击【重置首选项】按钮，即可恢复默认首选项。

❷ 在【主页】窗口中，单击【新建项目】按钮。

此时，After Effects 会打开一个未命名的空项目。

❸ 在菜单栏中，依次选择【文件】>【另存为】>【另存为】，打开【另存为】对话框。

❹ 在【另存为】对话框中，转到 Lessons\Lesson14\Finished_Project 文件夹。

❺ 输入项目名称“Lesson14_Stabilize.aep”，单击【保存】按钮，保存项目。

14.2.2 创建合成

下面导入素材与创建合成。

❶ 在【合成】面板中单击【从素材新建合成】按钮，打开【导入文件】对话框。

❷ 在【导入文件】对话框中，转到 Lessons\Lesson14\Assets 文件夹。选择 snowday.mov 文件，然后单击【导入】（Windows）或【打开】（macOS）按钮。

此时，After Effects 使用所选素材的尺寸、长宽比、帧速率、时长新建一个同名的合成，同时在【时间轴】面板和【合成】面板中将其打开，如图 14-1 所示。

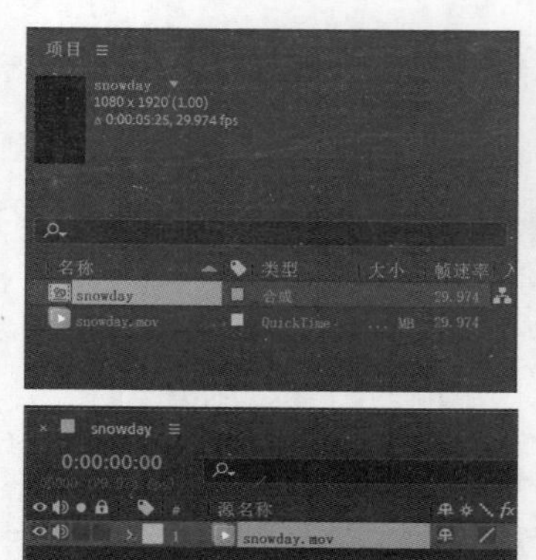

图 14-1

③ 在【时间轴】面板中单击将其激活，然后在【预览】面板中单击【播放/停止】按钮，预览视频素材。预览完成后，按空格键停止预览。

这是一段使用智能手机手持拍摄的视频。视频中小狗向拍摄者跑来，同时拍摄者也在动，所以最终拍出的视频画面不稳定。做稳定处理前，要删除视频中不必要的片段，例如小狗跑出画面之外的部分。

④ 把【工作区域结尾】移动到 5:00 处。

⑤ 在菜单栏中依次选择【合成】>【将合成裁剪到工作区】，然后保存项目。

【变形稳定器】效果的各个参数

下面大致介绍一下【变形稳定器】效果的各个参数，帮助你初步了解【变形稳定器】这个效果。如果你想了解更多细节、学习更多使用技巧，请阅读 After Effects 的帮助文档。

- 结果：用于指定想要的结果，包括【平滑运动】和【无运动】两个选项。选择【平滑运动】会让摄像机运动得更平滑，而非消除运动，此时【平滑度】选项可用，用于控制平滑程度。选择【无运动】会试图消除摄像机的所有运动。
- 方法：用于指定【变形稳定器】使用何种方法做稳定处理，包括【位置】【位置、缩放、旋转】【透视】【子空间变形】4 个选项。其中，【位置】指定【变形稳定器】仅依据位置数据做稳定处理；【位置、缩放、旋转】指定【变形稳定器】使用位置、缩放、旋转这 3 种数据做稳定处理；【透视】可以有效地对整个帧做边角定位；【子空间变形】是默认方法，它会尝试对帧的各个部分进行变形，以稳定整个帧。
- 边界：用于指定稳定视频时对画面边缘的处理方式。【取景】控制着画面边缘在稳定结果中的呈现方式，以及是否采用其他帧的信息对边缘进行剪裁、缩放或合成，包含【仅稳定】【稳定、裁剪】【稳定、裁剪、自动缩放】【稳定、人工合成边缘】4 个选项。
- 自动缩放：用于显示当前自动缩放量，允许你对自动缩放量进行限制。
- 高级：允许你更好地控制【变形稳定器】效果的行为。

14.2.3 应用【变形稳定器】效果

一旦向视频应用【变形稳定器】效果，After Effects 就开始分析视频。稳定处理是在后台进行的，在此期间你不必等待，可以继续做其他处理工作。至于稳定处理所需要的时长，则取决于你的系统配置。After Effects 分析视频素材时会显示一个蓝色条，进行稳定处理时会显示一个橙色条。

① 在【时间轴】面板中，选择 snowday.mov 图层。然后，在菜单栏中依次选择【动画】>【变形稳定器 VFX】。此时，视频画面中出现一个蓝色条。

② 当【变形稳定器】完成稳定处理后，橙色条从画面中消失。按空格键预览视频，观看稳定前后的变化，如图 14-2 所示。

③ 再次按空格键，停止预览。

虽然视频画面仍然有晃动，但是要比稳定前平滑得多。

④ 在菜单栏中依次选择【窗口】>【效果控件】，打开【效果控件】面板。

图 14-2

稳定过程中，【变形稳定器】会使用默认设置移动并重新调整视频位置。通过观察【效果控件】面板中的各个参数，可以看到稳定前后有什么不同。例如，视频边界被放大到了 142%，以消除稳定过程中画面位置变化所产生的黑色空隙。接下来调整【取景】设置，观察在不缩放的情况下稳定对视频画面所产生的影响。

❺ 在【效果控件】面板中，在【变形稳定器】下的【取景】下拉列表中选择【仅稳定】，如图 14-3 所示。

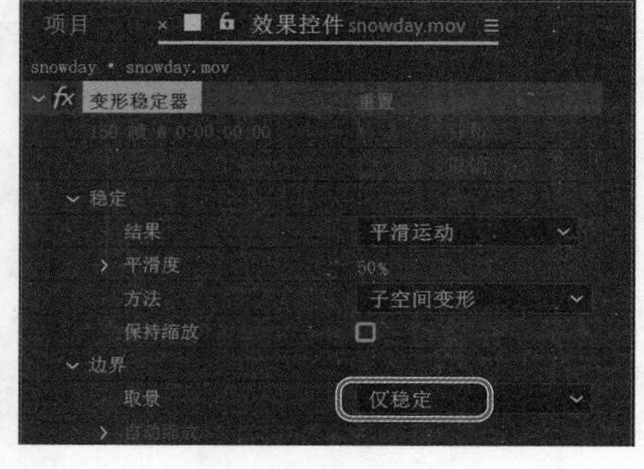

图 14-3

❻ 按空格键，预览视频。在视频播放过程中，画面边缘一直在动，如图 14-4 所示。再次按空格键，停止预览。

图 14-4

❼ 在【取景】下拉列表中选择【稳定、裁剪、自动缩放】。

消除运动模糊

在对视频做稳定处理之后，如果画面中出现运动模糊问题，你可以尝试使用【相机抖动去模糊】效果来解决这个问题。【相机抖动去模糊】效果会分析模糊帧前后的帧，获取锐度信息，然后把锐度信息应用到模糊帧，从而在一定程度上消除运动模糊。

这个效果特别适合用来消除那些由风或摄像机碰撞引起的运动模糊。

14.2.4 调整【变形稳定器】效果

下面在【效果控件】面板中调整【变形稳定器】设置，使视频画面更加平滑。

❶ 在【效果控件】面板中，在【结果】下拉列表中选择【无运动】，如图 14-5 所示。

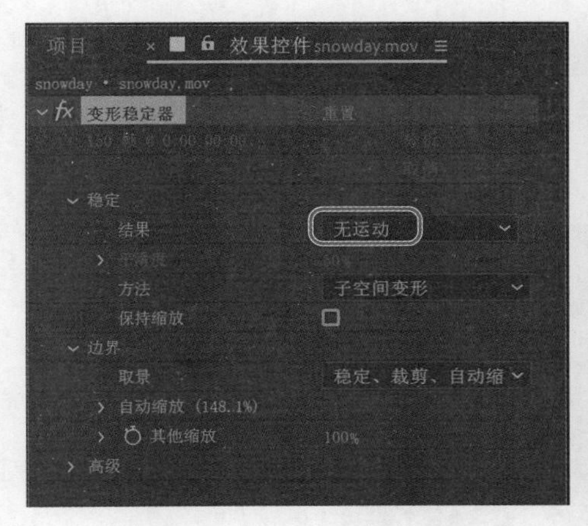

图 14-5

此时，【变形稳定器】会尝试固定摄像机的位置，这需要对视频画面做更多缩放处理。当选择【无运动】时，【平滑度】选项呈灰色，处于不可用状态。

【变形稳定器】立即开始稳定画面，并且不需要再分析视频，因为第一次的分析数据已经存储在内存之中。

❷ 当橙色条从画面中消失后，按空格键预览视频，观察稳定前后的变化。再次按空格键，停止预览。

这次的稳定效果比上次好多了，但由于【变形稳定器】必须把视频画面放大，导致视频画面发生一些扭曲。接下来手动做一些调整，实现更多控制。

❸ 在【效果控件】面板中，在【结果】下拉列表中选择【平滑运动】，然后把【平滑度】值调整为 100%，如图 14-6 所示。

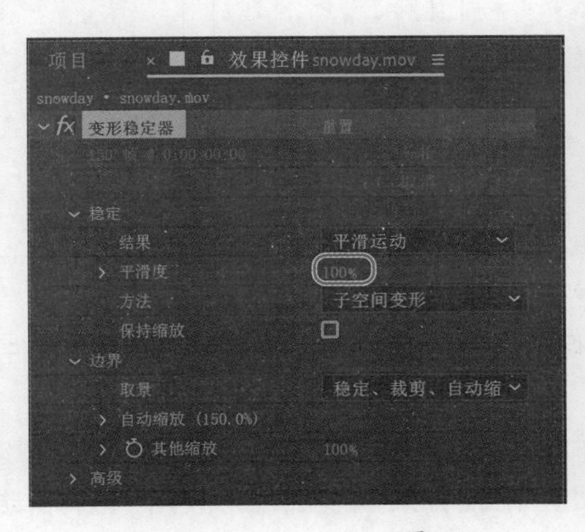

图 14-6

此时，【变形稳定器】立即开始稳定画面。

❹ 稳定完成后，再次预览视频。

14.2.5 细调稳定效果

大多数情况下，使用【变形稳定器】效果的默认设置就能获得很好的稳定效果，但是有时可能需要进一步细调相关参数才能得到更好的稳定效果。下面将更改【变形稳定器】使用的方法来得到更好的稳定效果。

❶ 在【效果控件】面板中，在【方法】下拉列表中选择【位置】。

❷ 在【取景】下拉列表中选择【稳定、裁剪】，然后把【其他缩放】值设置为 155%，如图 14-7 所示。

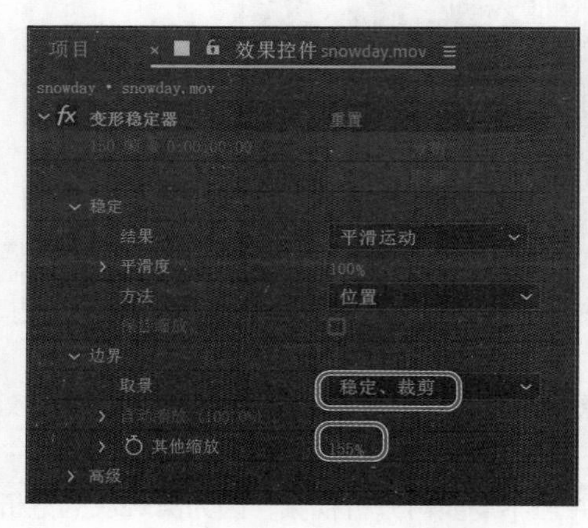

图 14-7

注意 放大视频会降低画面质量，因此不宜过度放大，能保证消除做稳定处理时画面周围的黑边即可。

❸ 再次预览视频画面，预览结束后，按空格键停止预览，如图 14-8 所示。

图 14-8

❹ 在菜单栏中依次选择【文件】>【保存】，保存当前项目。然后依次选择【文件】>【关闭项目】，关闭当前项目。

如你所见，对视频做稳定处理有副作用。为了降低应用运动和旋转带来的不良影响，After Effects 需要对画面进行缩放，而这会导致画面质量降低。如果你的项目必须使用一段有抖动的视频，那么在应用【变形稳定器】做稳定处理时，调整各个参数要考虑视频质量，务必在稳定效果和视频质量之间做好平衡。

14.3 使用单点运动跟踪

越来越多的项目需要把数字元素融入真实的拍摄场景中，创作者迫切需要一种简便易行的方法把用计算机生成的元素自然地合成到影片或视频背景中。针对这一需求，After Effects 提供了相关功能，允许创作者跟踪画面中的特定区域，并把这个区域的运动应用到其他图层上，这些图层可以包含文本、效果、图像或其他视频素材，它们会精确地跟随着指定区域做同步运动。

在 After Effects 中，当对一个包含多个图层的合成进行运动跟踪时，默认跟踪类型是【变换】。这种类型的运动跟踪会跟踪目标区域的位置、旋转角度，并将跟踪数据应用到另外一个图层上。跟踪位置时，After Effects 会创建一个跟踪点，并生成位置关键帧。跟踪旋转角度时，After Effects 会创建两个跟踪点，并生成旋转关键帧。

本节将制作一个猫头随钟摆摆动的效果。这做起来有一定难度，因为钟摆本身没有明显的特征。

14.3.1 创建项目

如果你刚做完第一个项目，而且 After Effects 当前正处于打开状态，请直接跳到步骤 3。否则，你需要先把 After Effects 恢复成默认设置。相关操作说明请阅读前言“恢复默认首选项”中的内容。下面导入素材并创建合成。

❶ 启动 After Effects 时，立即按 Ctrl+Alt+Shift（Windows）或 Command+Option+Shift（macOS）组合键，在【启动修复选项】对话框中单击【重置首选项】按钮，即可恢复默认首选项。

❷ 在【主页】窗口中，单击【新建项目】按钮。

此时，After Effects 会打开一个未命名的空项目。

❸ 在菜单栏中，依次选择【文件】>【另存为】>【另存为】，打开【另存为】对话框。

❹ 在【另存为】对话框中，转到 Lessons\Lesson14\Finished_Project 文件夹。

❺ 输入项目名称“Lesson14_Tracking.aep”，单击【保存】按钮，保存项目。

❻ 在【合成】面板中单击【从素材新建合成】按钮，打开【导入文件】对话框。

❼ 在【导入文件】对话框中，转到 Lessons\Lesson14\Assets 文件夹。选择 ticktock.mov 文件，单击【导入】（Windows）或【打开】（macOS）按钮。

After Effects 新建一个名称为 ticktock 的合成，其尺寸、长宽比、帧速率、时长与 ticktock.mov 文件一样，如图 14-9 所示。

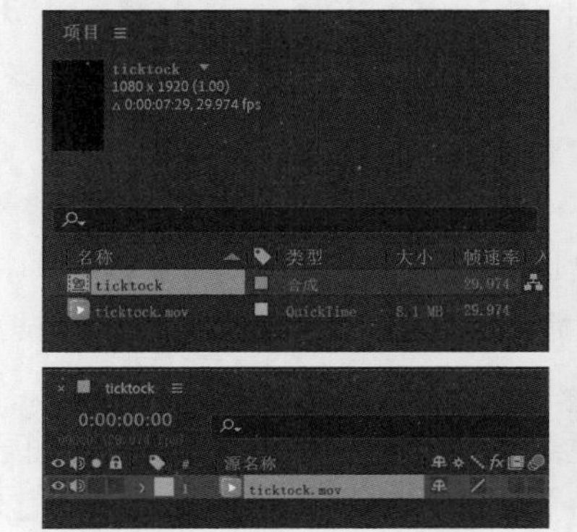

图 14-9

⑧ 在【预览】面板中单击【播放 / 停止】按钮，预览视频素材。预览完成后，按空格键停止预览。

⑨ 在【项目】面板中双击空白区域，打开【导入文件】对话框，然后转到 Lessons\Lesson14\Assets 文件夹。

⑩ 选择 cat.psd 文件，然后单击【导入】(Windows) 或【打开】(macOS) 按钮。

⑪ 把 cat.psd 文件拖入【时间轴】面板，并将其放到其他所有图层之上，如图 14-10 所示。

图 14-10

⑫ 在 cat.psd 图层处于选中状态时，在【属性】面板中把【缩放】值设置为 (50%,50%)，如图 14-11 所示。

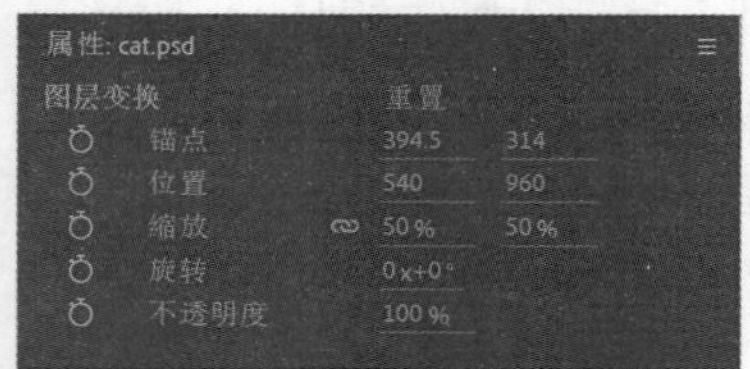

图 14-11

14.3.2 设置跟踪点

After Effects 在做运动跟踪时会把一个帧中所选区域的像素和每个后续帧中的像素进行匹配。你可以创建跟踪点来指定要跟踪的区域，一个跟踪点包含一个特征区域、一个搜索区域和一个连接点。跟踪期间，【图层】面板中会显示跟踪点。

下面要跟踪运动的钟摆，跟踪之前，需要设置好跟踪区域，供另外一个图层跟随。决定跟踪是否成功的关键是，你能否把特征区域定位在一个具有明显特征的区域。在此合成中，cat.psd 图层位于 ticktock.mov 图层之上，接下来设置跟踪点。

❶ 按 Home 键，或者把时间指示器拖曳到时间标尺的起始位置。

❷ 选择 ticktock.mov 图层，在菜单栏中依次选择【动画】>【跟踪运动】。此时【跟踪器】面板打开，调整面板尺寸，显示出其中所有选项。

移动和调整跟踪点大小

做运动跟踪时，经常需要调整跟踪点的特征区域、搜索区域和连接点来进一步调整跟踪点。你既可以使用【选取工具】分别移动和调整它们，也可以一起移动和调整它们。不同操作可以通过鼠标指针的形状和位置体现出来，如图 14-12 所示。

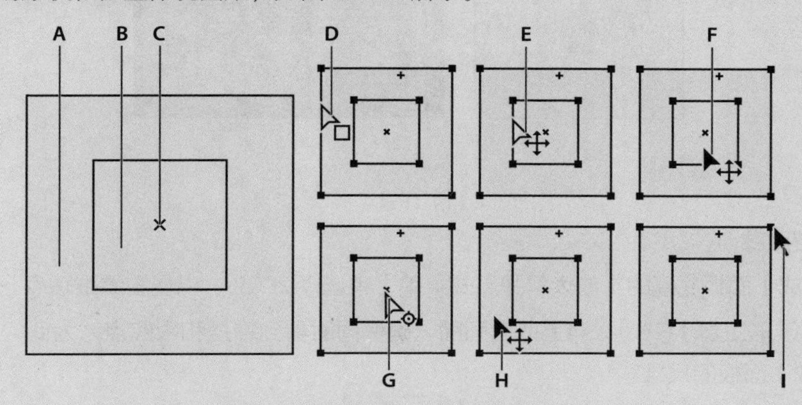

跟踪点各组成部分与选取工具图标

A. 搜索区域　B. 特征区域　C. 连接点　D. 移动搜索区域

E. 同时移动搜索区域和特征区域　F. 移动整个跟踪点　G. 移动连接点　H. 移动整个跟踪点　I. 调整区域大小

图 14-12

- 在【跟踪器】面板菜单（位于面板标题右侧）中，选择或取消选择【在拖动时放大功能】，可以打开或关闭特征区域放大功能。若该选项旁边有选取标志，则表明处于打开状态。
- 使用【选取工具】拖曳搜索区域边框，可以仅移动搜索区域。此时，鼠标指针显示为【移动搜索区域】图标（）（参见 D）。
- 选择【选取工具】，把鼠标指针放在特征区域或搜索区域上，同时按住 Alt（Windows）或 Option（macOS）键拖曳，可以同时移动特征区域和搜索区域。此时，鼠标指针显示为【同时移动搜索区域和特征区域】图标（）（参见 E）。
- 使用【选取工具】拖曳连接点，将仅移动连接点。此时鼠标指针显示为【移动连接点】图标（）（参见 G）。
- 使用【选取工具】拖曳边框顶点，可以调整特征区域或搜索区域的大小（参见 I）。
- 选择【选取工具】，把鼠标指针放在跟踪点上（不要放在区域边框和连接点上）并拖曳，可以同时移动特征区域、搜索区域和连接点。此时，鼠标指针显示为【移动整个跟踪点】图标（）。

更多关于跟踪点的内容，请阅读 After Effects 的帮助文档。

After Effects 在【图层】面板中打开所选图层，【跟踪点 1】出现在画面中心位置，如图 14-13（a）所示。

注意【跟踪器】面板中的设置：【运动源】选择的是 ticktock.mov，【当前跟踪】显示的是【跟踪器 1】,【运动目标】显示的是 cat.psd，After Effects 自动把源图层上方的图层设置成【运动目标】，如图 14-13（b）所示。

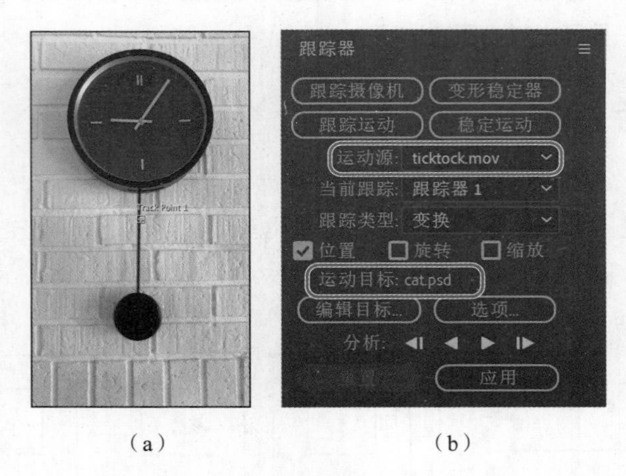

（a）　　　（b）

图 14-13

接下来设置跟踪点。

❸ 在【合成】面板底部的【放大率弹出式菜单】中选择 200%，以便看清跟踪点。

❹ 选择【手形工具】( )，向上拖曳画面，确保同时看到钟摆和跟踪点。为此，你可能还需要调整一下【合成】面板的尺寸。

❺ 选择【选取工具】( )，然后向下移动【跟踪点 1】(拖曳内框中的空白区域)，使其位于连杆与钟摆的结合处，如图 14-14（a）和（b）所示。

❻ 扩大搜索区域（外框)，把整个钟摆和部分连杆包含进去，如图 14-14（c）所示。

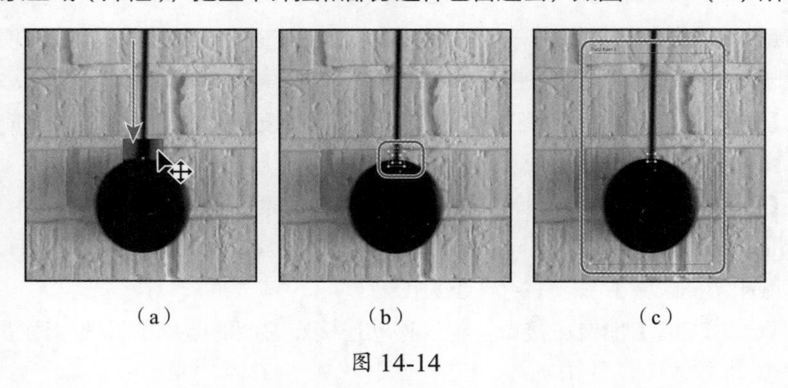

（a）　　　（b）　　　（c）

图 14-14

14.3.3 分析和应用跟踪

到这里，搜索区域和特征区域都已经指定好了。接下来就可以分析并应用跟踪数据了。

❶ 在【跟踪器】面板中，单击【向前分析】按钮（ ▶ ）。观察分析过程，确保跟踪点始终跟着钟摆运动。若做不到这一点，请按空格键停止分析，然后重新调整特征区域（请参考“处理跟踪点漂移问题”中的内容）。

> 注意 跟踪分析可能需要耗费较长时间。搜索区域和特征区域越大，需要的跟踪分析时间就越长。

❷ 分析完成后，单击【应用】按钮，如图 14-15 所示。

图 14-15

❸ 在【动态跟踪器应用选项】对话框中，把【应用维度】设置为【X 和 Y】，单击【确定】按钮。

运动跟踪数据被添加到了【时间轴】面板中，你可以在 ticktock.mov 图层中看到它们，同时这些运动跟踪数据也被应用到了 cat.psd 图层的【位置】属性上。

❹ 在【合成】面板底部的【放大率弹出式菜单】中选择【适合】，将其恢复成原来的大小。此时，【合成】面板再次激活。

❺ 把时间指示器拖曳到时间标尺的起始位置，按空格键预览影片。

影片中，猫头跟着钟摆运动，但是位置有点高，需要做些调整，使其盖住钟摆。接下来，调整 cat.psd 图层的锚点。

❻ 在【时间轴】面板中，选择 cat.psd 图层，然后在工具栏中选择【向后平移（锚点）工具】（ ）。

❼ 选择锚点，把锚点拖曳到猫前额中间，如图 14-16（a）和图 14-16（b）所示。

❽ 选择【选取工具】（ ），移动猫脸，使其盖住钟摆，如图 14-16（c）所示。

（a）

（b）

（c）

图 14-16

❾ 再次预览影片。此时，猫头已经把钟摆完全盖住，如图 14-17 所示。设置锚点位置时，请一定要参照跟踪点的位置。钟摆摆动过程中，若出现猫头盖不住钟摆的情况，请返回步骤 7 与步骤 8，重新调整锚点的位置。

图 14-17

⑩ 在【时间轴】面板中隐藏两个图层的属性，然后在菜单栏中依次选择【文件】>【保存】保存项目，再依次选择【文件】>【关闭项目】关闭项目。

处理跟踪点漂移问题

随着拍摄画面中的对象不断移动，周围的灯光、对象，以及被摄主体的角度也在发生变化，这使得一些明显的特征在亚像素级别不再具有可识别性，因此选取一个可跟踪的特征就成了一件不太容易的事。有时你即使做了精心规划和多次尝试，还是会发现自己指定的特征区域会偏离期望目标。所以，做跟踪时，经常需要不断调整特征区域、搜索区域，更改跟踪选项，并且不断进行尝试。如果遇到跟踪点漂移问题，请按照如下步骤处理。

① 按空格键，立即停止分析。

② 把时间指示器拖曳到最后一个跟踪正常的位置上，你可以在【图层】面板中找到该跟踪点。

③ 重新调整特征区域和搜索区域的位置、大小，操作时一定要小心，千万不要移动连接点，否则在被跟踪的图层中图像会出现明显的跳动。

④ 单击【向前分析】按钮，继续往下跟踪。

14.4 移除画面中多余的对象

有时，从视频画面中移除某些多余的对象并非易事，尤其是移除画面中的运动对象。为了解决这个难题，After Effects 提供了【内容识别填充】功能。借助这个功能，你可以轻松地从视频画面中移除一些多余的对象，例如麦克风、拍摄设备、不和谐的元素，甚至人物。使用【内容识别填充】功能时，After Effects 会先移除你选择的区域，然后分析前后多个帧，并基于这些帧生成填充像素。你可以在【内容识别填充】面板中做一些设置，使新的填充像素能够与画面其他部分自然地融合在一起。有关【内容识别填充】面板中的各个选项，以及针对各类视频的不同用法，请阅读 After Effects 的帮助文档。

下面从一段考拉视频中移除树上的螺钉，让考拉的生活环境看上去更接近自然状态。先看一下最终成片，明确要做什么再动手。

14.4.1 创建项目

按以下步骤启动 After Effects，并新建一个项目。

① 启动 After Effects 时，立即按 Ctrl+Alt+Shift（Windows）或 Command+Option+Shift（macOS）组合键，在【启动修复选项】对话框中单击【重置首选项】按钮，恢复默认首选项，然后在【主页】窗口中单击【新建项目】按钮。

此时，After Effects 新建并打开一个未命名的项目。

② 在菜单栏中，依次选择【文件】>【另存为】>【另存为】，打开【另存为】对话框。

③ 在【另存为】对话框中，转到 Lessons\Lesson14\Finished_Project 文件夹。

④ 输入项目名称"Lesson14_Content-Aware.aep"，单击【保存】按钮，保存项目。

⑤ 在【项目】面板中双击空白区域，打开【导入文件】对话框，然后转到 Lessons\Lesson14\Assets 文件夹。

⑥ 选择 koala.mov 文件，然后单击【导入】(Windows) 或【打开】(macOS) 按钮。

⑦ 在【项目】面板中，把 koala.mov 文件拖到【合成】面板中的【新建合成】图标上。

⑧ 在【时间轴】面板中拖曳时间指示器，浏览视频。在视频中可以清楚地看到，树上有一个螺钉。

⑨ 按 Home 键，或者把时间指示器拖曳到时间标尺的起始位置。

14.4.2 创建蒙版

首先要识别出每个视频帧中的螺钉，即待填充的区域。创建透明区域（待填充区域）的方法有很多，但最简单的方法莫过于创建蒙版，然后跟踪蒙版。

① 放大视频画面，确保能够清晰地看到树上的螺钉。

② 在【时间轴】面板中选择 koala.mov 图层，这样可确保接下来绘制的是蒙版而非形状，如图 14-18 所示。

图 14-18

③ 在工具栏中选择【椭圆工具】( )，该工具隐藏在【矩形工具】( ) 之下。

④ 拖曳鼠标绘制一个椭圆形，使其完全覆盖螺钉且比螺钉稍大一些，如图 14-19 所示。

图 14-19

⑤ 在【时间轴】面板的【蒙版模式】下拉列表中选择【相减】，如图 14-20 所示。

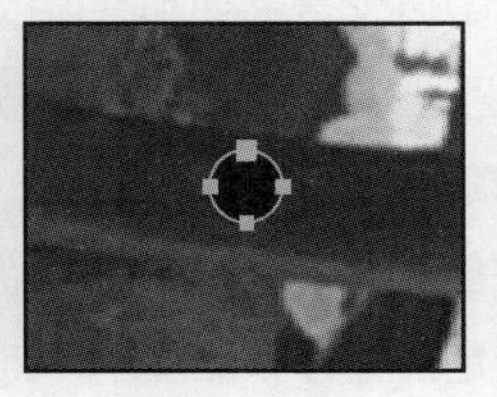

图 14-20

⑥ 使用鼠标右键单击（Windows）或者按住 Control 键单击（macOS）蒙版 1，在弹出的菜单中选择【跟踪蒙版】，如图 14-21 所示。

此时，After Effects 打开【跟踪器】面板。

❼ 在【跟踪器】面板的【方法】下拉列表中选择【位置】，然后单击【向前跟踪所选蒙版】按钮，如图 14-22 所示。

图 14-21

图 14-22

❽ 把时间指示器拖曳到时间标尺的起始位置，按空格键预览视频，再次按空格键停止预览。若蒙版从螺钉上“溜走”，请根据需要做相应调整。

❾ 在菜单栏中依次选择【文件】>【保存】，保存当前项目。

14.4.3 应用【内容识别填充】

下面使用【内容识别填充】去掉螺钉。

❶ 在【时间轴】面板中，选择 koala.mov 图层。

❷ 在菜单栏中依次选择【窗口】>【内容识别填充】，After Effects 在右侧面板组中打开【内容识别填充】面板。

❸ 在【内容识别填充】面板中做如下设置，如图 14-23 所示。

- 把【阿尔法扩展】值设置为 10。
- 在【填充方法】下拉列表中选择【对象】。
- 在【范围】下拉列表中选择【整体持续时间】。

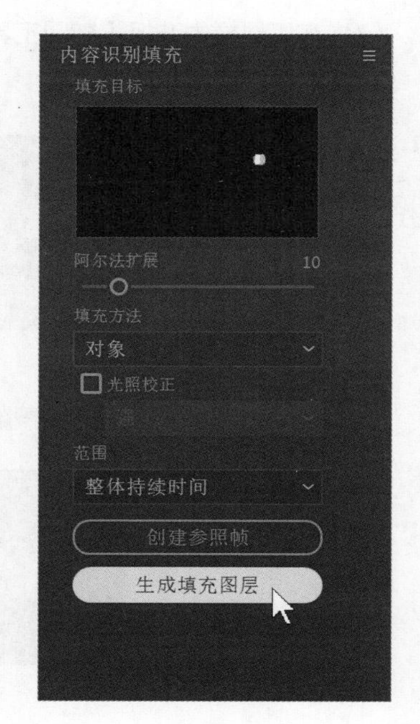

图 14-23

【阿尔法扩展】用于增加待填充区域的大小。当所选区域包含待移除对象周边的像素时，【内容识别填充】的效果会更好。【填充方法】控制如何对像素采样以及适应视频中的运动。【范围】控制是仅针对工作区域还是对整个合成渲染填充图层。

❹ 单击【生成填充图层】按钮。

After Effects 分析每一帧视频，并填充透明区域。在【时间轴】面板中，After Effects 会把分析过的图像序列放入一个填充图层中，填充图层名称中包含着序列中图像的数目。

❺ 取消选择所有图层，在【放大率弹出式菜单】中选择【适合】，以显示完整的视频画面。

❻ 把时间指示器拖曳到时间标尺的起始位置，按空格键预览影片，检查填充效果是否理想，如图 14-24 所示。

❼ 预览完后，按空格键停止预览。

❽ 隐藏图层属性，让【时间轴】面板简洁些。然后在菜单栏中依次选择【文件】>【保存】，保存当前项目。

图 14-24

⑨ 在菜单栏中依次选择【文件】>【关闭项目】，关闭当前项目。

Mocha AE

前面在几个视频中使用了【跟踪器】面板来跟踪点，最终得到的跟踪效果都不错。但在许多情况下，使用 Boris FX 的 Mocha AE 插件能够得到更好、更精确的跟踪结果。在【动画】下拉列表中选择【Track In Boris FX Mocha】，即可使用 Mocha 进行跟踪。你还可以在菜单栏中依次选择【动画】>【Boris FX Mocha】>【Mocha AE】，启动 Mocha AE，打开完整的控制界面。

使用 Mocha AE 的优点之一是，不必精确设置跟踪点就能得到非常好的跟踪效果。Mocha AE 不使用跟踪点，它使用的是平面跟踪，也就是基于用户指定的平面的运动来跟踪对象的变换、旋转和缩放数据。与单点跟踪、多点跟踪相比，平面跟踪能够为计算机提供更多详细信息。

使用 Mocha AE 时，需要在视频中指定若干个平面，这些平面要与你想跟踪的对象保持同步运动。平面不一定是桌面或墙面，例如当有人挥手告别时，你可以将他的上肢和下肢分别作为一个平面。对平面进行跟踪之后，你可以把跟踪数据导出，以便在 After Effects 中使用。

关于 Mocha AE 的更多内容，请阅读 After Effects 帮助文档。

14.5 创建粒子仿真效果

After Effects 提供了几种效果，可以用来很好地模拟粒子运动，其中包括 CC Particle Systems II 和 CC Particle World，它们基于同一个引擎。两者的主要区别是，CC Particle World 能够让你在 3D 空间（而非 2D 图层）中移动粒子。

本节讲解如何使用【CC Particle Systems II】效果来制作超新星爆炸动画，这样的动画可以用在科学节目的片头或作为动态背景使用。开始动手前，看一下最终影片，了解要制作什么效果。

14.5.1 创建项目

启动 After Effects，新建一个项目。

① 启动 After Effects 时，立即按 Ctrl+Alt+Shift（Windows）或 Command+Option+Shift（macOS）组合键，在【启动修复选项】对话框中单击【重置首选项】按钮，恢复默认首选项，然后在【主页】窗口中单击【新建项目】按钮。

此时，After Effects 新建并打开一个未命名的项目。

② 在菜单栏中依次选择【文件】>【另存为】>【另存为】，打开【另存为】对话框。

③ 在【另存为】对话框中，转到 Lessons\Lesson14\Finished_Project 文件夹。

❹ 输入项目名称“Lesson14_Particles.aep”，单击【保存】按钮，保存项目。

制作本项目不需要使用其他视频素材，但是必须创建合成。

❺ 在【合成】面板中，单击【新建合成】按钮，打开【合成设置】对话框。

❻ 在【合成设置】对话框中做以下设置，如图 14-25 所示，然后单击【确定】按钮。

- 设置【合成名称】为 Supernova。
- 在【预设】下拉列表中选择【HD • 1920x1080 • 29.97fps】(高清视频)。
- 设置【持续时间】为 10:00。

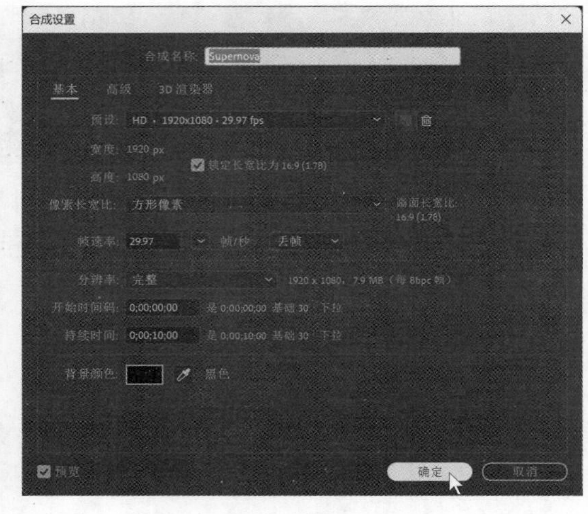

图 14-25

14.5.2 创建粒子系统

下面使用纯色图层创建粒子系统。

❶ 在菜单栏中依次选择【图层】>【新建】>【纯色】，新建一个纯色图层。

❷ 在【纯色设置】对话框中，设置【名称】为 Particles。

❸ 单击【制作合成大小】按钮，使纯色图层与合成尺寸一样。然后单击【确定】按钮，如图 14-26 所示。

❹ 在【时间轴】面板中选择 Particles 图层，在菜单栏中依次选择【效果】>【模拟】>【CC Particle Systems II】。

❺ 把时间指示器拖曳到 4:00 处，查看粒子系统，如图 14-27 所示。

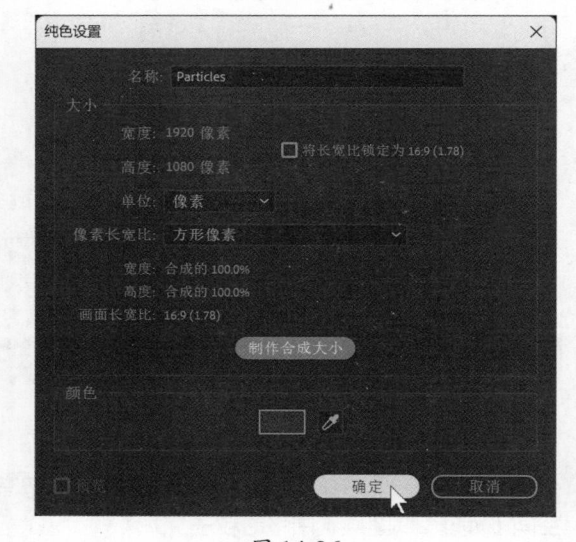

图 14-26

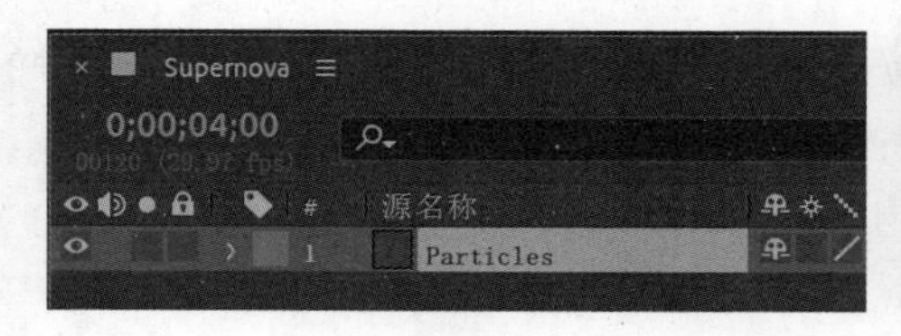

图 14-27

此时，有一大股黄色粒子流出现在【合成】面板中。

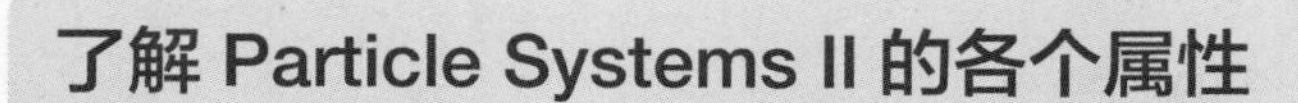

了解 Particle Systems II 的各个属性

粒子系统有一些特有的属性，下面根据它们在【效果控件】面板中的顺序做部分介绍，供大家参考。

Birth Rate（产生率）：控制每秒产生的粒子数量。该数值为估计值，不是实际产生的粒子数。但该数值越大，粒子密度就会越高。

Longevity（寿命）：控制粒子存活的时间。

Producer Position（发射器位置）：控制粒子系统的中心点或源点。该位置是通过 x 坐标、y 坐标指定的，所有粒子都从这个点发射出来。通过调整 Radius X 和 Radius Y 可以控制发射器的大小，两个值越大，发射器越大；若 Radius X 值很大、Radius Y 值为 0，则发射器将变为一条直线。

Velocity（速度）：控制粒子移动的速度。该值越大，粒子移动得越快。

Inherent Velocity %（固有速率百分比）：控制当 Producer Position（发射器位置）改变时传递到粒子的速度。若该值为负值，粒子会反向运动。

Gravity（重力）：决定粒子下落的速度。该值越大，粒子下落得越快；设为负值时，粒子会上升。

Resistance（阻力）：模拟粒子和空气、水的交互作用，它会阻碍粒子运动。

Direction（方向）：控制粒子流的方向。该属性需和 Direction Animation 类型配合使用。

Extra（追加）：为粒子运动添加随机性。

Birth/Death Size（产生 / 衰亡大小）：控制粒子创建时或衰亡时的大小。

Opacity Map（透明度贴图）：控制粒子在生存期内不透明度的变化。

Color Map（颜色贴图）：该属性需与 Birth Color、Death Color 配合使用，控制粒子亮度随时间的变化。

14.5.3 更改粒子设置

下面将在【效果控件】面板中修改粒子设置，把粒子流变成一颗超新星。

❶ 在菜单栏中依次选择【窗口】>【效果控件】，打开【效果控件】面板。

❷ 在【效果控件】面板中展开 Physics 属性组，在 Animation 下拉列表中选择 Explosive，把 Gravity 值修改为 0，让粒子从中心向四周喷射而出，如图 14-28 所示。

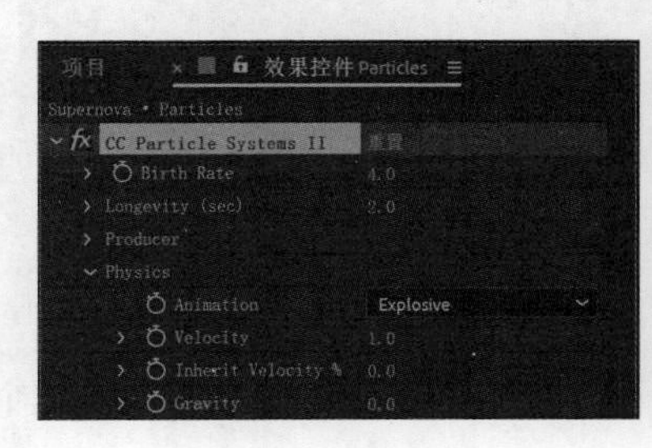

图 14-28

❸ 隐藏 Physics 属性组，展开 Particle 属性组，然后在 Particle Type 下拉列表中选择 Faded Sphere。

现在粒子看起来有点像星系了，接下来继续修改粒子设置。

❹ 把 Death Size 改为 1.50、Size Variation 改为 100%，让粒子产生时的大小是随机的。

❺ 把 Max Opacity 值改为 55%，使粒子半透明，如图 14-29 所示。

图 14-29

❻ 单击 Birth Color 框，把颜色修改为黄色（R=255、G=200、B=50），使粒子产生时是黄色的。

❼ 单击 Death Color 框，把颜色修改为浅灰色（R=180、G=180、B=180），使粒子淡出时（即消亡时）呈现浅灰色，如图 14-30 所示。

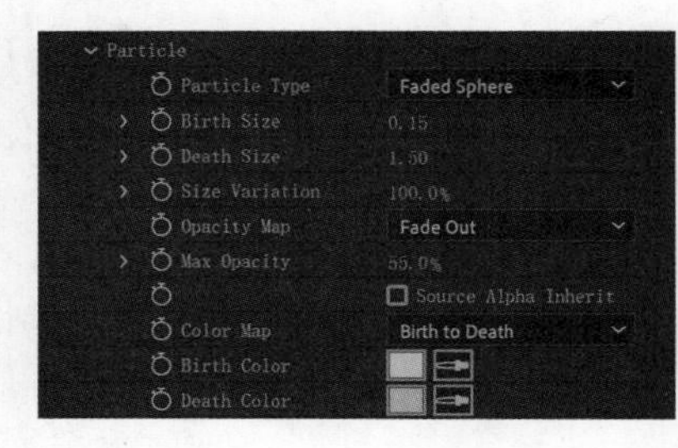

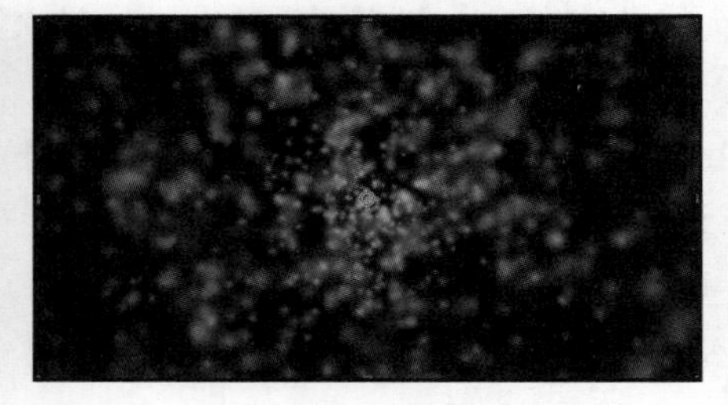

图 14-30

❽ 把 Longevity（sec）修改为 0.8，缩短粒子在屏幕上停留的时间，如图 14-31 所示。

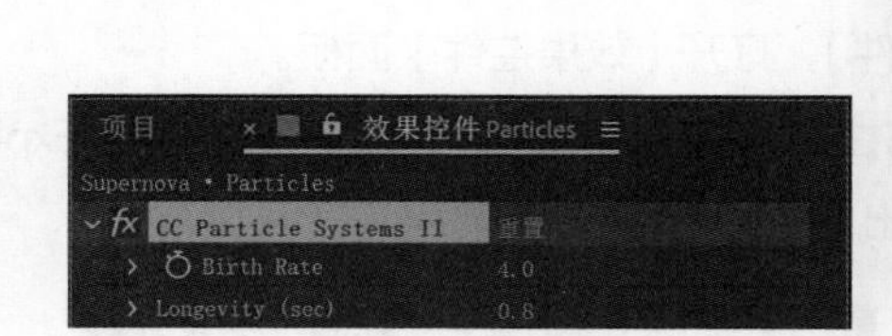

图 14-31

> **注意** 虽然 Longevity 和 Birth Rate 两个属性都位于【效果控件】面板顶部，但是建议你先调整完其他粒子属性再调整它们，这样调整起来会更容易。

Faded Sphere 类型的粒子看上去很柔和，但是粒子形状还是太清晰了。为了解决这个问题，可以应用【高斯模糊】效果对图层进行模糊处理。

❾ 隐藏【CC Particle Systems II】效果的所有属性。

❿ 在菜单栏中依次选择【效果】>【模糊和锐化】>【高斯模糊】。

⓫ 在【效果控件】面板下的【高斯模糊】效果中，把【模糊度】值修改为 10；然后勾选【重复边缘像素】，防止边缘的粒子被裁剪掉，如图 14-32 所示。

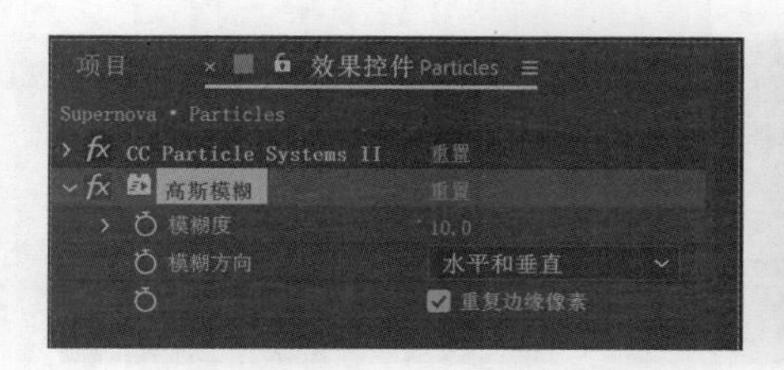

图 14-32

14.5.4 创建太阳

下面创建太阳，将其置于粒子之后，以形成光晕效果。

❶ 把时间指示器拖曳到 7:00 处。

❷ 按 Ctrl+Y（Windows）或 Command+Y（macOS）组合键，打开【纯色设置】对话框。

❸ 在【纯色设置】对话框中，做以下设置，如图 14-33 所示。

- 设置【名称】为 Sun。
- 单击【制作合成大小】按钮，使纯色图层与合成大小相同。
- 单击颜色框，设置颜色为黄色（R=255、G=200、B=50），使之与粒子的 Birth Color 一样。
- 单击【确定】按钮，关闭【纯色设置】对话框。

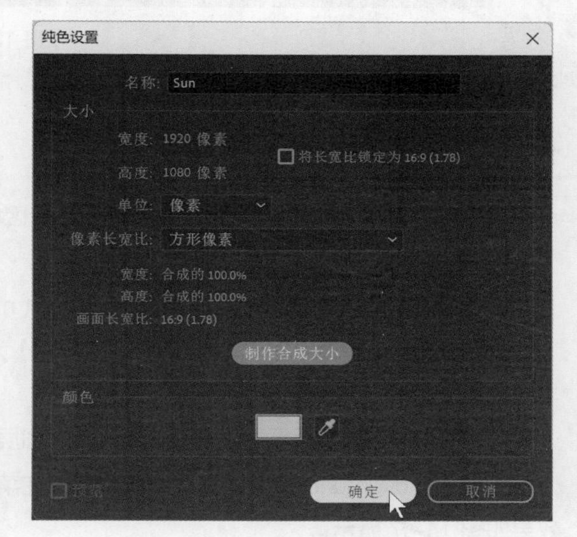

图 14-33

❹ 在【时间轴】面板中，把 Sun 图层拖曳到 Particles 图层之下。

❺ 在工具栏中选择【椭圆工具】(⬭)，该工具隐藏于【矩形工具】(▭) 之下。在【合成】面板中，按住 Shift 键，拖绘出一个半径约为 100 像素（合成宽度的 1/4）的圆形。这样一个蒙版就创建好了。

❻ 使用【选取工具】(▶) 单击蒙版形状，然后将其拖曳至【合成】面板的中心，如图 14-34 所示。

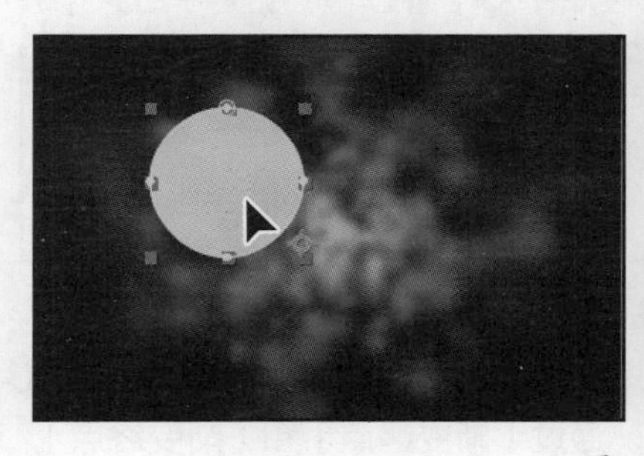
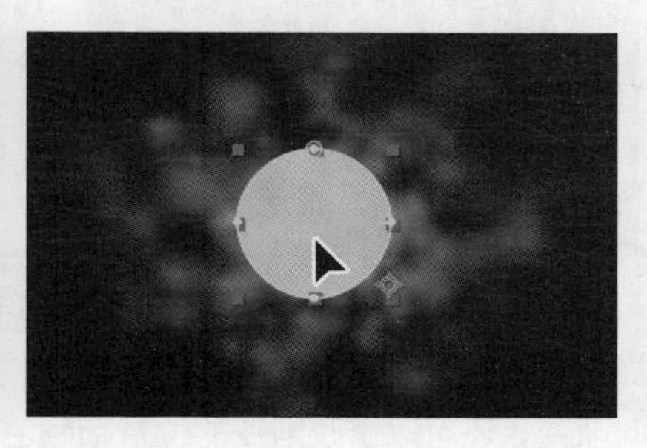

图 14-34

❼ 在【时间轴】面板中选择 Sun 图层，按 F 键，显示其【蒙版羽化】属性，修改【蒙版羽化】值为 (100,100) 像素，如图 14-35 所示。

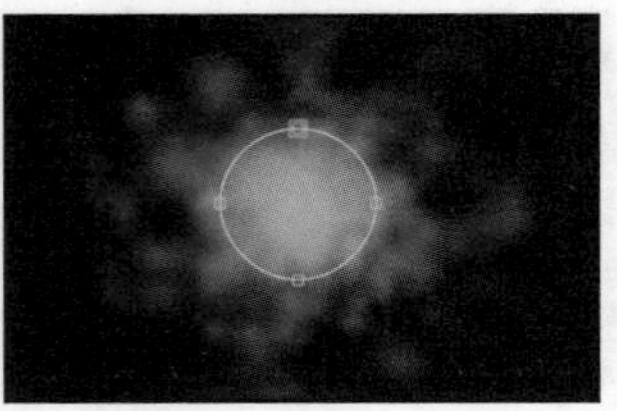

图 14-35

⑧ 按 Alt+[（Windows）或 Option+[（macOS）组合键，把图层入点设置为当前时间，如图 14-36 所示。

图 14-36

⑨ 隐藏 Sun 图层的所有属性。

14.5.5 照亮周围黑暗区域

太阳制作好之后，在其照射下，周围的黑暗区域应该变亮。

❶ 确保时间指示器仍然位于 7:00 处。

❷ 按 Ctrl+Y（Windows）或 Command+Y（macOS）组合键，打开【纯色设置】对话框。

❸ 在【纯色设置】对话框中，设置【名称】为 Background，单击【制作合成大小】按钮，使其与合成大小相同，然后单击【确定】按钮。

❹ 在【时间轴】面板中，把 Background 图层拖曳到底层。

❺ 在 Background 图层处于选中状态时，在菜单栏中依次选择【效果】>【生成】>【梯度渐变】，效果如图 14-37 所示。

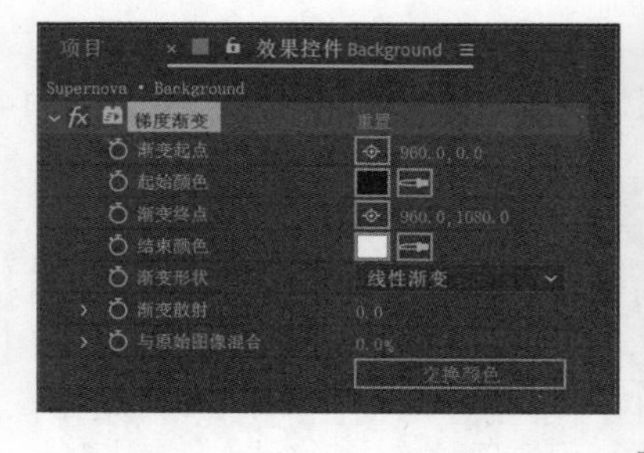

图 14-37

应用【梯度渐变】效果会生成一个颜色渐变，并且会与原图像混合。你可以把渐变形状更改为线性渐变或径向渐变，还可以修改渐变的位置和颜色。通过【渐变起点】和【渐变终点】，可以设置渐变的起始和结束位置。借助【渐变散射】，可以使渐变颜色散开以消除条纹。

❻ 在【效果控件】面板的【梯度渐变】效果中做以下设置，如图 14-38 所示。

- 修改【渐变起点】为 (960,538),【渐变终点】为 (360,525)。

- 在【渐变形状】下拉列表中选择【径向渐变】。
- 单击【起始颜色】框，设置起始颜色为深蓝色（R=0、G=25、B=135）。
- 单击【结束颜色】框，设置结束颜色为黑色（R=0、G=0、B=0）。

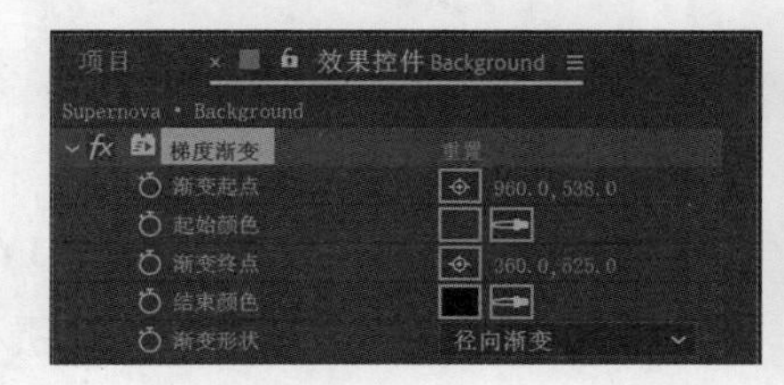

图 14-38

❼ 按 Alt+[（Windows）或 Option+[（macOS）组合键，把图层入点设置为当前时间。

14.5.6 添加镜头光晕

下面添加镜头光晕，以模拟爆炸效果，把所有元素整合在一起。

❶ 按 Home 键，或者把时间指示器拖曳到时间标尺的起始位置。

❷ 按 Ctrl+Y（Windows）或 Command+Y（macOS）组合键，打开【纯色设置】对话框。

❸ 在【纯色设置】对话框中，设置【名称】为 Nova，单击【制作合成大小】按钮，使其与合成大小相同，设置【颜色】为黑色（R=0、G=0、B=0），然后单击【确定】按钮。

❹ 在【时间轴】面板中把 Nova 图层拖曳到顶层，在 Nova 图层处于选中状态时，在菜单栏中依次选择【效果】>【生成】>【镜头光晕】，效果如图 14-39 所示。

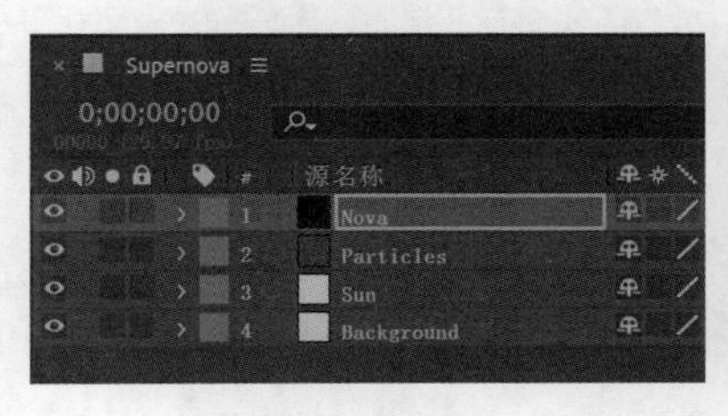

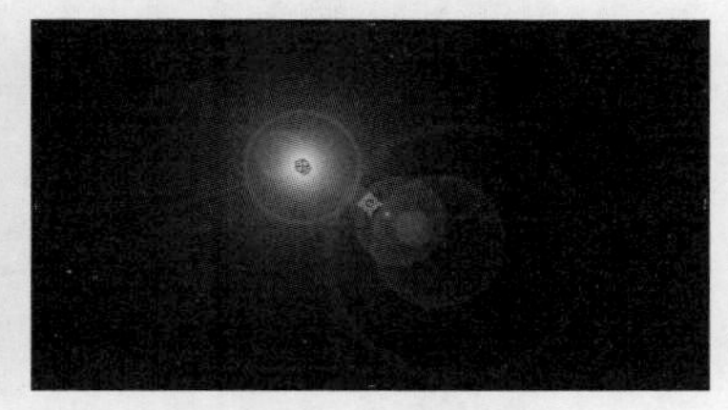

图 14-39

❺ 在【效果控件】面板的【镜头光晕】效果中，做以下设置。

- 修改【光晕中心】为 (960,538)。
- 在【镜头类型】下拉列表中选择【50–300 毫米变焦】。
- 把【光晕亮度】修改为 0%，然后单击左侧的秒表图标（⏱），创建初始关键帧。

❻ 把时间指示器拖曳到 0:10 处。

❼ 把【光晕亮度】修改为 240%。

❽ 把时间指示器拖曳至 1:04 处，把【光晕亮度】修改为 100%，如图 14-40 所示。

❾ 在 Nova 图层处于选中状态时，按 U 键显示【镜头光晕】属性。

❿ 使用鼠标右键单击（Windows）或按住 Control 键单击（macOS）【光晕亮度】的最后一个关键帧（位于 1:04 处），在弹出的菜单中依次选择【关键帧辅助】>【缓入】。

图 14-40

⑪ 使用鼠标右键单击（Windows）或按住 Control 键单击（macOS）【光晕亮度】的第一个关键帧（位于 0:00 处），在弹出的菜单中依次选择【关键帧辅助】>【缓出】，如图 14-41 所示。

图 14-41

接下来，需要把 Nova 图层之下的图层在合成中显示出来。

⑫ 按 F2 键取消选择所有图层，在【时间轴】面板菜单中依次选择【列数】>【模式】，然后在 Nova 图层的【模式】下拉列表中选择【屏幕】，如图 14-42 所示。

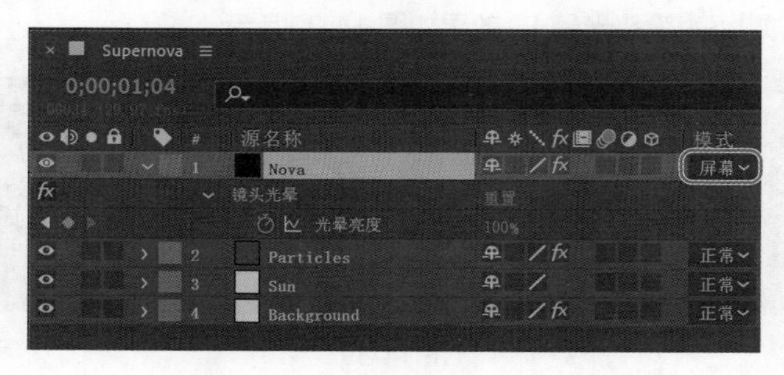

图 14-42

⑬ 按空格键预览影片。预览完后，再次按空格键停止预览。

⑭ 在菜单栏中依次选择【文件】>【保存】，保存当前项目。然后依次选择【文件】>【关闭项目】，关闭当前项目。

关于 HDR 素材

After Effects 支持 HDR 颜色。

现实世界中的动态范围（明暗比值）远远超出人类视觉范围，以及打印或显示在显示器上的图像的范围。人眼能够识别的亮度范围很大，但是大部分摄像机和计算机显示器只能捕获或再现有限的动态范围。摄影师、动态影像艺术家，以及其他从事数字影像处理工作的人员必须对场景中哪些是重要元素做出抉择，因为他们使用的动态范围是有限的。

HDR 素材开辟了一片新天地，它使用的是 32 位浮点数，所以能够表达非常宽的动态范围。相比于整数（定点数），在相同位数下，浮点数能表示的范围要大得多。HDR 值可表示的亮度级别（包括蜡烛和太阳这么亮的对象）远超 8-bpc（每个通道 8 位）和 16-bpc（非浮点）模式可表示的亮度级别。低动态范围下的 8-bpc 和 16-bpc 模式只能表示从黑到白这样的 RGB 色阶，这只能表现现实世界中很小的一个动态范围。

After Effects 通过多种方式支持 HDR 图像。例如，你可以创建用来处理 HDR 素材的 32-bpc 项目，也可以在处理 HDR 图像时调整其曝光度或亮度。更多相关内容，请阅读 After Effects 的帮助文档。

14.6 使用【时间扭曲】效果调整播放速度

在 After Effects 中调整图层的播放速度时，你可以使用【时间扭曲】效果精确控制多个参数，如插值方法、运动模糊、源裁剪（删除画面中不需要的部分）。

本节将使用【时间扭曲】效果改变一小段影片的播放速度，使其产生慢速播放与加速播放效果。动手前，还是看一下成片，了解要制作什么样的效果。

14.6.1 创建项目

启动 After Effects，新建一个项目。

❶ 启动 After Effects 时，立即按 Ctrl+Alt+Shift（Windows）或 Command+Option+Shift（macOS）组合键，在【启动修复选项】对话框中单击【重置首选项】按钮，恢复默认首选项，然后在【主页】窗口中单击【新建项目】按钮。

此时，After Effects 新建并打开一个未命名的项目。

❷ 在菜单栏中依次选择【文件】>【另存为】>【另存为】，打开【另存为】对话框。

❸ 在【另存为】对话框中，转到 Lessons\Lesson14\Finished_Project 文件夹。

❹ 输入项目名称“Lesson14_Timewarp.aep”，单击【保存】按钮，保存项目。

❺ 在【合成】面板中单击【从素材新建合成】按钮，打开【导入文件】对话框。在【导入文件】对话框中，转到 Lessons\Lesson14\Assets 文件夹，选择 spinning_dog.mov 文件，单击【导入】（Windows）或【打开】（macOS）按钮。

After Effects 使用源素材名称新建一个合成，并将其在【合成】和【时间轴】面板中显示出来。

❻ 在菜单栏中依次选择【文件】>【保存】，保存当前项目。

14.6.2 应用【时间扭曲】效果

本小节的视频素材中，有一只狗边转着圈边从一个房间跑到另外一个房间。在 4 秒左右，把狗的动作放慢到 10%，然后加速到原速度的两倍，再逐步恢复至原来的速度。

❶ 在【时间轴】面板中，选择 spinning_dog.mov 图层，在菜单栏中依次选择【效果】>【时间】>【时间扭曲】。

❷ 在菜单栏中依次选择【窗口】>【效果控件】，打开【效果控件】面板。

❸ 在【效果控件】面板的【时间扭曲】效果的【方法】下拉列表中选择【像素运动】、【调整时间方式】下拉列表中选择【速度】，如图 14-43 所示。

图 14-43

选择【像素运动】后，【时间扭曲】效果会分析邻近帧的像素运动和创建运动矢量，并以此创建新的帧。【速度】指定按照百分比而非指定帧来调整时间。

❹ 把时间指示器拖曳到 2:00 处。

❺ 在【效果控件】面板中，把【速度】设置为 100，单击左侧的秒表图标（⏱），设置一个关键帧，如图 14-44 所示。

图 14-44

【时间扭曲】效果将在两秒标记之前一直保持 100% 的播放速度。

❻ 在【时间轴】面板中，选择 spinning_dog.mov 图层，按 U 键显示【时间扭曲】属性。

❼ 把时间指示器拖曳到 5:00 处，把【速度】值设置为 10。此时，After Effects 自动添加一个关键帧，如图 14-45 所示。

图 14-45

❽ 把时间指示器拖曳到 7:00 处，把【速度】值设置为 100。此时，After Effects 自动添加一个关键帧，如图 14-46 所示。

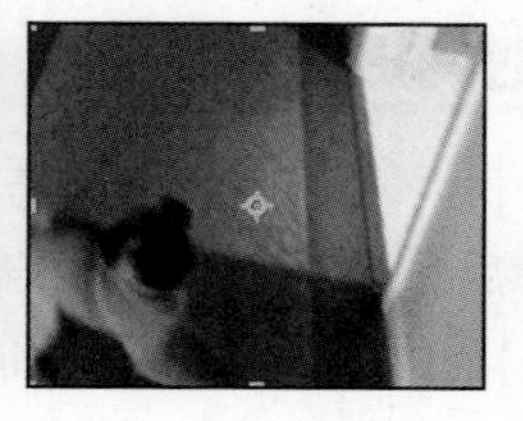

图 14-46

⑨ 把时间指示器拖曳到 9:00 处，把【速度】值设置为 200。此时，After Effects 自动添加一个关键帧，如图 14-47 所示。

图 14-47

⑩ 把时间指示器拖曳到 11:00 处，把【速度】值设置为 100。此时，After Effects 自动添加一个关键帧，如图 14-48 所示。

图 14-48

⑪ 按 Home 键，或者把时间指示器拖曳到时间标尺的起始位置，然后按空格键预览效果。

注意 在制作过程中一定要保持耐心。第一次播放时效果可能不太正常，因为 After Effects 需要把相关数据保存到内存中，等到第二次播放时效果就正常了。

通过预览，你会发现画面中狗的动作变化很生硬，并不平滑，跟平常的酷炫的慢动作效果不一样。这是因为关键帧动画是线性的，不是平滑的。接下来尝试解决这个问题。

⑫ 按空格键，停止预览。

⑬ 在【时间轴】面板中，单击【图表编辑器】按钮，显示出图表编辑器，如图 14-49 所示。确保 spinning_dog.mov 图层的【速度】属性处于选中状态，图表编辑器显示其图表。

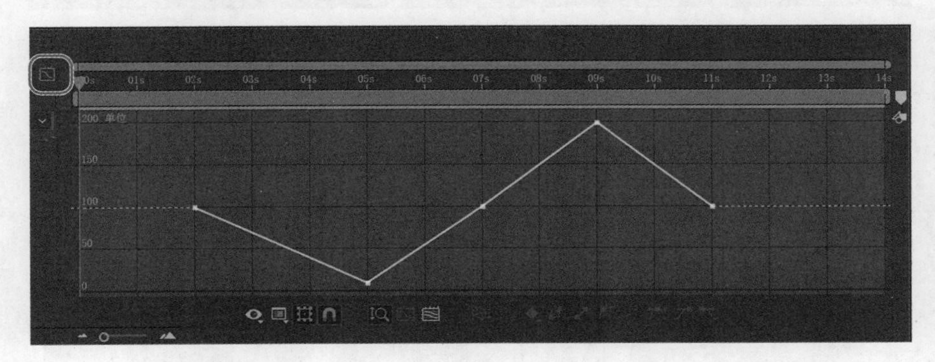

图 14-49

⑭ 选择第一个速度关键帧（在 2:00 处），然后单击图表编辑器底部的【缓动】图标（ ），如图 14-50 所示。

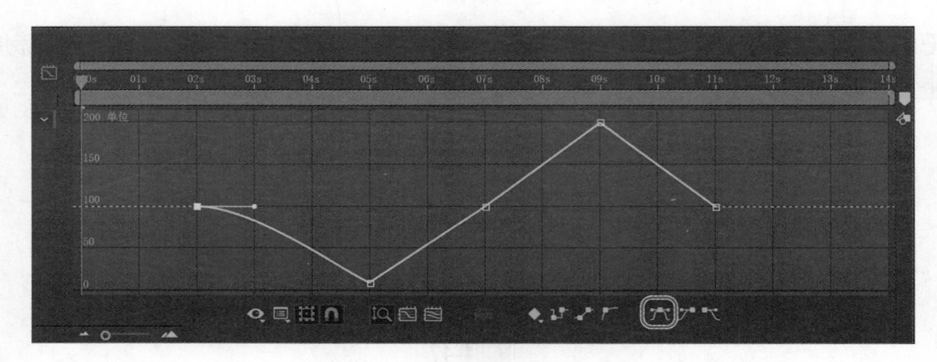

图 14-50

这会改变对关键帧出、入点的影响，使变化不再突如其来，变得十分平缓。

提示 关闭【时间轴】面板中显示的列，可以看到图表编辑器中的更多图标。你还可以按 F9 键快速应用【缓动】效果。

注意 再次单击【速度】属性，After Effects 会选中所有关键帧，此时若修改一个关键帧，其他所有关键帧都会受到影响。

⑮ 对其他几个速度关键帧（分别位于 5:00、7:00、9:00、11:00 处）重复步骤 14，如图 14-51 所示。

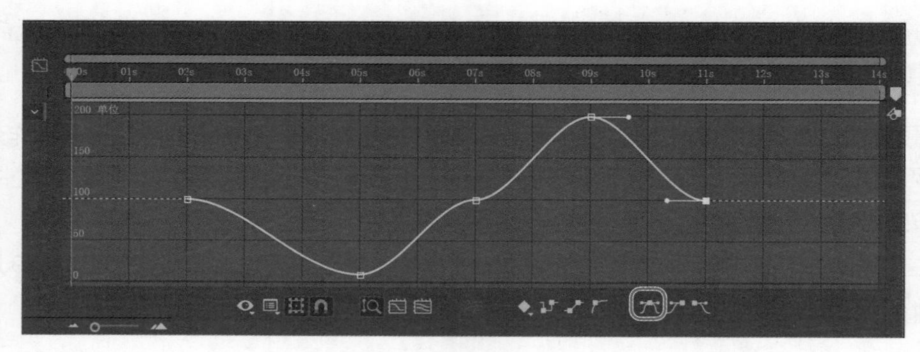

图 14-51

提示 你可以通过拖曳贝塞尔曲线控制手柄来进一步调整运动曲线。有关使用贝塞尔曲线控制手柄的内容，请阅读 7.4 节。

⑯ 按空格键预览影片，如图 14-52 所示。这次，慢动作效果平滑多了。

图 14-52

图 14-52（续）

⑰ 在菜单栏中依次选择【文件】>【保存】，保存当前项目。然后选择【文件】>【关闭项目】，关闭当前项目。

到这里，你已经学习了 After Effects 中的一些高级功能，包括【变形稳定器】效果、运动跟踪、粒子系统、【内容识别填充】、【时间扭曲】效果等。项目制作完成后，接下来就该渲染和输出了，这部分内容将在第 15 课中讲解。

14.7 复习题

1. 什么是【变形稳定器】效果？什么时候使用它？
2. 跟踪图像时，发生漂移的原因是什么？
3. 粒子效果中的 Birth Rate（产生率）有什么作用？
4. 【时间扭曲】效果有什么用？

14.8 复习题答案

1. 手持摄像机进行拍摄时，拍摄的视频中会有画面抖动。除非想特意制造这种效果，否则就需要去除画面中的抖动，对画面进行稳定处理。为此，After Effects 提供了【变形稳定器】效果，该效果会分析目标图层的运动和旋转，然后做相应调整。在使用【变形稳定器】效果去除视频的画面抖动后，视频中的运动会变得很平滑，【变形稳定器】效果会适当地调整图层的缩放和位置。通过修改【变形稳定器】的相应设置，可改变其裁剪、缩放等处理的具体方式。
2. 当跟踪点的特征区域跟丢目标特征时，就会发生漂移问题。随着拍摄画面中的对象不断移动，周围的灯光、对象，以及被摄主体的角度也在发生变化，这使得一些明显的特征在亚像素级别不再具有可识别性，因此选取一个可跟踪的特征就成了一件不太容易的事。有时你即使做了精心规划和多次尝试，还是会发现自己指定的特征区域偏离期望目标。所以，做跟踪时，经常需要不断调整特征区域、搜索区域，更改跟踪选项，并且不断进行尝试。
3. 粒子效果中的 Birth Rate 用于控制每秒产生的粒子数量。
4. 在 After Effects 中调整图层的播放速度时，可以使用【时间扭曲】效果精确控制多个参数，如插值方法、运动模糊、源裁剪（删除画面中不需要的部分）。

第 15 课

渲染和输出

本课概览

本课主要讲解以下内容。

- 使用渲染队列输出影片。
- 渲染完成时接收通知。
- 为交付目标文件选择合适的编码器。
- 在 Media Encoder 中自定义编码预设。
- 为渲染队列创建模板。
- 使用 Media Encoder 输出影片。
- 为合成创建测试版本的影片。
- 为最终合成渲染和输出 Web 版本的影片。

学习本课大约需要 1 小时

学习本课所需时间取决于计算机处理器的速度和渲染可用内存的大小，但仅从文字内容看，学习本课大约需要 1 小时。

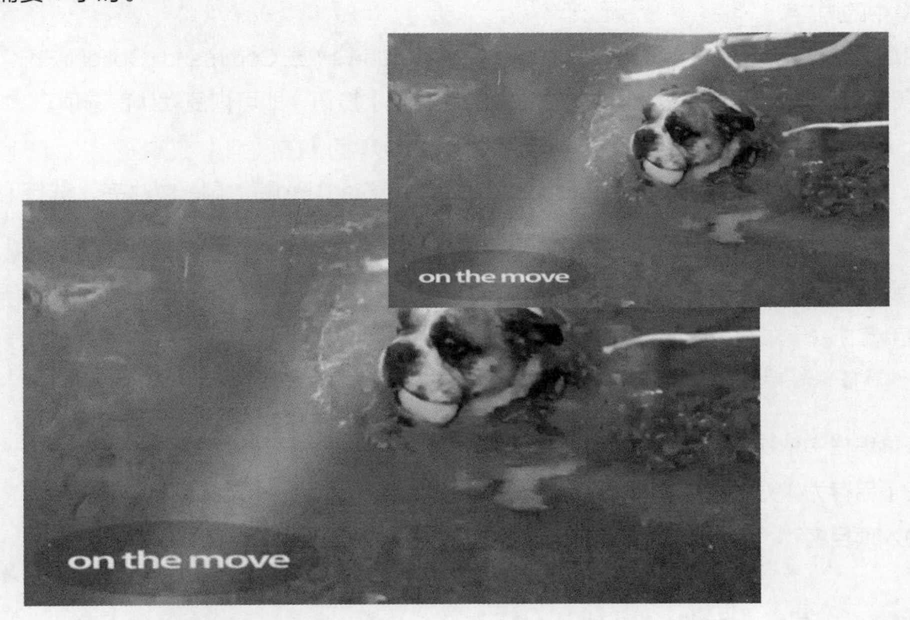

项目：根据用途把项目输出成不同版本

制作好项目后，还要根据具体应用场景（如网络、广播电视）选择合适的格式进行输出，这是最后一步，也是决定项目能否成功的关键。借助 After Effects 和 Media Encoder，你可轻松地将制作好的项目以多种格式和分辨率进行渲染、输出，以满足不同应用场景的需求。

15.1 课前准备

前文讲解了如何使用 After Effects 提供的各种功能和工具制作一个项目，当一个项目最终制作完成之后，就应该渲染和输出了。本课讲解如何设置和使用渲染队列和 Media Encoder 中的各个选项，进行最终合成并以不同的格式输出。本课资源文件夹中有一个起始项目文件，它其实是第 1 课中制作好的项目文件。

❶ 在你的计算机中，请检查 Lessons\Lesson15 文件夹中是否包含以下文件夹和文件，若没有包含，请先下载它们。

- Assets 文件夹：movement.mp3、swimming_dog.mp4、title.psd。
- Start_Project_File 文件夹：Lesson15_Start.aep。
- Sample_Movies 文件夹：Lesson15_Draft_RQ.mp4、Lesson15_Final_Web.mp4、Lesson15_HD-test_1080p.mp4、Lesson15_Lowres_YouTube.mp4。

❷ 打开并播放本课示例影片，这些示例影片是同一个项目（第 1 课中制作完成）的不同输出版本，分别采用不同的品质设置渲染输出得到。观看完之后，关闭 Windows Movies & TV 或 QuickTime Player。如果存储空间有限，你可以把示例影片从硬盘中删除。

> 注意 Lesson15_HD_test_1080p.mp4 文件只包含源视频的前 3 秒。

一如既往，学习本课前，请把 After Effects 恢复为默认设置。相关操作说明请阅读前言“恢复默认首选项”中的内容。

❸ 启动 After Effects 时，立即按 Ctrl+Alt+Shift（Windows）或 Command+Option+Shift（macOS）组合键，在【启动修复选项】对话框中单击【重置首选项】按钮，即可恢复默认首选项。

❹ 在【主页】窗口中，单击【打开项目】按钮。

❺ 在【打开】对话框中，转到 Lessons\Lesson15\Start_Project_File 文件夹，选择 Lesson15_Start.aep，单击【打开】按钮。

> 注意 若弹出缺失字体（Arial Narrow Regular）提示信息，请单击【确定】按钮。如果出现素材缺失，请使用鼠标右键单击（Windows）或者按住 Control 键单击（macOS）素材项，在弹出的菜单中选择【替换素材】，再转到 Lesson15/Assets 文件夹，双击要用的素材文件。

❻ 在菜单栏中依次选择【文件】>【另存为】>【另存为】，打开【另存为】对话框。

❼ 在【另存为】对话框中，转到 Lessons\Lesson15\Finished_Project 文件夹。

❽ 输入项目名称“Lesson15_Finished.aep”，单击【保存】按钮，保存项目。

15.2 关于渲染和输出

渲染合成就是把组成合成的各个图层、设置、效果，以及其他相关信息渲染成一段可持续播放的影片。在 After Effects 中，每次预览合成时，After Effects 都会渲染合成内容，不过这不是本课要讲的重点。本课要讲的是制作好合成之后如何把它渲染输出，以便分享出去。你可以使用 After Effects 内的【渲染队列】面板或 Media Encoder 来输出最终影片。(事实上，After Effects 中的【渲染队列】面板使用的是一个内嵌版的 Media Encoder，它支持绝大多数编码格式，但并不包含 Media Encoder 独立软件提供的所有功能。)

使用【渲染队列】面板输出影片时，经过以下两个步骤：After Effects 先渲染合成，再把渲染结果编码成指定的格式进行输出。在【渲染队列】面板中，第一步由你选择的渲染设置控制，第二步由所选的输出模块控制。

推荐大家使用 Media Encoder 输出高品质影片，它支持多种格式转换，让你可以轻松地将影片制作成 Web 视频或存入 DVD、蓝光光盘中。

15.3 使用【渲染队列】面板导出影片

无论是制作样片、生成低分辨率版本还是高分辨率版本，你都可以使用 After Effects 的【渲染队列】面板来导出影片。影片用途不同，需要做的输出设置也不同，但是基本的输出流程都是一样的。

下面使用【渲染队列】面板为 on the move 影片导出一个初稿。

❶ 在【项目】面板中，选择 movement 合成。在菜单栏中依次选择【合成】>【添加到渲染队列】，如图 15-1 所示。

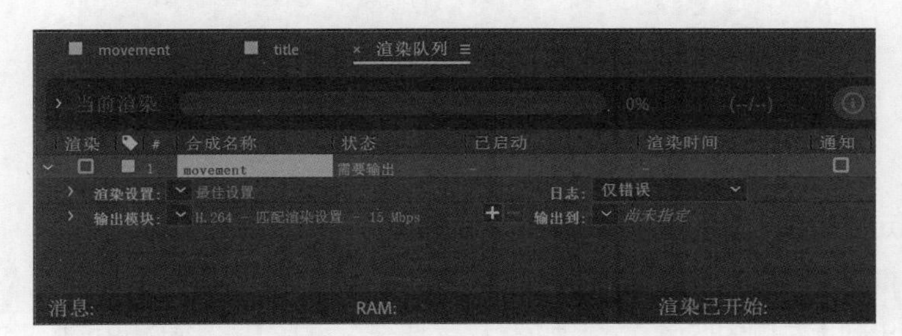

图 15-1

提示 你还可以直接把合成从【项目】面板拖入【渲染队列】面板。

此时，After Effects 会打开【渲染队列】面板，并且 movement 合成也出现在了渲染队列之中。请注意，在【渲染设置】和【输出模块】的默认设置下，After Effects 会创建一个全尺寸、高质量的影片。接下来，修改相关设置，生成一个低分辨率初稿，这个版本的渲染速度非常快。

❷ 单击【渲染设置】右侧的箭头图标，从下拉列表中选择【草图设置】，然后单击【草图设置】文本，如图 15-2 所示。

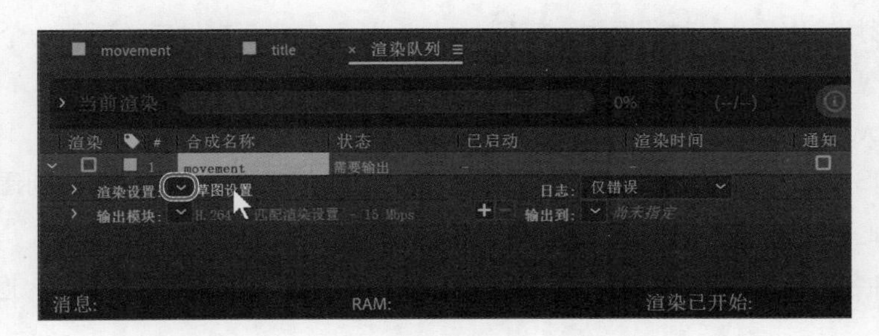

图 15-2

此时，After Effects 会打开【渲染设置】对话框。这里大多数设置保持默认即可，但是要把分辨率降低一些，以加快整个合成的渲染速度。

❸ 在【渲染设置】对话框中，在【分辨率】下拉列表中选择【三分之一】，这样 After Effects 只会渲染合成总像素的 1/9，即仅渲染 1/3 行（横向）和 1/3 列（纵向）的像素。在【时间采样】区域的【时间跨度】下拉列表中选择【合成长度】，如图 15-3 所示。

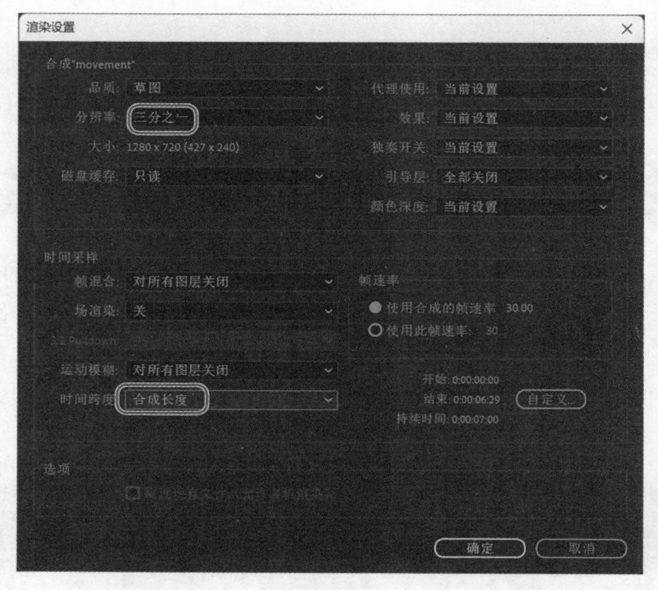

图 15-3

❹ 单击【确定】按钮，关闭【渲染设置】对话框。

❺ 在【输出模块】下拉列表中选择【H.264– 匹配渲染设置 –5 Mbps】。

❻ 单击【输出到】右侧的蓝色文本，如图 15-4 所示，打开【将影片输出到：】对话框。

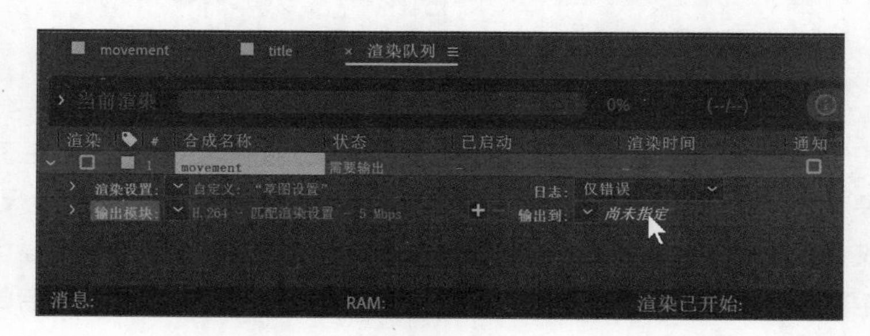

图 15-4

❼ 在【将影片输出到：】对话框中，转到 Lessons\Lesson15 文件夹，新建一个名为 Final_Movies 的文件夹。

- 在 Windows 操作系统下，单击【新建文件夹】按钮，然后输入名称。
- 在 macOS 下，单击【新建文件夹】按钮，输入文件夹名称，然后单击【创建】按钮。

❽ 双击 Final_Movies 文件夹，进入其中。

❾ 输入文件名“Draft_RQ.mp4”，然后单击【保存】按钮，如图 15-5 所示，返回【渲染队列】面板。

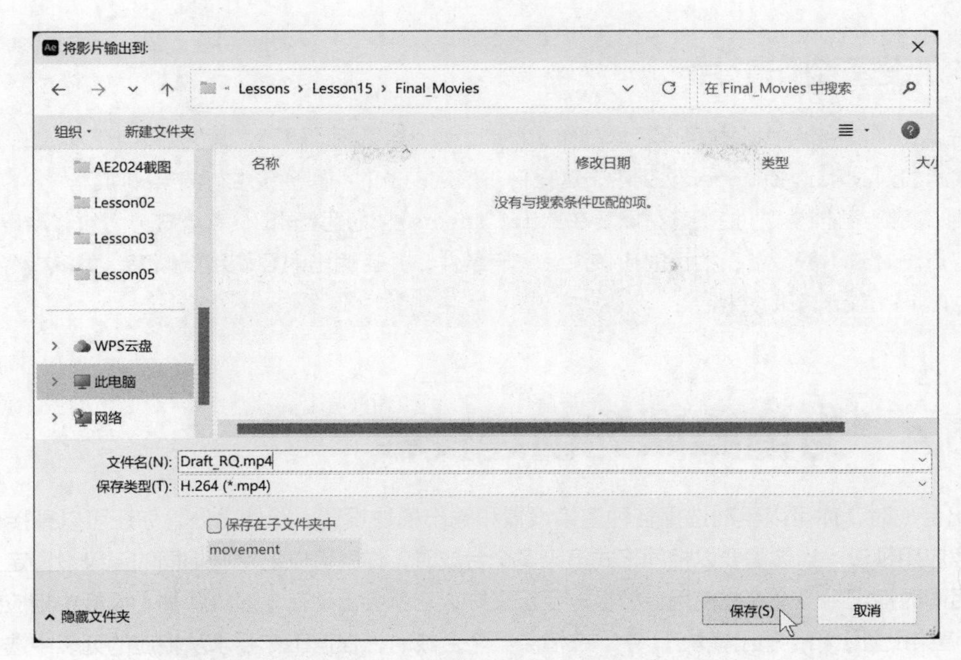

图 15-5

⑩ 在【渲染队列】面板中，勾选【通知】。

勾选【通知】后，在 Creative Cloud Desktop（Windows 与 macOS）、Creative Cloud Mobile（iOS 与 Android）、Apple Watch，以及其他连接设备中都会收到通知信息。

提示 在【渲染队列】面板右下角，勾选【队列完成时通知】，当队列中的所有任务渲染完成后，你会收到通知。

⑪ 在【渲染队列】面板中，单击【渲染】按钮，如图 15-6 所示。

图 15-6

After Effects 开始渲染影片。如果渲染队列中还有其他等待渲染的影片（或者有不同设置的同一段影片），After Effects 也会逐个渲染它们。

注意 在相同渲染设置下把同一段影片导出为不同格式时，不需要进行多次渲染，在【渲染队列】面板中根据需要的格式添加多个输出模块即可。

转到 Lessons\Lesson15\Final_Movies 文件夹，找到渲染好的影片，然后双击影片进行预览。

此时如果需要对影片做调整，可以再次打开合成做相应调整。调整完成后，保存项目，然后再次使用合适的设置输出测试影片。接下来使用完全分辨率输出影片。

为移动设备制作影片

在 After Effects 中，你可以轻松制作在移动设备（如平板计算机、智能手机）上播放的影片，把合成添加到 Media Encoder 队列中，选择针对指定设备的编码预设进行渲染即可。

为了得到最佳结果，拍摄素材以及在 After Effects 中处理素材时，都要充分考虑移动设备自身的特点。对于小屏设备，拍摄时应该注意光照条件，并且输出时要使用低帧率。更多内容，请阅读 After Effects 帮助文档。

15.4 为渲染队列创建模板

输出合成时，你可以手动选择各种渲染设置和输出模块设置。除此之外，你还可以直接使用模板来快速应用预设。当你需要以相同格式渲染多个合成时，你就可以把这些相同的渲染设置定义成模板，然后同时指定给多个合成使用。模板一旦定义好，它就会出现在【渲染队列】面板中相应的下拉列表（【渲染设置】和【输出模块】）中。在渲染某个合成时，根据工作要求从相应的列表中选择合适模板，所选模板中的设置即可自动应用于目标合成的渲染。

15.4.1 创建渲染设置模板

在 After Effects 中，你可以针对不同情况创建不同的渲染设置模板。例如，你可以通过创建及选用不同模板，轻松把同一段影片渲染成草图版本和高分辨率版本，或使用不同帧速率渲染同一段影片。

创建渲染设置模板时，先在菜单栏中依次选择【编辑】>【模板】>【渲染设置】。在【渲染设置模板】对话框的【设置】区域单击【新建】按钮，新建一个模板，然后为模板选择合适的设置。在【设置名称】中输入一个名称（例如 Test_lowres），用于描述模板用途。完成更改后，单击【确定】按钮。

这时，刚创建好的渲染设置模板就会出现在【渲染队列】面板的【渲染设置】下拉列表中。

15.4.2 为输出模块创建模板

你可以使用类似的步骤为输出模块创建模板。每个输出模块包含特定的设置组合，用于实现特定类型的输出。

为输出模块创建模板时，先在菜单栏中依次选择【编辑】>【模板】>【输出模块】，打开【输出模块模板】对话框。在【设置】区域中，单击【新建】按钮，新建一个模板。然后为模板选择合适的设置，根据要生成的输出为模板命名。单击【确定】按钮，关闭对话框。

这时，刚创建好的输出模块模板就会出现在【渲染队列】面板的【输出模块】列表中。

15.5 使用 Media Encoder 渲染影片

最终输出影片时，建议你使用 Media Encoder，它会在你安装 After Effects 时一同安装到你的系统中。Media Encoder 支持多种视频编码，借助它，你可以轻松把影片输出成各种不同格式，包括

YouTube 等当下流行的视频平台要求的各种格式。

注意 如果当前你的计算机系统中还没有安装 Media Encoder，请通过 Creative Cloud 安装它。

15.5.1 渲染广播级影片

下面选择相应设置，渲染输出适合在广播电视中播出的影片。

❶ 在【项目】面板中，选择 movement 合成，在菜单栏中依次选择【合成】>【添加到 Adobe Media Encoder 队列】。

提示 你还可以把合成拖入【渲染队列】面板，单击【AME 中的队列】按钮，将其添加到 Media Encoder 队列。

此时，After Effects 打开 Media Encoder，并把所选的合成添加到渲染队列中，启用默认渲染设置。你看到的默认设置可能和这里不一样。

❷ 在【预设】一栏中，单击蓝色文本，如图 15-7 所示。

图 15-7

提示 如果你不需要在【导出设置】对话框中修改任何设置，可以在【队列】面板的【预设】列表中选择已有的预设。

此时，Media Encoder 会连接动态链路服务器，这可能需要花点时间。

❸ 在【导出设置】对话框中，在【格式】下拉列表中选择【H.264】，然后在【预设】下拉列表中选择【高品质 1080p HD】，如图 15-8 所示。

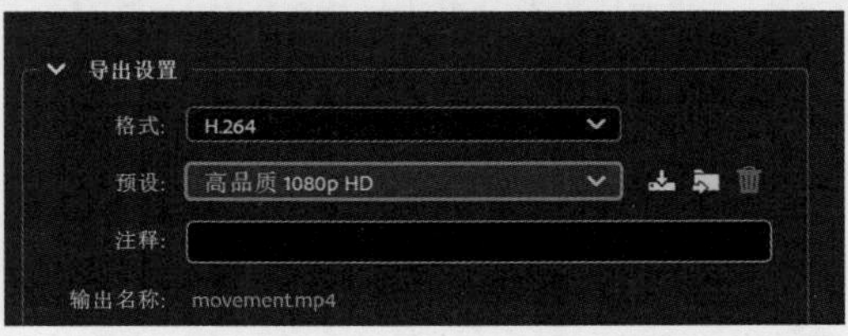

图 15-8

使用【高品质 1080p HD】预设渲染整个影片可能得花好几分钟。下面更改设置，只渲染影片前 3 秒，用来评估影片质量。【导出设置】对话框底部有一个时间标尺，你可以通过拖曳其上的入点和出点滑块指定要渲染的区域。

❹ 把时间指示器拖曳到 3:00 处，然后单击【设置出点】按钮（◣），该按钮位于【选择缩放级别】下拉列表左侧，如图 15-9 所示。

图 15-9

> 提示 把影片制作成 GIF 动画很简单，只需要把合成添加到 Adobe Media Encoder 队列，然后选择 Animated GIF 输出格式即可。

⑤ 单击【确定】按钮，关闭【导出设置】对话框。

⑥ 在【输出文件】栏中，单击蓝色文本。在打开的【另存为】对话框中，转到 Lessons\Lesson15\Final_Movies 文件夹，输入文件名称“HD-test_1080p.mp4”，然后单击【保存】(Windows) 或【确定】(macOS) 按钮，【队列】面板如图 15-10 所示。

图 15-10

到这里，输出影片的准备工作就完成了。在开始渲染之前，再向队列中添加几个输出设置项。

关于压缩

为了减小影片文件大小，必须对影片进行压缩，这样才能高效地存储、传输、播放影片。在为特定类型的设备导出和渲染影片文件时，需要选择合适的编解码器（CODEC）来压缩信息，以便生成能够在指定设备上以特定带宽播放的文件。

编解码器有很多种，但没有哪种编解码器能够适用于所有情况。例如，用来压缩卡通动画的最佳编解码器通常不适合用来压缩真人视频。压缩电影文件时，要认真调整各种压缩设置，以使其在计算机、视频播放设备、Web、DVD 播放器上呈现出最好的播放质量。有些编解码器允许移除影片中妨碍压缩的部分（例如摄像机随机运动、过多胶片噪点）来减小压缩文件。

你选用的编解码器必须适用于所有观众。例如，如果你使用视频采集卡上的硬件编解码器，那么观众就必须安装有同样的视频采集卡，或者安装了用来模拟视频采集卡硬件的软件编解码器。

关于压缩和编解码器的更多内容，请阅读 After Effects 的帮助文档。

15.5.2 向队列添加其他编码预设

Media Encoder 内置有多种预设，这些预设可以用来为广播电视、移动设备、Web 输出影片。接下来将为影片添加一个输出 YouTube 格式的预设，以便将其发布到 YouTube 上。

> 提示 如果你经常渲染文件，建议你创建一个监视文件夹。每当你把一个文件放入监视文件夹时，Media Encoder 就会自动使用你在【监视文件夹】面板中指定的设置对文件进行编码。

① 在【预设浏览器】面板中，依次选择【Web 视频】>【社交媒体】>【YouTube 480p SD 宽屏】，如图 15-11 所示。

② 把【YouTube 480p SD 宽屏】预设拖曳到【队列】面板中的 movement 合成上，如图 15-12 所示。

此时，Media Encoder 在队列中添加 YouTube 输出格式选项。

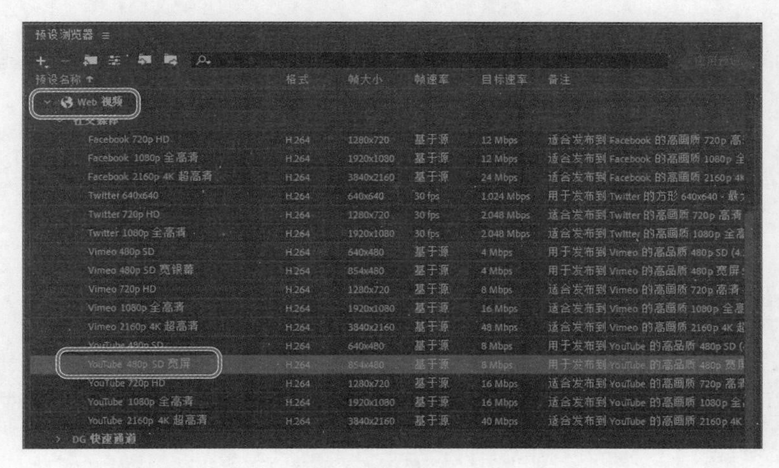

图 15-11

图 15-12

③ 对于刚刚添加的输出格式，在其【输出文件】栏中单击蓝色文本。在打开的【另存为】对话框中，转到 Lessons\Lesson15\Final_Movies 文件夹，输入文件名称“Final_Web.mp4”，单击【保存】按钮。

15.5.3 渲染影片

当前 Adobe Media Encoder 队列中有两个输出版本的影片的设置，接下来就可以渲染和观看它们了。渲染会占用大量系统资源，可能会花一些时间，这取决于你的系统配置、合成的复杂度和长度，以及你选择的设置。

① 单击【队列】面板右上角的【启动队列】按钮（▶）。

此时，Media Encoder 同时执行队列中的两个编码任务，并显示一个状态条，报告预计剩余时间，如图 15-13 所示。

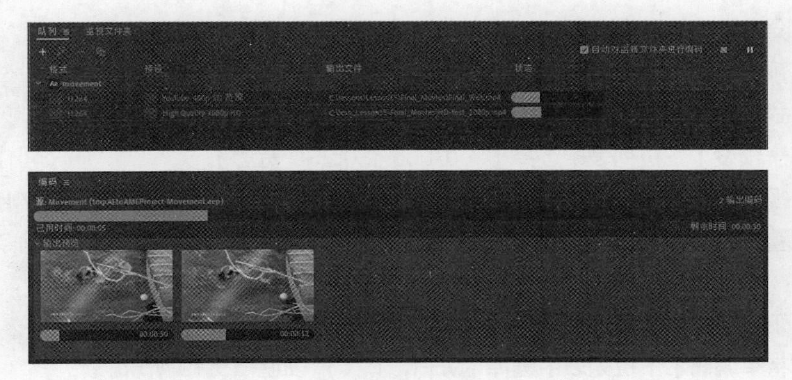

图 15-13

注意 编码可能需要耗费一段时间，具体时长取决于你的系统配置等。

② 当 Media Encoder 编码输出完成后，转到 Final_Movies 文件夹，双击播放这些影片，检查是否符合要求。

提示 如果你忘记了影片的保存位置，可以单击【输出文件】栏中的蓝色文本，Media Encoder 会直接打开保存相应影片的文件夹。

15.5.4 在 Media Encoder 中自定义预设

大多数情况下，使用 Media Encoder 自带的预设就能满足各种项目的常见需求。但是，如果有特殊需求，那么你可能得自己创建编码预设。接下来自定义一个预设，用于给影片生成低分辨率版本，以便快速上传到 YouTube 等平台，其渲染速度比上面的快很多。

① 单击【预设浏览器】面板顶部的【新建预设组】按钮（），为新建组指定一个唯一的名称（如你的名字），如图 15-14 所示。

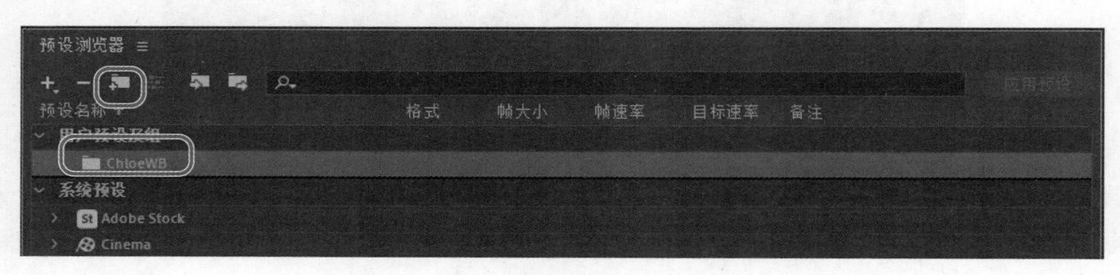

图 15-14

② 单击【新建预设】按钮（＋），在下拉列表中选择【创建编码预设】，如图 15-15 所示。

图 15-15

③ 在【预设设置“新建预设”】对话框中做如下设置，如图 15-16 所示。

- 设置【预设名称】为 Low-res_YouTube。
- 在【格式】下拉列表中选择【H.264】。
- 在【基于预设】下拉列表中选择【YouTube 480p SD 宽屏】。
- 单击【视频】选项卡，在【帧速率】中取消勾选【基于源】，结果如图 15-17 所示。
- 在【配置文件】下拉列表中选择【基线】。（你可能需要往下拖曳右侧的滑动条，才能看到这个选项。）
- 在【级别】下拉列表中选择【3.0】，如图 15-18 所示。
- 在【比特率编码】下拉列表中选择【VBR，1 次】，如图 15-19 所示。

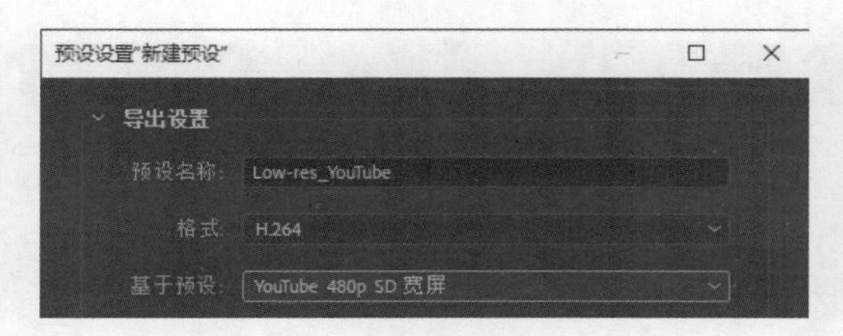

图 15-16

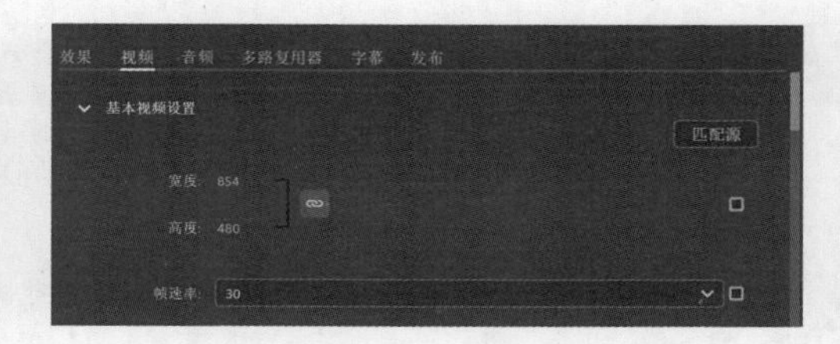

图 15-17

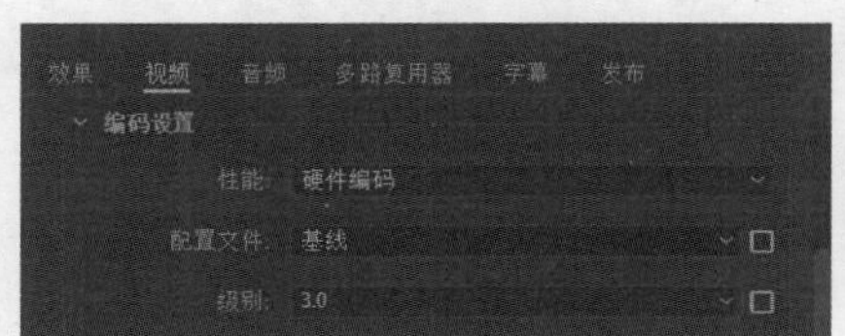
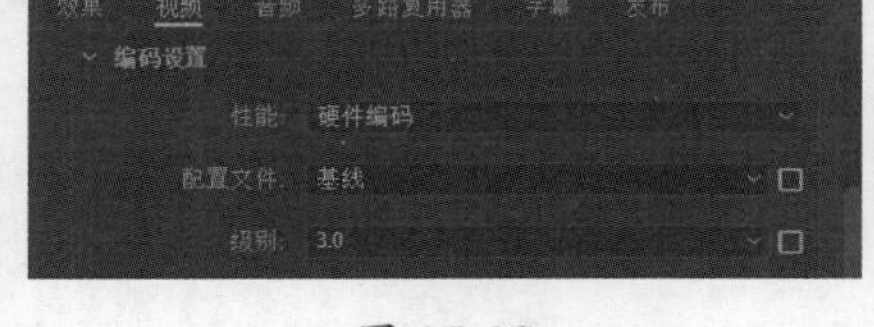

图 15-18

图 15-19

- 单击【音频】选项卡，在【采样速率】下拉列表中选择【44100 Hz】，如图 15-20 所示。

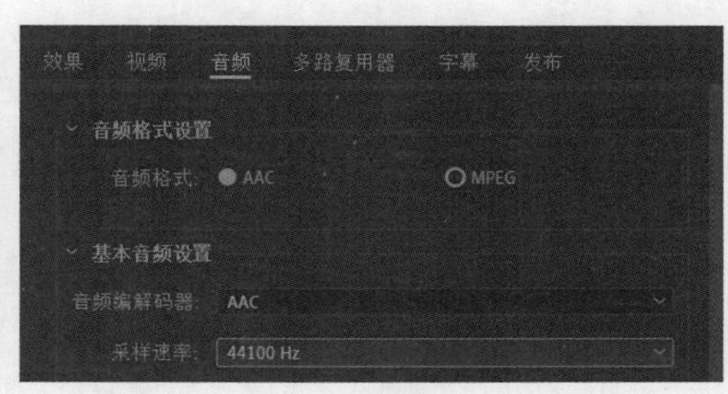

图 15-20

❹ 单击【确定】按钮，关闭【预设设置“新建预设”】对话框。

❺ 把 Low-res_YouTube 预设拖曳到【队列】面板中的 movement 合成之上。

❻ 对于刚添加的输出格式，在其【输出文件】栏中单击蓝色文本。在打开的【另存为】对话框中，转到 Lessons\Lesson15\Final_Movies 文件夹，输入文件名称“Lowres_YouTube”，单击【保存】按钮。

❼ 单击【队列】面板右上角的【启动队列】按钮（▶）。

此时，Media Encoder 使用新预设中的设置，很快就渲染出了影片。不过，影片的分辨率不高。

❽ 当 Media Encoder 对影片编码完成后，转到 Final_Movies 文件夹，双击影片播放。

至此就为最终合成渲染并输出了两个版本，一个是 Web 版本，另一个是广播电视版本。

为广播电视准备影片

本课示例项目清晰度极高，完全可以用于渲染输出广播电视级别的影片。不过，有时你可能还需要调整其他设置才能得到想要的发布格式。

修改合成尺寸大小时，首先根据想要的目标格式设置好相应参数，新建一个合成，然后把项目合成拖入新合成。

在把合成从方形像素长宽比转换为非方形像素长宽比（在广播电视中播出时使用这种格式）时，【合成】面板中的素材看起来会比原来宽。为了准确查看视频影像，需要开启【像素长宽比校正】功能。在视频监视器上显示图像时，【像素长宽比校正】会轻微挤压合成的视图。默认情况下，这项功能是关闭的，单击【合成】面板底部的【切换像素长宽比校正】按钮即可开启该功能。在【首选项】对话框的【预览】选项卡中，有一个【缩放质量】选项，修改该选项会影响预览时【像素长宽比校正】的质量。

15.6 复习题

1. 什么是压缩？压缩文件时应该注意什么？
2. 如何使用 Media Encoder 输出影片？
3. 请说出在【渲染队列】面板中你能创建的两种模板，并说明何时以及为何使用它们。

15.7 复习题答案

1. 为了减小影片的占用空间，必须对影片进行压缩，这样才能高效地存储、传输、播放影片。在为特定类型的设备导出和渲染影片文件时，需要选择合适的编解码器来压缩信息，以便生成能够在指定设备上以特定带宽播放的文件。编解码器有很多种，但没有哪种编解码器能够适用于所有情况。例如，用于压缩卡通动画的最佳编解码器通常不适合用于压缩真人视频。压缩电影文件时，要认真调整各种压缩设置，以使其在计算机、视频播放设备、Web、DVD 播放器上呈现出最好的播放质量。有些编解码器允许你移除影片中妨碍压缩的部分（例如摄像机随机运动、过多胶片噪点）来减小压缩文件。
2. 使用 Media Encoder 输出影片时，先在 After Effects 的【项目】面板中选择要输出的合成，然后在菜单栏中依次选择【合成】>【添加到 Adobe Media Encoder 队列】。在 Media Encoder 中选择编码预设以及进行其他设置，为输出文件命名，单击【启动队列】按钮。
3. 在 Effects 中，可以为渲染设置和输出模块设置创建模板。当需要以相同格式渲染多个合成时，可以把相同的渲染设置定义成模板，然后把模板同时指定给多个合成使用。模板一旦定义好，就会出现在【渲染队列】面板相应的下拉列表（【渲染设置】和【输出模块】）中。在渲染某个合成时，根据工作要求从相应的列表中选择合适的模板，所选模板中的设置即可自动应用于目标合成的渲染。

附录

故障排除方法

启动修复选项

当 After Effects 出现崩溃、卡住、错误等异常情况时，请执行以下操作尝试解决：重启 After Effects，按住 Ctrl+Alt+Shift(Windows) 或 Command+Option+Shift (macOS) 组合键，打开【启动修复选项】对话框。在【启动修复选项】对话框中，单击【以安全模式启动】按钮。如果你怀疑 After Effects 的异常是由第三方效果冲突引起的，请在【以安全模式启动】中禁用第三方效果。

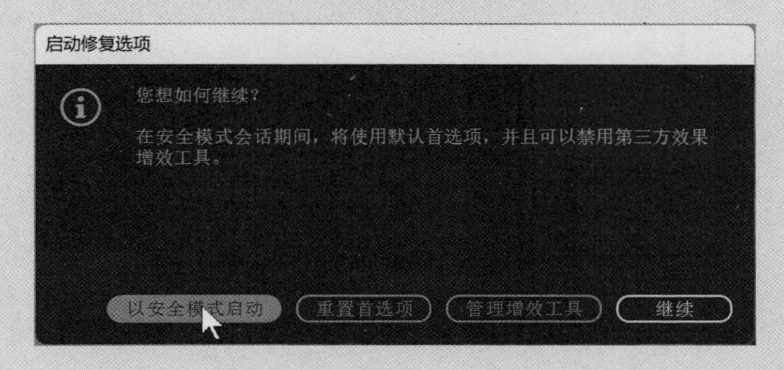

如果异常是由首选项文件损坏导致的，请重置首选项。如果问题出在第三方效果上，请在菜单栏中依次选择【效果】>【管理效果】，在【效果管理器】对话框中，依次禁用 / 启用各个效果，直到找出问题所在。以安全模式启动 After Effects，若禁用第三方效果后问题依旧存在，请阅读 After Effects 帮助，寻求相关建议。

查找丢失资源

当查找不到某个已导入的素材、字体、效果等资源时，After Effects 会弹出文件丢失警告。为了弄清项目中缺少了哪些素材，请在菜单栏中依次选择【文件】>【整理工程】>【查找缺失的素材】，此时【项目】面板中立即显示出那些缺失素材的名称。使用鼠标右键单击（Windows）或者按住 Control 键单击（macOS）缺失素材名称，在弹出的菜单中选择【替换素材】>【文件】，在弹出的【替换素材文件】对话框中找到要用的素材导入即可。另外，如果其他丢失资源在同一位置，After Effects 会自动查找并链接它们。在菜单栏中依次选择【文件】>【整理工程】>【查找缺失的字体】或【查找缺失的效果】，可主动查找项目中缺失的字体或效果。

显示渲染时间

渲染时间的长短取决于合成的复杂度、应用的效果及其设置，以及可用的系统资源。在【时间轴】面板左下角，单击蜗牛图标，打开渲染时间窗格，在其中，你将看到项目每个组成部分（如图层、效果、图层样式）的渲染时长（以秒为单位）。如果合成内部嵌套了其他合成，双击打开内嵌的合成，可以进一步查看内嵌合成各个组成部分的渲染时间。

搞清楚哪些效果会拖慢渲染后，处理项目其他部分时，可以暂且禁用这些效果，或者修改设置以确保它们不过多占用系统资源，或者调整 After Effects 和其他应用程序的内存占用量。在菜单栏中依次选择【编辑】>【首选项】>【内存与性能】（Windows）或【After Effects】>【首选项】>【内存与性能】（macOS），可调整 After Effects 和其他应用程序的内存占用量。